中国建筑教育

Chinese Architectural Education

2017 全国建筑院系建筑学优秀教案集

Collection of Teaching Plan for Architecture Design and Theory in Architectural School of China 2017

全国高等学校建筑学专业指导委员会 编

Compiled by National Supervision Board of Architectural Education

中国建筑工业出版社

2017 年全国高等学校建筑设计优秀教案和教学成果评选活动综述

2017 年 9 月 12 日，2017 年全国高等学校建筑设计优秀教案和教学成果评选活动在厦门大学进行。本次评选活动由全国高等学校建筑学学科专业指导委员会主办、厦门大学建筑与土木工程学院承办。来自全国的 58 所院系选送了建筑设计教案和优秀作业，充分体现了全国建筑院系对于建筑设计教学的潜心研究和执着探索。

担任本次评选活动评委的 14 位专家是：全国高等学校建筑学学科专业指导委员会主任、东南大学城市规划设计研究院院长王建国院士；中国建筑学会副理事长、秘书长周畅教授；中国建筑学专业教育评估委员会主任、清华大学建筑学院原院长朱文一教授；同济大学建筑与城市规划学院原院长吴长福教授；天津大学建筑学院院长张颀教授；华南理工大学建筑学院院长孙一民教授；重庆大学建筑城规学院副院长周铁军教授；哈尔滨工业大学建筑学院副院长孙澄教授；华中科技大学建筑与城市规划学院副院长李晓峰教授；大连理工大学建筑与艺术学院院长范悦教授；西南交通大学建筑与设计学院院长沈中伟教授；西安建筑科技大学建筑城规学院副院长雷振东教授；沈阳建筑大学建筑与规划学院黄勇教授；厦门大学建筑与土木工程学院院长王绍森教授。经过一整天认真公正的评选，共评出优秀教案 45 份，优秀作业 88 份。获奖学校 33 所，涵盖了参评院校的 58.9%。

通过本次评选，既可以掌握各校建筑设计课题的设置目标和教学意图，也可以深入了解各校教学的成果以及学生对教案的理解。在评选工作结束后，评委们召开了交流与讨论会，认真围绕本年度评选及与建筑设计教学进行研讨，提出了宝贵的意见和建议。评委会认为本年度获奖教案与优秀学生作业整体水平较高，体现了我国建筑教育的较高水准，反映了全国各建筑院系不断加大的教学改革力度和对教学内容、教学方式的多元化探讨。

同时，参选教案和教学成果中也存着一些需要引起注意的问题：1、各年级教案的设计目标过大，教学的系统性应加强，各年级应适当聚焦突出每个年级的教学重点，由低年级到高年级逐步形成“认知——设计——实践”的教学过程，教学应符合教学规律。2、教学的学生成果存在“低年级不低、高年级不高”的现象：低年级用力过猛；三、四年级区别不大；毕业设计过于多元化。针对这一现象，评委们认为：应在低年级的教学和训练中适当加强建筑设计基本功的训练，回归建筑学本原；三、四年级教学应在创新和技术之间建立平衡；毕业设计应加强全过程的教学并处理好与职场设计实践的关系。3、针对这些问题，专指委将继续跟踪、关注和研讨，探索符合国际化发展要求、适应中国时代化要求的、因地域和地区不同的、完整的设计教学课程体系。4、针对毕业设计的多元特点与综合要求，教学过程及成果也应有更充分的表达展现，评委会建议在适当的时候可考虑毕业设计单独评选。

感谢全国高等学校建筑学学科专业指导委员会对本次评选活动的指导与支持，感谢全体评委的辛勤工作，感谢中国建筑工业出版社的大力支持！

王绍森，厦门大学建筑与土木工程学院教授、院长

2017 年 9 月 28 日

目　录

基于限制与关联下的空间塑造训练——1+1小型居住空间设计课程教改研究

西南交通大学建筑与设计学院建筑系　二年级

本教改研究在二年级第二个课程居住空间设计中，通过选取一个现实中既有艺术创新，又能整合规范、功能、经济等现实条件的优秀作品，如乌德勒支双宅(MVDRV)，作为深度研究案例，然后让学生进行方案的重新思考。

教改目标：认识环境限定要素对于建筑设计思路形成的启示性价值，学习在具体环境限定与引导下进行方案构思；处理好建筑与环境之间的关系；因此，教案需要进行简化、抽象与限定，将多重限定与关联互动结合起来，从常规街区中的底商－居住的商居竖向复合空间组织的体会中，让学生去思考如何从限定的镣铐中突破出来，并在突破中获得“空间塑造”的激发，从而体会到逻辑性与关联性在建筑设计生成过程中的重要性。

内容：强调以环节控制教学进度和教学内容的方法，通过强化案例研究的“看别人怎么做”的内容拓展，到学生学习“自己怎样去做”的具体工作程序的推进，灵活设置辅导小组促进交流，强调对策和概念的形成及运用的设计逻辑，形成环环相扣的教学进程组织和成果评价与监督。

主要特色：选取关联性案例，用拓展式案例的学习来快速引导学生进入创作状态。多重限制——训练解决多重问题的能力；教学中关联性带来的复杂性问题处理：关联——给学生提出一个具有互动关系的工作程序,即组成本课程所要求的“邻里关系”街区,改变一下以往自给自足的“自留地式”任务模式，既从设计中完成对外部变因的反馈，又从中得到博弈游戏的乐趣。互动关联的线性街区，有某种城市视野。

优秀作业 1：别有洞天——1+1 商用住宅设计　设计者：青山杉
优秀作业 2：跃动住宅——1+1 住宅设计　设计者：邓添元

作业指导教师：张　蓉　韩　效
教案主持教师：邓　敬　张　蓉　韩　效　张毅捷

——1+1小型居住空间设计课程教改研究

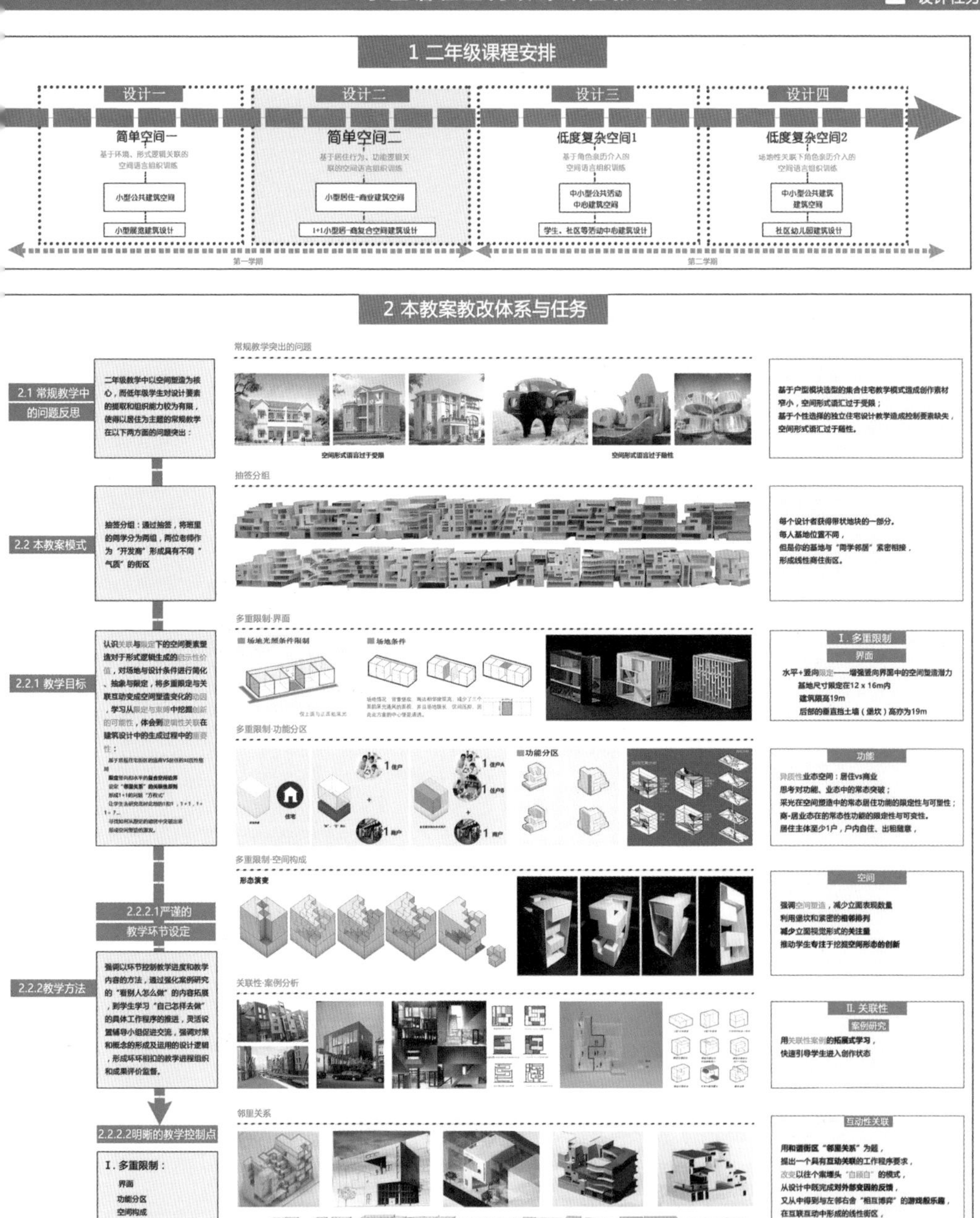
1 二年级课程安排
设计一
简单空间一
基于环境、形式逻辑关联的空间语言组织训练
小型公共建筑空间
小型展览建筑设计
设计二
简单空间二
基于居住行为、功能逻辑关联的空间语言组织训练
小型居住-商业建筑空间
1+1小型居-商复合空间建筑设计
设计三
低度复杂空间1
基于角色亲历介入的空间语言组织训练
中小型公共活动中心建筑空间
学生、社区等活动中心建筑设计
设计四
低度复杂空间2
场地性关联下角色亲历介入的空间语言组织训练
中小型公共建筑建筑空间
社区幼儿园建筑设计
第一学期
第二学期
2 本教案教改体系与任务
2.1 常规教学中的问题反思
二年级教学中以空间塑造为核心，而低年级学生对设计要素的提取和组织能力较为有限，使得以居住为主题的常规教学在以下两方面的问题突出：
常规教学突出的问题
空间形式语言过于受限
空间形式语言过于随性
基于户型模块选型的集合住宅教学模式造成创作素材窄小，空间形式语汇过于受限；
基于个性选择的独立住宅设计教学造成控制要素缺失，空间形式语汇过于随性。
2.2 本教案模式
抽签分组：通过抽签，将班里的同学分为两组，两位老师作为“开发商”形成具有不同“气质”的街区
抽签分组
每个设计者获得带状地块的一部分。
每人基地位置不同，
但是你的基地与“同学邻居”紧密相接，
形成线性商住街区。
2.2.1 教学目标
认识关联与限定下的空间要素塑造对于形式逻辑生成的启示性价值，对场地与设计条件进行简化、抽象与限定，将多重限定与关联互动变成空间塑造变化的动因，学习从限定与束缚中挖掘创新的可能性，体会到逻辑性关联在建筑设计中的生成过程中的重要性：
多重限制·界面
场地光照条件限制
场地条件
I. 多重限制
界面
水平+竖向限定——增强竖向界面中的空间塑造潜力
基地尺寸限定在12 x 16m内
建筑限高19m
后部的垂直挡土墙（堡坎）高亦为19m
多重限制·功能分区
1 住户
1 商户
功能分区
功能
异质性业态空间：居住vs商业
思考对功能、业态中的常态突破；
采光在空间塑造中的常态居住功能的限定性与可塑性；
商-居业态在的常态性功能的限定性与可变性。
居住主体至少1户，户内自住、出租随意，
多重限制·空间构成
形态演变
空间
强调空间塑造，减少立面表现数量
利用堡坎和紧密的相邻排列
减少立面视觉形式的关注量
推动学生专注于挖掘空间形态的创新
2.2.2.1严谨的教学环节设定
2.2.2教学方法
强调以环节控制教学进度和教学内容的方法，通过强化案例研究的“看别人怎么做”的内容拓展，到学生学习“自己怎样去做”的具体工作程序的推进，灵活设置辅导小组促进交流，强调对策和概念的形成及运用的设计逻辑，形成环环相扣的教学进程组织和成果评价监督。
关联性·案例分析
II. 关联性
案例研究
用关联性案例的拓展式学习，
快速引导学生进入创作状态
2.2.2.2明晰的教学控制点
I. 多重限制：
界面
功能分区
空间构成
II. 关联性：
案例研究
互动性关联
邻里关系
共享入口楼梯
共享室外空间
共享阳台
共享屋顶平台
互动性关联
用和谐街区“邻里关系”为题，
提出一个具有互动关联的工作程序要求，
改变以往个案埋头“自顾自”的模式，
从设计中既完成对外部变因的反馈，
又从中得到与左邻右舍“相互博弈”的游戏般乐趣，
在互联互动中形成的线性街区，
将某种城市复杂性视野传递给学生。
为“强化”邻里关系，
要求每户须与其每个邻居形成同一标高，
可连通与交流的2个共享空间，
该空间需为跨越双方边界的露天平台或半露天阳台，
每个共享空间的总面积不得低于12㎡。

——1+1小型居住空间设计课程教改研究

3 教改模式

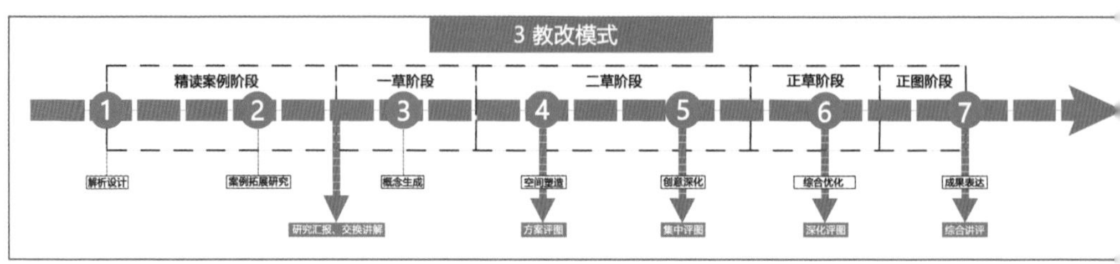

4 教学过程

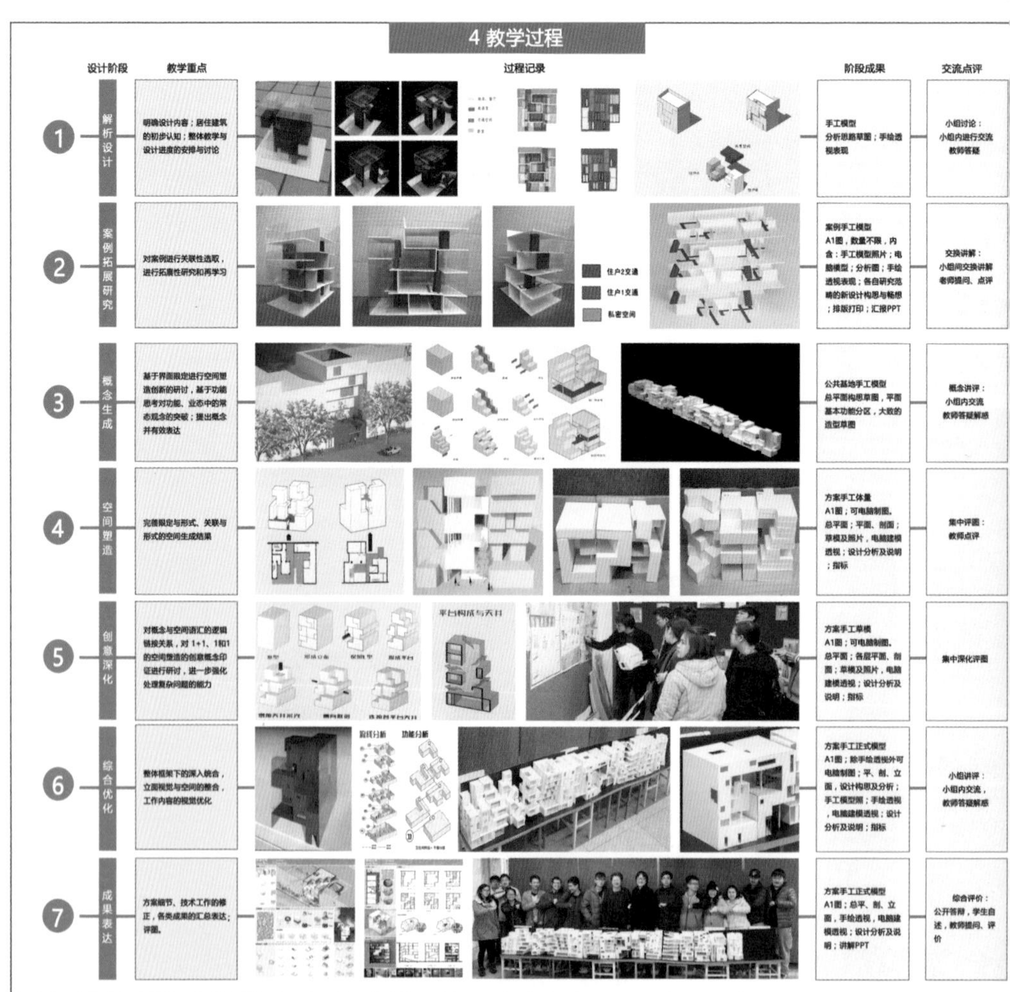

	设计阶段	教学重点	过程记录	阶段成果	交流点评
1	解析设计	明确设计内容；居住建筑的初步认知；整体教学与设计进度的安排与讨论		手工模型 分析思路草图；手绘透视表现	小组讨论： 小组内进行交流 教师答疑
2	案例拓展研究	对案例进行关联性选取，进行拓展性研究和再学习		案例手工模型 A1图，数量不限，内含：手工模型照片；电脑模型；分析图；手绘透视表现；各自研究范畴的新设计构思与畅想；排版打印；汇报PPT	交换讲解： 小组间交换讲解 老师提问、点评
3	概念生成	基于界面限定进行空间塑造创新的研讨，基于功能思考对功能、业态中的常态观念的突破；提出概念并有效表达		公共基地手工模型 总平面构思草图，平面基本功能分区，大致的造型草图	概念讲评： 小组内交流 教师答疑解惑
4	空间塑造	完善限定与形式、关联与形式的空间生成结果		方案手工体量 A1图；可电脑制图。总平面；平面、剖面；草模及照片，电脑建模透视；设计分析及说明；指标	集中评图： 教师点评
5	创意深化	对概念与空间语汇的逻辑链接关系，对 1+1、1和1的空间塑造的创意概念印证进行研讨，进一步强化处理复杂问题的能力		方案手工草模 A1图；可电脑制图。总平面；各层平面、剖面；草模及照片，电脑建模透视；设计分析及说明；指标	集中深化评图
6	综合优化	整体框架下的深入统合，立面视觉与空间的整合，工作内容的视觉优化		方案手工正式模型 A1图；除手绘透视外可电脑制图；平、剖、立面，设计构思及分析；手工模型照；手绘透视，电脑建模透视；设计分析及说明；指标	小组讲评： 小组内交流， 教师答疑解惑
7	成果表达	方案细节、技术工作的修正，各类成果的汇总表达；评图。		方案手工正式模型 A1图；总平、剖、立面，手绘透视，电脑建模透视；设计分析及说明；讲解PPT	综合评价： 公开答辩，学生自述，教师提问、评价

5 成绩评定方法

精读案例阶段 A*10% + 一草阶段 B*5% + 二草阶段 C*5% + 正草阶段 D*10% + 正图阶段 E*70% = 最终成绩

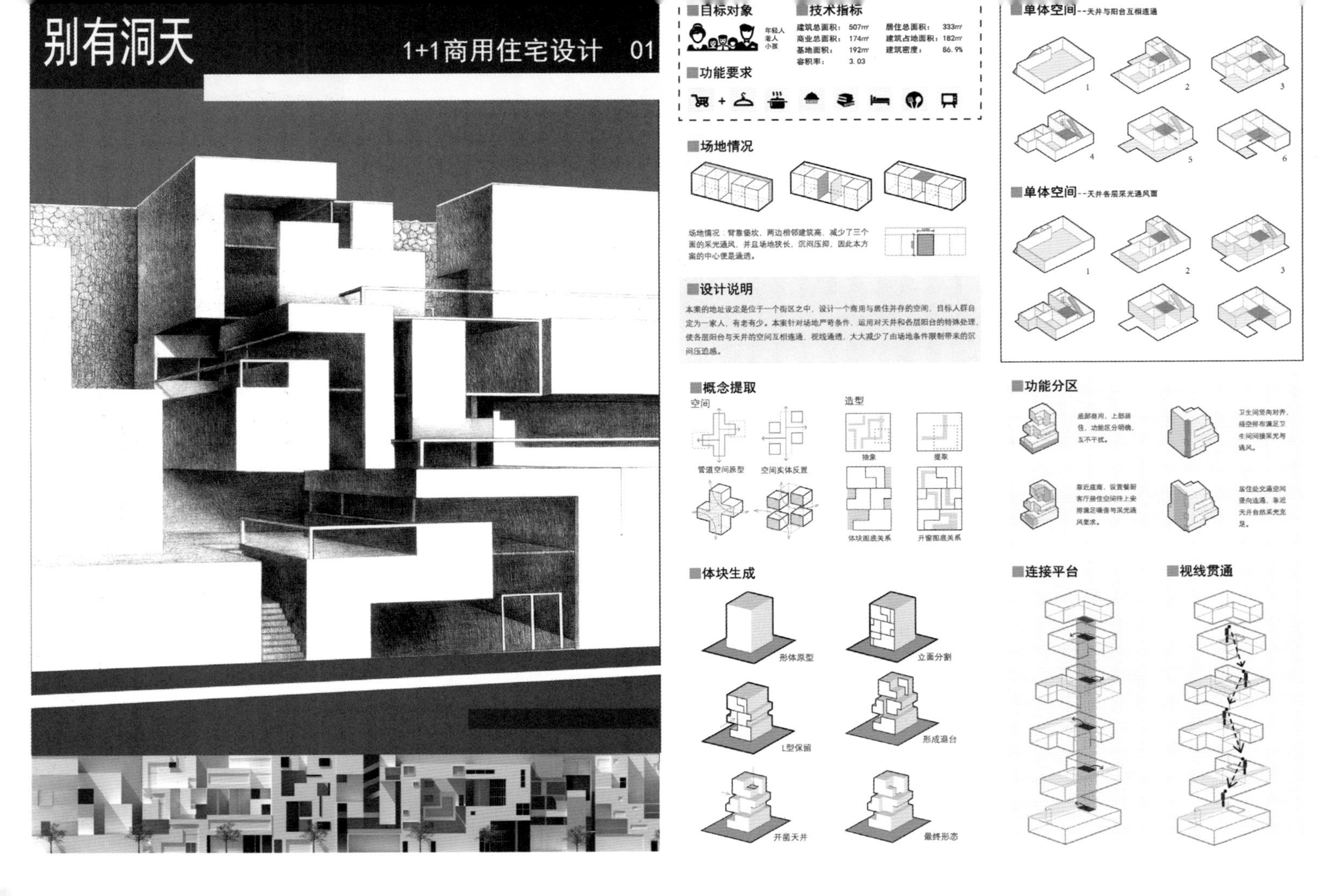
别有洞天
1+1商用住宅设计 01
目标对象
年轻人
老人
小孩
技术指标
建筑总面积：507㎡
商业总面积：174㎡
基地面积：192㎡
容积率：3.03
居住总面积：333㎡
建筑占地面积：182㎡
建筑密度：86.9%
功能要求
场地情况
场地情况：背靠堡坎，两边相邻建筑高，减少了三个面的采光通风，并且场地狭长，沉闷压抑，因此本方案的中心便是通透。
设计说明
本案的地址设定是位于一个街区之中，设计一个商用与居住并存的空间，目标人群自定为一家人，有老有少。本案针对场地严苛条件，运用对天井和各层阳台的特殊处理，使各层阳台与天井的空间互相连通，视线通透，大大减少了由场地条件限制带来的沉闷压迫感。
概念提取
空间
管道空间原型
空间实体反置
造型
抽象
提取
体块图底关系
开窗图底关系
体块生成
形体原型
立面分割
L型保留
形成退台
开凿天井
最终形态
单体空间--天井与阳台互相连通
1
2
3
4
5
6
单体空间--天井各层采光通风面
1
2
3
功能分区
底部商用，上部居住，功能区分明确，互不干扰。
卫生间竖向对齐，插空排布满足卫生间间接采光与通风。
靠近底商，设置餐厨客厅居住空间往上安排满足噪音与采光通风要求。
居住处交通空间竖向连通，靠近天井自然采光充足。
连接平台
视线贯通

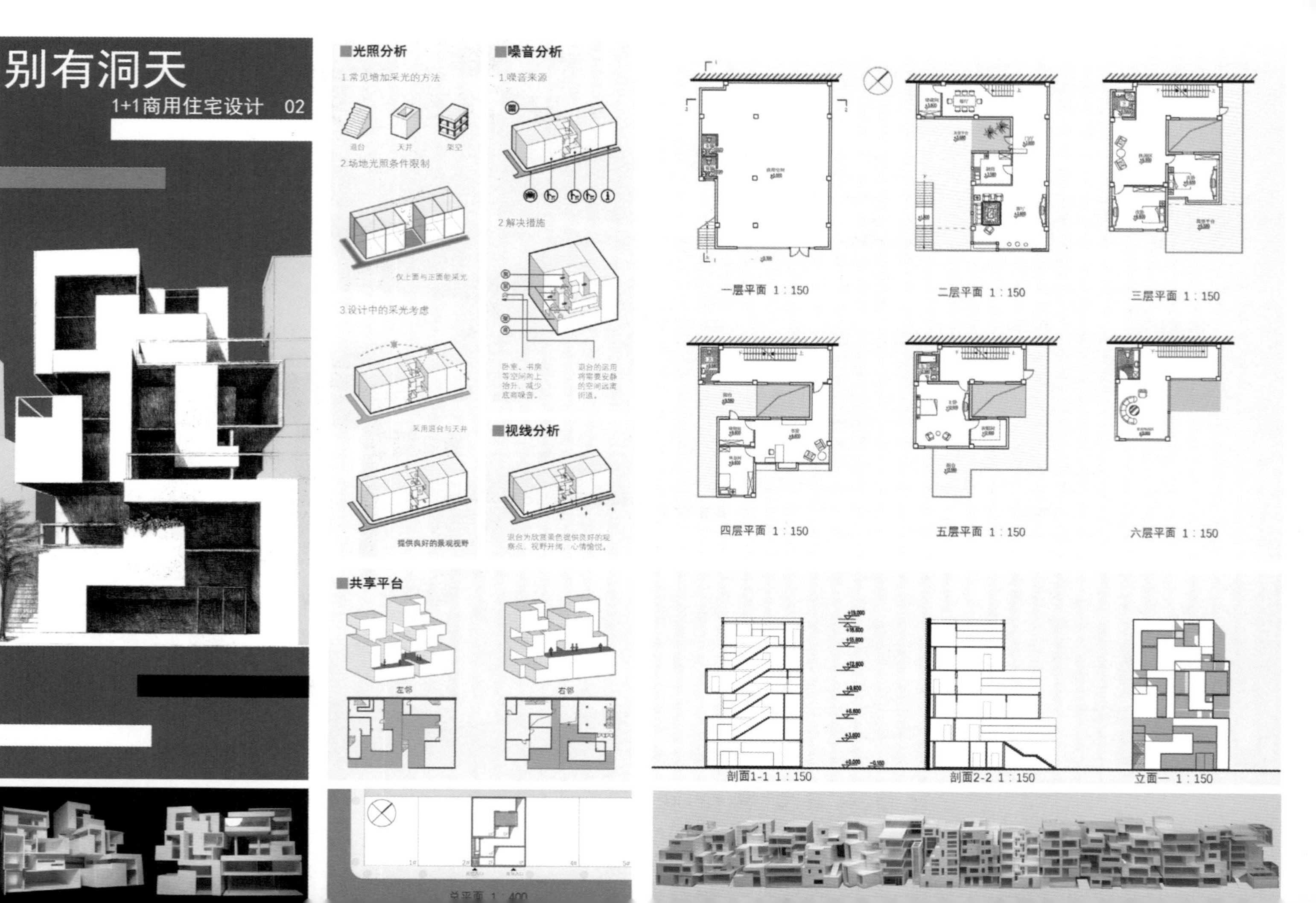

别有洞天
1+1商用住宅设计 02
■光照分析
1.常见增加采光的方法
退台
天井
架空
2.场地光照条件限制
仅上面与正面能采光
3.设计中的采光考虑
采用退台与天井
提供良好的景观视野
■噪音分析
1.噪音来源
2.解决措施
卧室、书房等空间向上抬升，减少底商噪音。
退台的运用将需要安静的空间远离街道。
■视线分析
退台为欣赏景色提供良好的观察点，视野开阔，心情愉悦。
■共享平台
左邻
右邻
总平面 1：400
一层平面 1：150
二层平面 1：150
三层平面 1：150
四层平面 1：150
五层平面 1：150
六层平面 1：150
剖面1-1 1：150
剖面2-2 1：150
立面一 1：150

体验—建筑·场景—空间·基于感知与空间研究的三年级上课程设计教学

西南交通大学建筑与设计学院建筑系　三年级

三年级建筑设计课程在教学体系中起着承上启下的重要作用。其教学目标为：引导学生开始关注诸如建筑与城市环境、历史文脉、生态环境、材料构造等问题；通过复杂交通流线组织、多空间组合、环境及场地等训练，结合结构、构造等相关知识，逐渐提高学生设计能力；训练设计思维与方法，培养创造力。近年来，三年级课程设计教学进一步加大专题教学改革力度，强调“文化与环境”的教学重点，突出问题导向，巩固能力培养。在教学方法上注重学生的创新能力培养。设计命题采用全学期整体性教学安排，采用真实地形和项目，真题假做，让学生借助一定的情境，通过协作和交流等方式，结合知识经验、心理结构，通过意义构建的方式获取知识。课题设计结合“体验—建筑”,“场景—空间”基于感知与空间研究来开展教学，营造学习环境的要素，为学生营造多样化的、以学生为中心的学习环境，培养学生发现问题、解决问题的能力。

优秀作业 1：“立体编织”·文殊坊竹编文化博物馆　设计者：王子悦　黄钰昇
优秀作业 2：影舞翩跹·皮影博物馆设计　设计者：王　浩　马宝裕

作业指导教师：王　俊　魏　丹　祝　莹　何晓川
教案主持教师：王　俊　祝　莹　何晓川　魏　丹　袁　红

体验—建筑　场景—空间　基于感知与空间研究的三年级上课程设计教学

建筑学本科整体培养框架

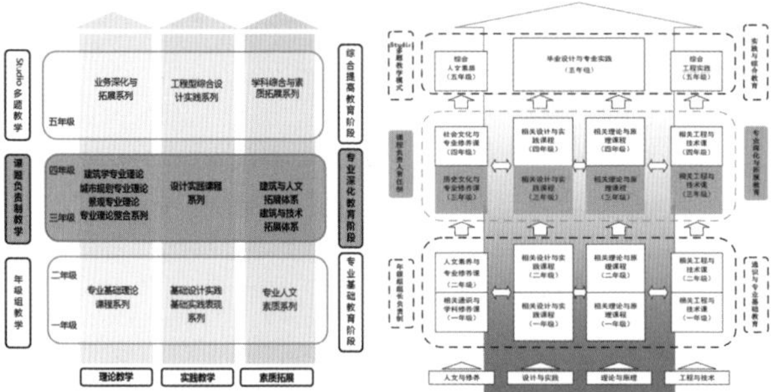

建筑学培养框架　　建筑学专业教学体系图

建筑设计教学主线框架

强调整体性的本科三年级上学期课程架构

文化与环境

题目：三年级上学期：城市环境危机下的思考 成都市文殊坊非遗·手工技艺主题街区公共建筑设计

教学目标与理论背景

教学目的

1、加深学生对建筑的理解，拓展学生的知识面。引导学生开始关注诸如建筑与城市环境、历史文脉、生态环境、材料构造等方面问题。

2、提高建筑设计能力。通过较复杂的交通流线组织、多空间组合、环境及场地等设计训练，并注重结合结构、构造等相关知识，逐渐提高学生的设计能力。

3、训练学生的思考与研究方法，培养学生的创造力。指导学生进行资料收集、案例分析，培养其发现问题与分析问题的能力。

场地背景

成都市文殊坊非遗·手工技艺主题街区

文殊坊历史文化保护片区是成都市的三大历史文化保护片区之一，文殊坊非遗·手工技艺主题街区位于保护片区外侧东南向，周边生活氛围浓郁。区域内既有零星的老成都民居院落，也有建筑质量参差不齐的上世纪七、八十年代居住建筑。规划中的"非遗·手工技艺主题街区"以老成都的历史文化为内涵，希望能使该街区成为非遗荟萃璀璨的舞台，使濒临失传的手工技艺焕发出新的生机。

设计课题的前后衔接关系

二年级下

通过"场地控制"和"角色置换"等手段开展的教学改革

三年级上

基于感知与空间研究的三年级上课程设计教学改革

三年级下

强调实态调研、Mapping、空间生成的三年级下居住建筑设计教学改革

"三位一体"的培养框架

理论教学、实践教学和素质拓展"三位一体"的培养框架。以学生的专业素养、实践能力、创新能力培养为重点，通过强化学科基础，凝练专业主干，形成了"理论教学、实践教学、自主研学"相结合的培养模式，构建了"2+2+1"阶段性培养框架，构建了以设计实践课程为主线、理论与原理、工程与技术、人文与修养为支撑的教学体系。教学理念与内容注重时代性，办学方法强调开放性与国际化。

教学目标

三年级建筑设计课程在教学体系中起着承上启下的重要作用。其教学目标为：引导学生开始关注诸如建筑与城市环境、历史文脉、生态环境、材料构造等问题；通过复杂交通流线组织、多空间组合、环境及场地等训练，结合结构、构造等相关知识，逐渐提高学生设计能力；训练设计思维与方法，培养创造力。近年来，三年级课程设计教学进一步加大专题教学改革力度，强调"文化与环境"的教学重点，突出问题导向，巩固能力培养。在教学方法上注重学生的创新能力培养。设计命题采用全学期整体性教学安排，采用真实地形和项目，真题假做，让学生借助一定的情境，通过协作和交流等方式，结合知识经验、心理结构，通过意义构建的方式获取知识。课题设计结合"体验—建筑"，"场景—空间"基于感知与空间研究来开展教学，营造学习环境的要素，为学生营造多样化的、以学生为中心的学习环境，培养学生发现问题、解决问题的能力。

教学过程

在三年级设计课程教学环节中，强调全过程教学法，通过现场调查踏勘测绘、参观调研、现场教学等方式，让学生从课堂的灌输式教学中走出来，增强了学生对设计条件、环境的感性认识，分析拟定详细设计任务计划，并以此为依据深化设计方案。在教学过程中强调阶段评讲与讨论，倡导学生自评、互评及老师点评，提高学生认识问题、分析问题的能力。

三年级上学期课程的改革路径

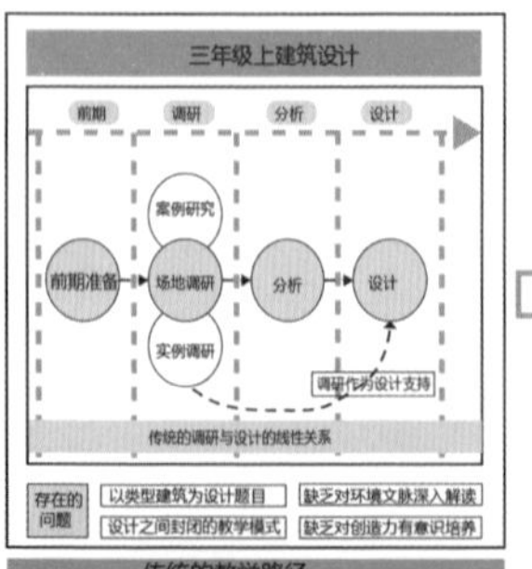

传统的教学路径

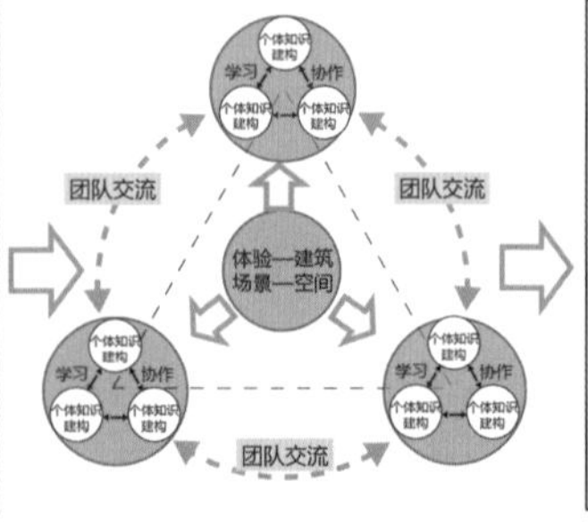

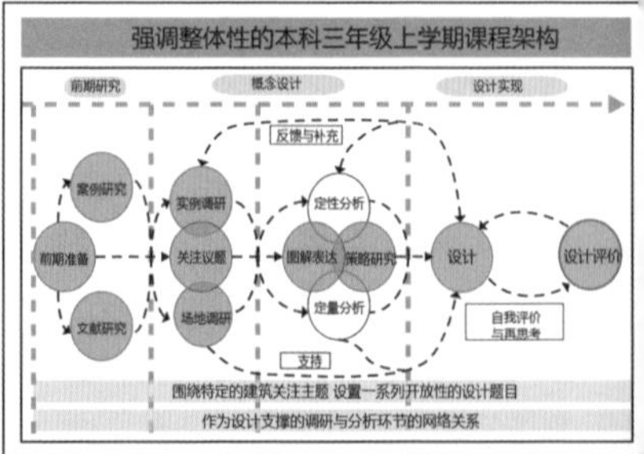

改革后的教学路径

体验—建筑 场景—空间 基于感知与空间研究的三年级上课程设计教学

基地背景及周边状况

基地地形图

项目用地目前进行了部分拆迁，其位于文殊坊非遗-手工技艺主题街区，地处文殊坊历史文化保护片区外侧东南方向，周边建筑质量参差不齐。

本地块包含非物质遗产博物馆和城市旅馆两个项目用地，基地内两个项目具体用地划分及选择由学生自行决定。

三年级上期整体性教学任务及安排

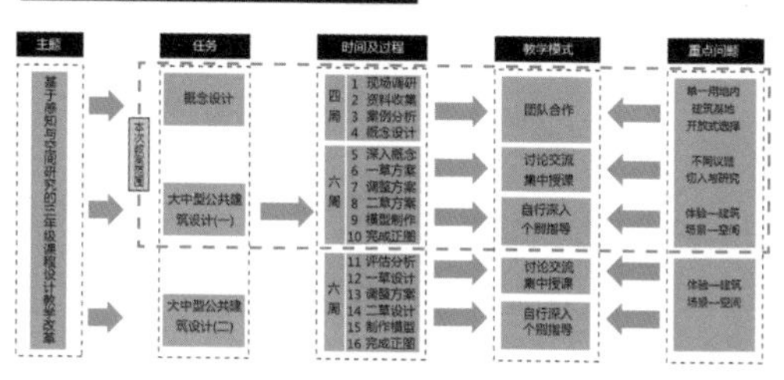

教学特色及要点控制

通过调研和比较研究对场地进行的定量和定性分析

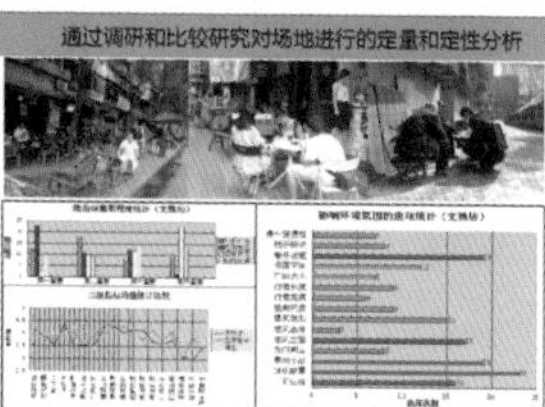

基于实体模型和数字模型研究的建筑与环境

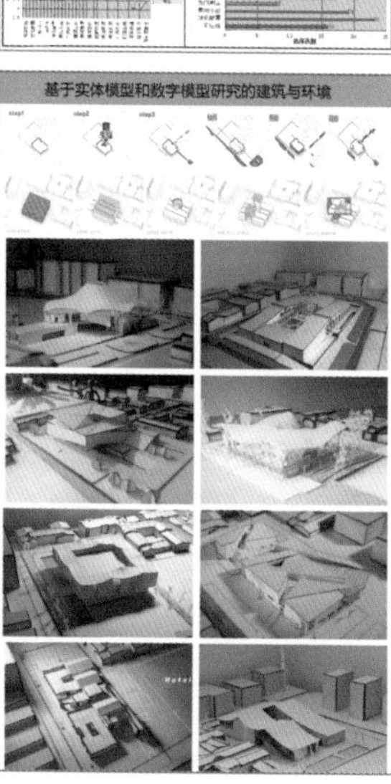

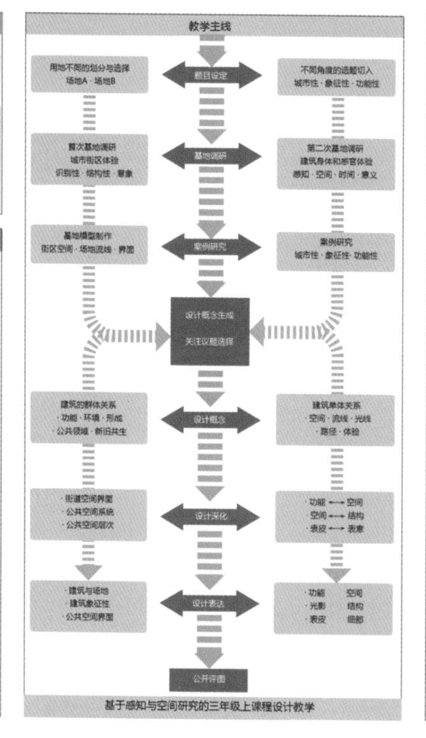

不同角度关注议题的选择与研究

- 建筑本体与城市环境
- 公共与私密的合理关系
- 建筑文化的断裂与传承
- 材质及表皮处理
- 内部与外部的空间关系
- 建筑的光与影

基于身体体验和空间场景研究的建筑本体

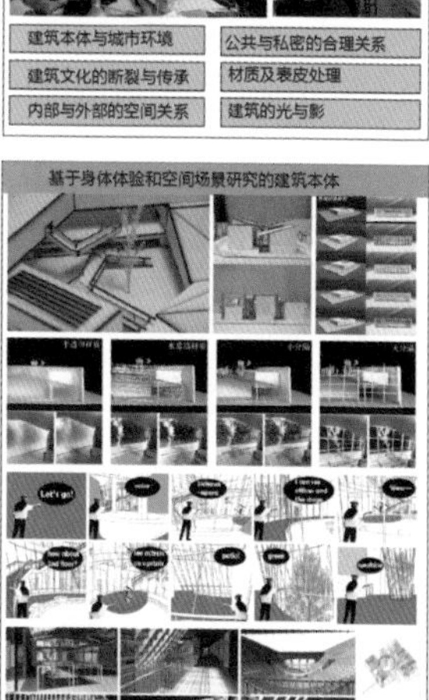

课程设计任务书及成果要求

课程内容

教学围绕特定的建筑关注主题（城市、环境、文脉等），设置一系列开放性的设计题目（非物质文化博物馆、旅馆建筑、图书馆等）。指导学生进行资料收集、案例分析，在深入理解空间、功能与需求的前提下自我完善任务书。要求学生对建筑所面临的相关问题有所认知和思考，对空间、功能与人的活动的关系要深入体验。引导学生进行"小而精"的研究，关注重点为学生的思考与研究方法。同时传授一般公共建筑设计的基础理论、基本知识，使学生理解和掌握中型公共建筑设计的基本原理，设计基本要求及特征，逐步提高学生的设计思维能力。

课题背景描述

城市与人们的生活息息相关。我们的城市正面临日趋严重的环境危机，空气污染、能源紧缺、用地匮乏，以及急剧变化伴随着对历史延续性的摧毁，整个城市生态和文化系统亟待建立。作为未来建筑师的我们如何回应这一问题，城市的过去将如何在未来演绎，在可能的危机里如何构筑诗意的栖居，这些是我们需要进行的思考。

项目用地位于文殊坊非遗-手工技艺主题街区，地处保护片区外侧东南方向，周边生活氛围浓郁。区域内既有零星的老成都民居院落，也有建筑质量参差不齐的上世纪七、八十年代居住建筑。规划中的"非遗-手工技艺主题街区"计划修建非物质文化遗产博物馆和城市旅馆，希望能以老成都的历史文化为内涵，使该街区成为非遗荟萃璀璨的舞台，不但使濒临失传的手工技艺迸发新的生机，也使该街区焕发活力。

第一部分：概念设计（四周）

第1-4周为课题第一部分：概念设计（课内16学时，共4周）。

课程要求：

结合项目背景，通过现场体验调研，发现并锁定关注议题；围绕关注议题，收集并分析设计案例，形成设计概念，总结设计手法；完成场地分析，提出选地方案，完善设计任务书；综合以上工作，完成概念设计。在课题研究中建议结合"体验—建筑"，"场景—空间"等关键要素，基于感知与空间研究来开展设计概念研究。注意本基地内包含"非物质遗产博物馆"和"城市旅馆"两个项目，基地内两个项目的具体用地划分和选择由学生自行决定。

关注议题：

建筑本体与城市环境的关系　场地历史环境的场景与特色
内部与外部的空间关系　公共与私密的合理关系
材质及表皮处理　建筑的光影

阶段成果：

锁定明确的设计概念：——明确设计主题，提出其包含的设计方向；
分析议题相关资料：——图片文字均可，明确相关主题的背景及现状；
基地分析图：——与主题相关的基地各种分析图；
建筑设计手法分析：——总结建筑设计案例；
建筑意象分析图：——表达深度希望完成建筑形象、功能组成、空间效果、细部构造等分析，并完成建筑基地选择。
形成A3 文本，ppt汇报文件，表达方式不限。

第二部分：非物质文化博物馆（六周）

第5-10周为课题第二部分：非物质文化博物馆（课内16学时，共6周）

课程要求：

课程设计内容主要如下：

1、挖掘一种有关非物质文化的表现形式。
2、思考如何用建筑空间和建构语言来表达和展示这种非物质文化，并能使人在不知不觉中参与进去，达到体验特定非物质文化和建筑空间的双重效果。
3、运用一种建筑设计技巧，有效表达非物质文化博览馆的设计构思。
4、建议结合"体验—建筑"，"场景—空间"等关键要素，基于感知与空间研究来开展设计研究。

设计要求：

地块面积：3000—5000㎡；总建筑面积：3000㎡（可上下浮动10%）
层数：不超过3层。
功能构成：（应考虑包含以下部分，具体面积及功能设置自定）
1.展示区（包括室内和室外）；2.管理区；3.研究区；4.仓储区；5.室外展示活动空间。

第三部分：城市旅馆设计（六周）

第11-16周为课题第三部分：城市旅馆设计（课内16学时，共6周）

略（不在本次学生作业范围内）

成果要求

图纸要求：

1、图纸内容：
1.1、总平面图，1：1000；包括各个建筑物位置，道路、庭院、绿化、指北针、用地周围环境；
1.2、平面图：底层平面图，1：300；房间名称、公共卫生间设备，主要庭院绿化、小品、地面铺装等；建筑各层平面图，1：300；
1.3、细部大样图，选有代表性的局部绘制细部大样图。比例1:50以下
1.4、剖面图（1~2个），1：300；剖在门厅、建筑标高变化多的部分，标注标高（室内外地面标高、层高标高）及层高；
1.5、立面图（2个）1：300 ；透视图 不少于2个小透视；
1.6、模型，模型比例自定。
1.7、简要说明及经济指标
2、图幅：图幅为A1图纸
3、图纸要求：可以使用CAD软件绘图。鼓励使用计算机进行辅助设计（如Photoshop、SketchUp）等软件对方案进行表现。

考核方式：

1、概念设计部分，共30分：其中调研问答设计制作，5分；资料收集、调研报告，议题深化，15分；A3文本和PPT汇报文件 10分；
2、非物质文化博物馆建筑设计，共60分：其中草图成绩，10分；方案构思，15分；分析和解决问题的能力，10分；相关知识的运用，10分；建筑表现能力，10分；课堂纪律，5分
3、答辩 共10分：答辩和汇报表现，10分

体验—建筑　场景—空间　基于感知与空间研究的三年级上课程设计教学

教学过程与安排

概念设计

教学任务

- 回顾理论知识，讲授课题基本要求；分小组确定调研团队，文献阅读，课后阅读重要理论书籍，收集相关设计资料；
- 进行初次场地调研，制作调研问卷，针对选定的场地，选择不同方式按小组进行调研；参观规模相似的公共建筑项目；
- 研究分析并量化调研结果，得出结论，完成调研报告；针对研究的目标生成初步设计概念。初步拟出任务书，确定设计所要关注的议题。
- 第二次场地调研；重点关注街区与建筑体验，补充收集场地相关背景资料；文献阅读，相关案例收集。
- 针对单一街区的开放式场地选择，确定设计关注议题和使用场地，理解和发现场地各种元素之间的关系和逻辑。生成设计概念，完善设计任务书。

时间阶段

模块一

第 1-4 周

0.5周：明确任务 文献研究

1周：现场调研 参观项目

0.5周：结果汇报

0.5周：讲授概念 文献阅读

1周：现场调研 案例研究

0.5周：确定议题 汇报讲评

教师工作内容

上课讲授：回顾公共建筑设计原理及相关知识，讲授课题基本要求，明确阶段任务。提供文献阅读书目

任务推进：现场指导调研过程，讨论完成调查问卷。联系落实参观代表性的公共建筑。协助撰写调研报告并完善场地分析结果。

指导评价：听取学生小组基地调研成果汇报，提出改进意见，共同讨论完善。批阅读书报告并反馈学生。指导学生进行概念场地分析；形成设计概念，完善设计任务书。

汇报指导：鼓励学生采用多样性的方式方法研究问题，促进学生自己建构知识的过程。帮助学生发现并锁定关注议题，并围绕关注议题收集分析设计案例。

学生工作内容

编制问卷：确定调研目标，编写有实际的指导作用的调查问卷

调查参观：对场地的街区体验、建筑体验、识别性、意向等进行调查，参观公共建筑。

文献阅读：阅读指定理论书籍，收集设计资料，完成读书报告。

调研总结：对调查结果归纳分析，量化及可视化表达，结合资料撰写调研报告，制作PPT，确定关注议题，交流汇报。

图解思考：对场地包含的关系进行图解，理解和发现场地各种元素之间的关系和逻辑。

概念生成：确定议题，生成设计概念，完善设计任务书。

阶段过程

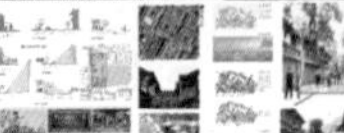

三年级上大中型公共建筑课程设计（一）

教学任务

- 第一阶段：
  按照选定的场地和议题进行设计深化，挖掘一种有关非物质文化的表现形式。鼓励学生基于实体模型和数字模型研究建筑与环境的关系，研究城市环境与建筑形体生成，街区体验与建筑意向的关系。
- 第二阶段：
  对第一阶段的工作进行总结评讲，讲解相关建筑法规以及规范，深入方案细节，对建筑功能、空间与形体进行深入设计，研究公共空间流线、光线、路径、体验等问题，引入建筑技术的概念。
- 第三阶段：
  讲授设计中涉及的建筑技术问题，如建筑结构、构造等与空间的关系。讲评第二阶段工作；进一步完善方案，完成细部设计。指导学生深入研究外部空间界面、场地与细部设计。
- 第四阶段：
  调整完成设计方案，绘制图纸，完成相关成果的制作，准备全年级公开汇报评图。
- 成果汇报：全年级公开汇报评图；对自己的建筑设计成果进行总结和反思。

时间阶段

模块二

第6-10周

第一阶段（1周）城市环境与形体生成 街区体验与建筑意向

第二阶段（1.5周）功能形体与空间设计

第三阶段（1周）建筑技术与空间设计 场地、空间界面与细部

第四阶段（1.5周）图纸绘制与建筑表达

成果汇报

教师工作内容

课堂讲授：讲授课题要求，讲授公共建筑设计的基本原理和相关规范。明确阶段任务。开拓学生视野，介绍当代设计发展趋势

任务推进：分阶段、按时间和计划推进、组织设计教学。

指导设计：指导学生设计，构建以学生为中心的学习环境，调动学生积极性，以问题式教学促进学生能力培养。

技术问题：讲授、解决设计中涉及的建筑技术问题，如建筑消防、结构、设备等与空间、流线的关系。安排多专业教师介入设计过程，共同指导学生。

指导评价：按阶段指导设计，听取学生的阶段成果汇报，提出改进意见，共同讨论发展方案设计。交图后组织公开汇报评图。

成果评价：汇同外校及多专业教师共同听取学生的成果汇报。进行评价。

学生工作内容

概念深化：按照确立的概念构思和关注议题，针对场地进行建筑群体关系的研究，关注街道空间界面与公共空间系统层次。

空间生成：探讨针对关注议题可能的空间形式、流线组织及形体关系生成设计。

深化方案：深入方案细节，对空间进行精细化设计，研究空间、流线、光线、表皮、材料等建筑单体问题，考虑结构等技术问题

完善方案：进一步完善方案，在教师指导下解决结构和形体的深化设计，完成细部设计

完成方案：完成设计方案，绘制图纸，完成相关成果的制作。

汇报交流：在各阶段和教师充分交流，完善设计。交图后准备全年级公开汇报评图。

阶段过程

图纸最终成果与点评

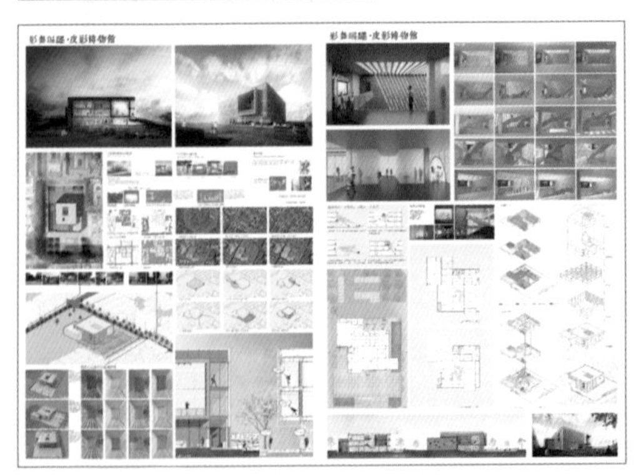

该设计方案学生以内部与外部的空间关系的创造作为设计切入点，以大型下沉广场与面向文殊坊景区的公共戏台为核心公共空间，营造方便市民使用与知识普及的空间氛围。方案场地位于文殊院旁，民俗文化氛围浓厚，该非物质文化博物馆主题定为皮影。方案试图通过对传统皮影戏场景的模拟还原，建立起博物馆与周边环境的联系，并以建筑表皮对皮影幕布的模拟，形成内部与外部各种不同尺度的“皮影”的演绎。方案利用模型重点研究了不同空间场景的组织与变换，以及表皮的虚实光影关系。

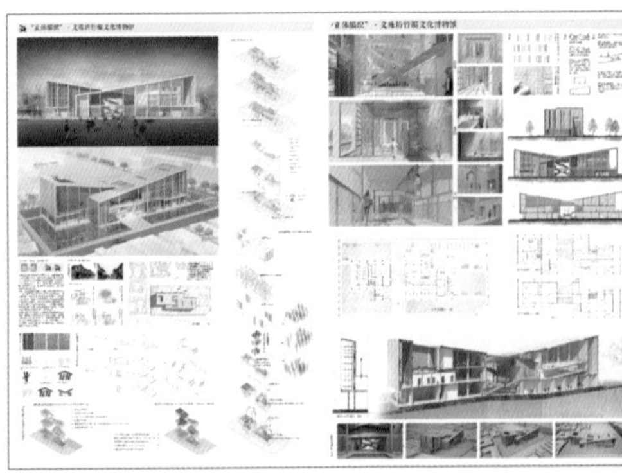

该方案学生的关注点在建筑本体与城市环境，建筑的材质及表皮处理。面对随着建设而逐渐同质化的当代城市空间，面对随着现代工业制成品而逐渐被淡忘的传统工艺，方案试图通过建立以竹编艺术为主题的非物质文化博物馆来使人们重拾对竹编这一传统工艺的记忆，进而保护更多属于成都的传统技艺，唤起人们对于成都这个城市的特异性的的归属感与认同感，学生试图借此建筑给予场地更丰富的空间界面和辨识性，促进文殊坊整个街区重新迸发活力，实现属于当代城市社会层次上的“立体编织”。

“立体编织”·文殊坊竹编文化博物馆

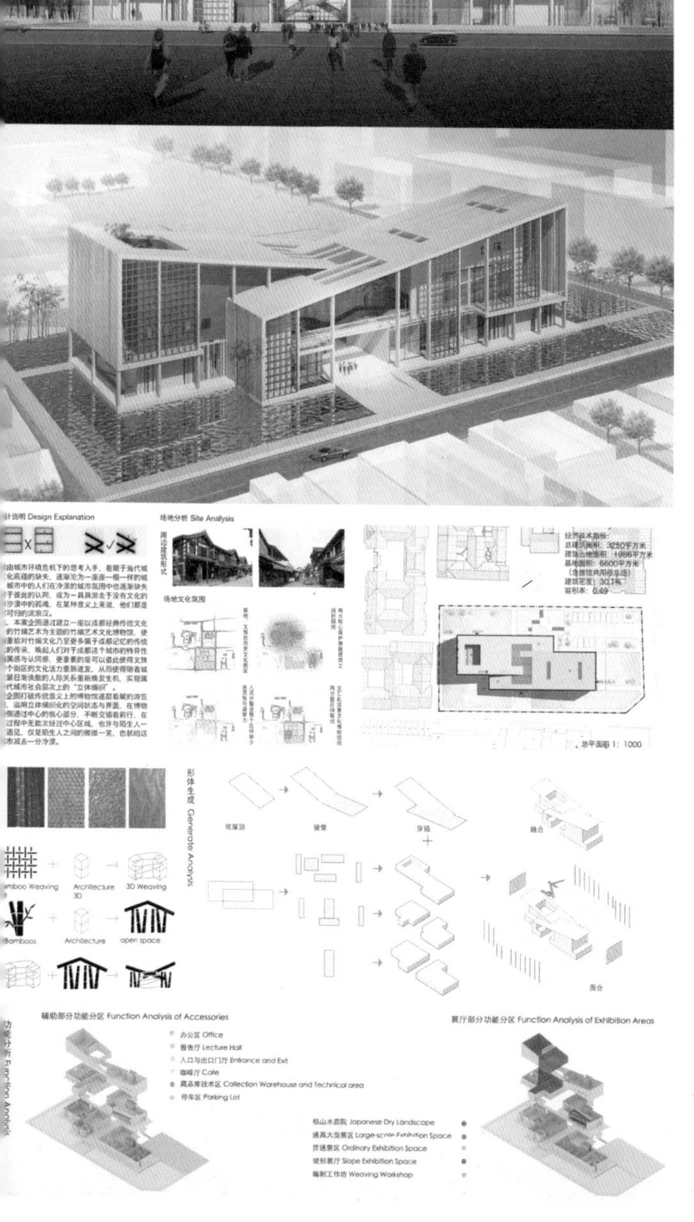

设计说明 Design Explanation
场地分析 Site Analysis
场地文化氛围
经济技术指标：
总建筑面积：3250平方米
建筑占地面积：1986平方米
基地面积：6600平方米
(含微馆共用停车场)
建筑密度：30.1%
容积率：0.49
总平面图 1：1000
形体生成 Generate Analysis
Bamboo Weaving
Architecture 3D
3D Weaving
Bamboos
Architecture
open space
辅助部分功能分区 Function Analysis of Accessories
办公区 Office
报告厅 Lecture Hall
入口与出口门厅 Entrance and Exit
咖啡厅 Cafe
藏品库技术区 Collection Warehouse and Technical area
停车区 Parking Lot
展厅部分功能分区 Function Analysis of Exhibition Areas
枯山水庭院 Japanese Dry Landscape
通高大型展区 Large-scale Exhibition Space
普通展区 Ordinary Exhibition Space
坡形展厅 Slope Exhibition Space
编制工作坊 Weaving Workshop

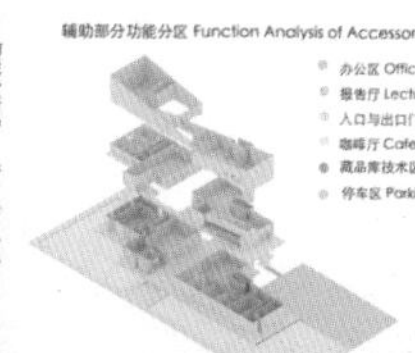

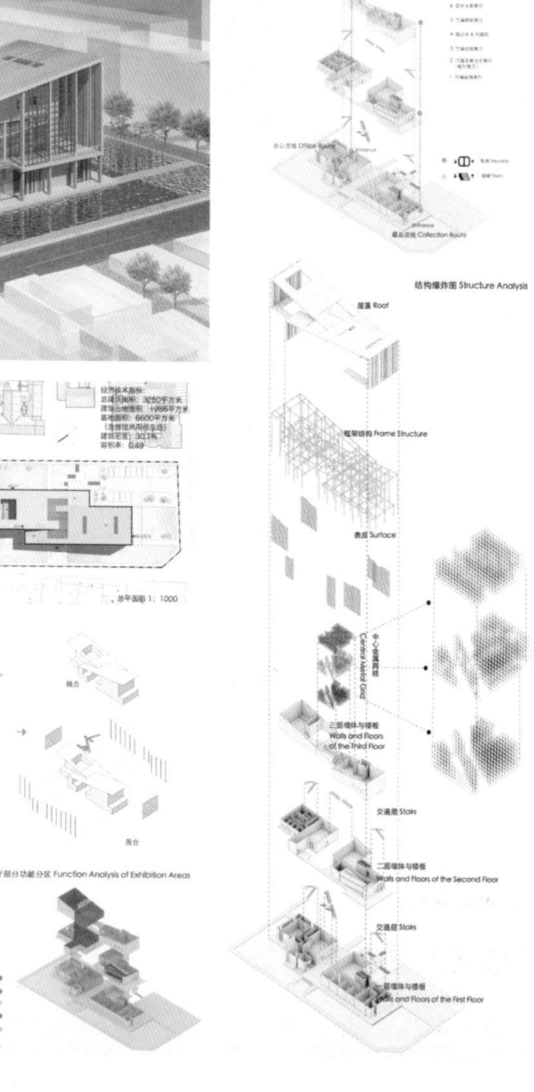

流线分析 Route Analysis
参观流线 Visiting Route
办公流线 Office Route
藏品流线 Collection Route
结构爆炸图 Structure Analysis
屋盖 Roof
框架结构 Frame Structure
表皮 Surface
中心金属网格 Central Metal Grid
三层墙体与楼板 Walls and Floors of the Third Floor
交通层 Stairs
二层墙体与楼板 Walls and Floors of the Second Floor
交通层 Stairs
一层墙体与楼板 Walls and Floors of the First Floor

“立体编织”·文殊坊竹编文化博物馆

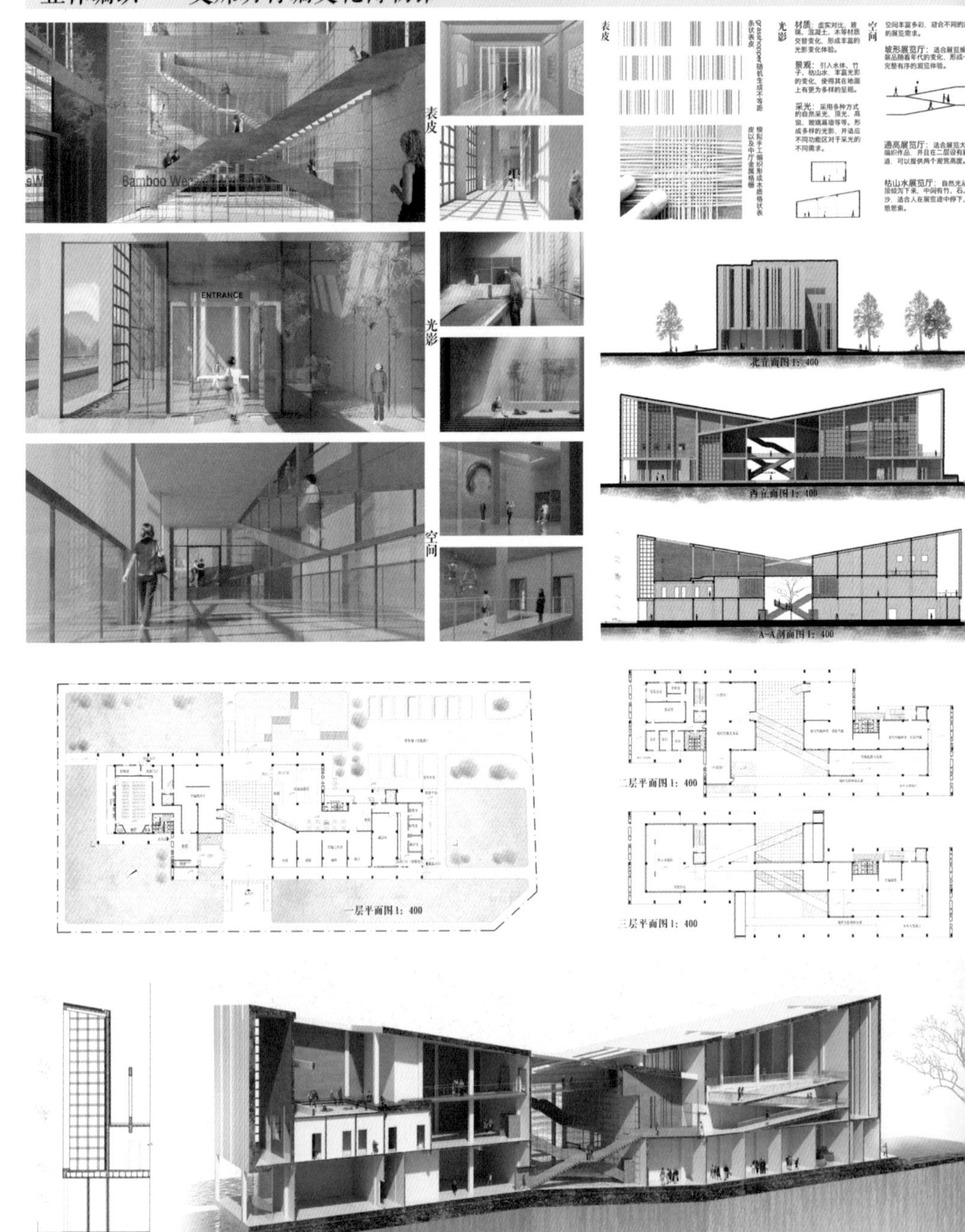

墙身大样图 1：200

模型与场地关系

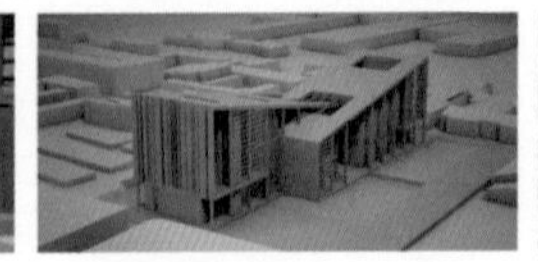

城市小型交通枢纽设计

西南交通大学建筑与设计学院建筑系　四年级

本设计教案以教学目标为主线，强调学生在教学中的能力培养和方法训练，四年级设计课程以“城市和技术”为主线。

重在培养学生在单体建筑转向城市空间的研究视野的扩展，以及一系列艺术和技术的整合提升。其教案主要体现了开放性、实践性、地域性以及表现性的四个特点，带动整个教学重新认识“建筑的本质是什么”。

此外，本教案的教学特色还包括：

（1）摒弃传统的设计教学模式对草图大而全的要求，调整优化为基础调研—个性化任务书—概念设计—深化设计—正图；

（2）个性化任务书；

（3）开展“作业展览与公开评图主题日”活动。

优秀作业 1：凝峦承海——成都市青城山火车站设计　设计者：高伟哲

优秀作业 2：窗含青城 | 青城山高铁站　设计者：潘一峰

作业指导教师：史劲松　林　荣　蔡燕歆

教案主持教师：史劲松　林　荣　蔡燕歆

城市小型交通枢纽设计

基于城市视野的交通体系整合与建筑的地域文化表达

建筑学教案的编排应以教学目标为主线，强调学生在教学中的能力培养和方法训练。四年级设计课程以“技术与城市”为主线，重在培养学生从单体建筑向城市空间的研究视野的扩张，以及一系列艺术与技术的整合提升

学科体系

关键词	空间认知 与 建构与表达	功能 与 造型	文化 与 环境	技术 与 城市	业务 与 实践
年级	一年级	二年级	三年级	四年级	五年级
技术环节	测量学 图学基础与阴影透视	建筑力学 建筑构造 建筑结构	场地设计 建筑造型与布置 建筑材料 计算机辅助设计	大跨度空间结构选型 建筑物理 建筑安全	结合设计实践 强化各专业技术配合
能力培养	建筑设计基本技能 模型制作 手工制图 语言表达等	手工制图 模型制图 识图与构图 语言表达等	建筑与环境规划 计算机辅助设计 综合表现 语言表达与沟通	综合思维与表现 计算机辅助设计 语言表达 合作能力	建筑设计与实践 交流与沟通 协调能力 合作能力
设计课题	建构设计 空间构成	主题幼儿园 乡村养老院 艺术家之村 山地小别墅 乡村民居改造 休闲茶室 大学生书吧 景观咖啡厅 社区活动中心 城市青年之家 大学生艺术中心	景区主题酒店 民宿酒店设计 城市快捷酒店 地震纪念馆 社区文化馆 主题博物馆 青年公寓 老年住宅 城市集合住宅 青年创意工坊 城市开放社区 城市住宅小区 城市旧城片区改造	火车站 汽车站 码头 影剧院 体育馆 医院 城市旧城改造 城市社会更新 城市片区发展 高层建筑 大型综合建筑	建筑设计实习 毕业设计

教学要点

教学目的

1.切实培养学生“正确的设计思维”、“正确的设计方法”和“分析问题、解决问题的能力”。

2.使学生具有一定的建筑结构设计理论基础，有正确的结构意识。

3.掌握交通流线的分析方法与功能关系的整合，和广场规划设计的方法

4.培养学生对大跨度建筑空间组合设计能力及艺术造型能力。

5.思考大跨度建筑空间的结构逻辑与造型关系，将探寻材料性能与力学定律的逻辑表现作为一项重要的建筑学任务。

6.使学生掌握建筑美学基础知识，能够通过作品表达对结构美学的理解

教学重点

1.逻辑性

结构美学是完美的在建筑外观上体现合乎逻辑的结构形式，这里的符合逻辑是符合材料逻辑、结构的逻辑、形式的逻辑、以及建筑的逻辑。

2.形式感

结构美学表现是通过结构在建筑中成为炫技的主角而给人们新奇特殊的空间体验，突显形式美感。

3.材料的表达

建筑材料的表达是本课程训练的又一项重点，建筑依靠对材料的逻辑化组织来解释自己的存在，反映着世界的关系，建筑形式表现是基于对材料及其连接方式的表现。

教学难点

1.在本课题的作业训练中，学生普遍表现出对于结构逻辑、形式逻辑、建构逻辑从概念转化为设计的能力的薄弱。

2.中小型铁路客站功能整合，空间单一，容易造成功能空间与外部造型的脱离失调。

3.中小型快铁站属于大跨度建筑，结构本身又分为站台上的结构和站台下的结构两个部分，前者支撑于线路桥结构上，后者则直接支撑于地面，二者的衔接形成一个新的处理难点。

同时，结构的支撑点比较分散，对于平面布局和空间组合的约束性较强；较难解决的是屋顶结构体系，由于覆盖面积很大，屋顶荷载也会很大。那么选择怎样的结构就成为又一个难题。

沿着技术与城市双线展开的课程难点

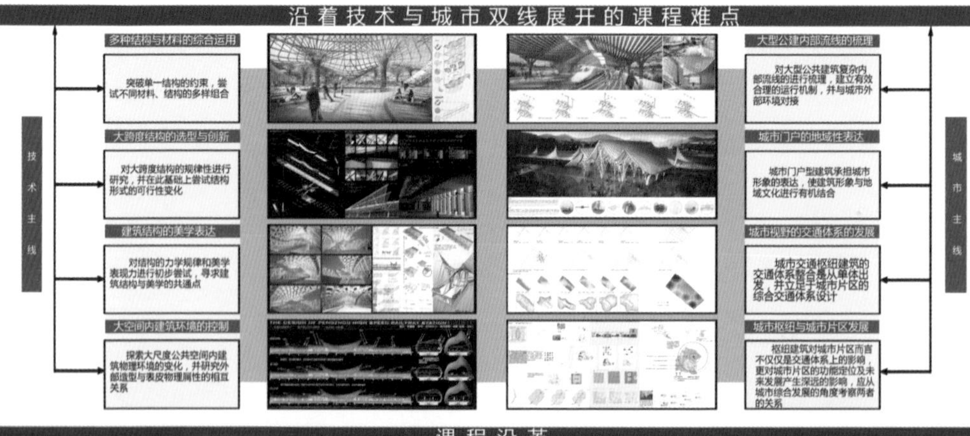

技术主线
多种结构与材料的综合运用
突破单一结构的约束，尝试不同材料、结构的多样组合
大跨度结构的选型与创新
对大跨度结构的规律性进行研究，并在此基础上尝试结构形式的可行性变化
建筑结构的美学表达
对结构的力学规律和美学表现力进行初步尝试，寻求建筑结构与美学的共通点
大空间内建筑环境的控制
探索大尺度公共空间内建筑物理环境的变化，并研究外部造型与表皮物理属性的相互关系
城市主线
大型公建内部流线的梳理
对大型公共建筑复杂内部流线的进行梳理，建立有效合理的运行机制，并与城市外部环境对接
城市门户的地域性表达
城市门户型建筑承担城市形象的表达，使建筑形象与地域文化进行有机结合
城市视野的交通体系的发展
城市交通枢纽建筑的交通体系整合是从单体出发，并立足于城市片区的综合交通体系设计
城市枢纽与城市片区发展
枢纽建筑对城市片区而言不仅仅是交通体系上的影响，更对城市片区的功能定位及未来发展产生深远的影响，应从城市综合发展的角度考察两者的关系

课程沿革

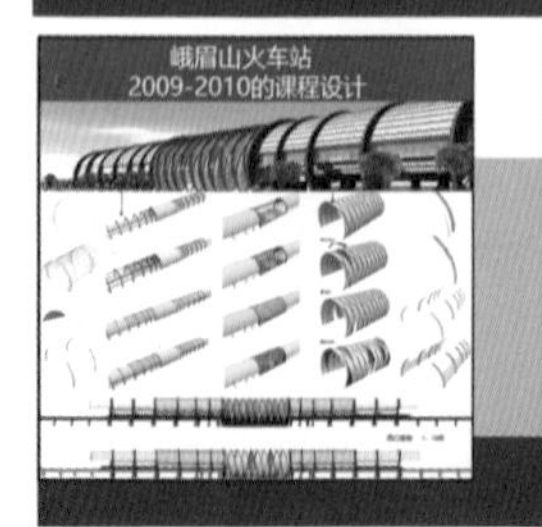

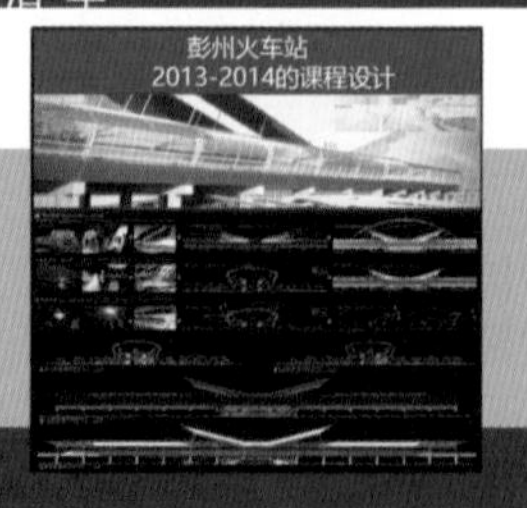

城市小型交通枢纽设计

基于城市视野的交通体系整合与建筑的地域文化表达

教学过程控制系统

阶段性主题	周期	教学进度及内容	学生作业展示

案 例 研 究

案例研究包含两个环节，其一是由老师讲解示范案例，拓宽学生的思路；其二是通过学生对案例推进和发展过程的学习，了解和认识到不同的设计方法和技巧，从而避免学生对案例只停留在“作评鉴赏”的浅薄层面上。

第一周

熟悉课程和任务阶段

1、讲述铁路客站的发展，铁路客站设计的要点介绍，国内外铁路客站设计实例分析，讲解任务书与地形图

2、现场踏勘，调研

现 场 调 研

现场调研是一个由感官体验进行经验积累的方式，调研对象包括完整的专业“作品”，生活中的临时建筑，以及课程设计的实际空间环境。调研有利于学生全面观察真实复杂的场地因素，进行场地分析同时发现问题，思考问题。

第二周

初步构思阶段

1、调研成果及资料收集成果汇报

2、初步构思讨论，布置一草

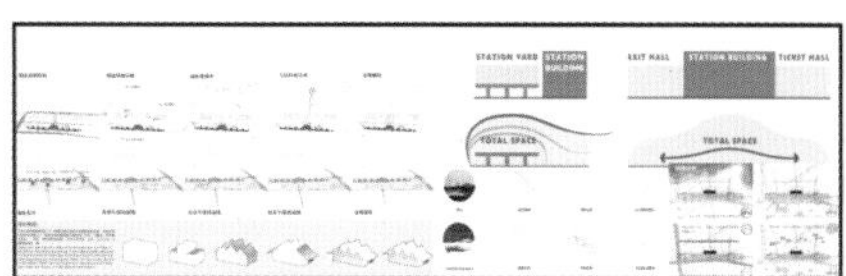

组 织 评 图

评图进行于每一次完整设计后，是对前阶段设计的检查和总结。通过恰当的评图过程，学生能了解自己的设计潜力，明确下阶段的努力目标。在评图过程中，学生也能在其他同学的作业中获取不同的重要信息。

第三、四周

方案定型阶段

1、检查一草并作课堂讲评

2、 结构美学专题讨论

模 型 推 敲

模型推敲是一个从抽象性意向中提炼设计概念的重要方法。利用模型制作，使学生对建筑真实结构的排布逻辑进行思考，推动建筑形式，空间与结构的互动关系发展；同时可以更加直观地推敲建筑和场地之间的关系，也能帮助学生对建筑的材质和色彩关系进行权衡。

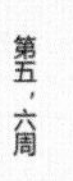

方案深化阶段

1、检查二草并作课堂讲评

2、结构美学专题讨论（二）

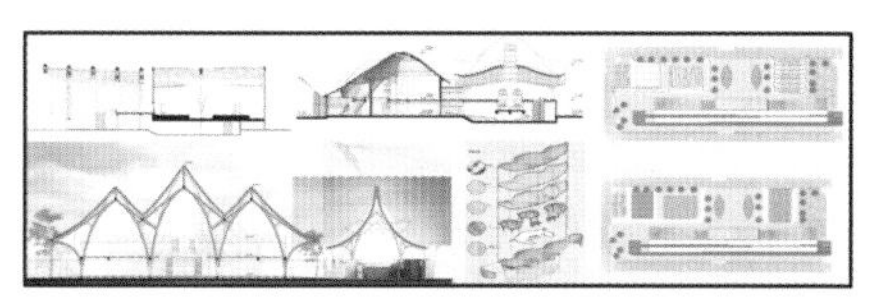

结 构 美 学

结构美学对建筑艺术表达至关重要。在课程设计的不同阶段，我们均加入对结构美学的关注，一草阶段注重对结构造型及多方案间的横向比较；二草阶段注重于结构的逻辑分析和形式感生成；正草阶段注重于结构的细部造型，而正图阶段则侧重于结构模型的建立和渲染表达。

正图绘制阶段

1、检查正草并作课堂讲评

2、材料构造及细部设计专题讨论

课堂答疑

课程任务书

项目背景

青城山站是我国第一条高等级市域快距离速铁路—成（四川省成都市）灌（四川省成都市都江堰市）快速铁路的终点站，位于都江堰市青城山镇，距成都站65km，距离都江堰站8km，距离国家AAAAA级旅游景区—青城山仅3km，从青城山站步行只需20min即可到达青城山。

车站、站区概述

青城山站是我国第一条高等级市域快距离速铁路—成（四川省成都市）灌（四川省成都市都江堰市）快速铁路的终点站，位于都江堰市青城山镇，距成都站65km，距离都江堰站8km，距离国家AAAAA级旅游景区—青城山仅3km，从青城山站步行只需20min即可到达青城山。

建筑规模

青城山站为3000人站房，2台4线，总建筑面积约4500平米左右。

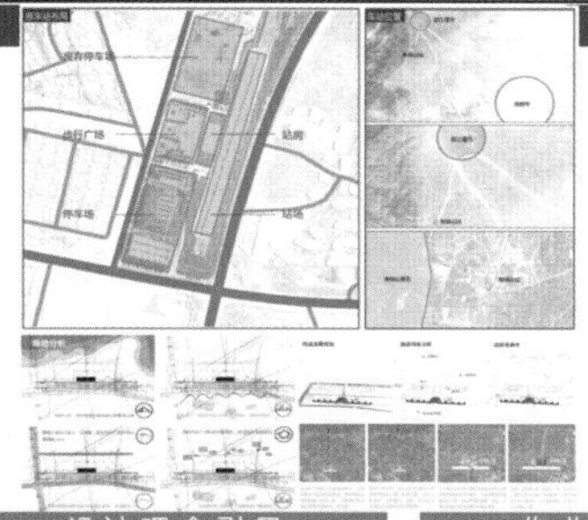

课题名称：“成灌快铁”青城山站方案设计

设计内容

1. 车站建筑

1.1 车站建筑组成

站房；站台雨棚及站场跨线设施；与城市各种交通换乘设施和联系通道等；城市公交、出租、社会车辆等站场设施。

1.2 站房组成

进出站集散厅；候车区（室）：包括无障碍候车区等；售票用房：包括售票厅、售票室及必要的售票管理用房；旅客服务设施：包括问讯处，小件寄存等；旅客用厕所、盥洗间；客运管理、生活和设备用房。客运管理用房----包括客运值班室、公安值班室等。客运设备用房--- 包括通信、供电、供水、供气和暖通等设备的技术作业用房。

1.3站场规划

站台雨棚、站场跨线设施、站台客运设施，各种交通换乘设施和联系通道，由应征人根据规划要求和方案需要确定。

2. 站区规划

根据车站建筑设计方案的需要及“设计任务书”中给出的规划条件，对站区相关部分及广场进行合理规划设计，科学规划布置城市汽车客运站、城市公共交通站、出租及社会车辆站、场以及各种交通设施的联系通道，使各种交通流线能够有机衔接。

基本知识储备 → 设计理念引导 → 作业扩展训练 → 总结探讨

实验性教学特点

在理论与设计教学中引入“结构美学”理论，是体现了一种策略和态度，其目的是带动整个教学重新认识“建筑的本质是什么”，从而使教学体现更加明确要培养什么样的人。

开放性

结构美学教学理念，是针对具体的中小型快 铁站设计题目，从环境、材料、结构、建造、形式、建构等几个不同的主题切入展开，并就每一种可能性来进行探讨。这种讨论，使得实际操作起来便具有很强的针对性，这更有利于对问题深度的拓展。

实践性

结构美学理念的根本和核心理念内容是建构，即实践。与传统建筑学教学的二维实践性不同，建构实践通过模型制作、建构实验、建造参与等多种方式，通过制作和建造的动手过程体验三维空间及其实现过程。

地域性

实验性教学主张运用建构理念来诠释“结构美学”。建构被称为“诗意的建造”，由于地域和文化背景不同，结构美学本身就具有其文化性，而“诗意的建造”则是从不同地域特定传统建造文化中汲取营养，进行逻辑的表达。

表现性

本实验性教学着重体现“结构美学”，其理论着眼点仍是建构理论。就现在建筑设计发展的实际情况来看，设计的追求已不再仅仅是结构的宏伟与革新，而是转向将结构作为一种表现元素与造型设计相结合。

城市小型交通枢纽设计

基于城市视野的交通体系整合与建筑的地域文化表达

教学重点的展开层次

设计概念提取

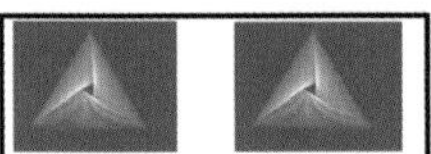

在进行高铁站设计过程中，把对青城山的城市风貌以及城市文化的理解转化为对形状的逻辑解释，寻求城市生活片段与科学逻辑形状的转化关系，也通过对材料与结构的探讨，加深高铁站的城市形象。

高铁站作为"城市大门"应该起到城市名片的作用，尤其青城山作为远近闻名的旅游景点，更应该具有展示城市风貌的重要作用。高铁站设计将以现代科技与柔美自然结合的绿色建筑方式向乘客展现一个新的逻辑青城山。

表皮逻辑生成

由日常生活中常见的形态与本土人文特色等相互结合衍生出基本表皮形态，并在此基础上进行延伸、倒置、拼合、拆解等变形得出高铁站的基本几何形态。不仅是表皮的形状更是一种空间的逻辑关系。

表皮逻辑概念 - 平面

在设计过程初始阶段便注重逻辑性的分析过程用图形中的几何关系，探讨设计中逻辑出现的图形与方向，进行多种旋转、翻折的尝试，分别从多个角度对三角形、矩形、圆形等多种图案进行较为全面的比较。

表皮逻辑概念 - 空间

在方案形成阶段，由面到体，把图形间的关系转化为立体空间的关系，在基于功能满足的基础上进行了大胆的尝试，形成轻盈灵动的站内空间。在比较时运用了立方体、四面体、球体，学生自我比较选择进行了多样的尝试。

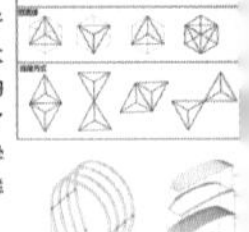

同时空间的生成过程中也注重材料与造型的关联性，如灵动的球形空间使用造型条件好的钢类材料，在保证安全的基础上进行了多样的尝试。

结构美学的地域性探索

学生从结构入手，提取自然山形，传统木建筑的元素，以钢木结构再现木构建筑的清雅之态。通过支柱、椽、檩以及屋面板的层层叠加，形成了丰富的空间。

结构造型设计不等同于单纯的结构设计，设计时既遵循了结构的力学逻辑，又对构件进行了造型处理，使结构体系具有了美学的含义。

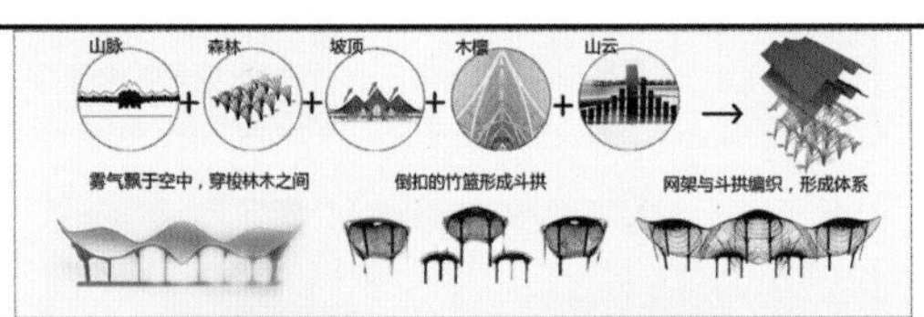

依靠四组交叉斜拱作为最基础的支撑结构，每组结构连接四根小柱，小柱上架椽，椽上搭檩条，檩条上架屋面板。

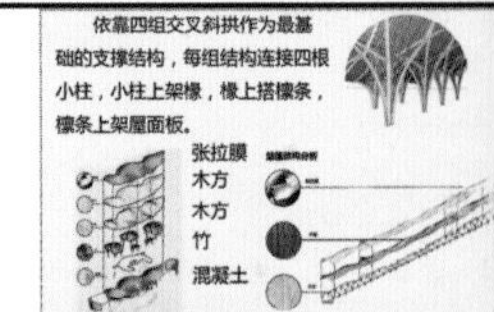

学生作品点评

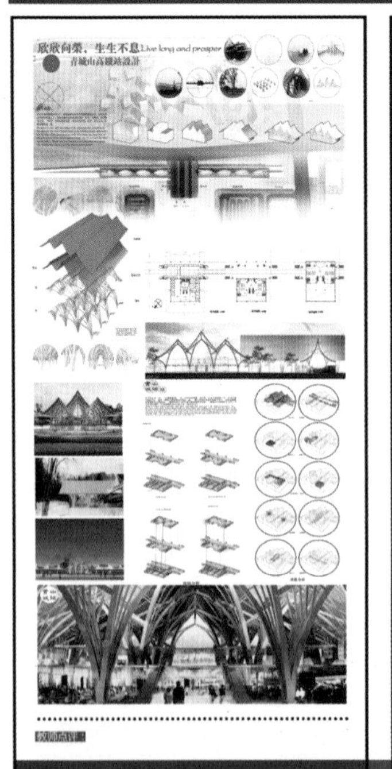

教师点评：

设计以山的轮廓折线入手，结合坡屋顶建筑的屋面形态形成空间，并根据功能需求的不同调整建筑高度。在材料的选取上，以钢木结构再现木建筑的清雅之态，层层叠加的方式形成通透的空间，使整个建筑有轻盈姿态。

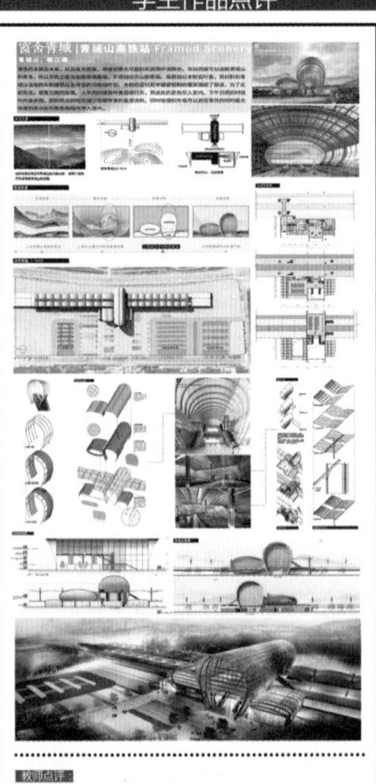

教师点评：

该方案"巧妙之处在于"建筑与环境的自然结合。一方面体现在建筑材料的应用上：黄色的木板及木条，反光铝板，使建筑四周通透；另一方面体现在"框景"的运用上：以候车厅为框，可远眺青城山景色，同时也考虑到了建筑的采光、防西晒、通风等众多要素，较好地体现了建筑的"绿色"，也实现了建筑的美观。

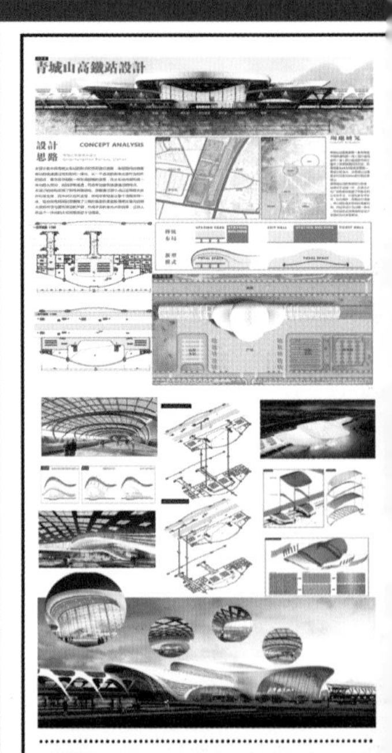

教师点评：

从空间组织上来说，该方案在传统的站台与候车关系上做出了改进，使空间形成一个整体，具有快速通过的特点。结构上，采用异形网架结构，仅由四根柱子和两个大柱支撑；形似飞鸟，有动态之美；有三角形渐变表皮及菱形渐变开窗产生丰富的光影效果有利于采光通风。

概念意向

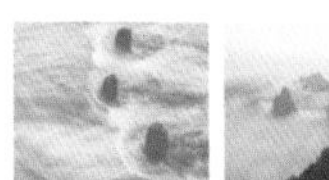

流水擎石

雲海盤巘

山水寫意

遊園體驗

场地分析图

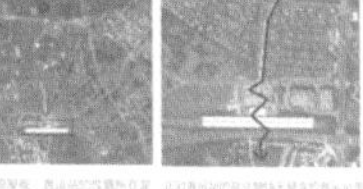

逻辑生成

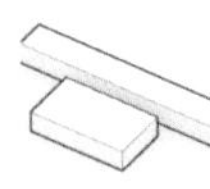
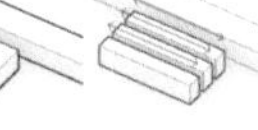
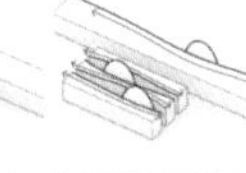
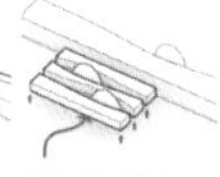
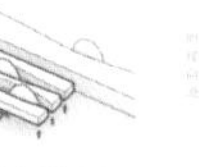

空间概念

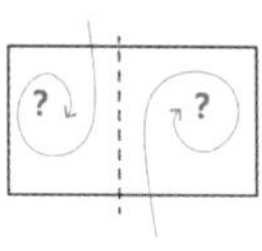
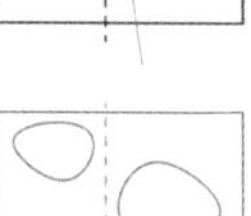
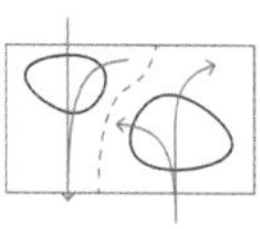
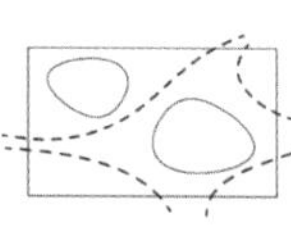

总平面图 1：800

广场流线

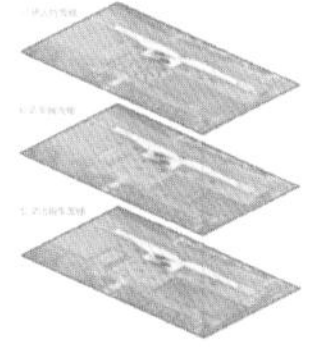

车站流线

凝巒承海
成都市青城山火车站设计
- Railway Station

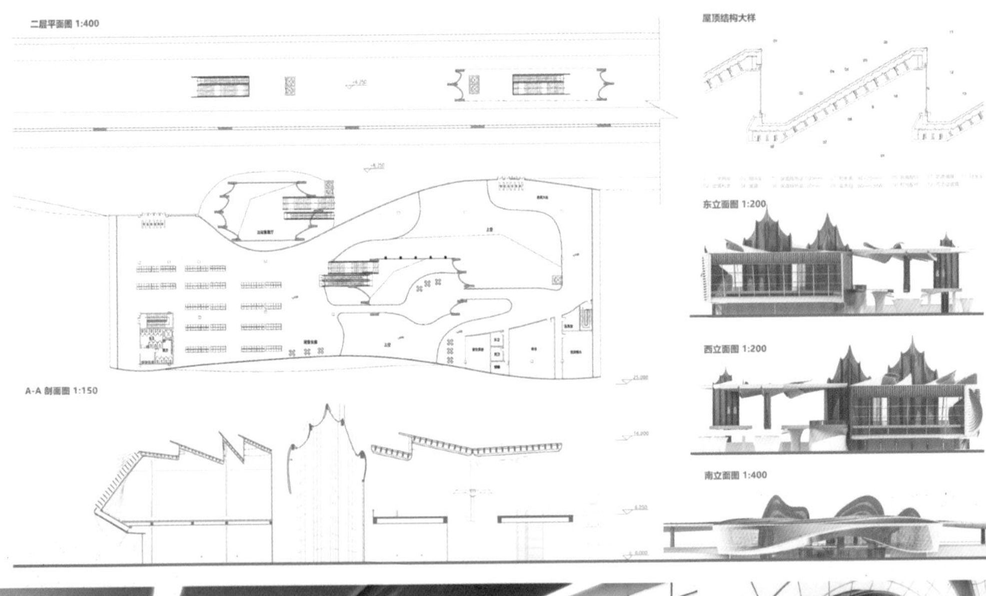
二层平面图 1:400
屋顶结构大样
东立面图 1:200
西立面图 1:200
A-A 剖面图 1:150
南立面图 1:400

CRH
和谐号

山地建造——河北阜平某气象站设计

天津大学建筑学院建筑系　三年级

1. 教学目标

（1）结合北方山地地形与地貌特征，设计与自然环境融合的建筑。

建筑空间、形体、景观、视野以及材质均与山地环境协调。

（2）结合地形，采用新颖合理的结构选型，并设计独特的建构方式。

（3）考虑建筑材料的可持续利用；朝向、空间组织符合气候设计原理。

2. 课程特色

针对上述要点，本专题设计题目设定为“山地建造”，强调三个要点。

（1）地形地貌与空间功能相结合：在山地条件下满足交通、场地以及内部和公共功能需求，并创造地标建筑。

（2）结构、材料和空间塑造相结合：从建构的创新出发，塑造建筑空间和形体。

（3）技术表达与艺术表现相结合：要求建筑结构与材料体系的分析，结合地形的平、立剖面对位关系，兼顾空间和构造的剖透视表达，以及体现环境、材质和建构特点的外观表现图。

3. 教学方法

（1）山地场地和建筑体量设计：通过案例研究了解山地建筑设计的特点，结合任务书和地形提出建筑体量和场地设计的概念方案。

（2）结合模型的结构和空间设计：在地形模型上推敲建筑形体，通过建构模型研究建筑空间、结构和地形的关系。

（3）阶段评图和综合评价：评图分为四个阶段：概念方案、中期方案、技术图纸和最终表达。其中最终交图前1周进行黑白技术图纸的评图，权重占最终成绩的50%。目的是引导学生重视平、立、剖、总图，以及建构和空间轴测图等表达方案设计核心的技术性图纸。

（4）团队教学和开放评审：教学团队包括进行相关专题研究的专任教师、设计院结构工程师以及建筑表现方面的专业人员。几次评图均邀请高水平的职业建筑师参与，注重学生与评委的互动。

优秀作业1：夹缝之间·气象站建筑设计　设计者：王旨选　孙亚奇

优秀作业2：坐山观天——河北阜平气象站建筑设计　设计者：杨馨怡　章诗谣

作业指导教师：杨　崴　荆子洋

教案主持教师：荆子洋　杨　崴　韩世麟　安海玉

教学目标

1. 结合北方山地地形与地貌特征，设计与自然环境融合的建筑。空间、形体、景观、视野以及材质均与山地环境协调。
2. 结合地形特征，采用新颖合理的结构选型，并设计独特的建构方式。
3. 考虑建筑材料的可持续利用；朝向、空间组织均符合气候设计原理。

课程特色

1. 地形地貌与空间功能相结合：在山地条件下满足交通、场地以及内部和公共功能需求，并创造地标建筑。
2. 结构、材料和空间塑造相结合：从建构的创新出发，塑造建筑空间和形体。
3. 技术表达与艺术表现相结合：要求建筑结构与材料体系的分析，结合地形的平、立剖面对位关系，兼顾空间和构造的剖透视表达，以及体现环境、材质和建构特点的表现图。

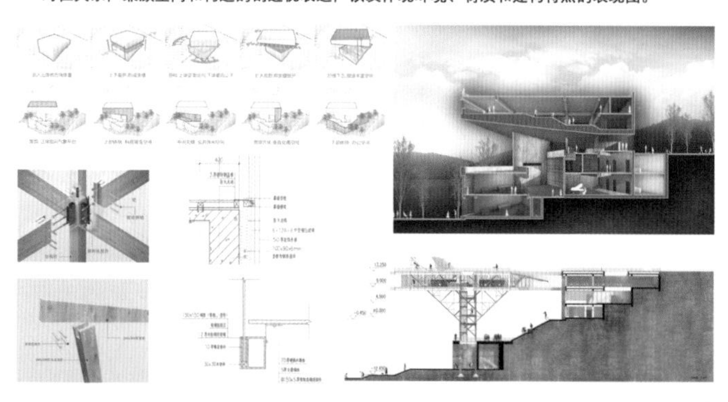

题目设置及成果要求

题目概略及功能要求

设计条件

本设计任务选址在河北省保定市下辖的阜平县，为县级气象观测站。地面气象观测场地位于坡顶，应为东西、南北向，正方形，大小应为25m×25m，四边各留5米宽的路，即30m×30m。办公楼在近山顶的坡地上建设，建筑总面积为1500-2000平米。

功能要求

建筑总建筑面积1500-2000平方米。可大致分为技术用房、辅助用房、科普教育用房三部分。在设计中可考虑为不同的使用者设置相应入口，并适当区分功能空间的公共性和私密性。

成果要求及评价标准

- 根据场地环境以及功能需求，进行场地布局及形体和空间设计的分析图
- 建筑结构、材料和建构的轴测分析图，构造节点大样图
- 建筑空间和形体塑造分析图，鼓励绿色建筑设计策略分析图
- 总平面图；平、立、剖面图
- 外观表现图、室内表现图、剖透视图
- 模型1:100到1:200。可以结合1:300或1:500带更大范围基地的体块模型

前后题目的衔接关系

本设计题目为建筑学本科三年级第二个设计任务。第一个设计是以空间操作和场地设计为核心的类型化建筑设计。本设计为专题设计，在上一个题目的基础上，以"建构"为主题，引导学生思考建筑结构、构造与空间和场地的关系，并提出具有创造性的解决方案。

教学方法

1. 山地场地和建筑体量设计：通过案例研究了解山地建筑设计的特点，结合任务书和地形提出建筑体量和场地设计的概念方案。

2. 结合模型的结构和空间设计：在地形模型上推敲建筑形体，通过建构模型研究建筑空间、结构和地形的关系。

3. 阶段评图和综合评价：评图分为四个阶段：概念方案、中期方案、技术图纸和最终表达。其中最终交图前1周进行黑白技术图纸的评图，权重占最终成绩的50%。目的是引导学生重视平、立、剖、总图，以及建构和空间轴测图等表达方案设计核心的技术性图纸。

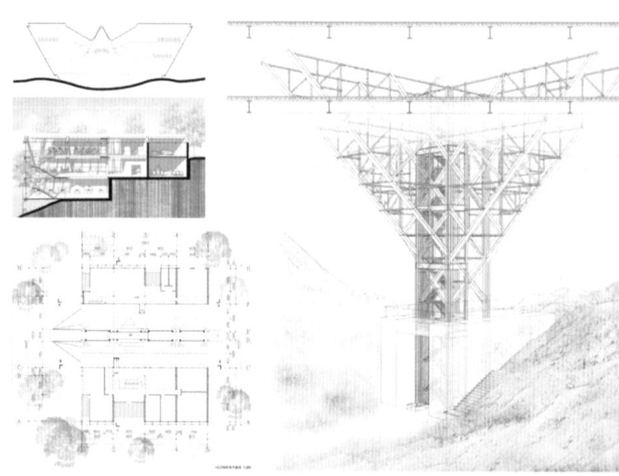

4. 团队教学和开放评审：教学团队包括进行相关专题研究的专任教师、设计院结构工程师以及建筑表现方面的专业人员。几次评图均邀请高水平的职业建筑师参与，注重学生与评委的互动。

作业点评

学生作业一

坐山观天

作业点评：

本方案由两个相互扭转的方形空间组成，一个体量嵌入山体，采用钢筋混凝土结构，石材饰面，功能为相对安静、私密的气象业务用房；另一个体量采用钢结构，悬挑于山体上方，光滑的白色混凝土板和通透的玻璃墙体与山体在色彩和质感上形成视觉上的对比，其功能为相对公共、开敞的展厅、图书馆、咖啡厅等。悬挑体量既为使用者提供了观赏山谷景色的开阔视野，也形成了从县城眺望群山的视觉焦点。同时，其屋顶形成没有遮挡的观测平台，便于架设气象观测设备。其下裸露的钢桁架体系既是上部建筑的支撑结构，也是容纳了从山下上到气象站的电梯设备。场地上另辟一条顺等高线上山的车行道路，以运送气象设备。

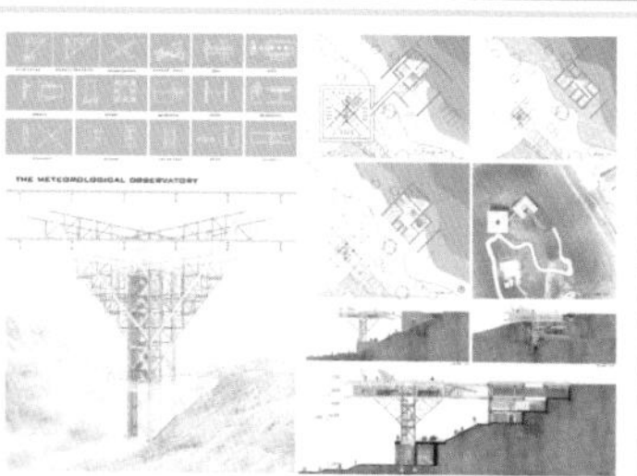

夹缝之间

学生作业二

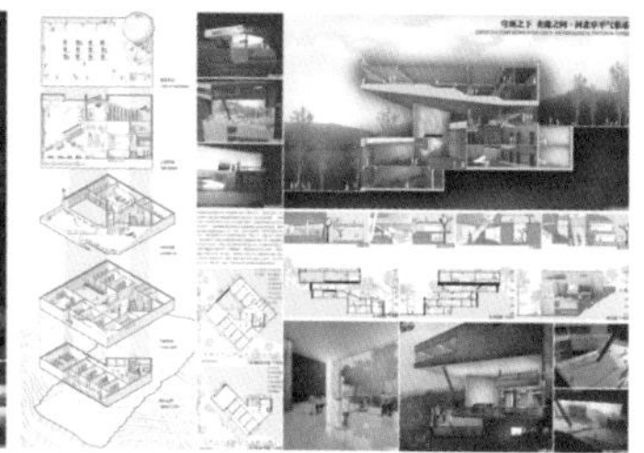

作业点评：

本设计采用钢筋混凝土结构支撑上下错动的方形体量，上部体量屋顶与山顶标高一致，作为观测平台；上下体量之间形成一个面向山谷的观景平台，二者的错动和连接形成了丰富的内外部空间关系。岩石一般的体量和素混凝土材质塑造了雄浑的外观，与山势浑然一体；而大面积的开洞在引入自然光线的同时，突出了建筑人工的雕塑感。上部大面积悬挑的体量通过钢筋混凝土剪力墙和钢结构斜撑承重。本方案以建筑语言表达了当前环境问题的反思。

学生作业三

天空之桥

作业点评：

本方案借鉴桥梁的结构特点，以钢结构在两个倾斜的建筑体量之前悬挂一座挑向山谷的“桥梁”。中间的“桥”既联系了左右两个体量容纳的气象站业务用房和公共功能，又将人的视野引向开阔的山谷景观，其另一端则通向山顶的气象观测平台。同时，建筑独特的形态也为山谷南部的县城提供了地标性的景观。该方案以完整、简洁的构思，将结构、功能、功能和环境融为一体。

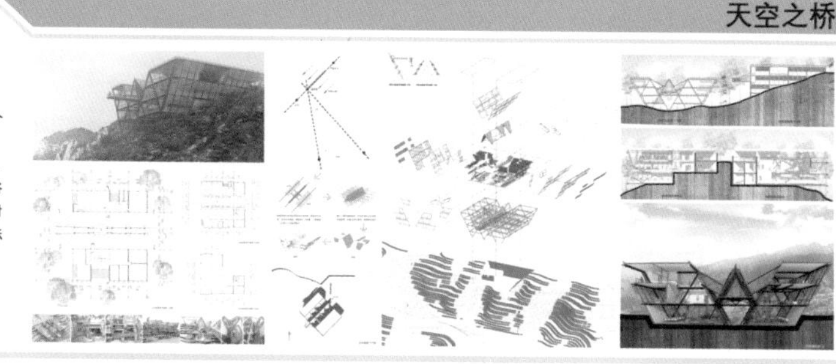

生态建造

学生作业四

作业点评：

本设计采用木结构，以“编织”的方式处理结构、表皮和内部空间分隔。三个看似平行、实则交织的体量容纳了气象站的功能空间。其交界部分的过渡空间，配合木格栅形成的半透界面，丰富了空间层次。结合山体高差形成外部体量和内部空间的错动，使建筑融入自然环境和景观。底层楼板大部分架空，保持自然的景观环境和生态廊道。建筑在朝向夏季主导风向的一侧利用相对自由的墙面设置大面积的可开启窗，引入自然通风和采光。同时，内部高而窄的夹缝空间、以及体量错动形成的侧高窗能够进一步促进热压通风。本设计以轻盈形态融入自然，创造舒适宜人的内外环境。

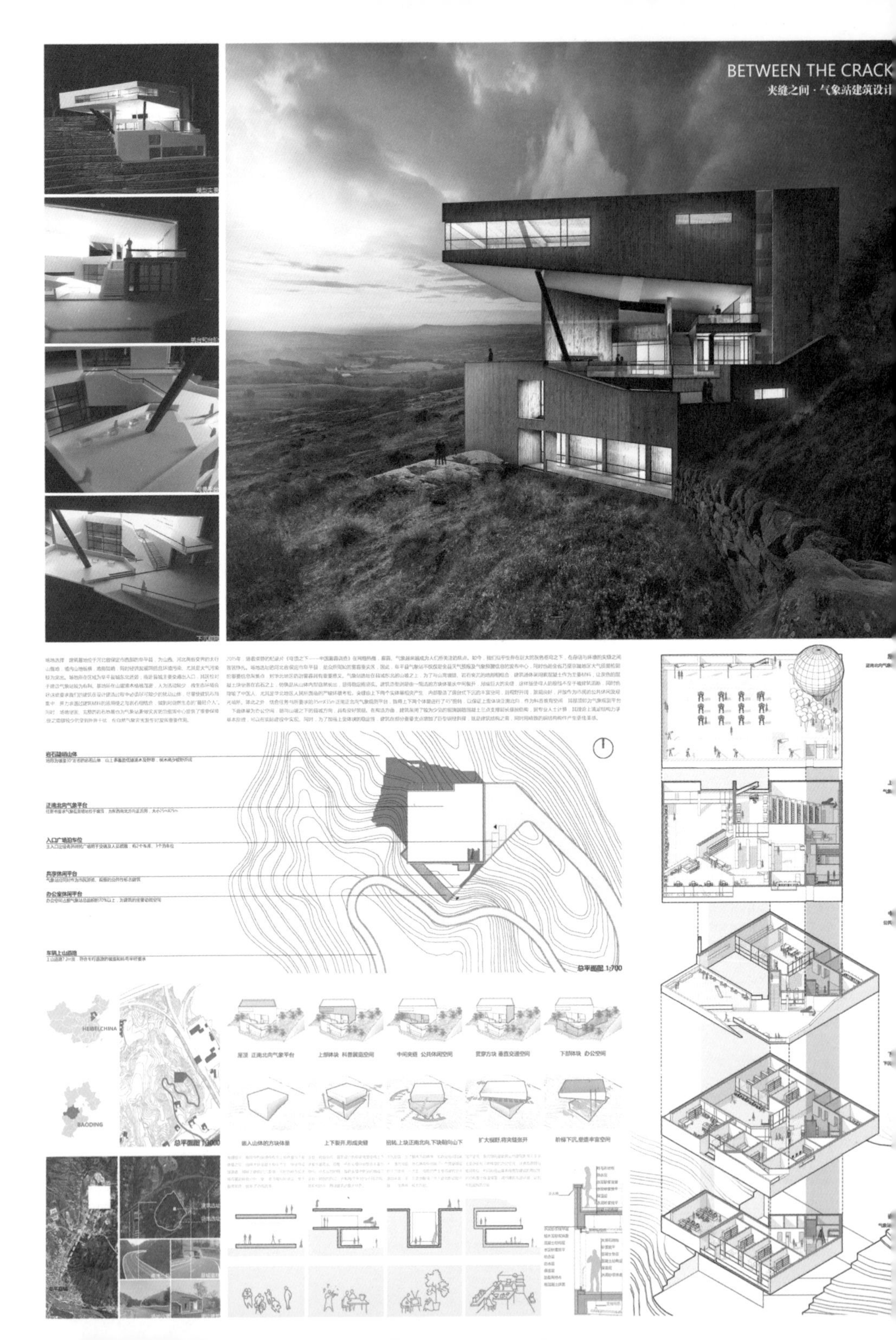

BETWEEN THE CRACK
夹缝之间·气象站建筑设计
岩石随坡山体
正南北向气象平台
入口广场泊车位
共享休闲平台
办公室休闲平台
车辆上山道路
总平面图 1:700
HEBEI,CHINA
BAODING
屋顶 正南北向气象平台
上部体块 科普展览空间
中间夹层 公共休闲空间
贯穿方块 垂直交通空间
下部体块 办公空间
嵌入山体的方块体量
上下裂开,形成夹缝
扭转,上块正南北向,下块朝向山下
扩大视野,将夹缝张开
阶梯下沉,塑造丰富空间

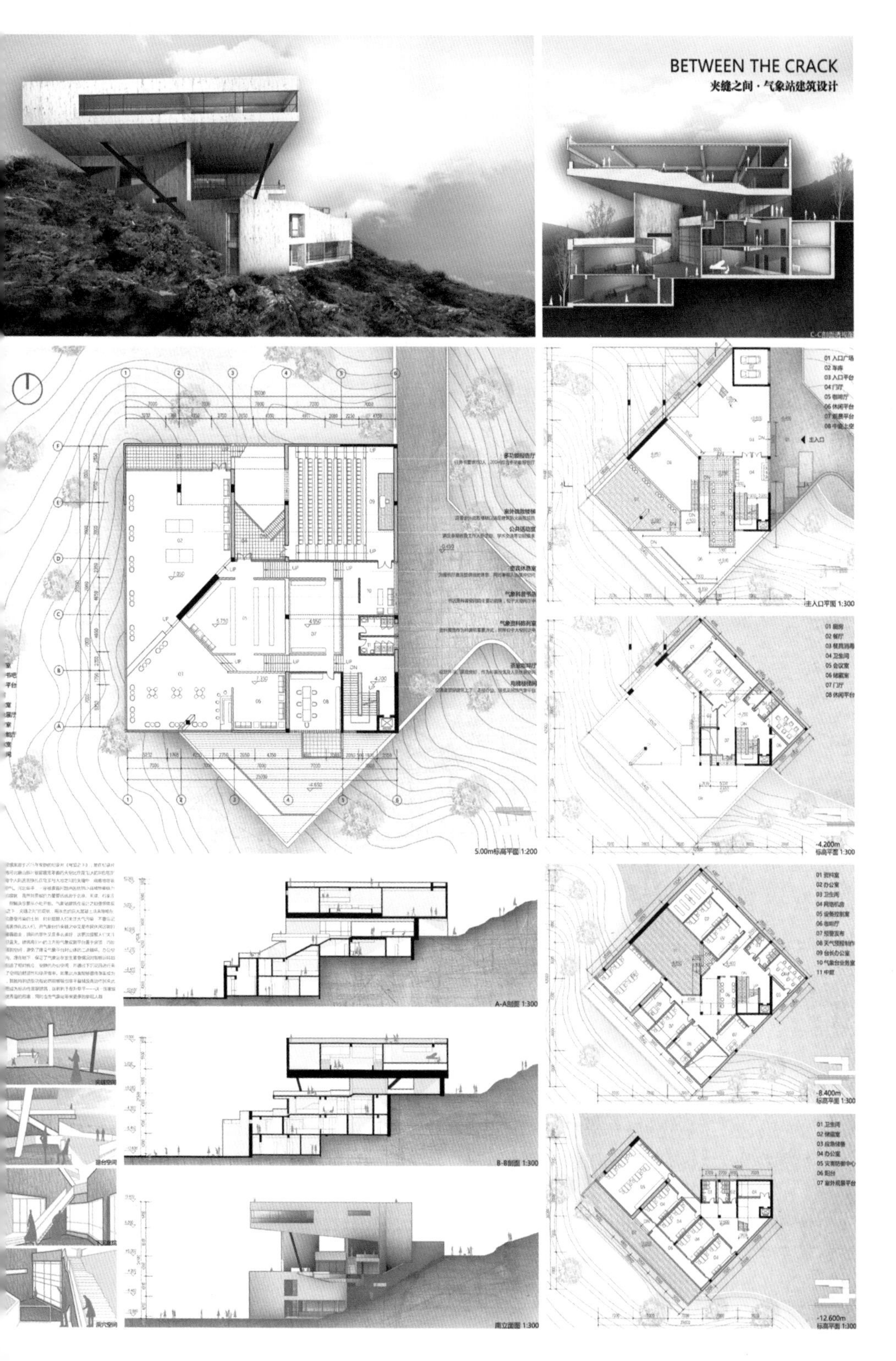
BETWEEN THE CRACK
夹缝之间·气象站建筑设计
主入口平面 1:300
5.00m标高平面 1:200
A-A剖面 1:300
B-B剖面 1:300
南立面图 1:300
-8.400m
标高平面 1:300
-12.600m
标高平面 1:300

图书馆 + 设计——关于校园空间和图书馆类型的设计研究

天津大学建筑学院建筑系　三年级

系列课程题目《 + 》的设置，力图引导学生充分发挥其内在的设计能力和创造的热情。《 + 》系列题目，有意使任务书处于一种“未完成”的状态，引导学生基于他们对爱好、共居、艺术、宗教文化和对校园生活的理解对任务书进行发展，并融入到他们的设计中。系列题目均以建筑类型后缀以“+”的组合方式出现，类型本身的出现其实直指真实——回应了建筑这一外来语的基本定义，而“+”其后的内容则给予了学生更为开放的机会，允许他们将自身对环境、文化、事物、物件的理解和学习融入设计过程中，并展开想象的世界。在“Libary ”（即本案“图书馆加建设计”）中，学生将对校园空间和校园生活展开解析，进而对图书馆进行加建以适应当代的校园学习生活。

由外而内——掌握复杂环境的分析与研究能力

分析老馆所在的校园环境，通过发现场地的“美”与“丑”，从界面、动线、正负空间、景观要素和事件等方面，寻找影响图书馆加建的条件，并从图解和正负空间组织方面学习基于原有建筑系统的加建设计方法。

由内而外——学习图书馆建筑类型的设计方法

在进行图书馆案例分析和图书馆类型历史梳理的基础上，从建筑机能（Program）、空间形态、空间组织和动线等方面学习图书馆这一建筑类型的设计方法。

优秀作业 1：书园叠纪——图书馆 + 设计　设计者：古子豪　赵夏瑀　连　绪
优秀作业 2：书影同窗——图书馆 + 设计　设计者：申子安　邹佳辰　丁雅周

作业指导教师：王　迪　张昕楠
教案主持教师：张昕楠　王　迪　孙德龙

叁 2017 年級設計作業教案

图书馆加建设计 壹

—校园空间、图书馆类型的设计研究

Library+ Design – Study on Library in Campus

选题背景与教学定位 Project Background & Orientation

系列课程题目《＋》的设置，力图引导学生充分发挥其内在的设计能力和创造的热情。《＋》系列题目，有意使任务书处于一种“未完成”的状态，引导学生基于他们对爱好、共居、艺术、宗教文化和对校园生活的理解对任务书进行发展,并融入到他们的设计中。系列题目均以建筑类型后缀以“+”的组合方式出现，类型本身的出现其实直指真实——回应了建筑这一外来语的基本定义，而“+”其后的内容则给予了学生更为开放的机会，允许他们将自身对环境、文化、事物、物件的理解和学习融入设计过程中，并展开想象的世界。在“Libary+”（即本案“图书馆加建设计”）中，学生将对校园空间和校园生活展开解析，进而对图书馆进行加建以适应当代的校园学习生活。

图书馆设计： 对图书馆建筑类型进行研究，通过分析其在历史发展中的演进变化，讨论社会、文化、功能、活动需要和结构技术对于其发展起到的影像和决定作用，进而探讨当代图书馆设计的发展趋势。

+的二重性： 一方面，课题要求学生基于对图书馆老馆和校园校园生活的分析，提出新的功能系统以弥补老馆的不足；另一方面，要基于老馆的空间形态和结构系统进行设计。

CLUB+　2015 LIBRARY+　2016 LIBRARY+　GALLERY+　BEDROOM+　GALLERY+　2017LIBRARY+

教学目标 Target

1. 由外而内—掌握复杂环境的分析与研究能力

分析老馆所在的校园环境，通过发现场地的“美”与“丑”，从界面、动线、正负空间、景观要素和事件等方面，寻找影响图书馆加建的条件,并从图解和正负空间组织方面学习基于原有建筑系统的加建设计方法。

2. 由内而外—学习图书馆建筑类型的设计方法

在进行图书馆案例分析和图书馆类型历史梳理的基础上，从建筑机能（Program）、空间形态、空间组织和动线等方面学习图书馆这一建筑类型的设计方法。

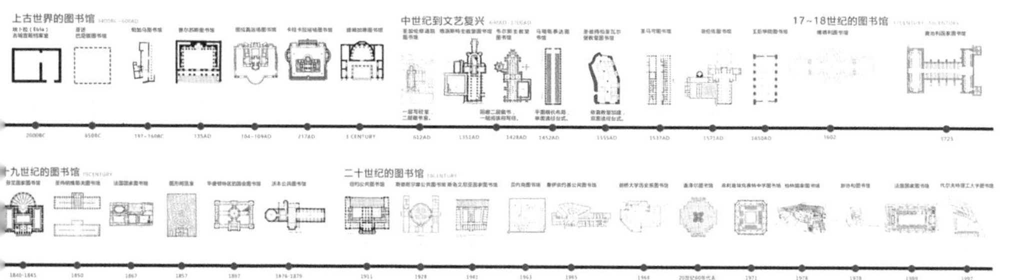

题目设置 Project Assessment

题目设定及功能要求 Project Description & Functional Requirement

在此题目设置下，一方面要求学生在设计过程中，于图书馆类型要有清晰的功能组织和动线设置，另一方面也要在营造新建筑阅读空间氛围的同时适当考虑与老馆的衔接。结合对校园调研和图书馆类型研究的结果，于课程过程中拟定任务书，结合老馆的空间架构加设3000-5000平米的建筑量体，使老馆完成适合当代校园学习生活的更新。在更新后的建筑机能系统中，除阅读空间、一定的藏书空间和辅助空间外，还必须包括能容纳300人左右的实验剧场一个、展览空间若干、艺术工作室若干。

成果要求 Design Output

1.应用图解反映相应的设计概念；
2.总平面图。总平面图包括周边道路、附近建筑肌理；
3.各层平面图，首层平面体现周边场地环境设计；
4.表达设计概念的立面图与剖面图；
5.效果图与手工大模型：包含推敲设计的过程模型，清晰表达空间与设计概念。

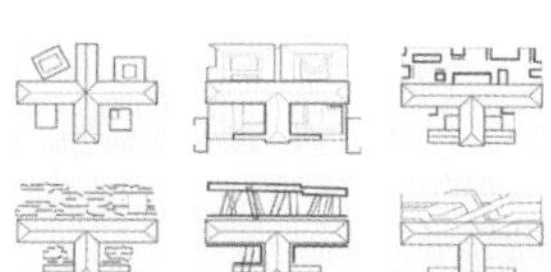

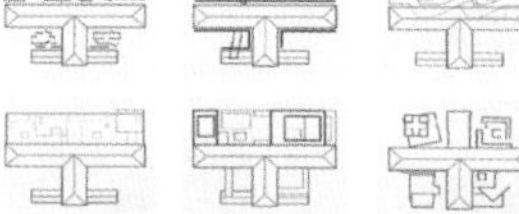

基地介绍 Site Introduction

场地位于北方某大学校园内，处于生活区和教学区的动线节点上，场地面积3500平米。老馆为60年代建设的砖混+框架结构建筑（面积10000平米），其南侧临湖，东侧为阶梯教室，西侧、北侧为生物科学院和信息学院的专教。　2015年老馆的书库及藏书功能被转换到新校区的图书馆中。在设计时要充分考虑老馆、场地上的树木、场所可能容纳的事件以及和周边教学建筑的关系。

图书馆加建设计 贰

—校园空间、图书馆类型的设计研究

Library⁺ Design – Study on Library in Campus

教学内容与时间安排

Teaching Content and Schedule

周	时间	教学流程与安排	
Week1	Mon	任务书讲解	讲座一：图书馆类型发展
	Tue	案例研究	阅读研讨
	Wed	基地调研	制作基地模型
	Thu	汇报图书馆案例分析及调研成果	讲座二：校园空间
	Fri	校园空间调研及分析	
	Sat		
	Sun	汇报调研结果	讨论并拟定设计任务书
Week2	Mon	建筑体量研究与设计	讲座三：Trees & Affordance
	Tue	建筑体量研究与设计	
	Wed	建筑体量模型提交	小组讨论设计与修改
	Thu	初步设计	方案修改
	Fri	初步设计	
	Sat	初步设计	
	Sun	组内一草汇报	中期评图
Week3-5	Mon	方案评改	深化设计
	Tue	讲座四：从概念图解到设计生成	深化设计
	Wed	深化设计	
	Thu	深化设计	
	Fri	深化设计	
	Sat	深化设计	
	Sun	深化设计	
Week 6	Mon	组内二草汇报	方案评改
	Tue	深化设计	
	Wed	深化设计	
	Thu	深化设计	
	Fri	深化设计	
	Sat	深化设计	
	Sun	深化设计	
Week8	Mon	绘图制作	
	Tue	讲座五：设计表达的图学	绘图制作
	Wed	绘图制作	
	Thu	绘图制作	
	Fri	绘图制作	
	Sat	终期评图	
	Sun	组内方案点评	

教学记录

教学方法与特色

Teaching Method and Special Features

感性和理性相结合的设计过程 Design Process

一方面，教学组指导学生以理性的调查方法对图书馆类型和场地环境进行分析研究，从而推动任务书的制定和建筑设计的进行；另一方面，在设计开始阶段，教学组也鼓励学生对于场地和图书馆既有的老馆空间进行感性的解读，并通过诗歌或散文的文本方式予以表达。

注重以图解方式推动设计深化 Diagram Thinking

利用图解提高学生在学习过程中设计发展的逻辑性与清晰性。图解可以通过草图、模型、PPT等多种方式进行表达。图解的连贯性作为设计过程评价的核心。

团队教学 Team of Teachers

教师根据自身研究方向组成教学团队，从而为学生带来多视角的评价观点，激发学生逆向思维，鼓励学生探讨设计的更多可能性。

集体评图、客座评审 Guest Reviewer

教学组在整个教学过程中进行多次评图。其中包括组内评图与跨组横评。在终期评图中，聘请知名建筑师作为客座评审参加设计点评，使师生产生更多互动与交流。

优秀作业点评 Evaluation

学生作业一

作业点评

该作业以校园环境中合院空间的营造为设计目标，在充分讨论图书馆新旧部分功能复合的基础上，以校园动线和周边建筑功能事件为线索，对新旧复合建筑系统的内外界面进行了敏感的处理。最后的设计结果，以一种强调“连续”的姿态，在满足建筑本体功能和创造校园图景的基础上，较好地创造了合院空间。某种程度上，该方案完成了以现代的元素组合向古典的致敬，而这古典恰恰是图书馆一以贯之的神圣阅读精神。

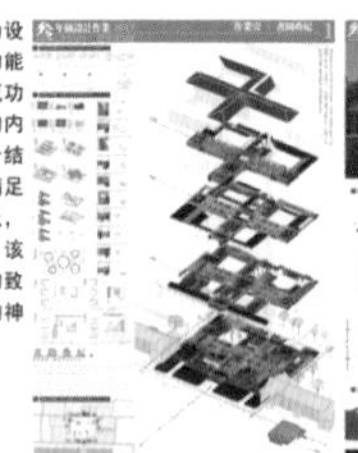

学生作业二

作业点评

该作业以产地中的树木和多重界面的设置为目标，通过线性界面与岛式量体的组织，将图书馆内的活动向校园开放。在讨论老图书馆空间尺度和功能流线的基础上，注重校园和图书馆间的界面空间处理，图书馆东西向的视线关系以及加建部分与老图书馆间的相互联系。最后呈现出的设计结果，不论是从形式还是从空间、空间带给人的感受上都有一种既对比又融合的关系。总的来说，该设计对老图书馆南立面和北立面的处理策略态度肯定，在尊重老馆原有轴线的基础上形成丰富变化的空间。

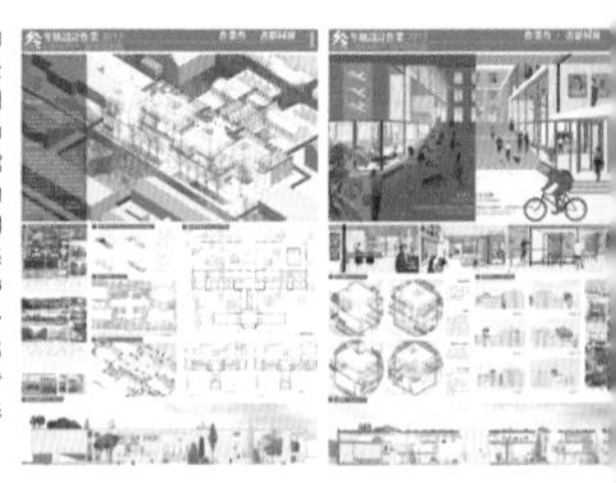

设计作业综述 Summary of Design Results

类型	界面的处理	院落的营造	以树为媒介	地景或结构
设计作业归纳				

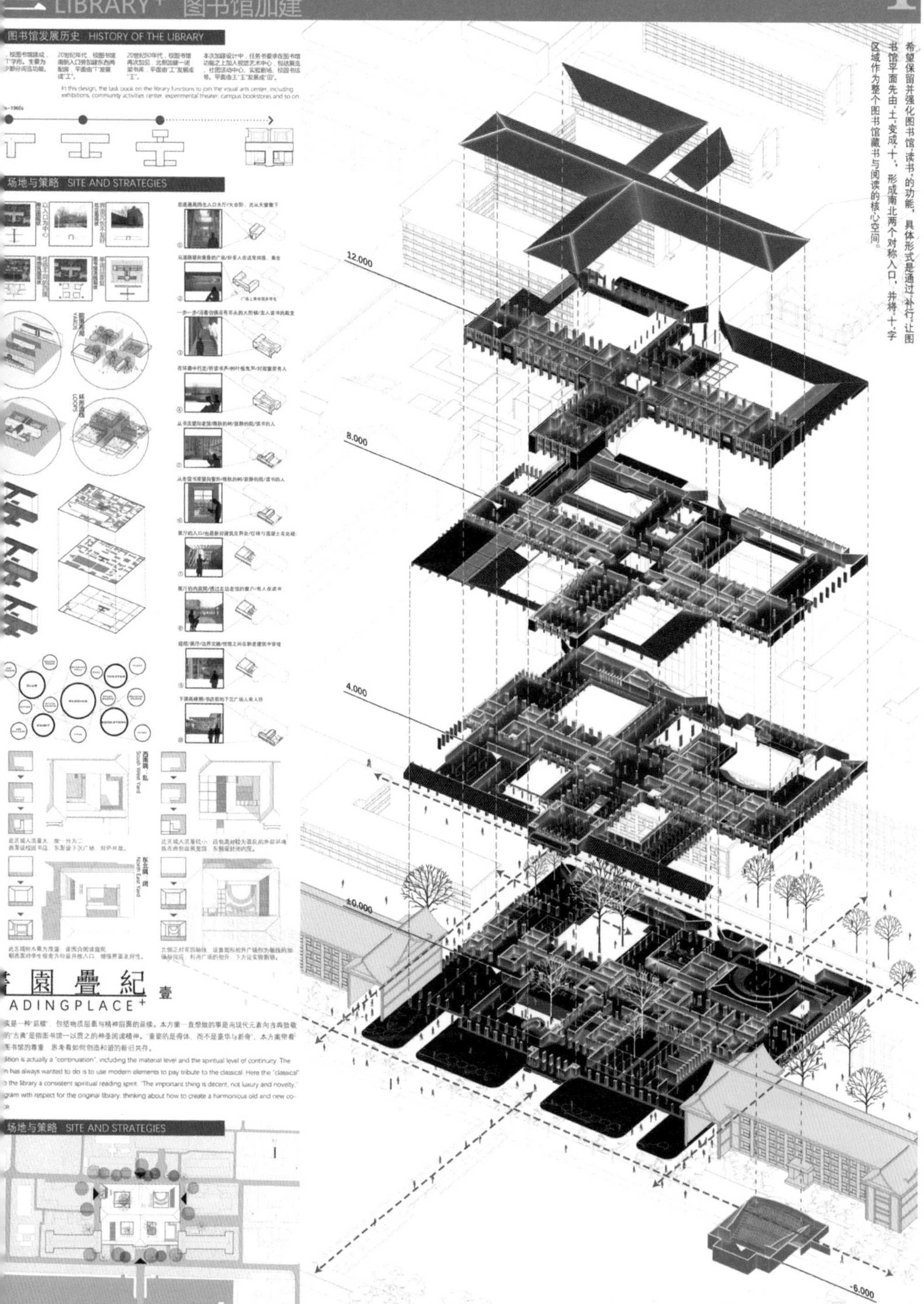
图书馆发展历史 HISTORY OF THE LIBRARY
20世纪年代，校园书馆南侧入口旁加建东西两配房，平面由"丁"发展成"工"。
20世纪80年代，校园书馆再次加建，北侧加建一诺架书库，平面由"工"发展成"王"。
本次加建设计中，任务书要求在图书馆功能之上加入视觉艺术中心，包括展览、社团活动中心，实验剧场，校园书店等。平面由"王"发展成"田"。
In this design, the task book on the library functions to join the visual arts center, including exhibitions, community activities center, experimental theater, campus bookstores and so on
场地与策略 SITE AND STRATEGIES
YARDS
LOOPS
CLUB
THEATER
READING
BOOKSTORE
EXHIBIT
12.000
8.000
4.000
±0.000
-6.000
South West Yard
North East Yard
書園疊紀
ADINGPLACE+
壹
dition is actually a "continuation", including the material level and the spiritual level of continuity. The
n has always wanted to do is to use modern elements to pay tribute to the classical. Here the "classical"
o the library a consistent spiritual reading sprit. "The important thing is decent, not luxury and novelty."
gram with respect for the original library, thinking about how to create a harmonious old and new co-
场地与策略 SITE AND STRATEGIES
希望保留并强化图书馆"读书"的功能，具体形式是通过"补行"让图书馆平面先由"土"变成"十"，形成南北两个对称入口，并将"十"字区域作为整个图书馆藏书与阅读的核心空间。

A-A 剖透视图 Perspective Section

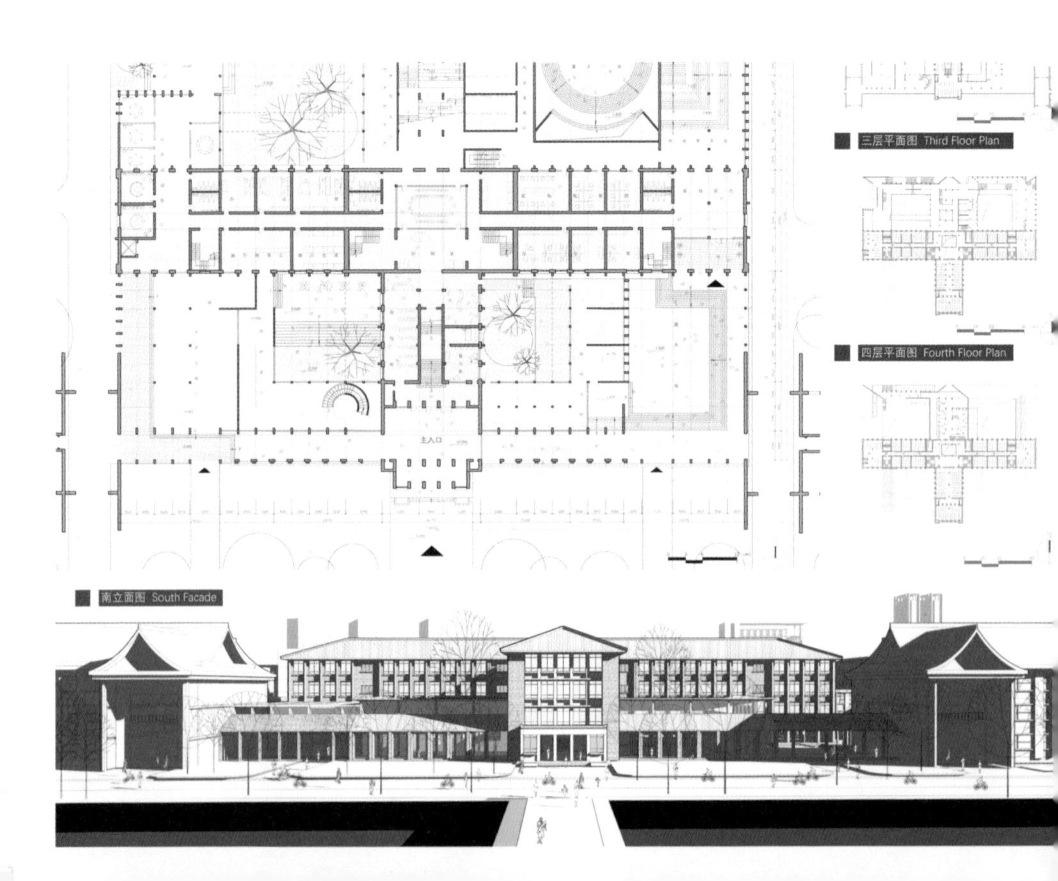

首层平面图 First Floor Plan

二层平面图 Second Floor Plan

三层平面图 Third Floor Plan

四层平面图 Fourth Floor Plan

南立面图 South Facade

注重设计思维意识培养与建筑设计方法训练的教学课程

西安建筑科技大学建筑学院　三年级

1. 建筑学教学改革课程总体体系

“以建筑学认知规律为线索的教学体系改革”是我校基于建筑学本科教学，由一年级至四年级进行的一次系统性课程改革，教学改革以“自在具足、心意呈现”的启智教育为核心，构架一个建筑学基础教育的完整体系。

教学改革紧密围绕四条主线展开，即“生活与想象”、“空间与形态”、“材料与建构”、“场所与文脉”能力的培养。将设计的起点定为让学生相信“自在具足”，即相信自身生来就具有对于世界的好奇与感知，需要通过勤动心、动手、动脚、动脑来回归个人内心的体验，观察、发现和记录生活。最终达到设计的终点——“心意呈现”，呈现好的设计，向他人、向环境、向城市表达自己的心意。

教学改革打破以往类型化建筑教育的传统模式，探索更加符合专业认知规律的教学模式与方法，以期达到“与行相应、与境相应、与情相应、与理相应、与机相应、与果相应、与心相应”的专业认知境界，为培养具有良好创新意识和综合素质的卓越建筑师提供平台。

2. 三年级教改的任务与教学目的：

通过前两年的实践教学，学生在具备好的设计习惯、饱含设计热情的同时，亦意识到在观念与方法方面，缺少设计词汇、语言与工具，欠缺从概念转化为建筑的设计方法。三年级教学课程以此为契机，通过一个学年的设计课程教授，设置四个课题、多个环节的教学训练内容，着重培养学生的设计意识与方法，从帮助学生建立基本的设计思维与方案判断，到建筑设计基本理论学习，再到建筑设计基本方法的应用与训练，从而提高学生建筑原理认知与设计水平。

3. 课程设置内容：

课题一：走近大师——练习一 4 周 +1K（作品年谱——大师作品平立剖面同比例抄绘，场地与区位——Mapping&Diagram 分析，功能与空间——功能气泡图，空间与场景——生活与想象的空间场景表达，空间与结构——空间结构的建构逻辑）

课题二：走近大师——练习二 6 周 +2K（大师作品线索解析——依据大师个人作品特征制定相应线索串接系列作品）

课题三：建筑六要素训练 3 周 +1K（人与光——空间中光源光孔光栅光径承光体观察位置对于光塑造空间的可能，人与景——变换开洞位置对于景塑造的可能，人与色——色彩数量与搭配对于塑造空间的可能，人与声——通过声音感知空间的可能，人与物——物品特征在空间中展示

的可能，人与人——人与人的关系在空间中体现的可能）

课题四：主题博物馆设计 7周+2K（以10张照片的摄影博物馆为题，探讨展陈方式、观看方式与空间塑造三者相因借的建筑设计）

4. 课程特色

他山之石

建筑师及其作品解析是建筑专业基础学习的普遍和必要过程，课程用一个学期的时间、三个阶段的训练来引领学生通过建筑大师作品，学习设计方法、丰富设计语汇，课程坚持引导学生谈自身对大师作品的感受，立足理解进而想象，而不是教师灌输"真相"，引领学生认识到建筑设计过程中的关键点与精彩点，基于所遴选的建筑大师不同的建筑设计特点，师生共同整理出典型的研究线索，对大师建筑作品做进一步深入的分析研究，从看懂图纸、读懂作品，上升到有初步基础的理论高度。

设计原理

第二阶段，选取建筑学专业基本设计原理的若干要素，限定空间单元尺度，以单项训练的方式，探讨人与光、景、色、声、物、人在空间中的关系，让学生发现各要素在建筑设计中的可能性。

单纯化

通过最后阶段的设计题目，教会学生如何做设计、如何切入、如何考虑问题，在设计方法的训练中，需要考虑的因素很多：场所、空间、功能、流线、光、材料等，较为理想的状态是在设计过程中随着学生设计的深入而发现问题，从而进行该方面的设计工作。"单纯化"是课程教学中提出的理念，就某一项设计因素进行单独训练，学生关注和考虑该问题的深度也会加强，避免为做"完整"的设计而忽视最打动自己的点。

优秀作业1：十张照片的摄影博物馆·情谊之家　设计者：杨梦姣
优秀作业2：后土——十张照片的摄影博物馆设计　设计者：杨　琨

作业指导教师：何彦刚　同庆楠　刘宗刚　杨思然
教案主持教师：刘克成　刘宗刚　何彦刚　同庆楠　杨思然

以建筑学专业认知规律为线索的建筑学教学体系改革——三年级

注重设计思维意识培养与建筑设计方法训练的教学课程

A 建筑学教学改革课程体系及该教学实践所处阶段

"以建筑学认知规律为线索的教学体系改革"是我校基于建筑学本科教学，由一年级至四年级进行的一次系统性课程改革（五年级统一纳入学院的毕业设计课程），教学改革以"自在具足，心意呈现"的启智教育为核心，构架一个建筑学基础教育的完整体系。

教学改革紧密围绕四条主线展开，即"生活与想象"、"空间与形态"、"材料与建构"、"场所与文脉"，整个教学以"自在具足"为核心……

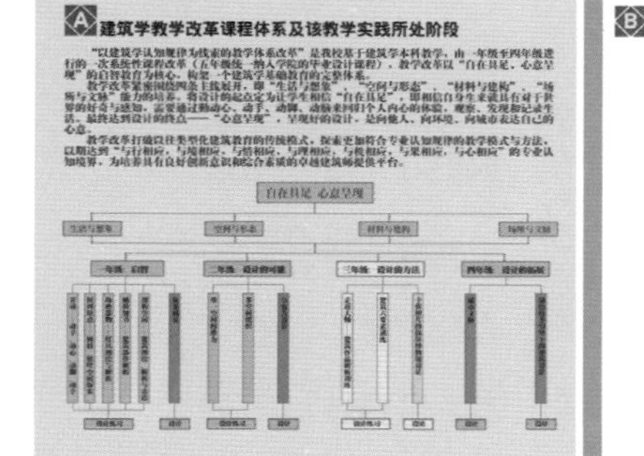
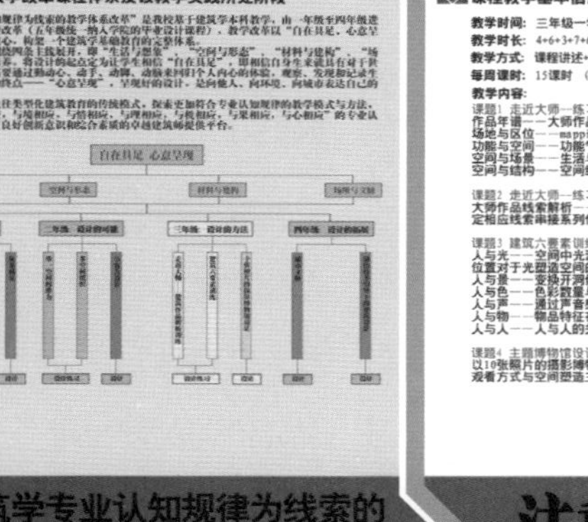
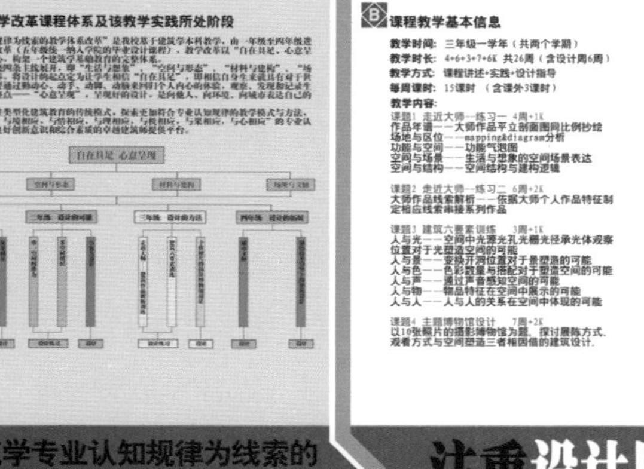

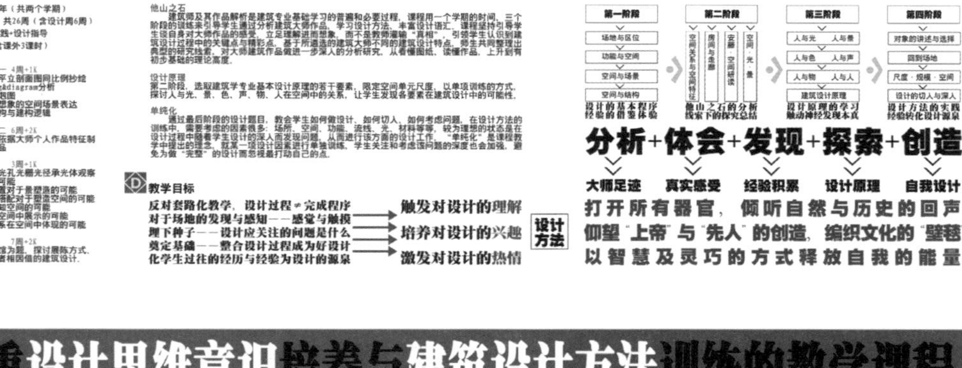

B 课程教学基本信息

教学时间： 三年级一学年（共两个学期）

教学时长： 4+6+3+7+6K 共26周（含设计周6周）

教学方式： 课程讲述+实践+设计指导

每周课时： 15课时 （含课外3课时）

教学内容：

课题1 走近大师—练习一 4周+1K
作品年谱——大师作品平立剖面图同比例抄绘
场地与区位——mapping&diagram分析
功能与空间——功能气泡图
空间与场景——生活与想象的空间场景表达
空间与结构——空间结构与建构逻辑

课题2 走近大师—练习二 6周+2K
大师作品线索解析——依据大师个人作品特征制定相应线索串接系列作品

课题3 建筑六要素训练 3周+1K
人与光——空间中光源光孔光栅光径承光体观察位置对于光塑造空间的可能
人与景——变换开洞位置对于景塑造的可能
人与色——色彩数量与搭配对于塑造空间的可能
人与声——通过声音感知空间的可能
人与物——物品特征在空间中展示的可能
人与人——人与人的关系在空间中体现的可能

课题4 主题博物馆设计 7周+2K
以10张照片的摄影博物馆为题，探讨展陈方式、观看方式与空间塑造三者相因借的建筑设计。

C 课程特色

他山之石

建筑师及其作品解析是建筑专业基础学习的普遍和必要过程。课程用一个学期的时间、三个阶段的训练来引导学生通过分析建筑大师作品，学习设计方法，丰富设计语汇。课程坚持引导学生设身自身对大师作品的感受，立足建筑进而想象，而不是教师灌输"真相"。引领学生认识到建筑设计过程中的关键点与精彩点。基于所遴选的建筑大师不同的建筑设计特点，师生共同整理出典型的研究线索，对大师建筑作品做进一步深入的分析研究，从看懂图纸、读懂作品，上升到有初步基础的理论高度。

设计原理

第二阶段，选取建筑学专业基本设计原理的若干要素，限定空间单元尺度，以单项训练的方式，探讨人与光、景、色、声、物、人在空间中的关系，让学生发现各要素在建筑设计中的可能性。

单纯化

通过最后阶段的设计题目，教会学生如何做设计，如何切入，如何考虑问题。在设计方法的训练中，需要考虑的因素很多：场所、空间、功能、流线、光、材料等等，较为理想的状态是在设计过程中随着学生设计的深入而发现问题，从而进行该方面的设计工作。"单纯化"是课程教学中提出的理念，就某一项设计因素进行单独训练，学生关注和考虑该问题的深度也会加强，避免为做"完整"的设计而忽视最打动自己的点。

D 教学目标

反对套路化教学，设计过程≠完成程序
对于场地的发现与感知——感觉与触摸
埋下种子——设计应关注的问题是什么
奠定基础——整合设计过程成为好设计
化学生过往的经历与经验为设计的源泉

→ 触发对设计的理解
→ 培养对设计的兴趣
→ 激发对设计的热情

设计方法

E 课程步骤

第一阶段	第二阶段	第三阶段	第四阶段
场地与区位	空间关系与空间特征	人与光　人与景	对象的讲述与选择
功能与空间	房间与走廊	人与色　人与声	回到场地
空间与场景	安藤·空间研读	人与物　人与人	尺度·规模·空间
空间与结构	空间·光·景	建筑设计原理	设计的切入与深入
设计的基本程序经验的借鉴体验	他山之石的分析线索下的探究总结	设计原理的学习触动神经发现本真	设计方法的实践经验转化设计源泉

分析+体会+发现+探索+创造

大师足迹　真实感受　经验积累　设计原理　自我设计

打开所有器官，倾听自然与历史的回声

仰望"上帝"与"先人"的创造，编织文化的"壁毯"

以智慧及灵巧的方式释放自我的能量

走近大师

STEP 1 了解·设计的步骤与程序

题目与内容

分解大师

环节要求与课题特点

环境与场地—从城市、街区、场地三个不同的尺度对大师作品进行分析，通过分析图纸的绘制表达对设计与场地关系的理解。
空间与形式—从几何原型、类型化的空间分析以及剖面等各个角度对大师作品的空间进行分析。
材料与结构—在上一步空间分析的基础上对建筑的整个结构体系进行分析，并比较空间体系与结构体系之间的关系
生活与想象—在之前理性分析的基础上，让学生将自己想象成建筑的使用者，以主观的身份去体会与感受建筑空间的魅力与特点。

1 环境与场地

场地与环境的分析重点在于让学生理解建筑设计与场地之间的关系，学习大师作品是如何应对环境的。对场地和环境的分析是从城市尺度、基地环境尺度和建筑尺度分层次进行的，学生通过绘制分析图（mapping 和diagram）的方式进行建筑和环境关系的分析。

2 空间与形式

对大师作品空间的分析以空间关系和空间结构为重点，学生通过分解轴测图的绘制，对不同大师作品里的空间组织方式进行了深入的探讨和分析。例如安藤忠雄组，关注的重点是建筑几何原型在空间结构、层次和路径等方面的组织关系；柯布西耶和莱特组关注的是门厅、通高空间、楼梯等空间节点之间的组织关系。

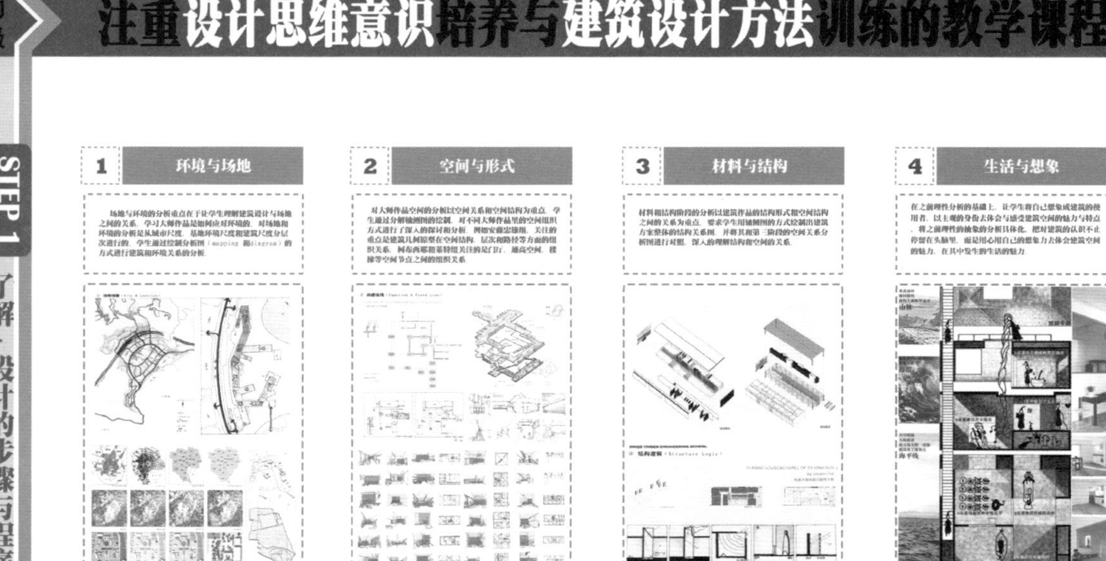

3 材料与结构

材料和结构阶段的分析以建筑作品的结构形式和空间结构之间的关系为重点，要求学生用轴侧图的方式绘制出建筑方案整体的结构关系图，并将其和第三阶段的空间关系分析图进行对照，深入的理解结构和空间的关系。

4 生活与想象

在之前理性分析的基础上，让学生将自己想象成建筑的使用者，以主观的身份去体会与感受建筑空间的魅力与特点，将之前理性的抽象的分析具体化，把对建筑的认识不止停留在头脑里，而是用心用自己的想象力去体会建筑空间的魅力，在其中发生的生活的魅力。

师

STEP 2 学习·设计的手法与语汇

◼ 题目与内容

诠释大师

◼ 环节要求与课题特点

空间关系与空间特征——从空间之间的互相关系和空间塑造的特征方面进行分析

房间和走廊——从日常生活中相互分离的房间和走廊式的空间为起点，探讨打破日常生活中封闭的房间和走廊的空间关系的类型学

安藤忠雄作品研习——探讨空间的限定和不同空间在界面上是如何连接的方法

空间布局——研究在平面上不同大师对空间布局的不同特点

1 空间关系与空间特征

空间是现代建筑学关注的重要问题，也是建筑学初学者欠缺的设计方法的对象。教学以经典案例作为起始，探寻背后的空间关系和空间特征，学习建筑空间的组织方法，培养塑造空间品质的能力。基于对已有空间组织方法的学习，选取5~6个建筑案例，从空间划分、空间构成、空间界面、空间秩序、空间属性、空间关系、空间特征八个主线进行物象空间的分析，最后总结空间设计的方法特点，完成心像空间的表达。

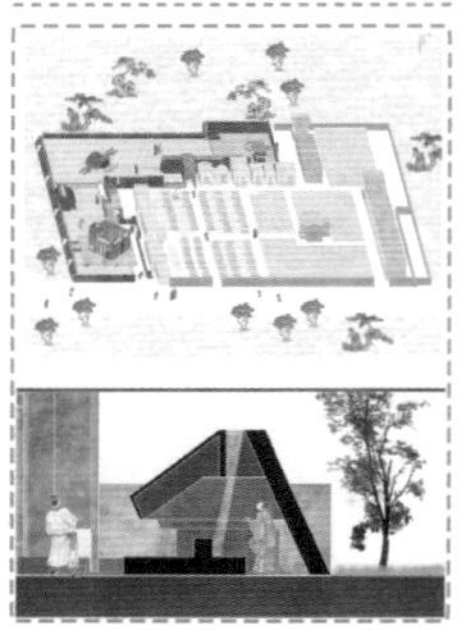

2 房间和走廊

空间是建筑学里的基本问题之一，似乎所有的建筑师都在谈论空间，但空间又是如此的抽象，完全看不见摸不着。本解析从学生日常生活中无处不在却又视而不见的房间和走廊的空间模式出发，通过寻找打破这些边界清晰相互分享的房间和走廊关系的不同方法的类型学，从而建立起对一种既清晰又模糊的空间特质的认识。

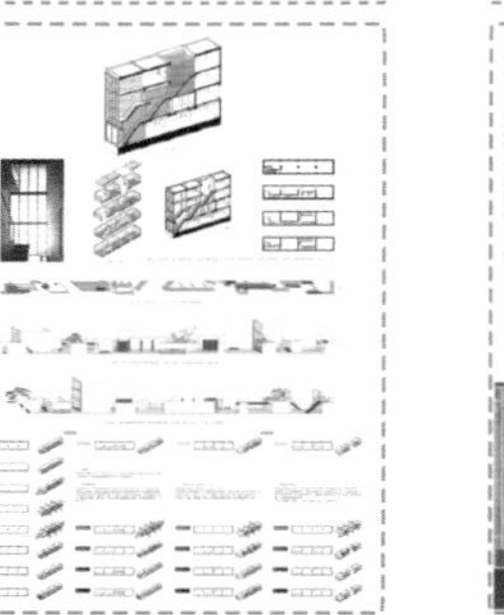

3 安藤忠雄作品空间解读研习

安藤忠雄克制内敛的设计语言，似乎在当代中国建筑语境下处境尴尬，新兴建筑手法不对争夺众人眼球，安藤的作品已然失语。然而当我们解读建筑本体问题，延续空间思考，回溯建筑历史时，安藤的作品会给我们带来意想不到的惊喜。课程在对几何原型的了解基础上，将建筑师作品分类，并初步了解不同几何形态如何建立空间秩序，组织空间关系等基本问题。

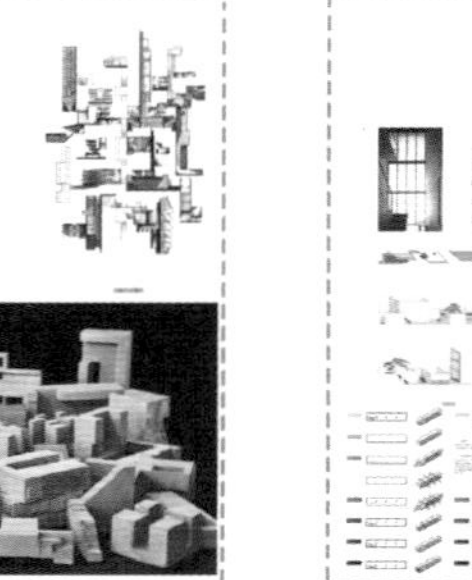

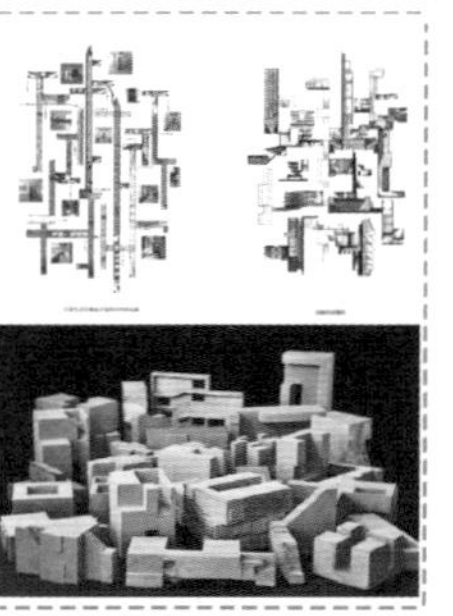

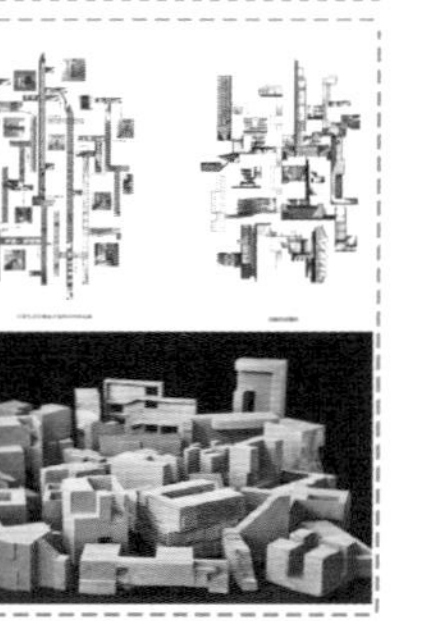

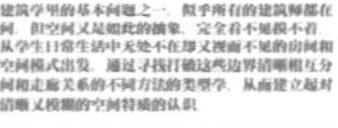

4 空间布局

空间与空间之间的关系不是决然独立的，而是具有一定程度的重合或者粘连，那么两个空间之间就具有某种关系，这种空间关系带来的结构就是，当我们处于其中一个空间中的时候，我们可以同时感知到其他空间的存在。针对具有空间关系的空间群组进行解析，并揭示他们之间的空间关系。

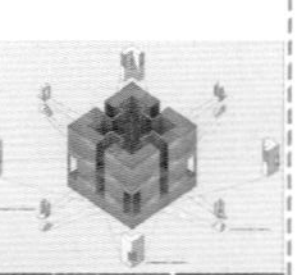

建筑六要素

STEP 3 掌握·设计的原理与方法

◼ 题目与内容

建筑六要素
——空间感知与塑造

◼ 环节要求与课题特点

人与光——光源、光孔、光栅、光径、承光体及人的视点六个方面入手

人与景——从地理区位、取景洞口位置、形态及质感与空间感知关系入手

人与色——从色彩概念、空间位置、色彩面积、色彩组合等方面，分析色彩与空间塑造的关系

人与声——从声音概念、位置、密度、质感等方面，分析声音与空间感知关系

人与物——从位置、尺度、距离及密度等方面，探讨人与物的相互位置关系、尺度关系、个体与群体关系

人与人——从领域性、路径、空间媒介、空间品质等方面，探讨人与人的距离关系、密度关系、私密与公共关系、效率与边界关系、行为关系等

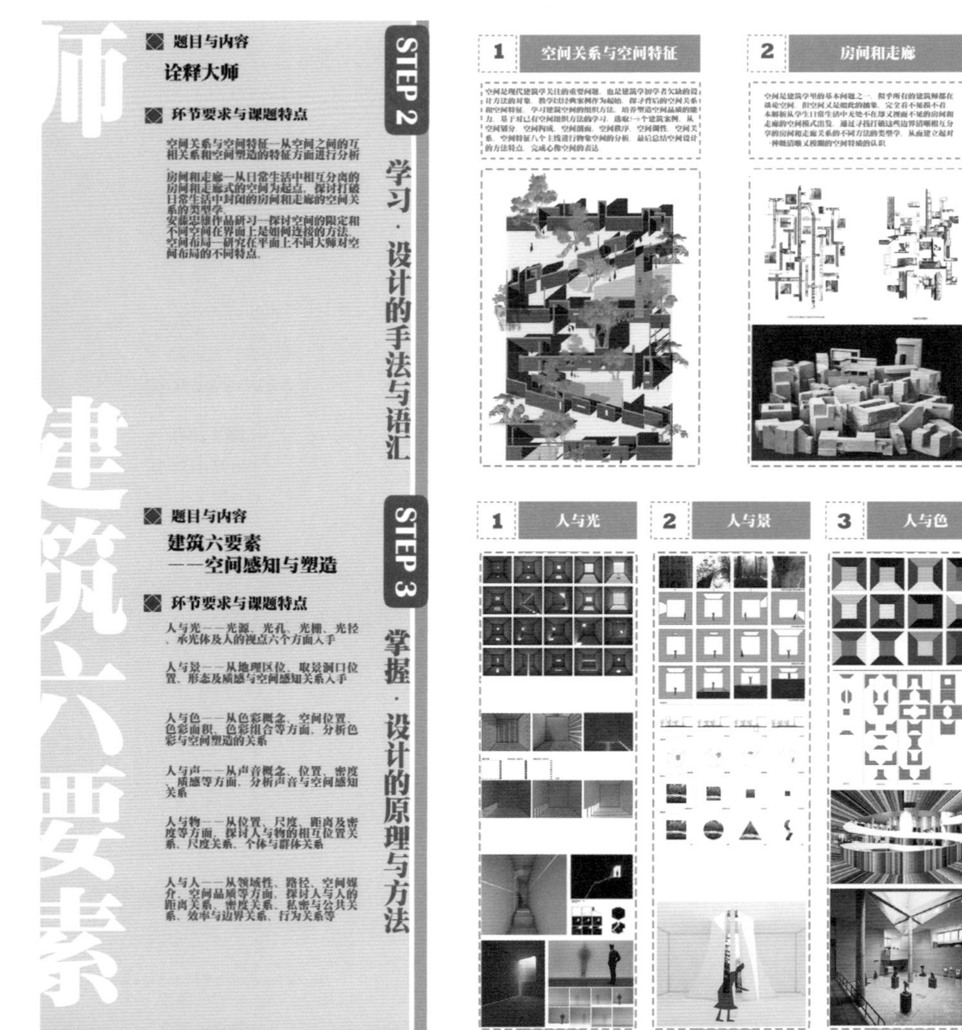

主题博物馆

STEP 4

应用·设计的综合与实践

题目与内容

十张照片的摄影博物馆设计

课题特点

通过设计题目的单纯化与小型化，避免学生设计上简单的面积叠加与功能复合，能更"单纯的"关注设计方法问题；通过分解教学环节，以空间关系与空间特征为主线形成环环相扣的设计链，进而激发学生对于设计的自我感知能力，学习建筑设计方法。

自在具足·心意呈现

作业点评

《后土》建筑设计选取了十张反映黄土地风土人情的摄影作品，利用现代夯土技术所呈现的材料对于空间氛围的营造，探讨照片主题、气氛、场景、视线、画面等与建筑空间及观展人群之间的关系，意图塑造与展现其心中对于展品照片及其背后人文的理解认知。建筑形体处理在感知场地现有元素，真实、准确的体验与理解之后进行具体设计，回应场地周边的工业遗产文化背景，以同构的方式嵌入场地中，形成对话关系。该方案在一定程度上体现出对前期建筑作品设计分析训练中"空间关系与空间特征"主线的设计方法与语汇的成果应用。

《对立而统一》建筑设计把对基地的理解和对照片的理解比较好的结合在了一起，对基地重要要素的回应的处理和对照片提取意向两者相辅相成，互相促进，立意比较新颖突出；在空间的处理上也良好的应对了基地和照片的展示问题，形成了一个比较完整和清晰的空间模式，创造了比较丰富的室内空间体验，用精炼的空间语言表达了对照片的理解和对基地的尊重。

《情谊之冢》建筑设计选取了十张反映过去人与人之间亲密情谊的摄影作品，学生用纹冢一样的空间去盛纳照片，意图表达那种亲密关系的不再，以及现代社会中人与人之间的疏远。该作业充分贯彻并反映了我校《以建筑学专业认知规律为线索的建筑学教学体系改革》三年级课程的教学内容与目的：设计从照片开始，并由之得出设计的概念，最终通过空间和材料的手段将空间氛围烘托到极致。该方案立意鲜明，设计深入扎实，对照片、功能、场地的回应较为全面而恰当，最后的图面表达也能够较好地呈现设计。

《墙里墙外》建筑设计首先从场地出发，通过分析场地内现有建筑、交通关系、景观构成、路径关系、材料色彩等内容，充分理解场地条件，梳理建筑与场地关系；其次，结合摄影师作品的内容与意境，选取感受强烈、主题明确的十张作品，并通过分析照片内容寻求切入场地的视角；最后，该生建筑设计结合大师作品解析，充分考虑空间秩序与叙事关系在建筑空间设计中的应用，使得建筑作品满足课程要求的同时内外关系相互协调。

1 照片的选择与解读

虫儿、胡武功、李强三位职业摄影师为学生提供大量题材多样、感染力强的照片以供学生选择。在选择照片之前，我们也邀请了摄影师本人进行作品的解读，学生和摄影师之间进行了良好的互动和交流，以便更好的了解作品及摄影师本人。学生从中选择出最能打动自己的十张照片，这十张照片即是设计的起点，后续的设计由此展开。

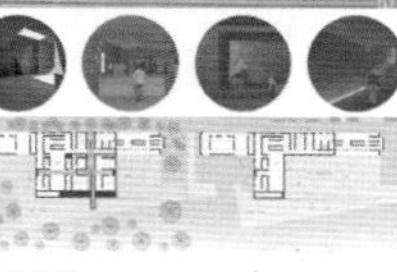

学生作业：《后土》

2 照片的出现方式

照片的主题导致了博物馆的设计概念，具体的人的观看的方式、观看的路径、观看的氛围便是不断推动空间方案深化的评判标准。这个阶段，老师会要求学生回到一个具体的观看者本身，回到具体的一张照片如何展示的问题。学生会在微观的层面对观看的距离、观看的光线、观看的方式、观看的路径等有进步深入的探讨，进而引发空间的继续深化。

学生作业：《对立而统一》

3 场地分析

照场地的训练不是本次设计题目的重点。由于本次博物馆设计更加关注的是内部空间的特征和组织关系所引发的外部形态，因此，场地要求便没有那么的苛刻，但是每一个场地还是提供了不同的要素，需要学生进行最简洁有力的回答：基地的特征是什么？学生需回答：建筑如何进入场地？如何组织基地内外人的行为？如何尊重基地内及周边的影响因素等问题。旨在通过分析思考，明确设计的外在影响条件。

学生作业：《情谊之冢》

4 功能、空间、材料

在设计概念和场地分析的基础上，将功能、空间以及材料进行具体化的设计。功能的要求是从具体的什么样的人参观这样的博物馆开始讨论和进入的，功能的组织决定了空间的结构。最后根据设计概念以及场地进行材料的选择，解决内外两个设计问题：对内，借由展线游历方式，调整空间组织、尺度变化、空间层次，反映于建筑形态；对外，借形体对外界设计要素条件产生的影响，进一步对空间发生作用。

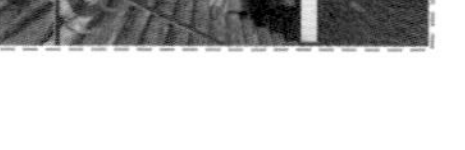

学生作业：《墙里墙外》

十张照片的摄影博物馆 · 情谊之家

PHOTOGRAPHY MUSEUM OF TEN PHOTOS · THE GRAVE OF FRIENDSHIP

总平面 1:1500

【设计说明】

十张照片主要表现过去人与人之间的亲密关系。而这种亲密正在一点点逝去。为了留住曾经的亲密，不让人们变得更加生疏冷漠而设计此照片展览馆警醒人们。

该设计将每张照片单独展览在一个独立的人无法进入的空间中，强化观展人的孤独感，与照片中人们的亲密形成强烈反差，从而达到看照片的目的。并且展览空间氛围较为神圣沉寂，更加突显照片的意义。其他空间在不影响展览空间氛围的同时与展览空间融为一体。

【经济技术指标】

建筑面积：1471.62m²
主展厅：341.865m²
门厅：59.22m²
50人交流厅：59.22m²
咖啡厅：97.2m²

容积率：1.2
私人展厅：84.6m²
VIP接待室:52.92m²
办公室：26.46m²×3
库房：61.74m²

工作室：240.03m²
主人套间：64.26m²
客房：32.13m²×2

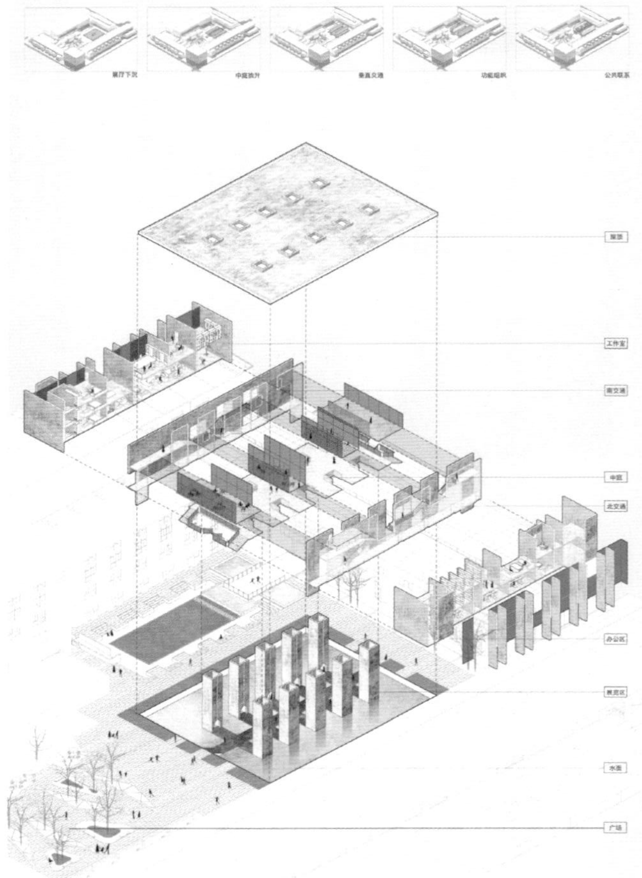

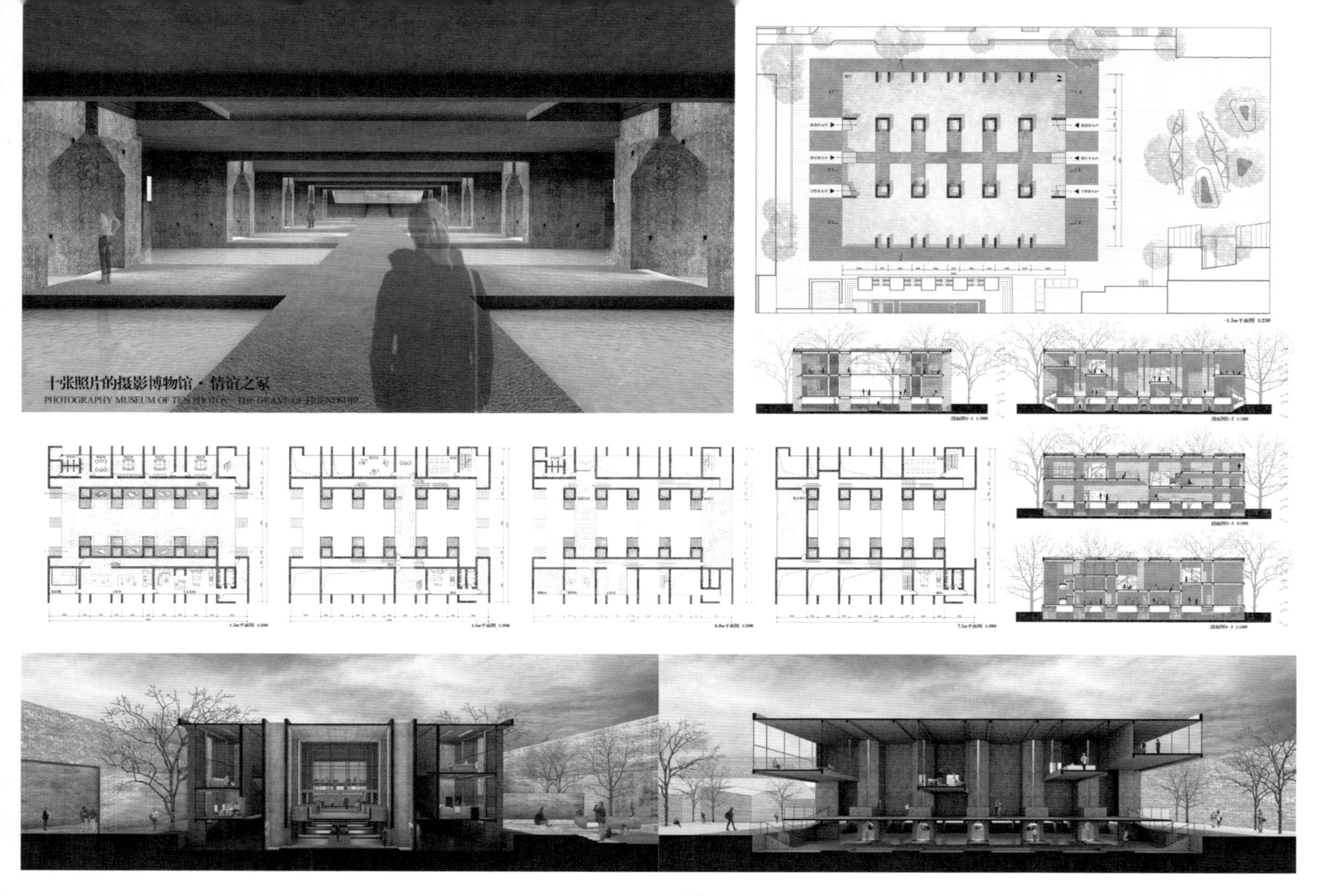
十张照片的摄影博物馆 · 情谊之家
PHOTOGRAPHY MUSEUM OF TEN PHOTOS · THE GRAVE OF FRIENDSHIP
-1.5m平面图 1:250
剖面图1-1 1:300
剖面图2-2 1:300
剖面图3-3 1:300
剖面图4-4 1:300
6.0m平面图
7.5m平面图

木构营造——基于材料特性和建造体验的建筑设计基础教案

厦门大学建筑与土木工程学院建筑系　一年级

1. 课题解读

木——明确建造材料的类别和特征；

构——体现对特定材料的加工方式、组合形式和结构受力的关注；

营造——强调建造过程在空间设计中的重要意义。

2. 教学目标

木构营造的重点是实际操作，课堂工作方法的核心是用模型来构思和设计，它提供了用实际的材料进行模拟“建造”和验证效果的直接体验，并且尽可能在课外为学生创造机会去参与实体建造。不同的模型材料激发不同的操作，从而导致不同的空间形态以及建构表达。因为木构营造课程均是借助于模型材料来进行 1 : 5 或者 1 : 10 的操作，对建造材料的考虑也是以模型材料来替代的。所以我们要特别强调模型材料的三重特性，即材料的可操作性、材料的视觉特性和材料的表现性。

通过本课程设计，应达到以下目的：

（1）从材料的本性出发，研究与之对应的营造过程和构造逻辑。探讨其在空间设计的重要意义。

（2）培养以材料和建造方式为构思原点的设计方法。

（3）了解材料本性、加工手段、构造方式、结构特征之间的关系；探讨不同加工工艺、构造方式形成多种空间的可能性。

（4）针对当下设计与建造分离的境况，强调具体的营造过程在设计训练中所扮演的角色。使学生树立“建房子”，而非“画房子”的观念。

（5）在条件允许的情况下，由老师和木工师傅指导，学生自己动手，通过实践建造，完成 1 : 1 实际木结构的施工。

3. 任务设置

在南方地区自选一块场地，在前期“空间操作”的 3mx3mx3m 立方空间基础上，发展设计并模拟建造一个木结构“休息亭”，包括可以坐、靠、躺、眺望观景的空间。

（2014 级同学在校园内，完成 2 栋木建筑 1 : 1 的实际施工；今年暑假 2016 级几位同学参加了“2017 德阳国际高校建造大赛”的民宿改造中木亭子的设计和建造）

优秀作业 1：木构营造——湖边亭　设计者：杨宇欣　魏　蓝　孟祥成

优秀作业 2：木构营造——BSP　设计者：周慧杰　余冠达　李　莹

作业指导教师：张其邦　林育欣　周卫东

教案主持教师：林育欣　周卫东　邓显渝　严　何　张其邦

整体课程大纲

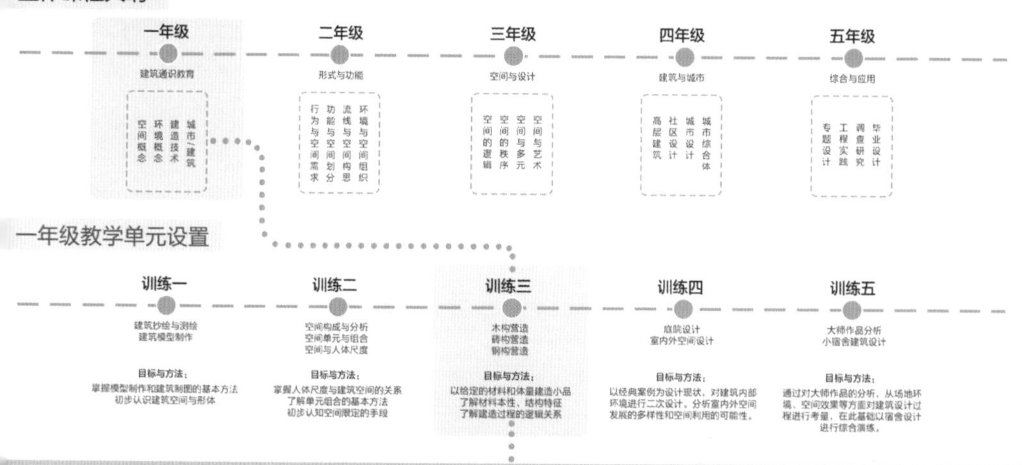

木构营造——基于材料特性和建造体验的建筑设计基础课程

学期：2017年春　年级：一年级下学期　学制：五年制　时间：六周　学生人数：120人

课程解读

木——指明建造材料类别和特征
构——体现对特定材料的加工方式、组合形式和结构受力的关注
营造——强调建造过程在空间设计中的重要意义

本教案将关注点放在对材料的直观认识和对建造过程的体验上。通过这一方式，考量构件的连接方式与技术的文化含义，在操作的过程中体验所谓的“建造的诗学”。材料、结构、构造方式将以统一的建造逻辑体现在最终的设计成果中，并由此培养建筑审美中的理性价值取向。反对空洞的形式游戏和肤浅的文化象征主义

教学目标

通过本课程设计，应达到以下目的：

1.从材料的本性出发，研究与之对应的营造过程和构造逻辑。探讨其在空间设计的重要意义。
2.培养以材料和建造方式为构思原点的设计方法。
3.了解材料本性、加工手段、构造方式、结构特征之间的关系；探讨不同加工工艺、构造方式所形成的多种空间的可能性。
4.针对当下设计与建造分离的境况，强调具体的营造过程在设计训练中所扮演的角色。使学生树立“建房子”而非“画房子”的观念。
5.在条件允许的情况下，由老师和木工师傅指导，学生自己动手，通过实践建造，完成1:1实际木结构的施工。

设计要求

1.“休息亭”要求通过九宫格空间序列的操作训练来逐步推进，包括不同空间的利用方式。注重在空间上的灵活性和多样性。同时在空间效果和结构关系上体现理性的建造逻辑。但需满足基本的人体尺度要求。
2.主体结构为木结构（要求尽量采用市场上的规格材），考虑木结构框架中各种构件（可采用螺栓、榫楔、榫卯等）结构受力传递和连接方式的合理性。
3.建造过程需要模拟真实的木建构建造方式和过程，包括基础、主体结构框架、楼地面、屋顶材料和外围护结构的逻辑合理性，表达清楚以便进行评价。
4.每位同学分别制作三个初步模型方案，在分析讨论基础上，2~4人合组协助，继续发展其中一个方案，进一步优化设计。

任务设置

在南方地区自选一块场地，在3X3X3立方空间基础上，发展设计并且模拟建造一个木结构“休息亭”其中包括可以坐、靠、躺、眺望观景的空间。
（2014级同学在校园内，完成2栋木建构1:1的实际施工休息亭；2017年暑假2016级数名学生参加了“2017德阳国际高校建造大赛”的民宿改造中木亭子设计和建造）

成果要求

模型：比例1:10或者1:5；
材料：木材，金属连接件。
图纸：正图以绘图纸绘制，图幅为A1规格，2~3张。
内容：总平面图、各层平面图、屋顶平面图、剖面图（2张及以上）、立面图（2张及以上）、分解轴测图、分析图、连接节点详图、模型照片、过程记录照片、设计说明等。

模型照片

整体课程大纲

实地调研

时间： 0.5周
教学内容：教师讲授"建构"理论的相关概念，明确材料、营造在建筑设计中的重要意义。课下进行 建成/在建 木构建筑的实地调研。

材料特性与材料加工

时间： 0.5周
教学内容：进行材料特性和材料加工方法的学习，了解材料在不同的纹理和受力条件下的效果，并根据这些特性完成木材特性的观察实验和构件加工。

材料连接与空间围合

时间： 1.5周
教学内容：进行材料加工和构件连接练习。完成任务要求的结构框架和构件节点制作，并完成结构框架的围合练习。由学生在课堂上对成果进行介绍并由教师进行评价。

虚拟建造

时间： 1.5周
教学内容：利用计算机软件进行设计构思和虚拟建造。结合材料特性及上一阶段的成果，对设计内容进行推敲、调整。教师对各组的阶段成果进行评价。

成果模型制作及制图

时间： 1周
教学内容：1：10成果模型制作
绘制平面图、立面图、剖面图、分解轴测图、节点构造示意图等图纸。

成图及评图

时间： 1周
教学内容：技术图纸进行排版并成图。
年级教师、邀请学院其他年级教师参与评图。学生分为3组，每组评委不少于3人。每一方案可陈述5分钟。由教师进行讲评和总结。

实际建造

时间： 4周（课外）
教学内容：学生自己动手完成1:1实际木结构的建造。
由老师和木工师傅共同指导，学生每组扩编为8人，在设计方案基础上完成木构件加工和搭置。
课外实践：2017 年暑假2016级数名学生参加"2017德阳国际高校建造大赛"的民宿改造中木亭子设计和建造。

阶段一

教学要求：通过实地调研，对木构建筑的建造特点形成初步的感性认识。调研对象包括正在建造的建（构）筑物，也包括已经建成的建（构）筑物。通过对实地的观察、记录、体会，理解营造过程的意义，以及图纸和实物的对应关系。

阶段成果：参观木构建筑的施工现场或建成实物，就建筑结构和建造方式特点撰写调研报告，要求附照片以及分析草图。

阶段二

教学要求：1.观察木材纹理，体验木材给人的视觉、嗅觉、触觉效果。了解木板在受压、受弯、受拉的情况下，不同纹理的受力特征及破坏特性。
2.使用刀具、锯、锉、砂纸等工具对木料进行切、削、锯、锉等简单加工使学生对材料、工具有初步的认识

阶段成果：1.用简明文字描述不同纹理的三块木板的质感、硬度、粗糙程度。用图表和照片记录木板在受拉、受压作用下的特性。
2.在不同厚度的木板上切割不同尺寸的方片（50X50mm）、方块（20X20X20mm）、木条（截面8X4mm）、圆片（半径35mm）。用锉子对构件行倒角，用砂纸打磨构件边缘。并用照片和简明文字记录木材的材料特性和加工过程。

阶段三

教学要求：1.使用加工的木条作为梁、柱构件，通过螺栓及榫卯方式进行x、y、z方向的连接，分析不同构件的受力情况，并形成一个结构框架。
2.选择适当的维护构件，尝试通过各种不同的构造方式在上述结构框架上形成不同的空间效果。

阶段成果：1.研究梁与梁、梁与柱、柱与基础的连接方式。每一种连接方式提炼出1~2种最成熟的方式并形成一个体积不大于0.027m³的基本的结构框架。用照片和简明文字记录制作的过程和最终成果。
2.利用上一作业的基本结构框架，以10mm和4mm宽的木片作为维护构件，在结构框架中通过封闭、开敞的不同程度，形成不同的空间效果，用照片和简明文字记录制作的过程和最终成果。

阶段四

教学要求：通过前2周对材料的建造体验，重新对任务书进行解读分析。利用计算机软件进行设计构思和虚拟建造。通过学生内部的讨论和教师的知道，对设计内容进行推敲、调整。确定结构框架形式和节点构造形式。

阶段成果：1.研究梁与梁、梁与柱、柱与基础的连接方式。每一种连接方式提炼出1~2种最成熟的方式并形成一个体积不大于0.027m³的基本的结构框架。用照片和简明文字记录制作的过程和最终成果。
2.利用上一作业的基本结构框架，以10mm和4mm宽的木片作为维护构件，在结构框架中通过封闭、开敞的不同程度，形成不同的空间效果，用照片和简明文字记录制作的过程和最终成果。

阶段五

教学要求：1.模型需准确表达各构件的空间关系和构造层次。
2.建筑图纸符合制图规范及方案深度要求。

阶段成果：1.完成成果模型制作。
2.完成分析图及主要技术图纸的绘制。

阶段六

教学要求：正图为A1图幅不少于2张，其中应包括各项技术图纸及成果模型照片，平涂过程中每一方案由学生陈述5分钟，包括设计概念、建筑结构、空间组织、构造节点等内容。由老师进行点评和总结。

阶段成果：完成正图绘制
进行图纸评讲和课程总结

阶段七

（在学院支持下，2014级同学增加了建造环节）

教学要求：在木工师傅帮助下，考虑学生的动手能力和学院的支持条件，优选2组木建构设计建造，每组学生修订建造方案和计划书，统计木材规格数量和连接件数量，统一到木材市场采购在遵守木工操作规范和安全守则的基础上，在木工房分工分步加工木构件到建造地点，在木工师傅和老师的指导监督下，保证施工安全和结构稳固，建造过程、成果与设计图纸相符。

阶段成果：完成木建筑的建造搭置，上交建造过程和完工照片。
进行现场讲评和总结，统计建造成本。

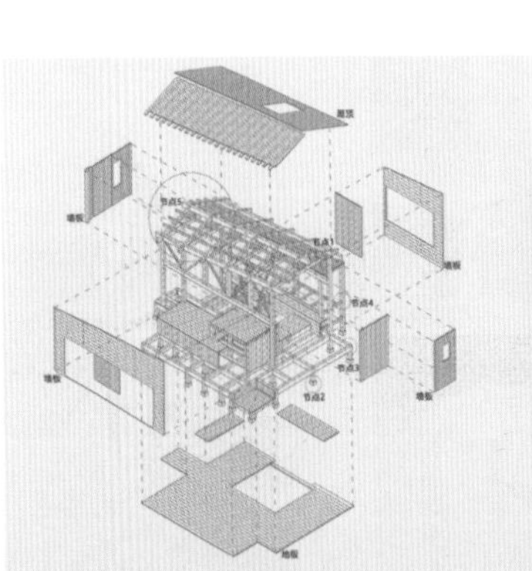

作业摘选与教师点评

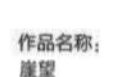

作品名称：
崖望

学生姓名：
连海茵、李进元、张小林

教师点评：
这个作业选择悬崖边进行眺望的观景台，内部空间比较狭小，上二层露天平台后豁然开朗，天水一色，很有格调。外形有透有围，光影和视线引导比较丰富。造型尝试了比较少采用的倾斜平行体，空间有的地方会比较局促，木材的交接处理增加了难度。组员们通过努力，做出精致的1:5模型，把连接方式基本交代得清楚合理。

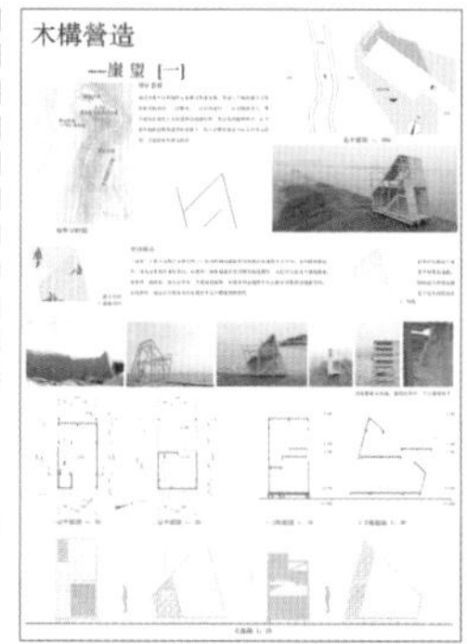

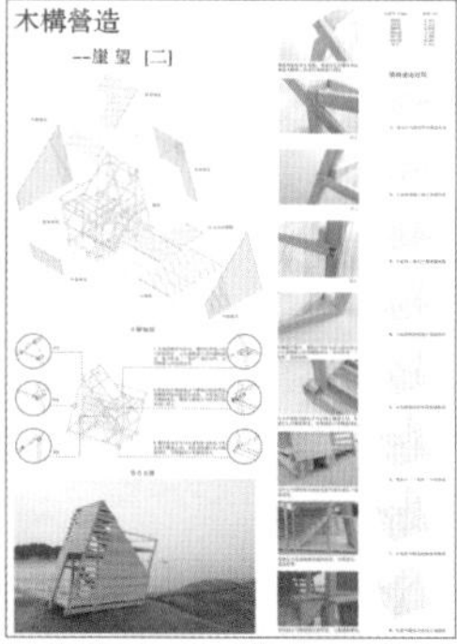

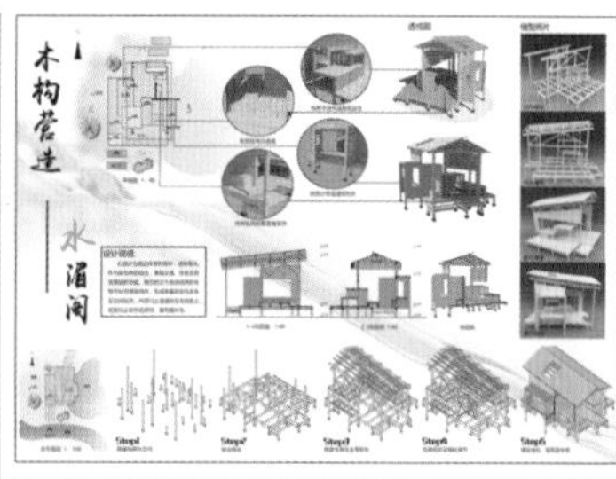

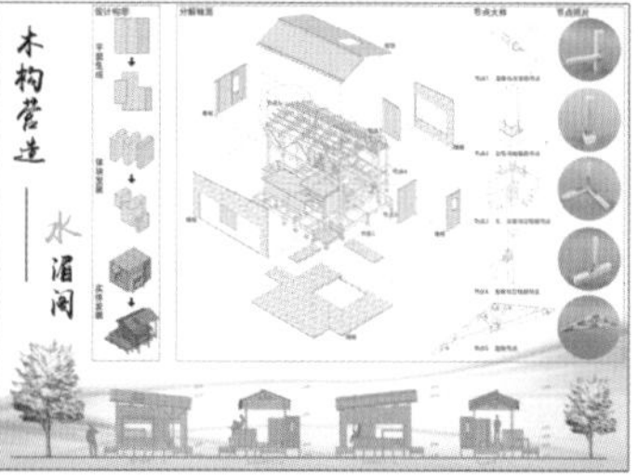

作品名称：
水湄阁

学生姓名：
刘哲瑄、蔡婉芳、黄振锋

教师点评：
这是一个很特别的木构空间设计，造型既是亭又是廊，兼具休憩、观景和交通的功能。在一个大双坡顶的下面，安排了三个高低错落的休憩平台贯通室内外场所，形成一个可坐、可靠、可躺和可聚会的灵活空间。内外不断转换，层次丰富、空间穿插，很有趣味。可惜细节表达还比较粗糙。

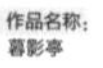

作品名称：
暮影亭

学生姓名：
曾文琴、李野、周立佳

教师点评：
这是一个比较小巧细腻的融合休息、阅读和观景的木亭，可以放在室外的路边，也可以建在室内，成为一个别致的场所。两个交错形体加上外部延展的平台，形成层次多样，有点像家具般的可内可外空间。结构和建造方式表达得很合理，图纸和模型都很有条理，但是图面上木材质的色彩不统一，需要改进。

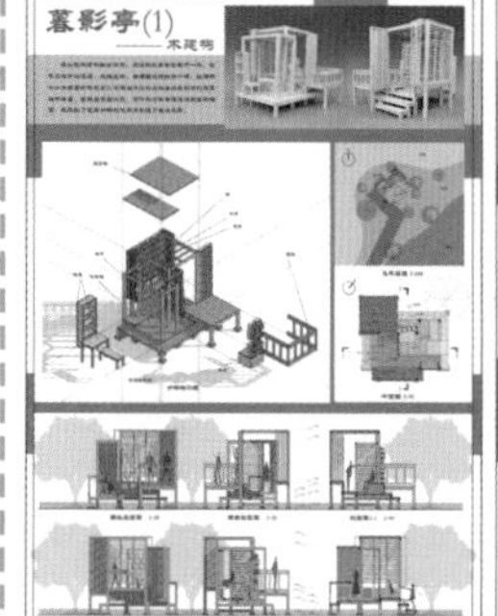

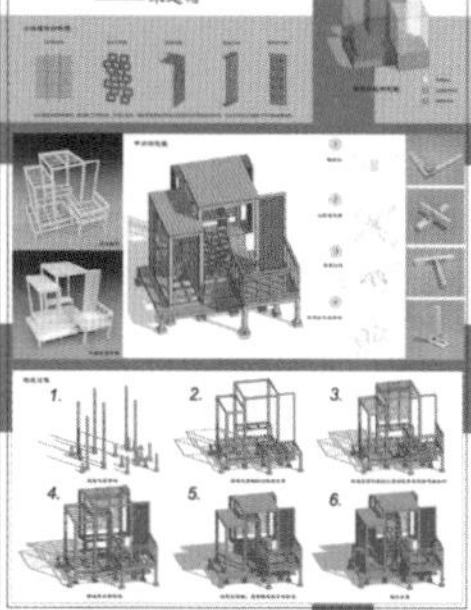

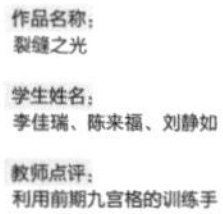

作品名称：
裂缝之光

学生姓名：
李佳瑞、陈来福、刘静如

教师点评：
利用前期九宫格的训练手法，改为对方正体块进行斜向切割，内部成为三个主次空间。精彩之处是利用切割开的“裂缝”调整各个空间的采光，使建筑内外通透的同时，又有很好的围闭、视线和光影效果。这个方案利用简洁的手法，达到了预期的趣味性。如果把模型的光影模拟出来，可能会大大增强设计的表现力。

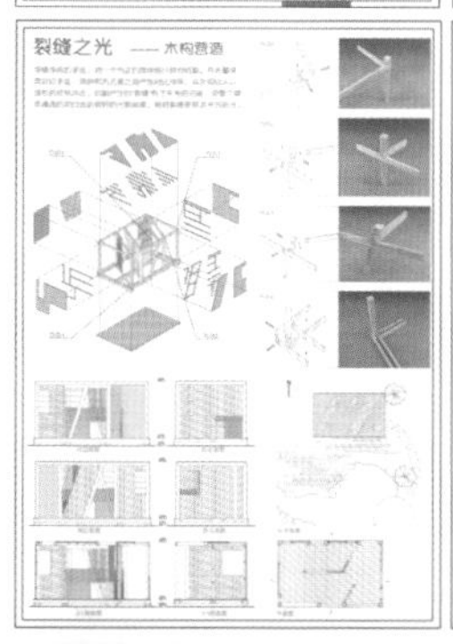

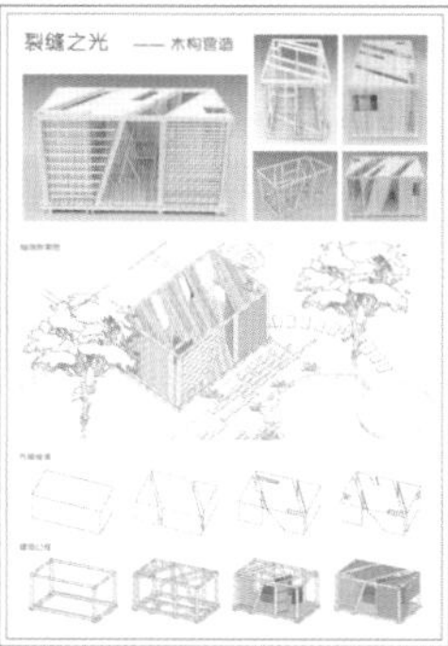

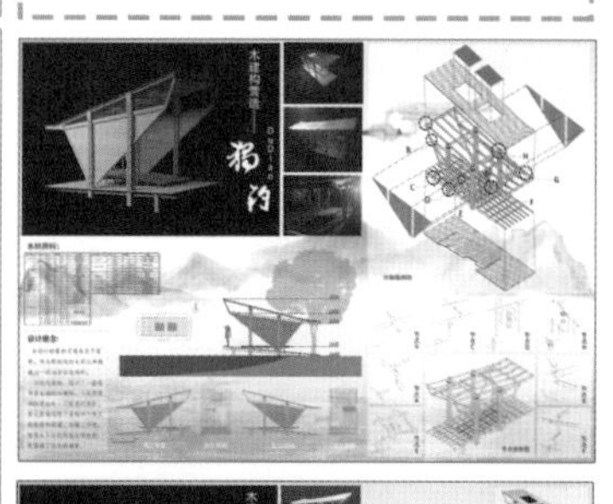

作品名称：
厦憩亭

学生姓名：
尚小钰、张楚、李青莹

教师点评：
这个作业用三个不同高度体块与高差的组合来追求空间的多样化感受，延伸出去的平台使室内外空间动静相宜、环环相扣。木结构感觉稍微复杂一些，但是结构和建造思路比较清晰，节点设计也比较合理，风格统一，有很强的掌控力。图纸表达的空间细节不是很直观，两张图纸的风格不是很统一。

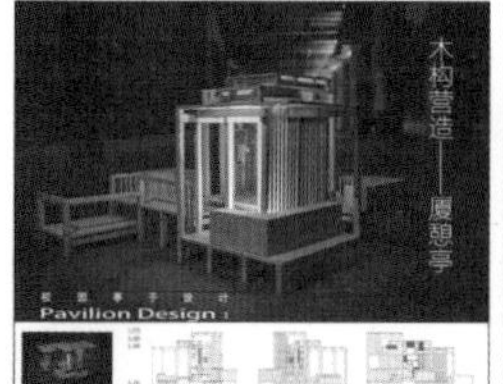

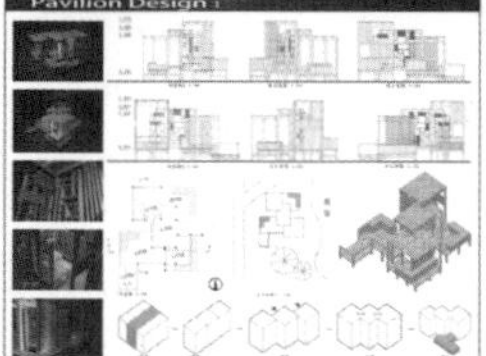

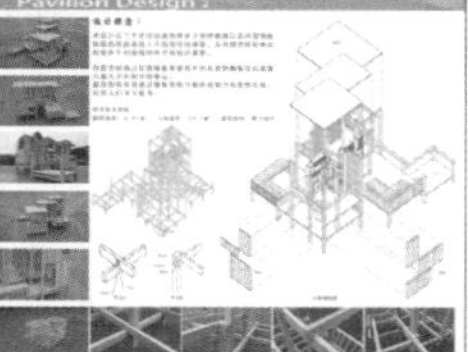

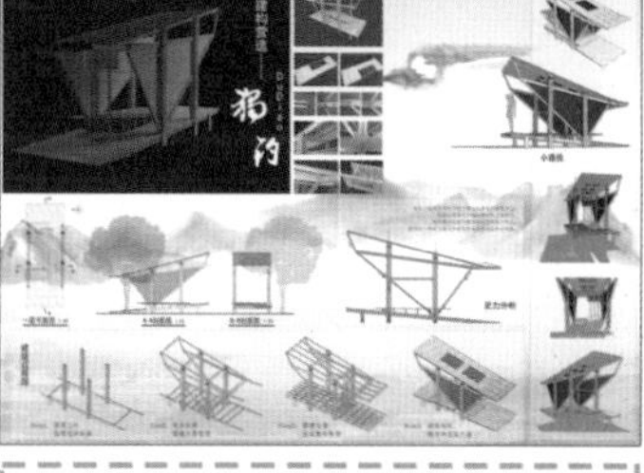

作品名称：
独钓

学生姓名：
廖惟彬、蔡政

教师点评：
这个作业借鉴了廊桥，希望做出伸到水面上，具有轻盈感觉的木建构。造型有很强的识别性和表现力，也有不少的细节处理去强化主题。从造型、结构和构造看，都是个很用心的设计作业。但是，空间相对单一，有的木构件比较细，不是很符合结构要求。

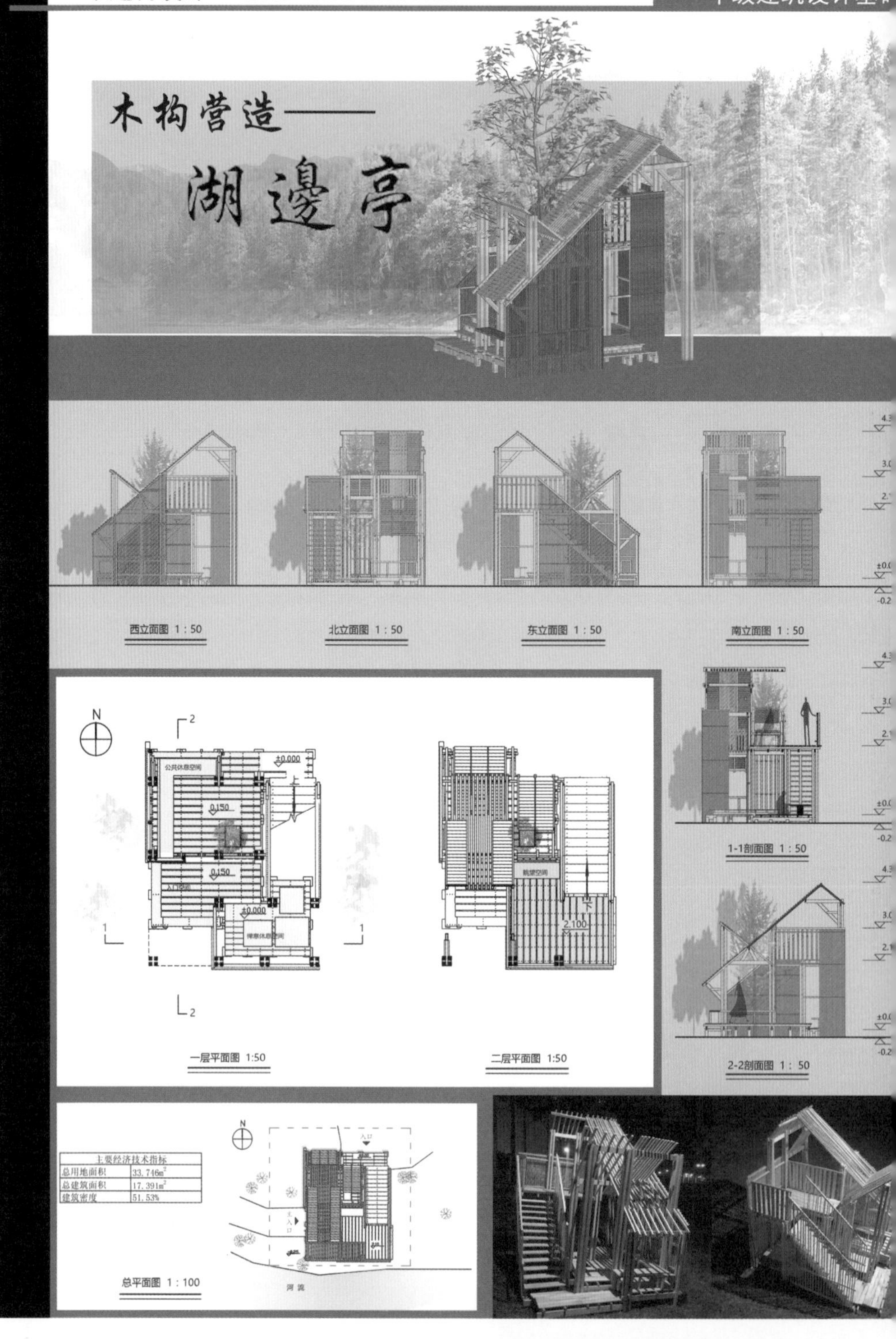
木构营造——
湖邊亭
西立面图 1：50
北立面图 1：50
东立面图 1：50
南立面图 1：50
1-1剖面图 1：50
2-2剖面图 1：50
公共休息空间
±0.000
0.150
入口空间
眺望空间
2.100
一层平面图 1:50
二层平面图 1:50
主要经济技术指标
总用地面积 33.746m²
总建筑面积 17.391m²
建筑密度 51.53%
入口
总平面图 1：100
河滨

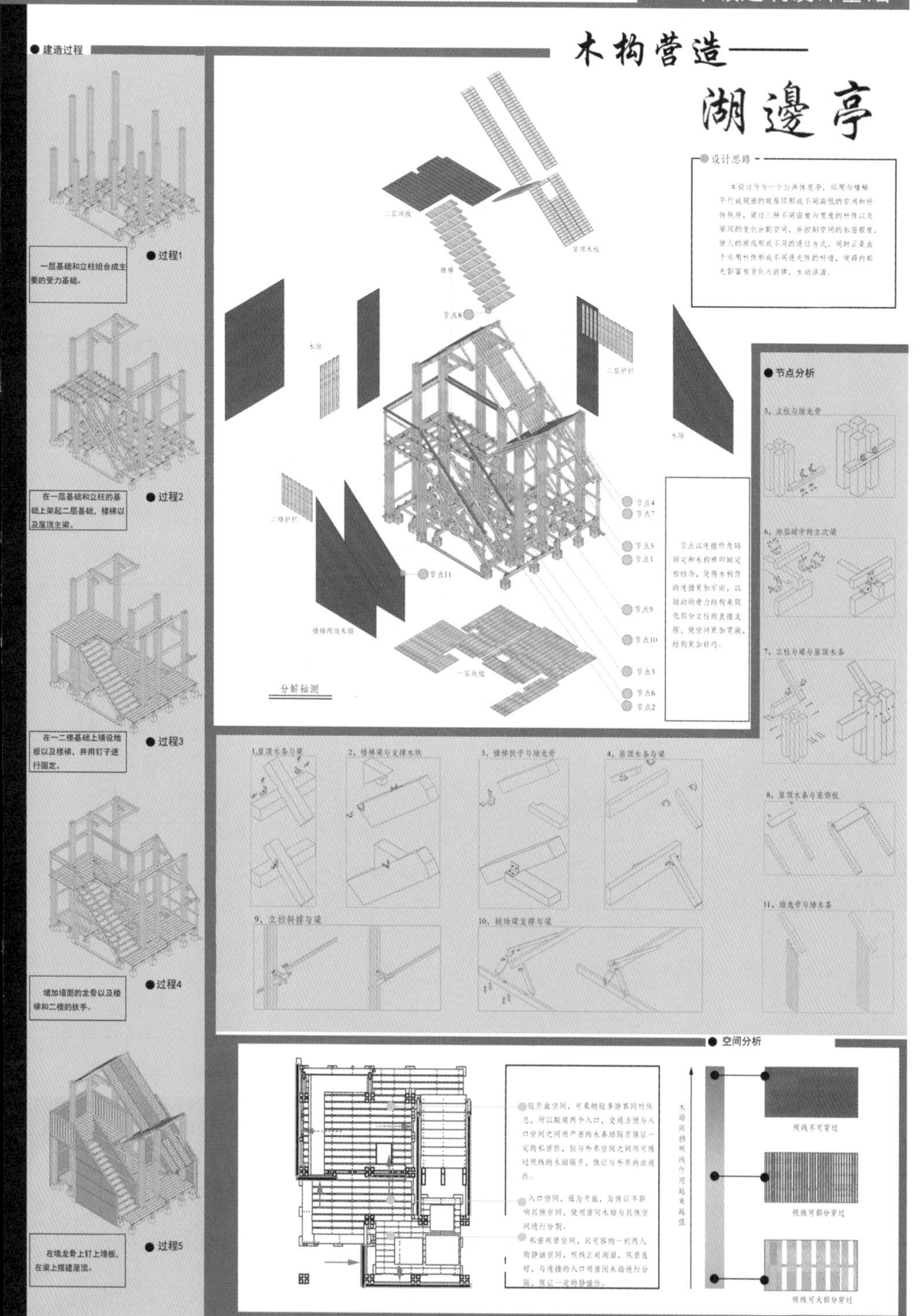
● 建造过程
一层基础和立柱组合成主要的受力基础。
● 过程1
在一层基础和立柱的基础上架起二层基础，楼梯以及屋顶主梁。
● 过程2
在一二楼基础上铺设地板以及楼梯，并用钉子进行固定。
● 过程3
增加墙面的龙骨以及楼梯和二楼的扶手。
● 过程4
在墙龙骨上钉上墙板，在梁上搭建屋顶。
● 过程5
木构营造——
湖邊亭
设计思路
本设计作为一个公共休息亭，运用与楼梯平行或镜面的坡屋顶形成不同高低的空间和杆件秩序，通过三种不同密度与宽度的杆件以及屋顶的变化分割空间，并控制空间的私密程度，使人的视线形成不同的透过方式，同时正是由于运用杆件形成不同透光性的杆墙，使得内部光影富有变化与韵律，生动活泼。
二层地板
屋顶木板
楼梯
节点8
木墙
二层护栏
二楼护栏
节点4
节点7
节点5
节点1
节点11
节点9
节点10
节点3
节点6
节点2
楼梯两边木墙
一层地板
分解轴测
节点以连接件角码固定和木构榫卯固定相结合，使得木构件的连接更加牢固，以辅助的受力结构来简化部分立柱的直接支撑，使空间更加宽敞，结构更加轻巧。
● 节点分析
5、立柱与墙龙骨
6、地基础中的主次梁
7、立柱与梁与屋顶木条
1、屋顶木条与梁
2、楼梯梁与支撑木块
3、楼梯扶手与墙龙骨
4、屋顶木条与梁
8、屋顶木条与装饰板
9、立柱斜撑与梁
10、辅助梁支撑与梁
11、墙龙骨与墙木条
● 空间分析
较开敞空间，可乘纳较多游客同时休息，所以联通两个入口，交通方便与入口空间之间用严密的木条墙隔开保证一定的私密性，但与外界空间之间用可通过视线的木墙隔开，保证与外界的流通性。
入口空间，最为开敞，为保证不影响其他空间，使用密闭木墙与其他空间进行分割。
私密观景空间，只可容纳一到两人的静谧空间，视线正对湖面，风景良好，与连接的入口用密闭木墙进行分隔，保证一定的静谧性。
视线不可穿过
视线可部分穿过
视线可大部分穿过

基于渐进式更新的城乡传统社区复兴活化设计——毕业设计课程教案

厦门大学建筑与土木工程学院建筑系　毕业设计

1. 课题解读：

毕业设计是建筑学本科教学的最后环节，是对整个五年本科教学过程的总结性教学训练。

2. 选题策略

设计语境(Design Context)真实性——选取真实社区，通过调研、访谈、空间和场所背景的真实性、以及无法逃避的问题复杂性确保了教学的难度和挑战高度。

场地选择 (Design Site) 在地化—选择在地传统社区，便于学生常态化地实地调研，在深入居民生活，切身了解社区需求的基础上，形成以传统社区 / 乡村可持续发展为目标的，“有温度” 的场地认知 / Site Mapping.

设计定位 (Design) 多元化—建筑设计题目的功能复杂程度体现在功能的在地 (居民) 具体化和多元 (更新活化) 开放化的多重探索，以及基于社区动态平衡的设计弹性。历史沿革、肌理演变、功能衰败、发展路径、SWOT 等要素分析不可或缺。

尺度与进程 (Scale and Progress) —宜 “小而精”，忌 “大而全”。结合功能定位，选择适宜体量建筑进行“针灸式”活化设计、并注重探索 “渐进式” 的活化可能性。

3. 教学模式

本教案引入 CDIO 一体化教育模型。在毕业设计教案设计中，将选题构思、设计生成、设计表达和成果推广置入 CDIO 教学框架，即 “构思 Conceive——设计 Design——实现 Implement——运行 Operate” 四大模块。毕业设计采用 C2C 合作的教学模式，学校教师组成教学团队作为毕业设计的技术支撑；社区居民作为毕业设计的主要服务对象组成；校外指导团队把控毕业设计的方向；定期邀请指导老师、校内外专家和社区居民举办方案评审讨论；让学生了解各方需求，平衡各方利益，作出符合社区活化的决定，培养学生的协调能力和社会责任感。

优秀作业 1：守望与重塑——厦门沙坡头传统片区渐进式更新设计

设计者：衷　毅　黄嘉慧　高雅丽　吕寒剑　陈司亘　陈文倩

优秀作业 2：檀林古村生态博物馆——基于侨乡复兴的乡村活化设计

设计者：黄文灿　杨　冰　柯伟宏

作业指导教师：韩　洁　李苏豫　李苏豫　王量量

教案主持教师：韩　洁　李苏豫　王量量　张燕来　凌世德　王绍森　李立新　唐洪流

于渐进式更新的城乡传统社区复活化设计

——毕业设计课程教案 1/2

毕业设计是建筑学本科教学的最后环节，是对整个五年本科教学过程的的总结性教学训练。其教学目的是对学生综合设计能力的培养与训练，以助其更好地通过专业知识与技能服务社会。与此同时，毕业设计是教学与社会接轨的重要环节，通过训练学生了解社区现实，树立社会责任感，并与设计实践机构联合教学来训练学生尝试运用所学知识解决实际问题的能力，是毕业设计的人才培养目标。

在课程教案设置中引入CDIO建筑教育理念和C2C的教学模式，倡导从“构思-设计-实现-运作”的整合教育框架和“学校-社区”联合教学模式。在教案设置的“in-put”中，强调将多种教学平台、多维教学体系的教学资源整合融入；在“out-put”中，关注基于社区现实的场所认知、倡导注重实践可能性的综合设计技能培养。

基于多平台多体系资源整合的毕业设计教学

平台	辅助课程	技术课程	理论课程	主干设计课程	实践课程	年级
综合平台				毕业设计	设计院实践、毕业设计调研	五年级
专业拓展平台	GIS、空间句法	建筑节能、新型建筑材料等	城市设计原理、建筑设计方法学	综合体城市设计、社区规划	建筑师实践基础	四年级
专业拓展平台	建筑信息建模BIM、参数化设计等	建筑声光环境、构造、建筑材料、建筑设备等	闽南传统建筑与文化、中外建筑史等	公共建筑设计	古建筑测绘及调查	三年级
基础平台	建筑设计数字表现	建筑力学、建筑结构等	当代建筑设计理论等	公共建筑设计	建筑认识实习、创新创业训练与社会实践	二年级
通识平台	工程制图等	设计基础、建筑概论、美术基础	公共建筑设计原理、建筑历史通史等	小型建筑设计入门	设计基础实践	一年级

RADUATION DESIGN Based On Gradual Renewal And Traditional Community Renaissance

“更新活化设计”选题策略

1. 设计语境（Design Context）真实性—选取真实社区，通过调研、访谈了解空间及场所背景的真实性及无法逃避的问题复杂性确保教学的难度和挑战高度。避免选取仅由开发商单方面利益主导下的更新活化设计项目作为毕业设计题目。
2. 场地选择（Design Site）在地化—选择在地传统社区，便于学生常态化实地调研，在深入居民生活并切身了解社区需求的基础上，形成以传统社区 / 乡村可持续发展为目标的、“有温度”的场地认知 / Site Mapping。
3. 设计定位（Design Position）多元化—建筑设计题目的功能复杂程度体现在功能的在地（居民）具体化和多元（更新活化）开放化的多重探索，以及基于社区动态平衡的设计弹性。历史沿革、肌理演变、功能衰败、发展路径、SWOT等要素分析不可或缺。
4. 尺度与进程（Scale and Progress）— 宜“小而精”，忌“大而全”。结合功能定位，选择适宜体量建筑进行“针灸式”活化设计，并注重探索“渐进式”的活化可能性。

基于中国现实的选题背景

存量优化

- 1.城乡发展模式由增量发展变为存量优化；
- 2.旧城区、旧乡村等传统社区保留着大量的建筑遗存和丰富的人文资源，凝聚了独特的场所精神和社会资本；
- 3.存量优化的挑战与困境：密度的更新、功能的替换、场所精神的保有、社会网络的修补。

存量社区激活

- 1.城乡传统社区环境脏乱差，缺乏活力，缺乏公共服务设施，亟待更新；产业落后，亟待激活；
- 2.历史社区的肌理、文脉成为其物质空间存量的核心价值之一；
- 3.社区在城乡演变中凝聚集体记忆，是场所精神之所在，是存量社区的人本价值；
- 4.互联网+、文化创意产业、智慧共享社区等新的经济与治理模式是存量社区的优化途径。

渐进式更新

- 1.渐进式—以使用者为主体，解决使用者实际问题；
- 2.小规模、低投入的存量社区更新模式；
- 3. 空间渐进式更新；
- 4. 功能渐进式更新；
- 5. 设施渐进式更新；
- 6. 社群渐进式更新。

建筑教学改革

- 1. 建筑教育目标适应时代发展的改革；
- 2. 从“给定任务书”的教学任务导向转变为“给定设计目标”的教学目标导向；
- 3. 以“解决建筑功能和空间”的教学方式转变为“以建筑作为社区活化的方法与途径”的教学方法探索；
- 4. 以单体设计转变为系统设计的教学模式探索。

激发社会责任感的教学目的 / **树立社会责任感的开放式教学**

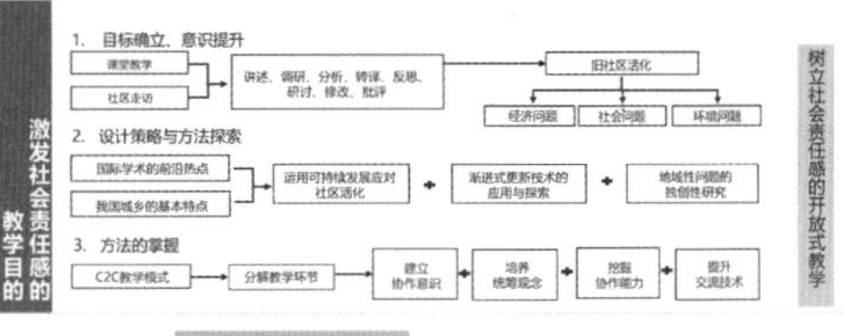

基于CDIO理念的教学框架

CDIO教育模式，因其教育理念的先进性和开放性、教学层面的系统性以及广泛适用性在工科类课程教学中显现了很好的应用效果。本教案引入CDIO一体化教育模型。在毕业设计教案设计中，将选题构思、设计生成、设计表达和成果推广置入CDIO教学框架，即“构思 Conceive——设计 Design——实现 Implement ——运行Operate”四大模块。

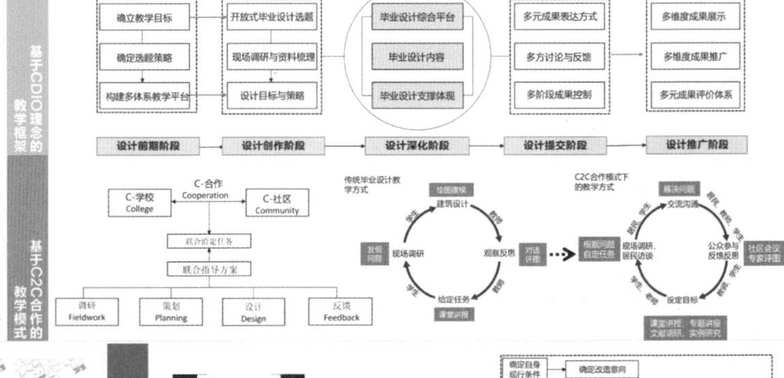

基于C2C合作的教学模式

1. 毕业设计采用C2C合作的教学模式，学校的教师组成教学团队作为毕业设计的技术支撑；
2. 社区居民作为毕业设计的主要服务对象组成校外指导团队把控毕业设计的方向；
3. 定期邀请指导老师、校内外专家和社区居民举办方案评审讨论；
4. 让学生了解各方需求，平衡各方利益，作出符合社区活化的决定，培养学生的协调能力和社会责任感。

基于城乡传统社区活化的教学内容

1. 渐进式更新活化设计教学目标：理解城乡发展大背景下的“存量式”社区现实，训练学生熟悉小尺度、小规模、逐步进行的更新方式与方法，培养学生在真实的限制条件下创造性、综合地解决复杂问题的能力；
2. 教学要求：了解历史社区的空间演变、肌理特征、建筑类型、场地分析方法、熟练建筑策划-建筑设计-建筑运营模式的构思；了解更新活化的不同模式；并熟练掌握建筑设计规范与相关技术要求；
3. 教学方法：以“解决建筑功能和空间”的教学方式转变为“以建筑作为社区活化的方法与途径”的教学方法探索；鼓励开放式的教学方法创新；
4. 教学组织：通过CDIO的一体化教学框架、C2C的课堂-社区教学模式对毕业设计进行从构思到实践的全方位教学指导。
5. 成果要求：设计图纸、模型、设计论文、毕业设计展览。

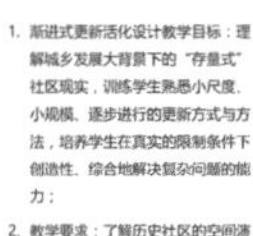

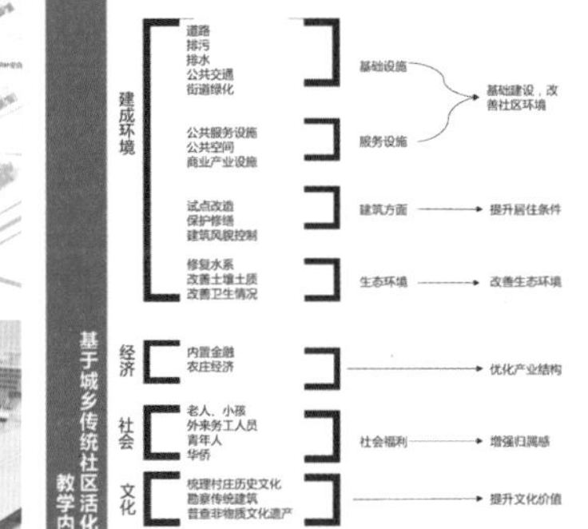

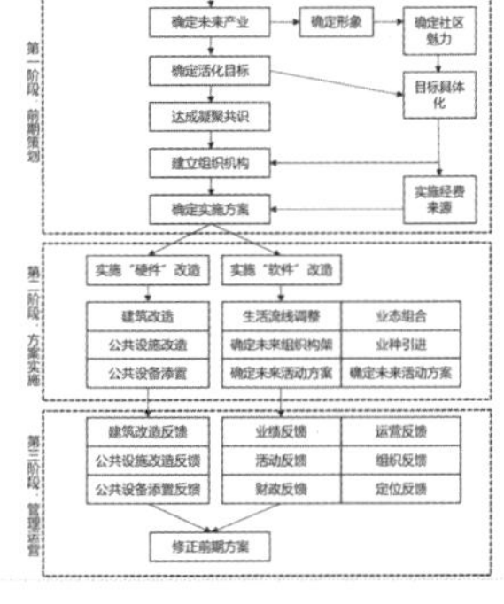

基于渐进式更新的教学方法

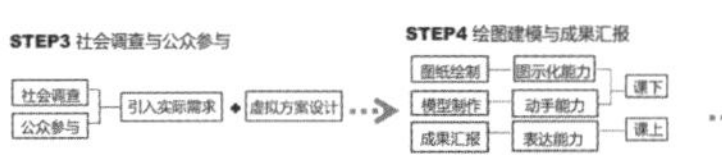

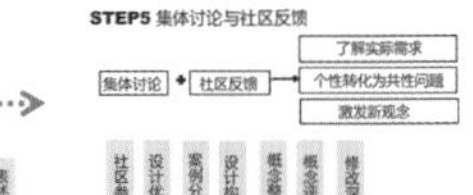

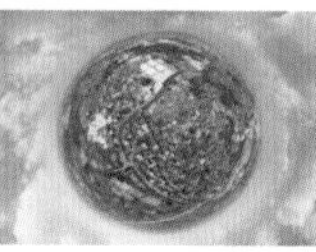

GRADUATION DESIGN

Based On Gradual Renewal And Traditional Community Renaissance

理论讲座 · 调研阶段 · 提出问题 · 技术分析 · 设定任务 · 社区反馈 · 方案深化 · 成果表达 · 毕设答辩 · 在地实践

理论认知（第1周）

工作内容

教师讲授渐进式更新和社区复兴的一般原则、方法、内容、典型案例；介绍传统街区更新的难点与重点，解释乡村活化与城市更新领域的关键词及其含义。对于学生感兴趣的专题，邀请专家学者和社区工作者开设专题讲座，进一步拓展知识面。学生以小组为单位针对渐进更新模式导向下的城乡复兴理论前沿与实例开展广泛的文献调研、进行成果汇报、开展集体讨论、提交研究报告。

成果要求：

PPT演示报告。内容包括可持续发展各分主题的背景、概念、优势、原则与成功案例。可持续发展分主题可能包括：渐进式更新、有机更新、社区活化、乡村复兴、传统建筑改扩建等。

邀请恩田重直教授讲授日本的乡村复兴、新加坡陈显博士讲授新加坡的旧城活化
在设计基地举办沙龙邀请台湾及福建的设计师和社区工作者讲授传统建筑更新

场地调研（第2-3周）

工作内容

此阶段，指导老师带领学生组成小组完成大量的现场调查工作。首先、使用三维激光测绘仪结合传统的测绘方法对具有保留价值的传统建筑进行测绘并且绘制成测绘图；其次，使用无人机拍摄出涉及范围的全景图用于后续的空间分析；同时，调查小组将从多个角度（如历史文脉、规划现状、基础设施、人口结构、公共空间质量、自然资源等）通过入户调查、发放问卷和文档查阅等方法针对设计场地开展场地调研；再次，相关个人、群体和机构代表受邀为调查小组提供咨询，最终，通过成果汇报、集体讨论，形成研究报告。

成果要求：

成果包括了毕业设计调研报告、整套的测绘图、现状分析图纸等，并且分组进行PPT汇报及讨论。

提出问题（第4周）

工作内容

总结调研和访谈的结果，结合理论学习和案例分析找出传统社区亟待解决的各项问题，其中包括空心化、公共服务设施不足、公共空间缺乏、产业落后、风貌破败等，将问题按照重要性排序，并且给出可能的解决方案。

成果要求

深化调研报告，并且汇报各组总结的相关问题并展开讨论。

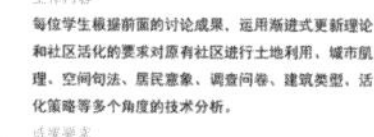

设计构思（第5-6周）

工作内容

每位学生根据前面的讨论成果，运用渐进式更新理论和社区活化的要求对原有社区进行土地利用、城市肌理、空间句法、居民意象、调查问卷、建筑类型、活化策略等多个角度的技术分析。

成果要求

PPT演示报告。内容包括：对设计目标合理性的论证，对措施与目标对应关系的展示，以及能反映设计构思的草图或草模照片。

设定任务（第7-8周）

工作内容

学生根据调研结果和技术分析制定出符合社区复兴目标和渐进式更新策略的设计任务书，选取社区中具有潜在活力的激发点并且设定其主要功能，形成初步方案。

成果要求

PPT演示报告。内容包括社区复兴的设计目标合理性分析，以及渐进式更新策略的具体实施步骤与方法，并通过建筑图示语言表达出来。

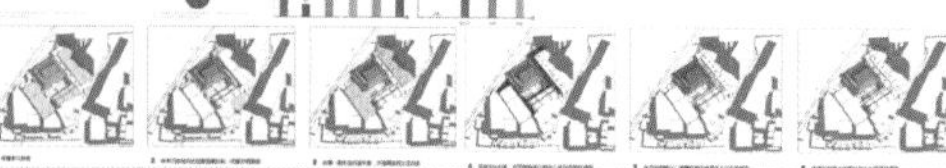

学生多次深入社区与乡村，与居民代表和相关机构进行沟通

社区反馈（第9周）

工作内容

结合C2C合作的教学模式，学生将社区复兴目标和渐进式更新策略汇报给社区居民和相关机构，根据他们的意见反馈和合理建议，修改优化设计任务书并确立设计目标。

成果要求

PPT演示报告与部分设计图纸。

修改深化（第10—12周）

工作内容

每个学生根据上一阶段的研究报告进行方案修改与深化，必要时开展多方案必选，以进一步加强"社区复兴目标和渐进式更新策略"的对应关系，深化设计成果、实现设计意图。经集体讨论和老师的指导形成设计方案。期间邀请居民代表和相关专家对方案进行多次的评审。

成果要求

PPT演示报告与A1图纸。内容包括图纸排版结构、色彩构成、表现风格构思。

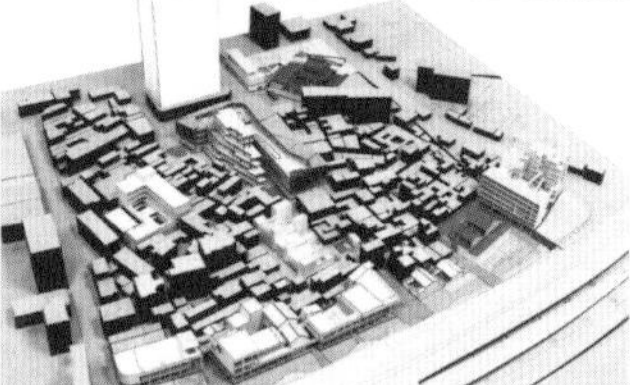

成果表达（第13周）

工作内容

学生针对图纸排版结构、色彩构成、表现风格等问题进行分类、比较与分析。经成果汇报、集体讨论，学生将掌握直接有力、简明扼要的表现方法。教师鼓励各组根据方案特点与自身能力选择适当的表达方式，并在一定程度上创新地应用研究成果，创造具吸引力的、独特的图面效果。

成果要求

方案模型、PPT演示文稿、A3设计文件、A1图纸等。

表述评图（第14周）

工作内容

开展设计方案的毕业设计答辩（每人10分钟），由校内外老师、建筑师、居民代表与其他利益相关方代表组成的评委团进行点评与提问（10分钟），学生简要作答（10分钟）。评价关注点包括：场地调研的深度与准确度、设计目标体系与措施集合的合理性、设计目标的实现程度、表达的逻辑性与精炼性

成果要求

A1正图：学生提交评图简表，评委团针对各组图纸与讲述过程进行记分，并撰写评语。

代表作业1：檀林古村生态博物馆—基于闽南侨乡复兴的活化设计（部分图纸）

代表作业2：守望与重塑—厦门沙坡头传统片区渐进式更新设计（部分图纸）

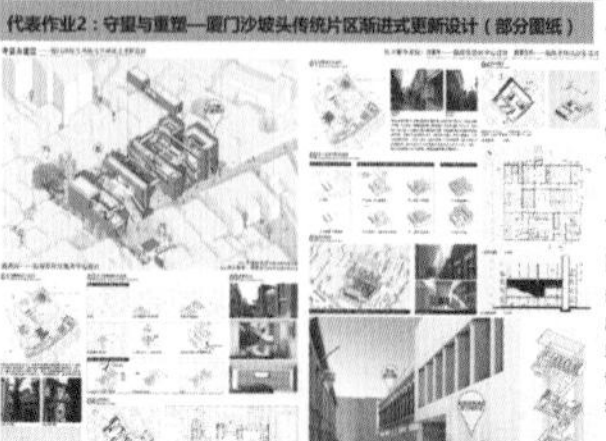

作业点评：檀林古村生态博物馆—基于闽南侨乡复兴的活化设计

方案场地调研深入、准确理解乡村现状与问题，基于"生态博物馆"概念的活化设计策略合理、概念清晰，较为综合的实现了设计目标；图纸表达的逻辑性强，成果较为完整。

作业点评：守望与重塑—厦门沙坡头传统片区渐进式更新设计

该方案选址于厦门传统片区——沙坡头，通过深入的场地调研和居民访谈，结合历史沿革与场地SWOT分析，方案认知到衰败片区里居民的守望，提出"渐进式"更新设计策略，力图通过建筑设计的方式逐渐推动沙坡头片区的更新活化，重塑居民信心及片区活力。

在地实践

工作内容

不同于以往的毕业设计，为了实现CDIO的教学框架，在毕业设计答辩之后，要求学生将自己的设计方案通过汇报、展览等方式在社区中展出并听取居民的意见，同时在条件允许的情况下筹集资金、自己动手将部分设计成果建造出来。

成果要求

在地实践，实体搭建，社区复兴项目的局部落地。

学生亲手搭建设计方案的局部室外环境

基于渐进式更新的城乡传统社区复兴活化设计

——毕业设计课程教案

——厦门沙坡头传统片区渐进式更新设计
门沙坡头传统片区渐进式更新设计沙盘模型

02区位分析
03场地调研·基本信息
04场地调研·历史信息
05场地调研·居民需求

前期调研成果与设计策略
06设计策略·问题总结
07设计策略·四片区
08设计策略·三系统
09总平面图
去往鸿山公园
社区服务系统：“阁”旧“影”新——福海社区文化中心设计
03李氏宗祠修缮示意图
04技术图纸
05如烟分解功能示意图
06方案特点

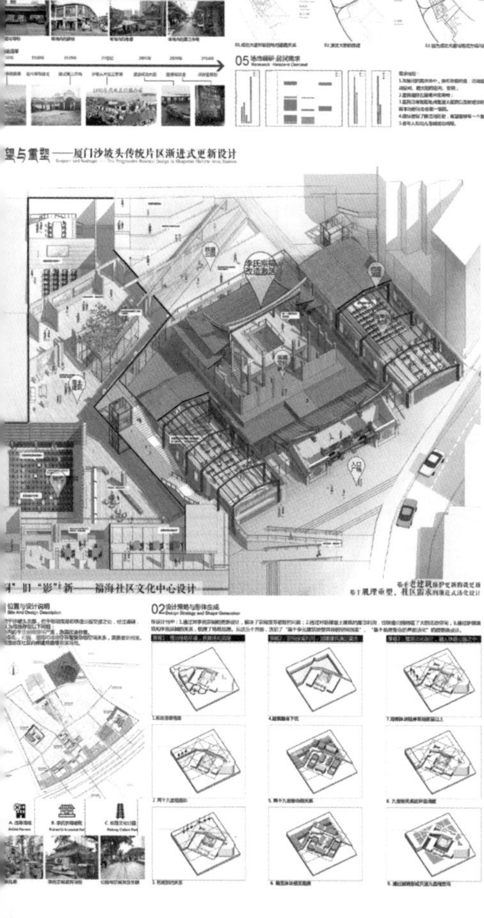
——厦门沙坡头传统片区渐进式更新设计
02设计策略与形体生成

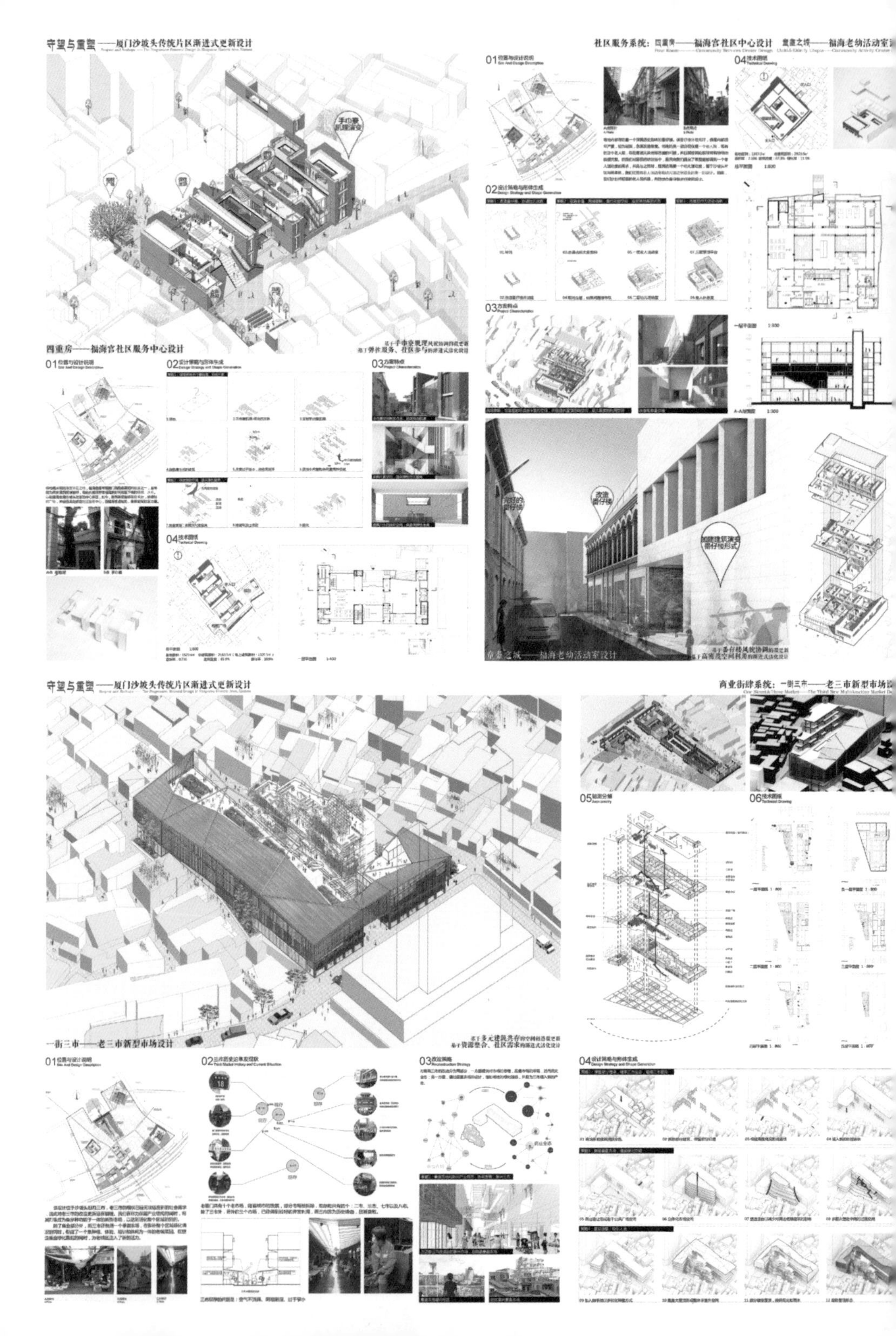
守望与重塑——厦门沙坡头传统片区渐进式更新设计
社区服务系统：四重房——福海宫社区中心设计 童童之城——福海老幼活动室设计
四重房——福海宫社区服务中心设计
01位置与设计说明
02设计策略与形体生成
03方案特点
04技术图纸
童童之城——福海老幼活动室设计
守望与重塑——厦门沙坡头传统片区渐进式更新设计
商业街肆系统：一街三市——老三市新型市场设计
05轴测分解
06技术图纸
一街三市——老三市新型市场设计
01位置与设计说明
02三市历史沿革及现状
03改造策略
04设计策略与形体生成

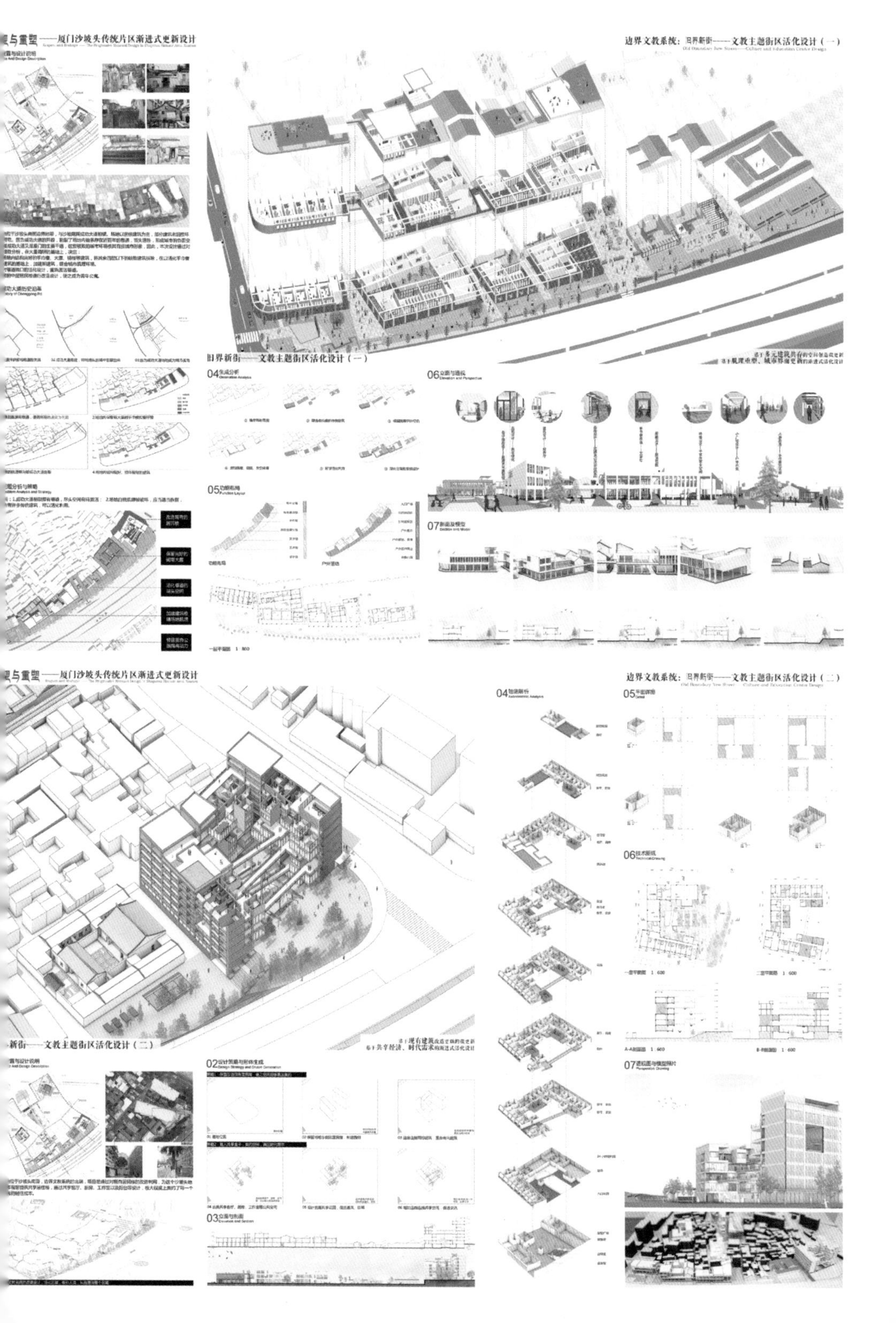

与重塑——厦门沙坡头传统片区渐进式更新设计
边界文教系统：旧界新街——文教主题街区活化设计（一）
旧界新街——文教主题街区活化设计（一）
04生成分析
05功能布局
06立面与透视
07剖面及模型
与重塑——厦门沙坡头传统片区渐进式更新设计
边界文教系统：旧界新街——文教主题街区活化设计（二）
新街——文教主题街区活化设计（二）
02设计策略与形体生成
03立面与剖面
04轴测解析
05平面详图
06技术图纸
07透视图与模型照片

传承·塑造——基于文脉传承与场所塑造的文化建筑设计

河北工业大学建筑与艺术设计学院建筑系　三年级

人文关怀与设计问题解决的能力培养拓展学生的场所和生态意识，建立建筑设计的大环境观，培养学生场所认知能力；建筑设计与工程整合的能力培养使学生能够通过了解和认识特定材料属性、建造工艺、建构特点等，培养学生对真实材料的建构能力；设计表达与团队合作的能力培养，培养学生具备使用建筑专业软件绘制设计图纸、编制设计文件、设计过程分析以及建筑形态表达等能力

1. 本设计题目的教学方法

课题教授：理论教授、题目讲解、分组调研

调研汇报：环境调研、场地调研、资料整理

设计辅导：课堂辅导、草图训练与评价、过程模型、阶段成果汇报

理论模块：典型案例分析、相关规范解读、公共环境与场地设计、绿色材料技术

外请讲座：专业拓展、经典案例分析

课堂讲评：专业成果汇报、教师与专家点评

2. 设计题目任务书

（1）设计题目：民俗博物馆

（2）设计内容：现代社会赋予民俗博物馆双重职责：一方面向人们说明过去和现在，同时还向人们展望未来，以便让人们从历史演化中得到知识，促进对未来建成环境的创新。方案选址位于天津鼓楼商业街附近。基地位置是天津传统文化的集中地。对基地场地进行调研，分析总结调研成果。设计展示天津传统文化的博物馆，同时也为市民提供休闲场所。

优秀作业 1：随垣觅影·移幕饮杯——基于现代建筑手法的传统文化解构与重组
设计者：吴尚瑄　郭子萱
优秀作业 2：胡同里·巷院外　设计者：陈艳飞　杨乔舒

作业指导教师：王朝红　胡英杰
教案主持教师：胡英杰　赵晓峰　霍俊青　张　慧　张　萍　王朝红

承．塑造 —— 基于文脉传承与场所塑造的文化建筑设计

本科三年级教案

教学内容及教学体系 SYSTEM AND CONTENT

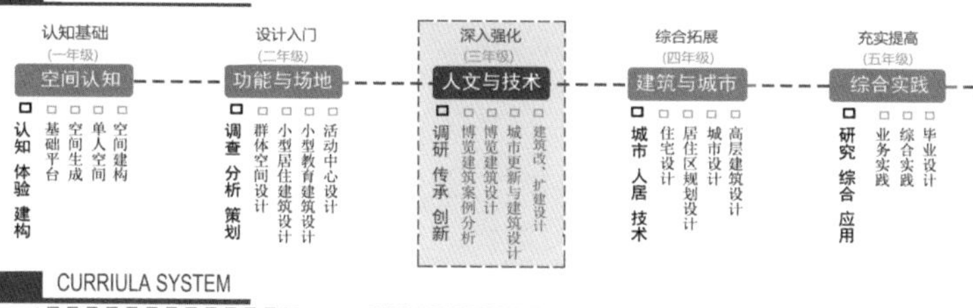

课程体系 CURRIULA SYSTEM

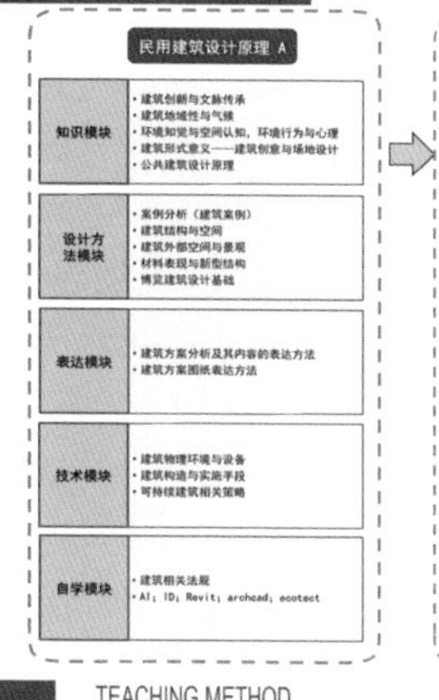

民用建筑设计原理 A
知识模块
• 建筑创新与文脉传承
• 建筑地域性与气候
• 环境知觉与空间认知，环境行为与心理
• 建筑形式意义——建筑创意与场地设计
• 公共建筑设计原理
设计方法模块
• 案例分析（建筑案例）
• 建筑结构与空间
• 建筑外部空间与景观
• 材料表现与新型结构
• 博览建筑设计基础
表达模块
• 建筑方案分析及其内容的表达方法
• 建筑方案图纸表达方法
技术模块
• 建筑物理环境与设备
• 建筑构造与实施手段
• 可持续建筑相关策略
自学模块
• 建筑相关法规
• AI；ID；Revit；archcad；ecotect

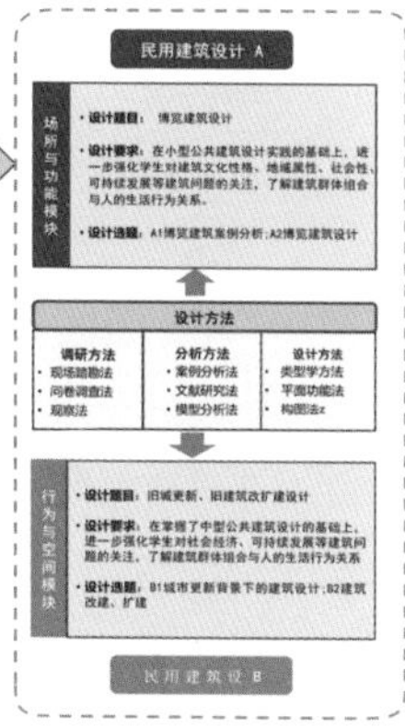

民用建筑设计 A
场所与功能模块
• 设计题目：博览建筑设计
• 设计要求：在小型公共建筑设计实践的基础上，进一步强化学生对建筑文化性格、地域属性、社会性、可持续发展等建筑问题的关注，了解建筑群体组合与人的生活行为关系。
• 设计选题：A1博览建筑案例分析；A2博览建筑设计
设计方法
调研方法
• 现场踏勘法
• 问卷调查法
• 观察法
分析方法
• 案例分析法
• 文献研究法
• 模型分析法
设计方法
• 类型学方法
• 平面功能法
• 构图法z
行为与空间模块
• 设计题目：旧城更新、旧建筑改扩建设计
• 设计要求：在掌握了中型公共建筑设计的基础上，进一步强化学生对社会经济、可持续发展等建筑问题的关注，了解建筑群体组合与人的生活行为关系
• 设计选题：B1城市更新背景下的建筑设计；B2建筑改建、扩建
民用建筑设 B

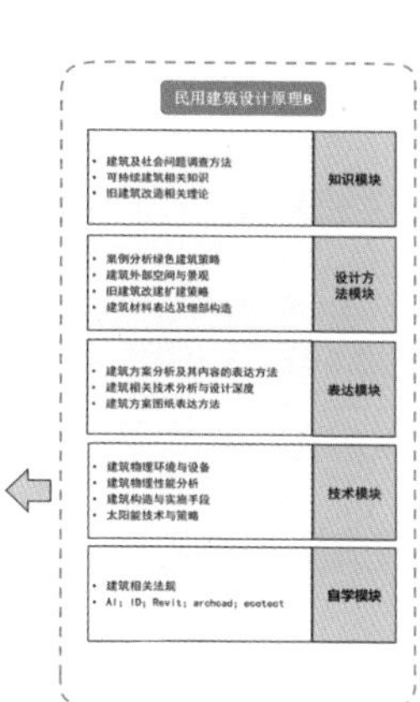

民用建筑设计原理B
知识模块
• 建筑及社会问题调查方法
• 可持续建筑相关知识
• 旧建筑改造相关理论
设计方法模块
• 案例分析绿色建筑策略
• 建筑外部空间与景观
• 旧建筑改建扩建策略
• 建筑材料表达及细部构造
表达模块
• 建筑方案分析及其内容的表达方法
• 建筑相关技术分析与设计深度
• 建筑方案图纸表达方法
技术模块
• 建筑物理环境与设备
• 建筑物理性能分析
• 建筑构造与实施手段
• 太阳能技术与策略
自学模块
• 建筑相关法规
• AI；ID；Revit；archcad；ecotect

教学方法 TEACHING METHOD

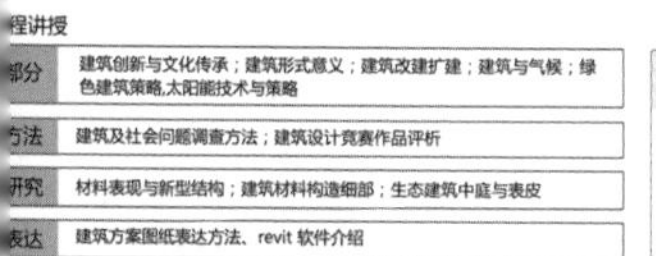

程讲授

部分	建筑创新与文化传承；建筑形式意义；建筑改建扩建；建筑与气候；绿色建筑策略,太阳能技术与策略
方法	建筑及社会问题调查方法；建筑设计竞赛作品评析
研究	材料表现与新型结构；建筑材料构造细部；生态建筑中庭与表皮
表达	建筑方案图纸表达方法、revit 软件介绍

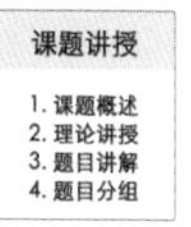

课题讲授
1. 课题概述
2. 理论讲授
3. 题目讲解
4. 题目分组

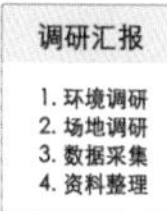

调研汇报
1. 环境调研
2. 场地调研
3. 数据采集
4. 资料整理

设计辅导
1. 课堂辅导
2. 草图训练
3. 过程模型
4. 阶段成果

设计理论模块
1. 典型案例分析
2. 相关规范解读
3. 公共环境景观
4. 绿色材料技术

外请讲座
1. 专业综合拓展
2. 经典案例分析

课堂讲评
1. 专业成果
2. 学生汇报
3. 教师点评
4. 专业指导

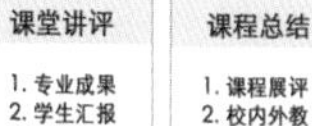

课程总结
1. 课程展评
2. 校内外教师联评
3. 经验总结

教学过程 TEACHING PROCESS

学生——工作

■ 学习过程
■ 设计要点
- 熟悉任务书，并有初步的想法
- 对地块进行调研与分析
- 分析地块的特色，地形的特点
- 确定改建与加建的具体方向
- 形成方案的初步构思
- PPT演示

■ 学习过程
■ 设计要点
- 组内头脑风暴
- 挖掘项目背景特征和本质矛盾
- 进行总体布局的多方案比较
- 概念模型推敲方案
- 完成第一阶段草图设计
- 图纸内容：改造前后功能分区对比绿色技术应用情况分析图

■ 学习过程
■ 设计要点
- 多方案比较，对方案的可行性发展方向进行深入研究
- 观摩各组方案，进行小组讨论
- 应用相关技术对方案进行优化模拟绘制二草

■ 学习过程
■ 设计要点
- 通过评图发现的问题，进一步完善方案，深化方案技术及细节问题
- 制作手工模型、电脑模型、分析内部结构与建筑表皮，绘制仪器草图

■ 学习过程
■ 设计要点
- 绘制正图
- 全部设计过程文本表达
- 制作大尺度建筑细部模型
- 进行方案汇报锻炼综合表述能力

设计过程

■调研阶段

参观调研收集资料阶段：1周

通过讲课及布置任务书，选择旧建筑进行参观调研并收集资料，其具体要求如下：
1、了解建筑组成、规模、服务对象、使用要求及一些旧建筑的的相关历史人文资料。
2、新老建筑布局与环境的关系。
3、各组成部分的功能关系及人流组织是否合理。
4、各主要房间形状、尺寸、家具布置的合理性。
5、房间高度、空间感觉、室内外高差。

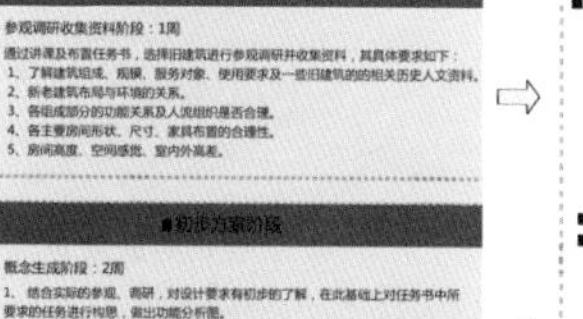

■初步方案阶段

概念生成阶段：2周

1、结合实际的参观、调研，对设计要求有初步的了解，在此基础上对任务书中所要求的任务进行构思，做出功能分析图。
2、分析本建筑与周围地形和环境的关系及特点。在1/1000地段图上做出总图布局方案，总图中包括改扩建建筑、道路、绿地、庭院的布置等。
3、做出1/400单体方案，只需说明建筑物功能分区、平面的大体组合、流线组织、建筑朝向、层数、室内外结合的可能性及周围环境的关系，并注明方案的优缺点。

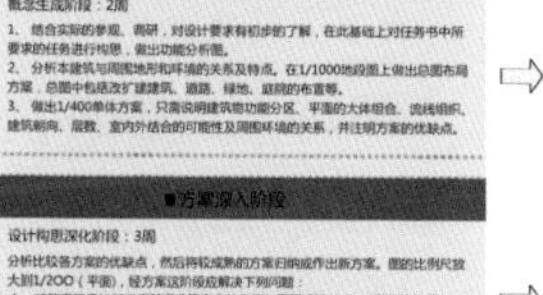

■方案深入阶段

设计构思深化阶段：3周

分析比较各方案的优缺点，然后将较成熟的方案归纳成作出新方案。图的比例尺放大到1/200（平面），使方案这阶段应解决下列问题：
1、建筑平面是如何组织新旧建筑室内外空间与周围环境(入口、道路)的关系。
2、表示出建筑各部分的平面关系、形状尺寸及门窗家具等。
3、入口大厅、楼梯和其他各部分的关系如何处理。
4、初步考虑建筑艺术形象、风格及新旧建筑体型组合。

■方案提升阶段

方案设计细化阶段：3周

1、推敲新旧建筑入口门厅、走廊与各使用空间的联系与流线。
2、将主要使用空间的平面进行家具布置并准确地布置卫生设备。
3、处理好各空间室内外的联系，并对公共场地做出布置；
4、确定室内外标高的变化，各类房间的高度，推敲体型组合和立面比例尺度。

■ 成果阶段

设计成果系统表达阶段： 3周

1、图应绘制仔细、准确表达设计意图，尽量减少图误。按照任务要求将方案正确生动的表现出来。各图之间内容统一、关系正确、构图完整、线条流畅、字体工整、色彩协调、有艺术感染力。
2、各种家具设备的尺寸和布置应合理。
3、能正确表达空间概念（投影线与断线应区分)避免遗漏。
4、推敲与确定图面的色彩与图面的构图及表现方法。

教师——教学

■ 专题讲座
■ 教学要点
- 布置任务书
- 对学生进行独立交流性辅导
- 对一些集中地问题进行穿插讲授
- 辅导学生确定设计题目

■ 专题讲座
■ 教学要点
- 引导学生深入挖掘项目的背景特征和本质矛盾
- 对学生的独立交流性辅导，对一些集中的问题进行穿插讲授
- 组织学生介绍方案，教师进行阶段总结

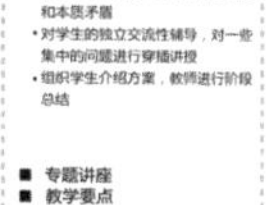

■ 专题讲座
■ 教学要点
- 在一草基础上，引导学生方案的可行性发展方向
- 组织相关案例、技术讲座
- 提升学生对技术应用的认识，集中解决技术问题，并进行阶段总结

■ 教学组评图
■ 教学要点
- 协助学生解决方案上技术细节问题
- 提示学生对任务书要求完整性表达
- 通过评图对学生方案的不足提出改进建议，引导学生进入设计表达阶段

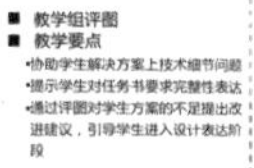

■ 校内外专家座谈及评图
■ 教学要点
- 组织方案汇报、评审、交流活动，培养学生方案表述能力
- 启发学生对方案的深层次理解

传承．塑造——基于文脉传承与场所塑造的文化建筑设计

本科三年级教案

五 课程任务书 COURSE ASSIGNMEN

一、设计题目

民俗博物馆设计

二、设计内容

1、某城市民俗博物馆设计

现代社会赋予民俗博物馆双重职责：一方面向人们说明过去和现在，同时还向人们展望未来，以便让人们从历史演化中得到知识，促进对未来建成环境的创新。方案选址位于天津鼓楼商业街附近。基地位置是某城传统文化的集中地。对基地场地进行调研，分析总结调研成果。设计展示该城市传统文化的博物馆，同时也为市民提供休闲场所。

三、设计要求

1. 场地设计

从现有的场地出发，突出整体设计的观念，解决好场地内外交通流线与景观设计，与场地周边环境有机融合。

2.建筑设计

强化建筑的空间设计、流线组织，强化建筑与环境的整体关系；合理规划各功能单元与空间，以及其相互间的联系，室内空间体现建筑类型的特色;充分考虑使用者的需求，注重公共空间场所的塑造。

3.技术要求

系统了解现行的国家规范、标准和规定；针对相应气候区域的特点改善现有建筑物理环境；鼓励引入新型使用空间和使用绿色生态技术；虑无障碍设计，包括设置主入口的残疾人坡道，以及残疾人专用厕位，电梯等；考虑抗震减灾要求。

四、设计成果及要求：

1.区域位置图：1：2000；

2.总平面图：1：500；应绘出指北针，建筑的高低错落阴影关系，主要入口和环境的关系及周围环境、道路、绿化、广场、停车场等。

3.建筑各层平面图：1：200；首层要求环境设计；表示出建筑各部分的平面关系、形状尺寸及门窗等；标明房间名称、主要房间家具布置、地面、平台分格、剖切位置。

4.建筑剖面图两个：1：200，标注主要标高；主要构件内部构造需要表示。

5.建筑立面图两个：1：200；将立面处理、墙面划分和门窗形式等清晰地表达出来；完整的表达出各组成部分的正确关系

6.分析图：l：500（或自定）；包括交通分析图（道路广场布置，场地主要出入口位置，车流、人流交通组织）；绿化系统和景观分析图（绿地布置与设置，建筑与周围建筑物环境的协调关系）；方案构思分析图；细部结点分析图等等。

7.建筑透视效果图：表现方式不限；

8. 设计说明：所有字应用仿宋体书写，禁用手写体。

9. 技术经济指标：总建筑面积、建筑容积率、建筑密度、绿化率等。

10. 图纸要求：一号图（841*594），张数不少于4张。

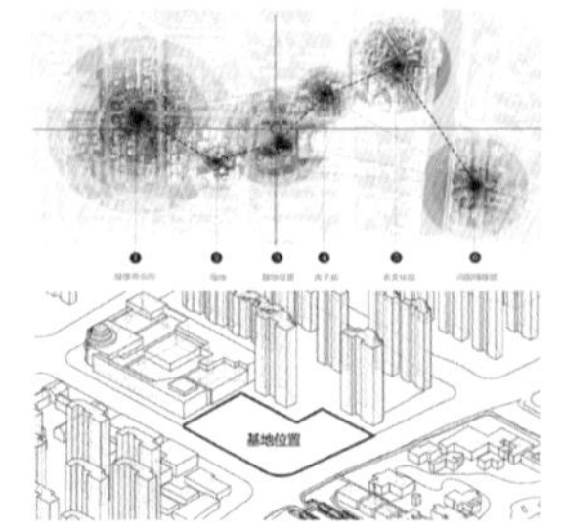

六 课程核心内容 KEY PROBLEM

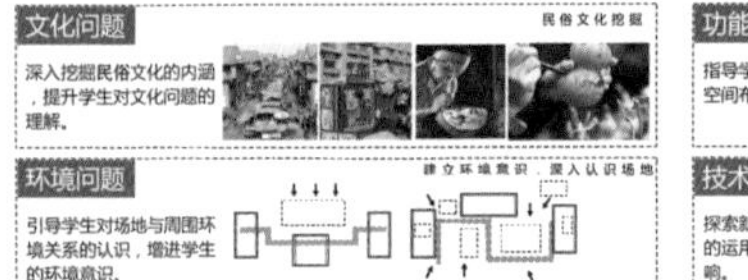

文化问题
民俗文化挖掘
深入挖掘民俗文化的内涵，提升学生对文化问题的理解。
环境问题
建立环境意识，深入认识场地
引导学生对场地与周围环境关系的认识，增进学生的环境意识。

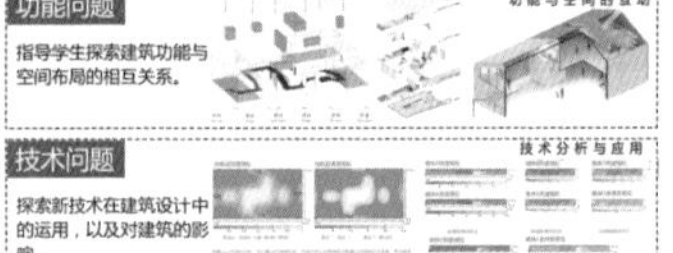

功能问题
功能与空间的互动
指导学生探索建筑功能与空间布局的相互关系。
技术问题
技术分析与应用
探索新技术在建筑设计中的运用，以及对建筑的影响。

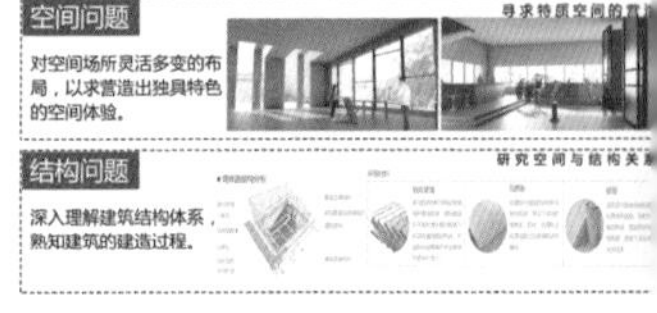

空间问题
对空间场所灵活多变的布局，以求营造出独具特色的空间体验。
结构问题
研究空间与结构关系
深入理解建筑结构体系，熟知建筑的建造过程。

七 控制要点 CONTROLING PIONTS

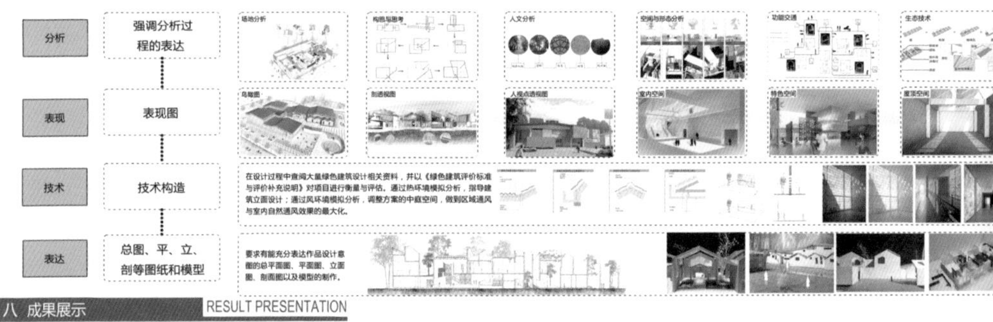

八 成果展示 RESULT PRESENTATION

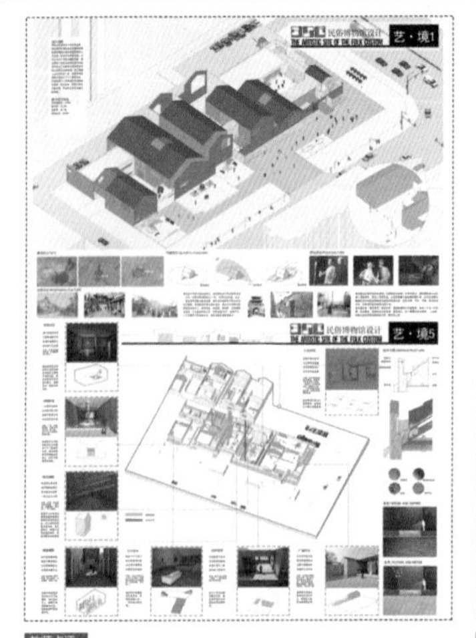

教师点评：

该方案从老城区文化性质出发，结合城市发展轴线以及老城院落肌理将建筑以现代的组合围合三个院落，还原四合院的情境。以手工艺曲艺为民俗展览内容，设计考虑了展览流线及展览空间变化并加入了体验民俗的场所来唤起人们对民俗的重视。

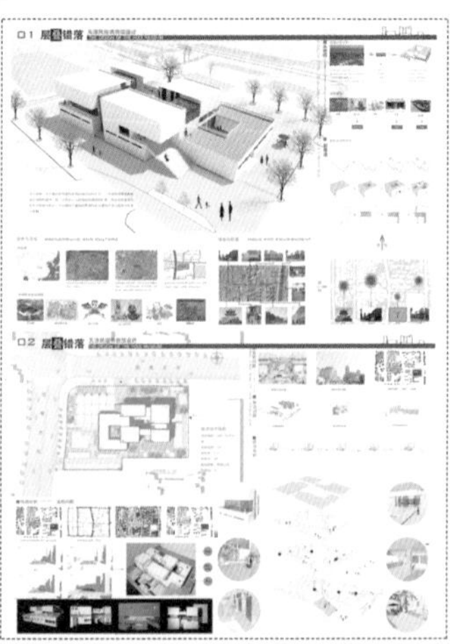

教师点评：

该设计方案对于城市空间，建筑采用向内凹陷的手法，一方面使得紧凑的街道空间得到缓冲，另一方面让行人的视线范围得到扩展。其次，实体建筑与室外空间相互咬合，不仅保持了建筑的整体性也让建筑空间与庭院空间充分接触。

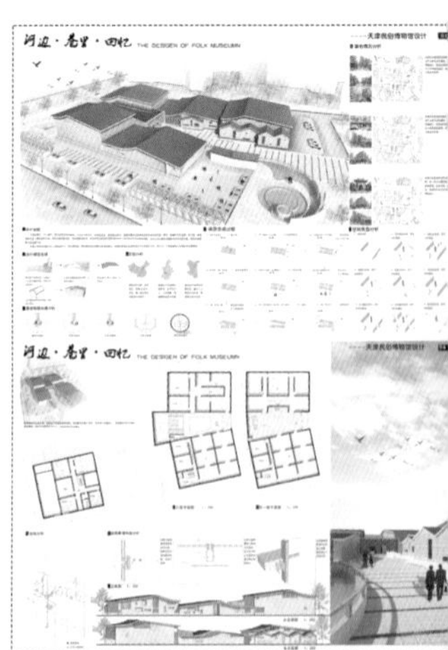

教师点评：

为保留原有民俗，该设计将立意定在还原古时天津小渔村依河而生的热闹场景从而让市民更多的接触当时的历史风貌，将民俗潜移默化的保存下来。本设计将河流的意向引入场地设计中，作为景观轴，同时建筑的交通轴与景观轴重合，传统的砖墙以及坡屋顶也引入到设计之中，设计出一个传统意味浓厚的民俗博物馆

设计说明

设计构思：

民俗活动与古代生活及其发生在的传统空间场所，其中所蕴含的文化内涵，是中华民族精神内在品格的生动写照，它不断影响着当代和现代建筑设计，我们有必要重新认识它对我们今天进行建筑创作的意义。如何对传统空间进行生动而恰到好处的现代演绎，是本设计关注的一个重要命题。

幽婉览影，移幕饮怀——以清代画家唐岱的经典之作《十二月令图轴》为缘起，将古代游园之厅堂，戏亭，廊道，园艺等元素逐一提炼，利用“嵌入”、“串接”等手法，对这些传统元素重新演绎。统一于“展览馆”这一建筑主题之下，来反映不同空间状态下建筑形和人活动方式的变化。而后采用一条观赏游览路线贯穿始终。

基地特征分析说明：

本基地位于天津市鼓楼风景区东南侧，交通发达，文化氛围良好，景观环境优越，从地图上可以看出，基地附近风貌建筑较多，且分布较密，以中层建筑为主。住宅区多为上世纪使用至今的老房子。基地周边交通发达，鼓楼东大街道路宽且车辆多。

建筑设备简要说明：

首先，在给水系统设计上，要合理利用管网压力，采用分区供水方式及新型供水设施，以减少二次加压能耗、减少投资、减少污染。其次，选择密封性好、能限制出流率的陶瓷芯等节水水嘴，计量装置，控制阀门、卫生器具等配件的选用要经济合理。再次，善于循环利用水资源。

开发第二水资源—中水。热水供应系统节能是本建筑给排水节能设计的重点，可通过采用高效保温材料，在满足使用要求的前提下减少热损失、减少流率，提高给水温度，降低使用温度，减少热水耗量，改进加热方式和热水系统，提高水加热器的供热效率，利用新热源，采用节能产品等方式、方法来实现节能减排的目的。同时，要根据本地区的实际情况，选择利用如低温再生能源、中央热水器集中供热等先进技术。

经济指标：

用地面积 7960㎡

建筑面积 5360㎡

容积率 0.67

绿化率 42%

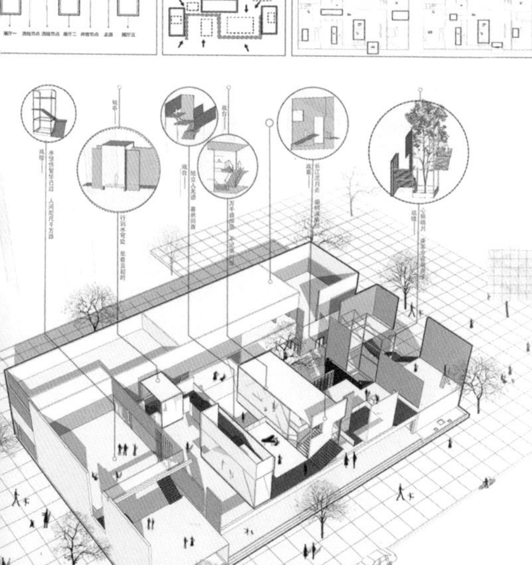

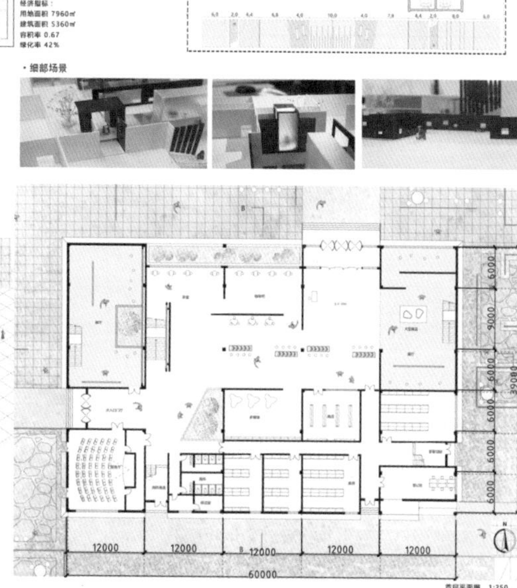

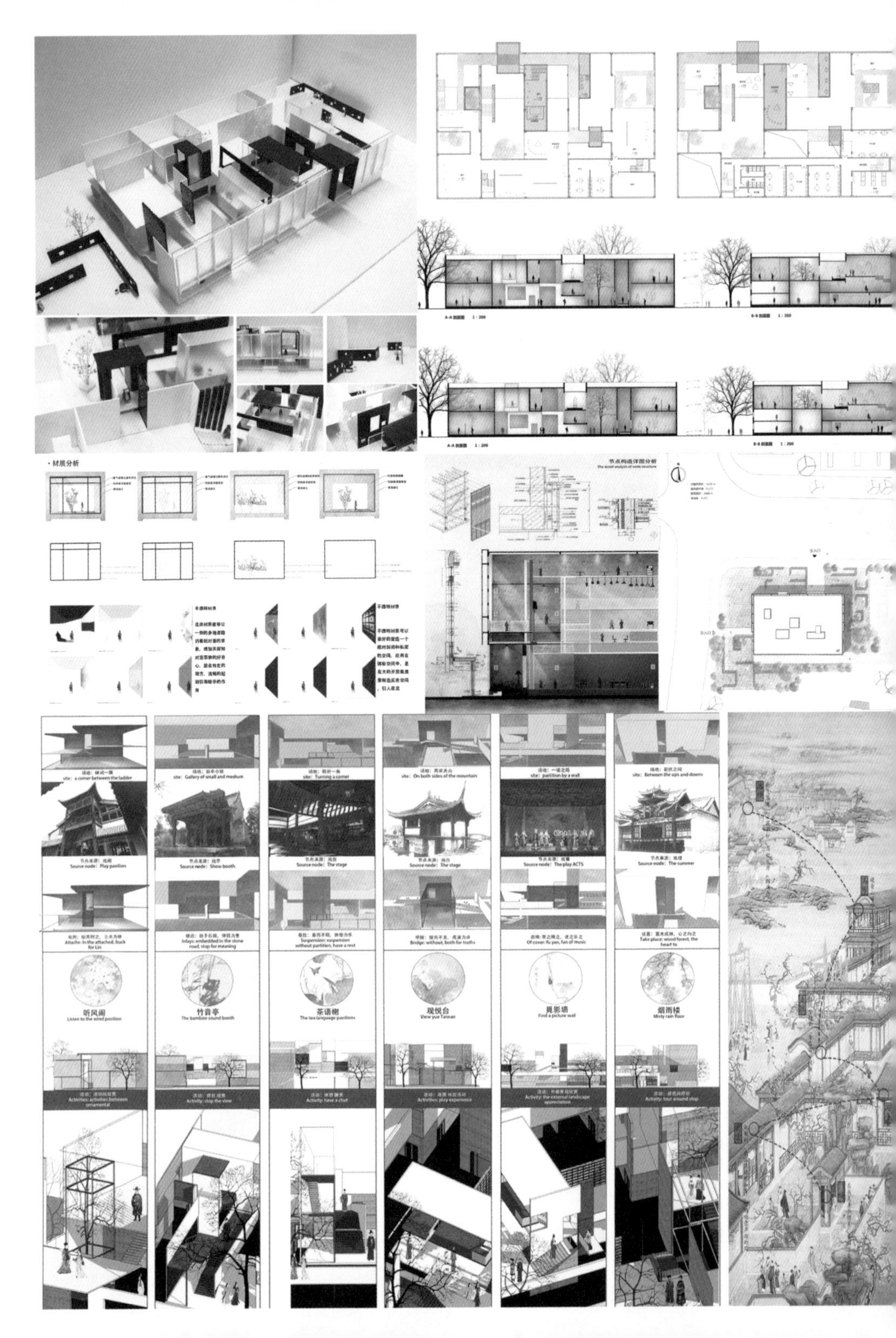
A-A 剖面图 1:200
B-B 剖面图 1:200
A-A 剖面图 1:200
B-B 剖面图 1:200
· 材质分析
节点构造详图分析
The detail analysis of node structure
site: a corner between the ladder
site: Gallery of small and medium
site: Turning a corner
site: On both sides of the mountain
site: partition by a wall
site: Between the ups and downs
Source node: Play pavilion
Source node: Show booth
Source node: The stage
Source node: The stage
Source node: The play ACTS
Source node: The summer
Attache: In the attached, buck for Lin
Inlays: embedded in the stone road, stop for meaning
Suspension: suspension without partition, have a rest
Bridge: without, both for truths
Of cover: fu yan, fan of music
Take place: wood forest, the heart to
听风阁
Listen to the wind pavilion
竹音亭
The bamboo sound booth
茶语榭
The tea language pavilions
观悦台
View yue Taiwan
觅影墙
Find a picture wall
烟雨楼
Misty rain floor
Activities: activities between ornamental
Activity: stop the view
Activity: have a chat
Activities: play experience
Activity: the external landscape appreciation
Activity: tour around stop

多元・聚合・交融——基于创业型居住空间设计的开放社区探讨

重庆交通大学建筑与城市规划学院建筑系　三年级

本课程设计题目将传统的一个学期两个课程设计模式进行优化，将密切相关的小区规划设计与住宅设计两个课程进行整合，形成贯穿整个学期教学周的16周大课题，一个训练单元都是对上一个单元的承接与发展。

本课题的教学目标是让学生充分了解开放住区发展的背景和发展历程，并结合我国目前的社会发展阶段、存在的社会问题与关注焦点，如老龄化、社会阶层固化、大学生创业等方面，提出自己对开放社区的理解，并在规划设计方案中加以体现；掌握居住小区规划设计的基本原理和设计要点，具备居住小区设计的基本能力；掌握住宅建筑设计基本原理和住宅户型平面组合的基本方法，并能应用其中一种或者几种进行住宅平面设计，初步掌握住宅套型设计与楼栋设计、环境设计的关系；在功能合理、满足居住需求的前提下，对空间的多样性、复合型进行探索，方案应具备多样的空间组合，满足一个户型之内除去居住功能以外，还具有一种或一种以上的其他用途，且各行为空间应有合理的关系；鼓励对绿色节能，生态住宅和地域文化进行思考，运用规划设计方法，在改善生态环境、延续地方文化、创造适宜居住环境、提供个性化多样化居住模式等方面进行探索。

通过优化课题设置、整合教学过程、加强学科支撑等课程改革手段，采用集中讲授、调研考察、分组指导、案例评析、评图展出等教学多元化的教学方法，培养学生敢于创新、勇于思考的学习热情，最终实现建筑教育的目的。

优秀作业1：山市・慢于居　设计者：张鸿美
优秀作业2：林城　设计者：曾　阔

作业指导教师：魏　晓　周　蕙　张　炜
教案主持教师：魏　晓　张　炜　周　蕙　沈　平　董莉莉　周　筠　刘　锐　任鹏宇

1 多元 聚合 交融 ——基于创业型居住空间的开放社区探讨

建筑学本科教学总体系
Teaching the overall system

		基础训练		专业培养	执业教育	
		一年级 认知与体验	二年级 空间与形式	三年级 文化与环境	四年级 城市与技术	五年级 实践与创新
主干课程	建筑设计	表现技法 名作赏析 建筑测绘 空间建构	小别墅设计 幼儿园设计 会所设计 旅馆设计	多层住宅设计 小区规划设计 图书馆设计 活动中心设计	交通建筑设计 观演建筑设计 高层建筑设计 城市设计	生产实习 毕业实习 毕业设计
支撑体系	理论支撑	建筑概论 平面构成 立体构成	建筑设计原理 建筑构造1 建筑力学 风景园林概论	中建史 外建史 场地设计 景观设计 室内设计 建筑材料	建筑师职业基础 建筑技术设计 建筑心理学 绿色建筑	
	技术支撑	画法几何 模型制作	建筑手绘表现 AutoCAD Revit	建筑减灾防灾 计算机表现 建筑结构选型	建筑构造2 建筑物理 建筑设备	
	实践支撑	美术基础训练	美术实习	测绘实践	生产实习	毕业实习
	特色支撑	建筑速写 美术鉴赏	建筑摄影 风水理论	文本表达 传统建筑空间形态	交通建筑设计 城市文化遗产保护	跨专业综合毕业设计 四校联合毕业设计

建筑学本科三年级教学体系
Third grade teaching system

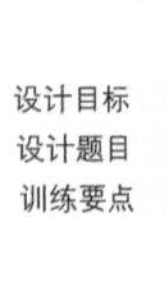

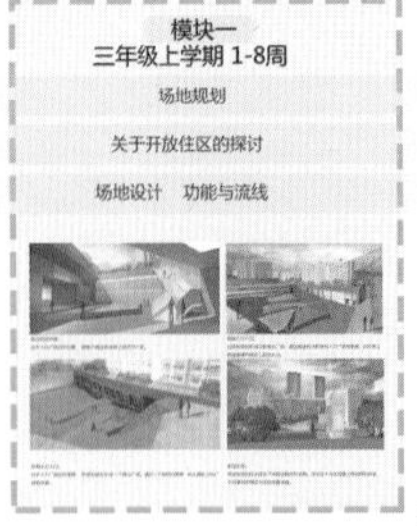

模块一
三年级上学期 1-8周
场地规划
关于开放住区的探讨
场地设计 功能与流线

模块三
三年级下学期 1-8周
文脉迁入
街区环境制约下的市民活动中心设计
城市文脉 山地建筑设计

模块四
三年级下学期 10-17周
绿技融合
多维度技术融合的高校图书馆设计
绿色技术策略 山地建筑设计

课题设置
Subject setting

多元 聚合 交融 ——基于创业型居住空间的开放社区探讨

多元：生活模式的转变、家庭结构的动态发展、复合功能化的居住空间

聚合：城市肌理的重织、邻里网络的搭建、开放住区的构建

交融：居民社交的需求、街区复兴的意义、城市活力的提升

2 多元 聚合 交融——基于创业型居住空间的开放社区探讨

课题解读
Interpretation of the subject

课题背景

2016年，时隔37年重启的中央城市工作会议的一份文件发布，列出了下一阶段城市发展的“时间表”，勾画了“十三五”乃至更长时间中国城市发展的“路线图”，文件提出新建住宅要推广街区制，原则上不再建设封闭住宅小区。实现内部道路公共化，解决交通路网布局问题，促进土地节约利用。封闭小区的形成是历史发展的产物。首先是上世纪50年代单位“圈大院”，接着改革开放后，尤其是90年代以来房地产开发商蜂拥建起封闭的住宅小区。前者是“单位制”下的结果，人以单位区分，享受各个系统的服务与福利；后者是“住房市场化”的产物，封闭小区的建筑特点，与不断分化的城市阶层相辅相成彼此强化。

按照中山大学教授袁奇峰的说法，封闭式小区的形成，是因为“过去地方政府财力有限，把大块土地承包出去全都让开发商搞，可减轻一些负担”冲击-回应的治理逻辑和封闭小区的形成类似，都是历史发展的产物，自然有其历史的合理性，重要的是如何回应这就要做好广泛的调研和多方位的思考。

教学目标

1、充分了解开放住区发展的背景和发展历程，并结合我国目前的社会发展阶段、存在的社会问题与关注焦点，在规划设计方案中加以体现。
2、按照国家现行的有关法规、条例、定额指标，依据基地的综合环境现状，学习拟定适宜的规划设计原则和技术经济指标。
3、熟悉分析基地建设条件、基地与周边环境关系的方法，使居住小区规划设计充分利用地形地貌，与基地周边环境有机融合。
4、掌握居住小区规划设计的基本原理和设计要点，具备居住小区设计的基本能力。
5、鼓励对绿色节能、生态住宅和地域文化进行思考。
6、掌握住宅建筑设计基本原理和住宅户型平面组合的基本方法，并能应用其中一种或者几种进行住宅平面设计，初步掌握住宅套型设计与楼栋设计、环境设计的关系。
7、在功能合理、满足居住需求的前提下，对空间的多样性、复合型进行探索。

教学特点

1、 优化课题设置
将传统的一个学期两个课程设计模式进行优化，将密切相关的小区规划设计与住宅设计两个课程进行整合，充分考虑当前社会发展的趋势与需求，结合我国当前社会存在的社会焦点问题，对设计题目提出新的设计目标与要求。
2、 整合教学过程
改变传统教学模式【一草→二草→正草→正图】中对各阶段草图模式化的要求，将设计过程重新设置为【基础调研→初步概念→确定方案重点→深化设计→正图】这样一个过程，使学生能够有充分的时间进行思考，更大程度激发学生学习的兴趣与热情。
3、 加强学科支撑
在开设传统的专业主干课程及理论支撑课程的同时，我们为学生开设了“建筑策划”课程；在建筑物理课程的基础上开设了“绿色建筑概论”课程；开设“建筑数字化技术”、“文本制作”等课程，鼓励学生使用各种软件技术。

教学方法

1、 集中讲授
结合命题要求启发学生对设计课题的基本解读与理解，讲解课题生成的社会和时代背景，讲授住区规划与住宅设计的基本原则与方法。
2、 调研考察
要求进行分时段对基地现场调研，并观察社会公共行为的发生及特征，并鼓励学生对题目任务书设计分项在统一的框架下做自主性修正。
3、 分组指导
每小组约为15位学生，由专任教师进行一对一指导，强调以工作模型的方法推敲方案。
4、 案例评析
在设计过程中通过对相关案例及方案的评析，加深学生对课程关注点的认知，体会场所营造、空间组织等。
5、 评图展出
采用分阶段交叉评图、联合评图，期末邀请国内外专家、行业精英公开评图等方式，加强不同专业观点与思维角度的碰撞与互动。

任务书
Task book

场地设置

1、选址背景
2016年，时隔37年重启的中央城市工作会议的一份配套文件发布，列出了下一阶段城市发展的“时间表”，勾画了“十三五”乃至更长时间中国城市发展的“路线图”，文件提出，新建住宅要推广街区制，原则上不再建设封闭住宅小区。实现内部道路公共化，解决交通路网布局问题，促进土地节约利用。

2、选址
设计选址位于中国贵州省遵义市，用地分为山地和平地两块基地，每块用地面积约20公顷，详附图。学生可以自由选择其中一块进行设计。

基本内容要求

1、充分了解开放住区发展的背景和发展历程，并结合我国目前的社会发展阶段、问题和关注焦点等方面（如老龄化、社会阶层固化、大学生创业等）提出自己对开放社区的理解，并在规划设计方案中加以体现。

2、按照国家现行的有关法规、条例、定额指标，依据基地的综合环境现状，结合当地的生活习俗和生活水平，学习拟定适宜的规划设计原则和技术经济指标。熟悉分析基地建设条件、基地与周边环境关系的方法，使居住小区规划设计充分利用地形地貌，与基地周边环境有机融合。

3、掌握居住小区规划设计的基本原理和设计要点，具备居住小区设计的基本能力。在规划中处理好建筑、道路、绿地、外部空间之间的关系，满足居民文化教育、体育、健身、购物交往、游憩娱乐等活动要求。

4、体现绿色、方便、舒适、安全、经济、实用的规划设计理念。

5、鼓励对绿色节能、生态住宅和地域文化进行思考。

6、运用规划设计方法，在改善生态环境、延续地方文化、创造适宜居住环境、提供个性化多样化居住模式等方面进行探索。

主要技术指标

1、小区规模：小区用地规模约为18-20公顷。

2、商业面积：临街和临水面商业考虑形态和业态，形成内街庭院落等形式，还可以考虑商住两用的建筑形式，商业面积总量不低于5万平方米。

3、住宅面积：以中套为主、大小套为辅，平均每套建筑面积100平方米/套左右。

4、住宅层数：以多层为主，小高层为辅，也可适当设高层和低层住宅（其中小高层及高层总量不超过总建筑面积的1/3）。

5、容积率：平地地形容积率控制在1.8-2.0,山地地形控制在1.5-1.8。

6、停车位：公共建筑每200平方米设一个车位，住户车位至少按每户一个车位设置。

7、小区配套：小区内部设独立占地的幼儿园，班数按千人指标计算。

8、其他：其余综合经济技术指标、公建指标及运动场地依据规范计算拟定。

图纸要求

1、规划总平面图（不低于1：1500并带比例尺）
小区各项用地界线，住宅建筑群体布置（标明层数及正负零标高），公共建筑和公用设施布置（标明层数，正负零标高与道路衔接的出入口）；道路系统（车行道、人行道、停车设施）；公共绿地系统；用地平衡表；公建项目表（编号、分类、项目名称、图例）；综合经济技术指标。

2、竖向设计图纸（不低于1：1500并带比例尺）
道路的坡度及长度，道路转折点的坐标定位及原始和设计标高等；建筑定位，场地标高及室内地坪标高，堡坎位置排水方向，各级道路断面图，场地剖面图（选取1—2处特征断面）。

3、表现图：表现图小区全景鸟瞰或轴测，主要街景立面，局部小透视。

4、建筑户型相关图纸：平立剖住宅选型平面主要户型标准层，建筑立面和建筑剖面。

5、分析图
分析和构思说明图（自定）地形分析，坡度、坡向、高程、排水分析，现状分析，现有道路、建构筑物、植被、水体、管线分析，规划组织结构、道路系统、绿地系统、空间环境等分析；构思图解和构思简要文字说明（规划设计指导思想、构思、方案特点等，300字），与规划构思有关的构思草图、体块分析图等。

教学过程——1+1主题推进模式

主题阶段一

时间安排	教学内容及进度	图纸阶段	图之内容及要求	交图时间
第1周	集中讲课学习基本原理和设计要点，明确设计任务和要求	基础调研	地形分析图（坡度、坡向、高程、排水），现状分析图（道路、建筑、植被、水体、管线），作小区规划组织结构草图，建筑及外部空间规划意向草图，拟定各项用地指标，拟定住宅和公共建筑面积指标。	第2周周四
第2-3周	方案构思，拟定住宅套型比，制作建筑平面卡片，布置总图住宅建筑及公建。	初步概念	总平面图（完成住宅建筑群体组合、公建布局，初步完成道路系统规划、绿地系统规划），住宅选型平面。	第3周周四
第4-5周	深化一草，学习居住小区规划相关技术规范，调整细化方案。	确定方案重点	总平面图（完成住宅建筑群体组合、公建造型、车行和步行道路系统规划、绿地系统规划、外部空间环境规划），街景立面图，局部透视。	第5周周四
第6-7周	深化二草，确定方案。	深化设计	设计任务书要求的图纸内容	第7周周四
第8-9周	绘制正图。	正图阶段	设计任务书要求的图纸内容和深度	第9周周四
技术支撑				

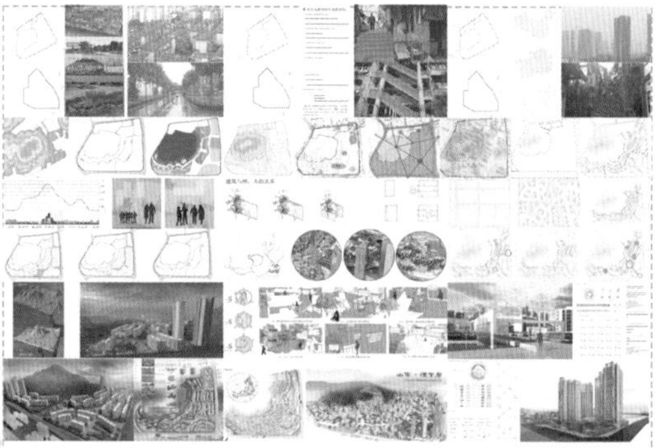

开放性社区规划

主题阶段二

时间安排	教学内容及进度	图纸阶段	图之内容及要求	交图时间
第10周	集中讲课，布置设计任务，进行方案设计	基础调研	构思意向图	第10周周四
第11-12周	指导方案构思，初步草案设计	初步概念	单元平面图	第12周周四
第13-14周	讲解一草，完成草模，深入方案设计	确定方案重点	全部平立剖图、技术指标	第14周周四
第15周	解决二草问题，定案	深化设计	绘制正稿，完成模型	第15周周四
第16-17周	指导绘制正草	正图草底	正稿修改，模型细化	第17周周四
第18周	绘制正图	正图阶段	全部图纸及说明	第18周周四
技术支撑				

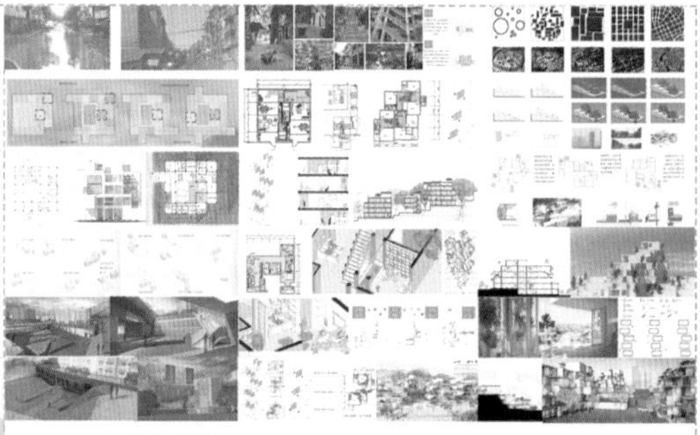

创业型住宅设计

3 多元 聚合 交融 ——基于创业型居住空间的开放社区探讨

作业点评
Work Comments

教师评语

1 林城：该方案就当前城市发展问题提出**生态有机综合体**的假想和探讨，将目前的开放性城市政策融入此方案中。该方案将可持续住宅与绿色居住社区相结合。通过建筑形体的**拓扑变化**及屋面与退台的有机绿化等方式，实现整体的**有机化和可持续性**，创造宜人居住的环境，满足邻里之间私密与开放的不同心理需求。

教师评语

2 The New：该方案着眼于城市化进程中所出现的如热岛效应等诸多的城市病，运用"**海绵城市**"理论雨水收集与利用方式，使小区成为一个开放与半开放相结合的新型小区。**模数化**的体块，让户型变得多样性，使住宅可服务的人群增多。方案充满大胆想象，建筑群可在二维方向上无限延伸，同时增强了公共空间的**共同利用率**。

3

教师评语

山市·慢于居：该方案通过重庆**童年的记忆**，爬坡上坎等民间记忆的收集，试图创造一个能容纳记忆社区与增进关系的住区。通过对人的**心理**的研究，相交的视角分析开放式社区并对其探讨，对**移动墙体**住宅内部设计和融合居民多方位的交流对视。住宅将居住和小店铺相结合 形成"市"解决了开放式小区**安全性**问题。

评分细则
Scoring rules

1.通过讨论、评图、展示等活动，指导教师和学生必须不断表达出他们自己的思想和信念，同时还要做好维护这种信念的准备。指导教师还需培养他们自己的信念与意识，必要的时候还要站出来维护他们自己的信念，鼓励他们敢于冒险，即使这种冒险可能意味着失败。因此对于建筑学专业的学生来说，传统的考试或者论文的方式并不足以评价个人的设计思维能力。

2.将两门以各种规范条例及固化的设计手法为主的课程设计改头换面成为一门以鼓励创造性过程为主以实践性练习为手段的课程。贯通整个课程的16周由多个实践性练习组成，每个练习完成的设计或者作品都成为下一个练习展开的基础，将成为本课程最后评价与考核的依据。

3.我们将以作品展、公开评图、建筑年会等方式，邀请兄弟建筑院校专家、相关专业师生、设计院执业建筑师等广大师生人士作为评审、指导，并在每次评审结束后展开总结、讨论与交流，给我们的学生提供更多思考、修正与提高的空间。

一草二草评图 …………………… 正草评图 …………………… 正图评图

教学反馈
Teaching feedback

1.作为传统建筑学教育的主要课程，对于课程设计的教学目标，传统的理解是提供一个庇护场所把业已存在的学科规范和方法传授给学生。

2.我们的目标不仅是学习这些技术之后运用它们，而是要理解它们之后进行创作。因此我们强调一个通过研究和讨论，在掌握和运用这些规范的基础是进行设计的过程。结果是无法预知的，要依据作者自己设立的标准而进行评估。因此，教学的重点在于创新性而不是简单地学习与运用。课程改革形式新颖、教学效果显著、敢于创新又贴近教学需求，在过程中受到了同行专家与学生的一致好评。

教学总结
Teaching summary

改革后新课程的一个明显特色在于，它并不把《小区规划设计》与《多层住宅设计》作为两门单独的课程来进行教学，而是把它放到建筑学专业的整个培养体系当中，同时在理论与实践两个方面同时引导建筑学专业三到四年级课程设计的开展，并根植在多门理论支撑课程体系之上。

建筑设计行业的发展热浪正在逐渐衰退，建筑设计将朝着正规化、精细化发展。作为为建筑设计行业直接输送人才的高校建筑学专业，必须在这个市场发展转折点作出相应的调整，积极进行教学改革和新课程的开发，培养全面的、高水平的人才，才能在新的市场环境中立足。

山市·慢于居

对开放式社区领域性私密与公共的探讨·壹

经济技术指标：

■墙体变化衍生的空间

可能性：为养有宠物的青年设置宠物遛路避免和卧室交叉，也可划分休闲阳台。

可能性：可构建大型花园餐厅，休闲空间，结合书房卧室的大型私密空间。

可能性：音乐，画画爱好者可根据需要移动墙体构建讨论空间或画室。

■UR移动墙变化方式

移动作为入口前室和餐厅

移动作为餐厅和卧室

移动作为阳台和卧室

■套型平面ABC拼接方式

AB单元拼接平面图

C单元拼接一层平面图

C单元拼接二层平面图

良好绿化　舒适静谧　自由设计　集合住宅

阳光窗楼身大样图

阳台楼板大样图

上人屋面栏板大样图

■重庆人群对居住调查问卷：

■对老重庆“开放式社区”的元素

■开放式社区的“安全性”和邻里关系

下午时刻，建筑师事务所的团员开始寻找趣味。

午后，楼间的平台为大家提供休闲交流的区域。

下午，居民楼下是个露天理发店。

早上，人们开始上楼顶晾晒衣服和种菜。

早上十点，李foreign看见熟悉的人在下棋，跃跃欲试。

早上八点，居民开始上班。

十二点，快午饭遇见熟悉的打声招呼。

下午一点，熟悉的居民相遇谈及生活。

会所及景观块

集合住宅A区块

创意文化小镇块

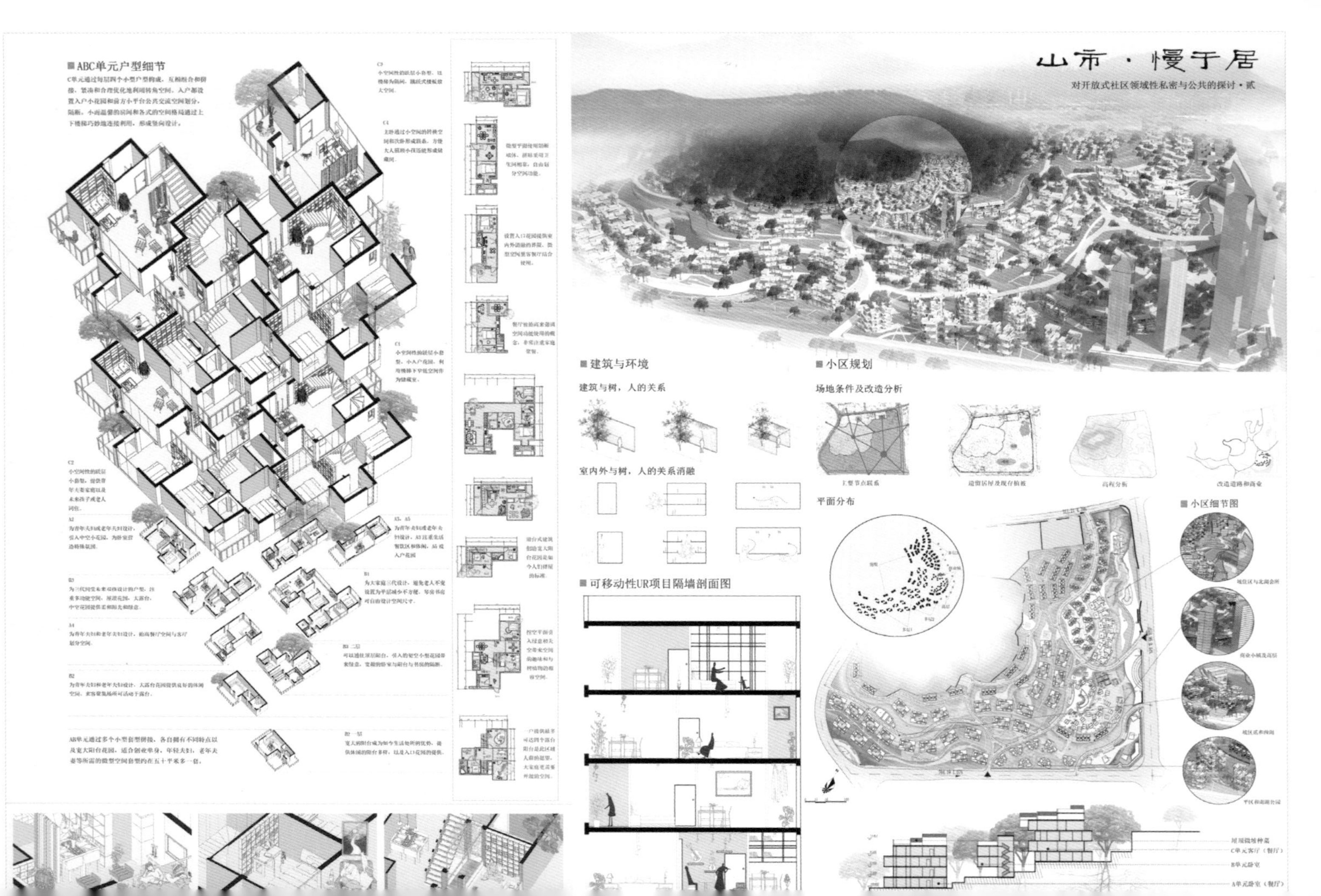

山市·慢于居
对开放式社区领域性私密与公共的探讨·贰
ABC单元户型细节
C单元通过每层四个小型户型构成，互相组合和拼接，紧凑和合理优化地利用转角空间。入户都设置入户小花园和前方小平台公共交流空间划分、隔断。小而温馨的房间和各式的空间格局通过上下楼梯巧妙地连接利用，形成竖向设计。
AB单元通过多个小型套型拼接，各自拥有不同特点以及宽大阳台花园，适合创业单身，年轻夫妇，老年夫妻等所需的微型空间套型约在五十平米多一些。
建筑与环境
建筑与树，人的关系
室内外与树，人的关系消融
可移动性UR项目隔墙剖面图
小区规划
场地条件及改造分析
平面分布
小区细节图

情景带入的空间建构——单元空间的竖向组合

哈尔滨工业大学建筑学院建筑系　一年级

1. 教学目标

（1）学习从语言表达到建筑表达的转换方法；

（2）学习更加复杂的设计发展过程，即两条发展线索之间的互动来推进设计：情景带入和建筑解析；

（3）学习从建筑环境来思考建筑的形体和空间的方法；

（4）学习单元空间的竖向组合方法，考虑如何通过错位、出挑等来创造有趣的室外空间；

（5）学习建构的工作方法，考虑如何通过建造的手段来实现建构构思，即从构思形式向建造形式的转换；

（6）进一步巩固和发展模型、作图的技能。

2. 教学方法

多媒体讲授、调研、学生讲述构思并讨论、单独辅导、专题讲座。

3. 教学内容

（1）情景带入：选择一部文学或影视作品进行分析，从中总结出典型的情景化空间描写，并以此提出建筑设计的初步构思；

（2）建筑解析：根据初步构思，从空间、功能、界面、光影和竖向组合等方面解析经典建筑案例；

（3）场地设计：通过实地考察在校园内选定 200m^2 的场地作为基地，在基地内进行场地设计和建筑设计。基地必须至少有一侧临近校园道路；

（4）建筑设计：每个单元空间尺寸为 6000×4000×3000（mm）；两个单元空间竖向组合为一个组合体，组合体可附加 2~3 个附加空间，附加空间的总容积不超过 6000×4000×3000（mm），形状不限。

（5）功能设计：建筑功能不限，与大学校园生活相关的，符合基地性质的功能均可选择；

（6）建构设计：研究建造的不同处理方式如何支持建构意图的充分表达，主要体现在构件在横向和纵向的组织关系；

（7）以小组为单位，每组 3 人（可根据各班级实际人数做微调）。

优秀作业 1：方阁——情景带入的空间建构　设计者：邵泽敏　阿尔成·夏皮汗　吴凌菊

优秀作业 2：一生博物馆——情景带入的空间建构

设计者：孙　锐　郑宇翔　沈烨钦　石珺然

作业指导教师：郭海博　叶　洋　于　戈　薛名辉

教案主持教师：邵　郁　于　戈　薛名辉　郭海博　张　宇　殷　青

叶　洋　董健菲　王　未　刘　扬　周立军　席天宇

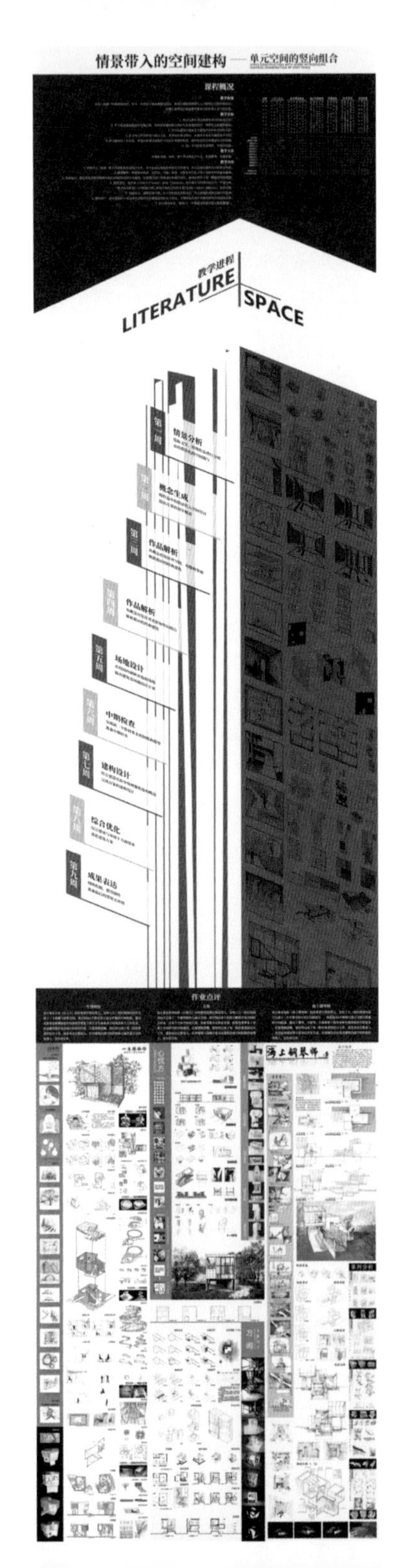
情景带入的空间建构 —— 单元空间的竖向组合
课程概况
教学进程
LITERATURE
SPACE
第一周 情景分析
第二周 概念生成
第三周 作品解析
第四周 作品解析
第五周 场地设计
第六周 中期检查
第七周 建构设计
第八周 综合优化
第九周 成果表达
作业点评
海上钢琴师

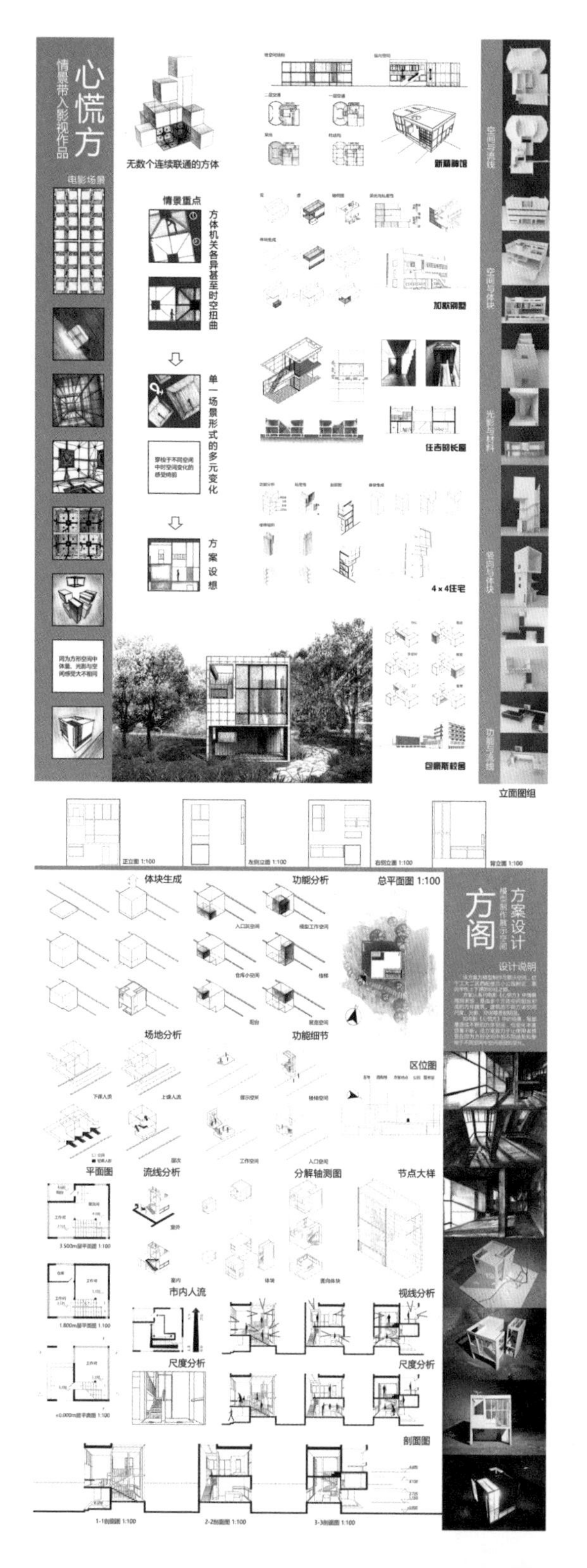
心慌方
情景带入影视作品
电影场景
无数个连续联通的方体
情景重点
方体机关各异甚至时空扭曲
单一场景形式的多元变化
方案设想
新精神馆
加歇别墅
住吉的长屋
4×4住宅
包豪斯校舍
空间与流线
空间与体块
光影与材料
竖向与体块
功能与流线
立面图组
方阁
方案设计
设计说明
体块生成
功能分析
总平面图 1:100
场地分析
功能细节
区位图
平面图
流线分析
分解轴测图
节点大样
市内人流
视线分析
尺度分析
尺度分析
剖面图
1-1剖面图 1:100
2-2剖面图 1:100
3-3剖面图 1:100

“层”的逻辑建构——共享时代的高层城市办公空间设计

哈尔滨工业大学建筑学院建筑系　四年级

该教案对应于建筑学专业本科四年级建筑设计 -5 的第二阶段，承续第一阶段的城市设计，要求在城市设计方案中选择某一地块，设计一栋高层建筑。

设计目的体现为以下四个关键词：

1. 共享精神：这是设计构思的背景，即空间的功能根据共享精神由学生自定，从社会文化角度出发设计建筑、同时也要考虑高层建筑综合体对城市文化带来的各方面影响。

2. 城市关怀：体现建筑回归城市的设计，要求从城市设计、建筑策划及建筑设计的全过程角度入手，掌握完整的建筑设计流程与程序。

3. 办公模式：主要指空间模式的建构，通过对当代办公行为的调查，总结共享办公的空间模式，对建筑中“层”的可能性进行研究。

4. 技术手段：主要指高层建筑的综合技术线索，整合建筑设计的相关知识，从结构、安全、舒适等角度综合、全面的解决复杂建筑设计问题。

整个设计过程持续 7 周，每一周都有明确的设计内容：

第一周为城市专题，延续城市设计成果，对建筑的场地关系与体量进行推敲；

第二周为共享办公专题，对共享时代下的办公空间模式进行探索；

第三周为标准层专题，从标准层的非标准化入手，进行标准层精细化设计；

第四周为结构专题，使学生了解“层”是由结构体系所连接的；

第五周为建筑防火专题，使学生了解“层”的出口与竖向联系；

第六周为综合技术专题，通过建筑设备的设计达到“层”空间的舒适度构建；

第七周为集中周，学生完成图纸。

最终设计成果要求为 A1 图板 2 张，不少于 20 页的 A3 图册一本，以及建筑单位模型或建筑剖面模式或“层”平面模型。

优秀作业 1：城中之层，层中之城　设计者：田润稼　徐紫仪
优秀作业 2：层的自我宣言　设计者：干云妮　夏　晔

作业指导教师：薛名辉　董　宇　连　菲
教案主持教师：薛名辉　连　菲　董　宇　张姗姗　白小鹏　李大为　徐洪澎

层的逻辑建构
共享时代的高层城市办公空间设计
THE DESIGN OF OFFICE SPACE
IN HIGH-RISE CITIES IN THE ERA OF SHARING
第一学年
认知+表达
设计基础
建筑设计基础
第二学年
程序+方法
建筑设计（一）
建筑设计（二）
第三学年
创新+拓展
建筑设计（三）
建筑设计（四）
第四学年
研究+综合
建筑设计（五）
建筑设计（六）
第五学年
实践+应用
设计实践
毕业设计

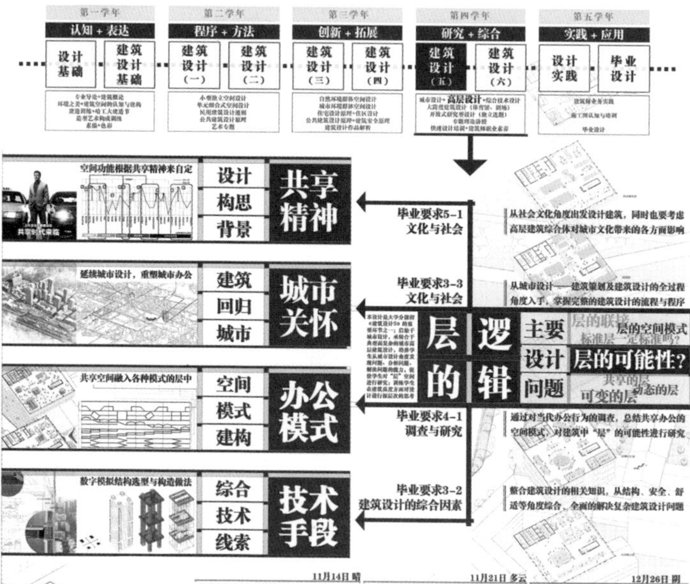

空间功能根据共享精神来自定
设计
构思
背景
共享精神
毕业要求5-1
文化与社会
从社会文化角度出发设计建筑，同时也要考虑高层建筑综合体对城市文化带来的各方面影响
延续城市设计，重塑城市办公
建筑
回归
城市
城市关怀
毕业要求3-3
文化与社会
从城市设计——建筑策划及建筑设计的全过程角度入手，掌握完整的建筑设计的流程与程序
层的逻辑
主要设计问题
层的联接
层的空间模式
标准层一定标准吗？
层的可能性？
共享的层
可变的层
动态的层
共享空间融入各种模式的层中
空间
模式
建构
办公模式
毕业要求4-1
调查与研究
通过对当代办公行为的调查，总结共享办公的空间模式，对建筑中"层"的可能性进行研究
数字模拟结构选型与构造做法
综合
技术
线索
技术手段
毕业要求3-2
建筑设计的综合因素
整合建筑设计的相关知识，从结构、安全、舒适等角度综合，全面的解决复杂建筑设计问题

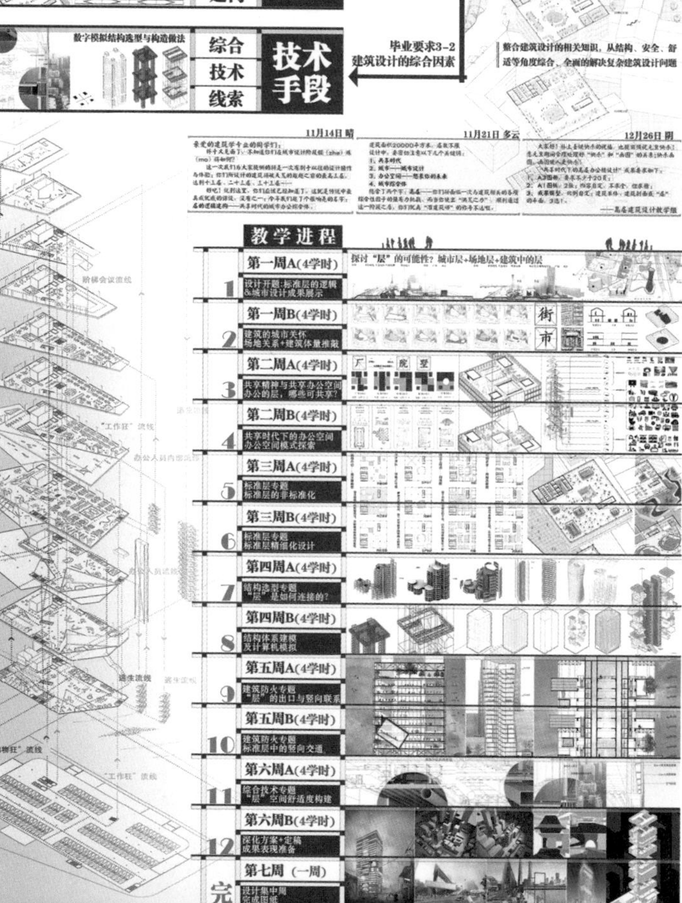

11月14日 晴
11月21日 多云
12月26日 阴
教学进程
第一周A(4学时)
1
设计开题:标准层的逻辑&城市设计成果展示
探讨"层"的可能性？城市层+场地层+建筑中的层
第一周B(4学时)
2
建筑的城市关怀
场地关系+建筑体量推敲
第二周A(4学时)
3
共享精神与共享办公空间
办公的层，哪些可共享？
第二周B(4学时)
4
共享时代下的办公空间
办公空间模式探索
第三周A(4学时)
5
标准层专题
标准层的非标准化
第三周B(4学时)
6
标准层专题
标准层精细化设计
第四周A(4学时)
7
结构选型专题
"层"是如何连接的？
第四周B(4学时)
8
结构体系建模
及计算机模拟
第五周A(4学时)
9
建筑防火专题
"层"的出口与竖向联系
第五周B(4学时)
10
建筑防火专题
标准层中的竖向交通
第六周A(4学时)
11
综合技术专题
"层"空间舒适度构建
第六周B(4学时)
12
深化方案+定稿
成果表现准备
第七周（一周）
完
设计集中周
完成图纸
"购物狂"流线
"工作狂"流线

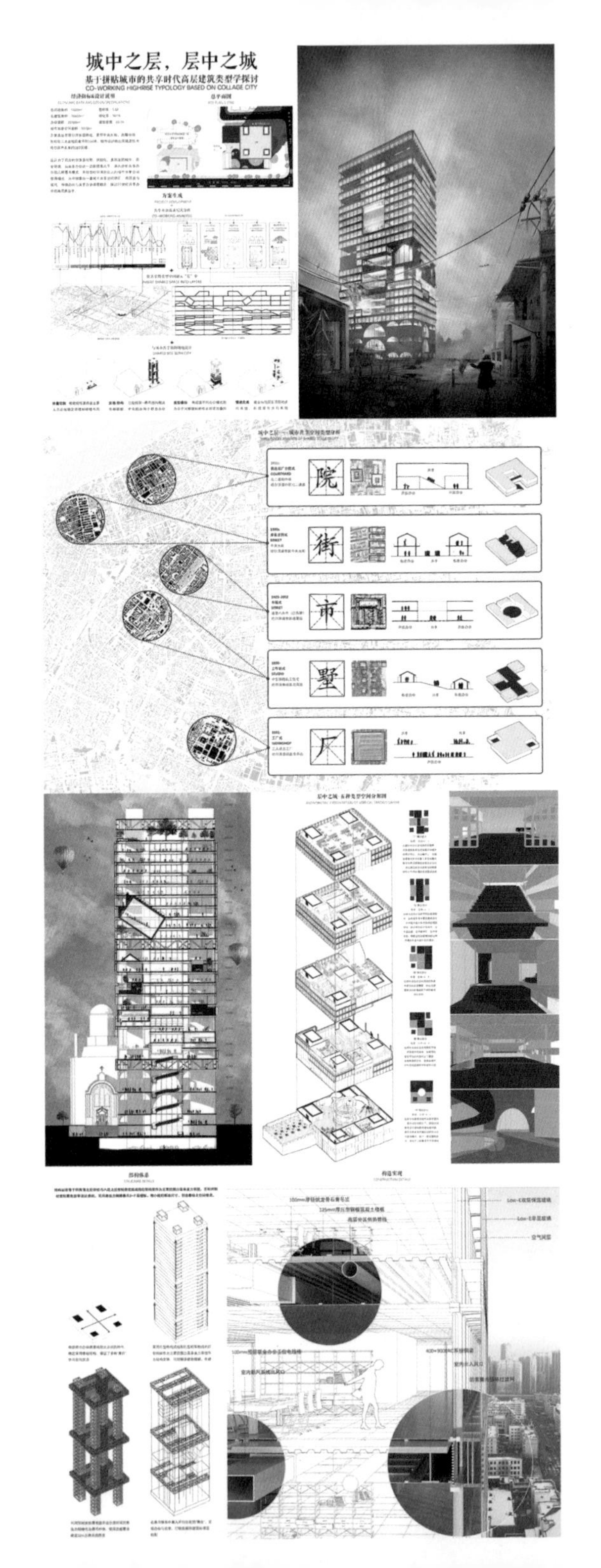

城中之层，层中之城
基于拼贴城市的共享时代高层建筑类型学探讨
CO-WORKING HIGHRISE TYPOLOGY BASED ON COLLAGE CITY
院
街
市
墅
厂

基于城市功能修补理念的社区服务中心设计

南京工业大学建筑学院建筑系　二年级

“基于城市功能修补理念的社区服务中心设计”是二年级下学期的第二个课程设计，其主要内容如下：

1. 设计任务

设计选取了位于南京市河西新城草场门大街两侧的阳光广场与月光广场，该区域曾是南京20世纪90年代进行河西开发的居住片区的典型。在开展城市修补，完善城市功能，提升城市品质，改善环境质量的大背景下，为提升社区的品质与活力，完善社区级公共服务，为居民提供更好的便利活动，现拟在阳光、月光广场建造一座建筑面积在2000m^{2}的社区服务中心。学生通过对该社区调研，自由选取其中一个广场作为设计基地。课程设计要求学生完成从调研开始，广场环境分析，广场人群活动模式分析、设计任务书的制定与完善、方案的生成到方案成果的完整表达的设计全过程。

2. 教学目标

通过社区服务中心设计，培养学生发现问题、分析问题、解决问题的能力。让学生学会以问题为切入点来思考建筑，以环境行为分析为出发点设计建筑，着重关注场所与居民活动、建筑与人的社会活动的关联，激发学生对社区服务中心的社会性、人文性的思考，让学生认知到影响建筑的社会、城市、文化因素和其他广泛的相关因素，而非孤立的理解建筑。

优秀作业1：Green^3——社区中的垂直森林　设计者：许锦灿　周浩

优秀作业2：都市林荫——社区服务中心设计　设计者：赵　雨　赵与谦

作业指导教师：刘　峰　孙　璨　欧　雷　姜　雷

教案主持教师：欧　雷　刘　峰　姜　雷　孙　璨

基于城市功能修补理念的社区服务中心设计

二年级建筑设计课程教案

一　建筑设计课程整体框架

- 二年级建筑教学属于建筑设计基础范畴，在整个专业课教学体系中起着承上启下的重要作用。教学的主要目标在于培养学生正确的建筑观，学会在生活中用建筑的眼光去观察、感知建筑，培养、激发学生的学习兴趣，使其逐步树立正确的建筑设计理念，掌握小型公共建筑设计的一般步骤和基本方法。训练学生较为完整、清晰地表达自己的构思，处理好建筑与环境的关系，并具有一定的结构、材料构造知识，为日后的不断学习与完善打下扎实的基础。
- 教学关键词：　城市功能修补　社区　场所　行为　环境　空间

基础阶段	基础阶段	提高阶段	提高阶段	综合阶段
一年级	二年级	三年级	四年级	
建筑认知&设计入门	基础拓展&空间组合	场所文脉&建筑技术	城市空间&技术集成	工程实践&毕业
建筑认知	别墅设计	高速公路服务区设计	居住区规划设计	设计院实习
空间建构	幼儿园设计	南方某图书馆设计	历史建筑保护与更新	大型公共建筑设计
环境认知与设计	青年旅馆设计	历史街区影院综合体设计	城市设计	毕业设计
建筑解析与设计	社区服务中心设计	建筑学院院馆设计	高层建筑设计	毕业教育

二　二年级设计专题

度假别墅设计

- 形体在三维空间中的互动
- 建筑与环境的协调与优化
- 人体与建筑的尺度概念

幼儿园设计

- 单元化的构成与空间
- 标准化的尺度与设施
- 空间组合与功能布局
- 建筑结构与构造设计

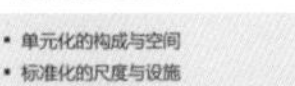

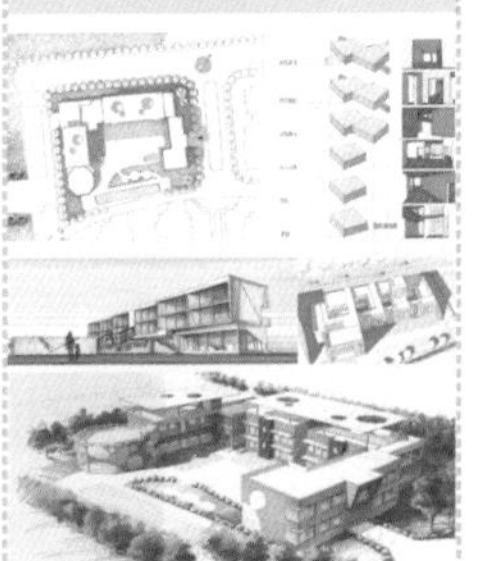

青年旅社设计

- 复杂场地环境下的总图布局
- 结构与构造的细部设计

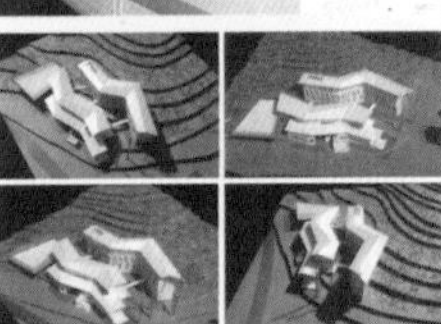

社区服务中心设计

- 场地环境调研
- 心理行为分析
- 建筑空间建构
- 建筑场所营造

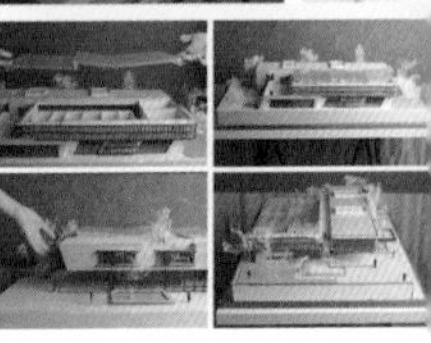

三　二年级教学目标

树立正确的建筑观　建筑源于生活，让学生学会在生活中应用建筑的眼光去观察、感知建筑，培养、激发学生的学习兴趣，使其逐步树立正确的建筑设计理念。

培养正确的设计方法　掌握基本的建筑设计原理及其相关领域的基础知识，培养正确的建筑设计方法。

培养良好的能力　培养、训练学生建筑识图、绘图及制作模型的能力，以及方案图的艺术表现能力，为日后的学习和工作打下扎实的基础。

场所环境 ⇄（场地的感知 / 功能复合性）**功能空间** ⇄（行为的认知 / 空间的互动）**行为模式**

以问题为切入点来思考建筑，以环境行为分析为出发点设计建筑，着重关注场所与居民活动、建筑与人的社会活动的关联，激发学生对社区服务中心的社会性、人文性的思考，让学生认知到影响建筑的社会、城市、文化因素和其他广泛的相关因素，而非孤立的理解建筑。

四　教学方法

PBL（以问题为导向）设计过程引导

培养学生关注城市问题、社会问题，以问题为切入点去思考建筑，设计建筑。学生则通过调研发现问题、归纳问题，并进行系列目标问题的思考。

着重现场调研与行为模式的分析

通过调研发现问题，关注建筑的介入将会对现有场地产生的影响以及对居民的行为模式的改变，思考如何既能较好的延续居民日常的行为模式，又能更好满足居民的需求，提升社区的品质与活力。

互动式的教学

教学方式的转变，从以教师为主导，向学生直接布置设计要求，转变为以学生为主体的师生互动模式，教师扮演引导者的角色。

强化模型表达

草模与草图同步进行，以提高学生动手能力和思维能力。方案之初，要求制作基地模型进行场地与环境的分析，制作工作模型推敲建筑体块与场地的关系、空间体量关系，直观地理解建筑空间。

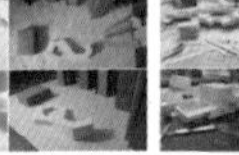

五　任务设置

设计任务　设计选取了位于南京市河西新城草场门大街两侧的阳光广场与月光广场，该区域曾是南京上世纪90年代进行河西开发的居住片区的典型。在开展城市修补的大背景下，为提升社区的品质与活力，完善社区级公共服务，为居民提供更好的便利活动，现拟在阳光或月光广场建造一座建筑面积在2000平方米的社区服务中心。学生自由选取其中一个广场作为设计基地。要求学生完成从调研开始，广场环境分析、居民行为活动分析、设计任务书的完善、方案生成到方案成果的完整表达的设计全过程。

练习重点

发现问题的能力： 通过调研发现问题、归纳问题，以问题为切入点去思考建筑，设计建筑。

分析问题的能力： 以环境行为分析为出发点，着重关注场所与居民活动、建筑与人的社会活动的关联，进而对社区服务中心的社会性、人文性的思考。

解决问题的能力： 通过对广场人群的行为分析、建筑功能与环境的互动研究，思考方案的形体生成及平面布局，形成设计构思和方向。从不同角度进行多样性的尝试，多方案进行比选。

功能配置　1+X 即"1"代表基本功能，"X"为学生调研分析后确定的功能。基本功能包括活动功能、行政服务功能。活动功能为居民日常活动提供场所空间，行政服务功能为居民日常办理事务提供便利。要求学生必须配置相应的数量的活动用房与办公服务用房等。其余各项用房的面积设置与使用功能，由学生在进行实地调研、分析的基础上进行确定。

成果要求

第一次提交阶段性成果要求： 提交A1图纸一张，内容为调研分析成果，主要包括场地环境分析、不同时段人的行为流线及行为模式分析、居民的实际需求、确定建筑选址的主要依据以及功能配置与各项面积说明、建筑形体生成（手工模型及其照片），进行PPT汇报。

第二次提交阶段性成果要求： 场地环境分析图（反映出调研阶段的成果）、设计说明、其他相关分析图、总平面图 1:500 、单体平、立、剖面图 1:300、主要透视图与模型、建筑结构形式、材料构造等图。

基地地形图

月光广场地形图

阳光广场地形图

操作过程

1 场地环境研究 2 场地环境与行为模式分析 3 功能与环境互动研究 4 5 空间生成与建构 6 形体生成与平面布局 7 建筑界面生成 8 成果表达 9

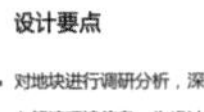

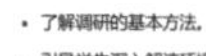

理论探索　现场调研　环境场地　案例解读　行为分析　功能配置　环境分析　空间结构　结构形式　空间深化　围护界面　建筑材料　图纸制作　设计周

教学过程

学习内容　设计过程　教学内容

阶段一 ·········现场调研

设计要点

- 对地块进行调研分析，深入解读环境信息，为设计构思的形成作好前期准备。
- 设计问卷调查表。
- 参观调研已有案例。
- PPT演示汇报。

现场调研与分析研究：2周

- 调研广场所在的城市位置，解读河西新城与老城区的关系。
- 分析广场与城市空间结构、景观结构、道路系统等对应关系。
- 详细了解广场人群活动与使用情况及需求，分析行为活动模式。
- 参观调研两个以上具有代表性的社区服务中心。
- 整理观察记录内容，绘制分析图，完成一张A1图纸，进行ppt汇报。

教学要点

- 了解调研的基本方法。
- 引导学生深入解读环境信息，分析居民活动特征与服务诉求。
- 引导学生找寻功能确定及场地改造的有力依据。

阶段二 ·········方案构思

- 确定建筑合理的功能设置。
- 细化完善设计任务书。
- 从问题入手，逐步推导出方案设计。
- 多方案进行比选。
- 概念模型推敲方案。

方案构思与概念生成：2周

- 在调研分析基础上，确定建筑合理功能设置，明确“1+X”里面的“X”应是哪些功能，完善设计任务书。
- 分析广场人群的行为模式、对建筑功能与环境进行互动研究，思考建筑与环境的关系，勾画1/500的概念草图。
- 思考方案的形体生成及平面布局，制作1/500的概念草模。
- 每组做两个以上不同的概念方案。

- 辅导学生完善设计任务书。
- 引导学生从问题入手，通过行为分析、互动研究，寻找解决问题的思路方法。
- 鼓励学生从不同角度进行多样性的尝试，多方案进行比选。

阶段三 ·········方案深化

- 师生互动交流讨论，确立方案发展方向与目标。
- 制作工作模型推敲建筑与场地的关系、空间体量关系，直观的理解建筑空间。

方案深化：1.5周

- 在多方案的比选上，确定最终优化的方案。
- 从环境心理的角度对不同性质的空间进行界定，明确各类空间的关系，梳理建筑流线，明晰建筑功能关系。
- 完成1/200的工作模型、1/200的平立剖草图。

- 帮助学生确立方案发展方向与目标。
- 要求学生将方案带回广场与居民交流，征求建议与意见。

阶段四 ·········方案提升

- 进一步完善方案，对建筑空间进一步优化，深化室外场所环境。

方案提升：1.5周

- 对建筑空间的进一步优化，以及室外环境空间的优化设计。
- 基于明确的空间关系提出结构方案，持续优化和改进结构方案。
- 从不同的空间构成与材料属性，选择相应的材料赋予建筑，形成空间界面。
- 完善工作模型，绘制定稿图。

- 引导学生对建筑空间进一步优化，深化室外场所环境。
- 协助学生解决方案技术问题。

阶段五 ·········成果表达

- 绘制正图。
- 全部设计过程文本表达。
- 制作建筑模型。
- 进行方案汇报、交流，培养良好表达能力。

方案提升：1.5周

- 深化和完善建筑空间、建筑形体、建筑细部设计。
- 设计方案完整准确的表达。
- 规范、完整的绘制正图。
- 制作成果模型。

- 组织方案汇报、评审、交流活动，培养学生方案表达能力。
- 总结方案设计表达的优缺点。

作业成果

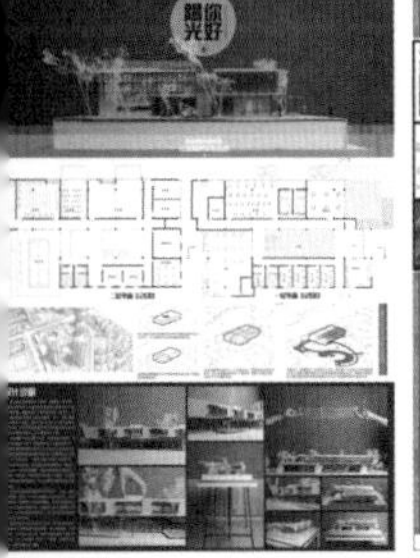

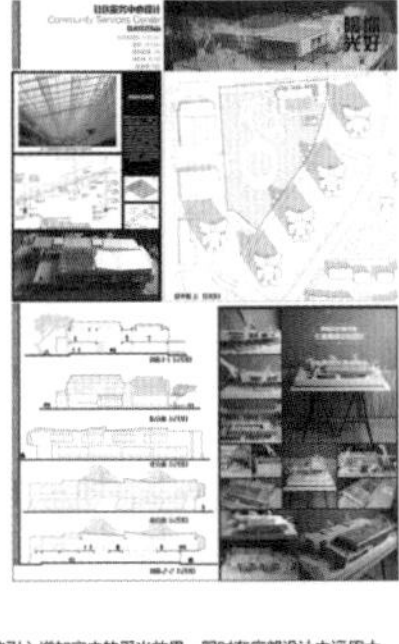

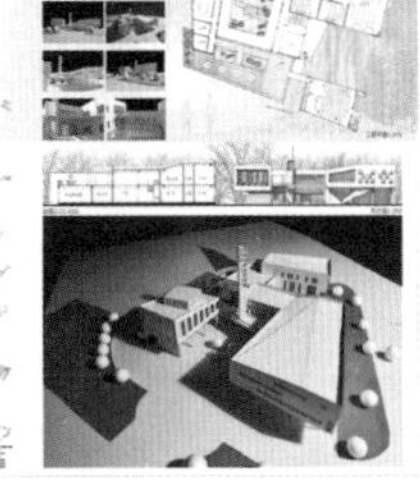

教师点评

方案构思充分考虑了室内外环境的交融，通过中庭空间的引入增加室内的采光效果，同时在底部设计中运用大面积开窗，对广场空间加以延伸。舒展的水平向窗体设计，使得建筑体形向两翼延展，辅以适当的木质平台和水池，使建筑与广场空间联系更为紧密。

教师点评

通过对现状社区的细致调研，我们组发现原住居民之间缺乏交流与活动，但他们却又十分渴望与他人建立联系，互通信息，但这一切被快节奏的生活打断，被高密度的居住空间阻隔，被无序的室外空间离散。我们决定在基地的北侧以“老村口的榕树”为中心，力图重构现代社区的新型交往、集会场所，为原住居民提供“老村口”式的乔木下亲切空间。

GREEN³ 社区中的垂直森林

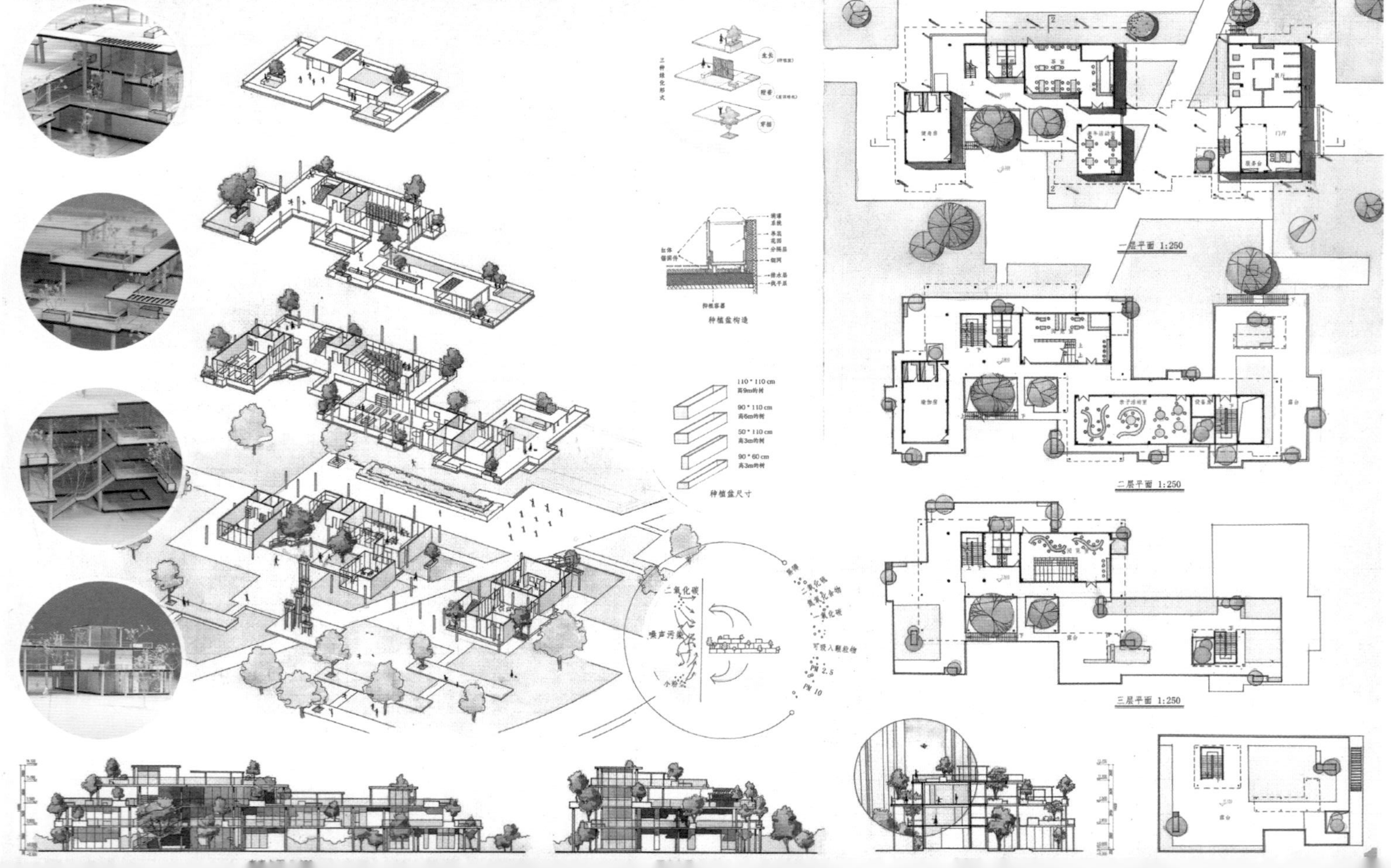

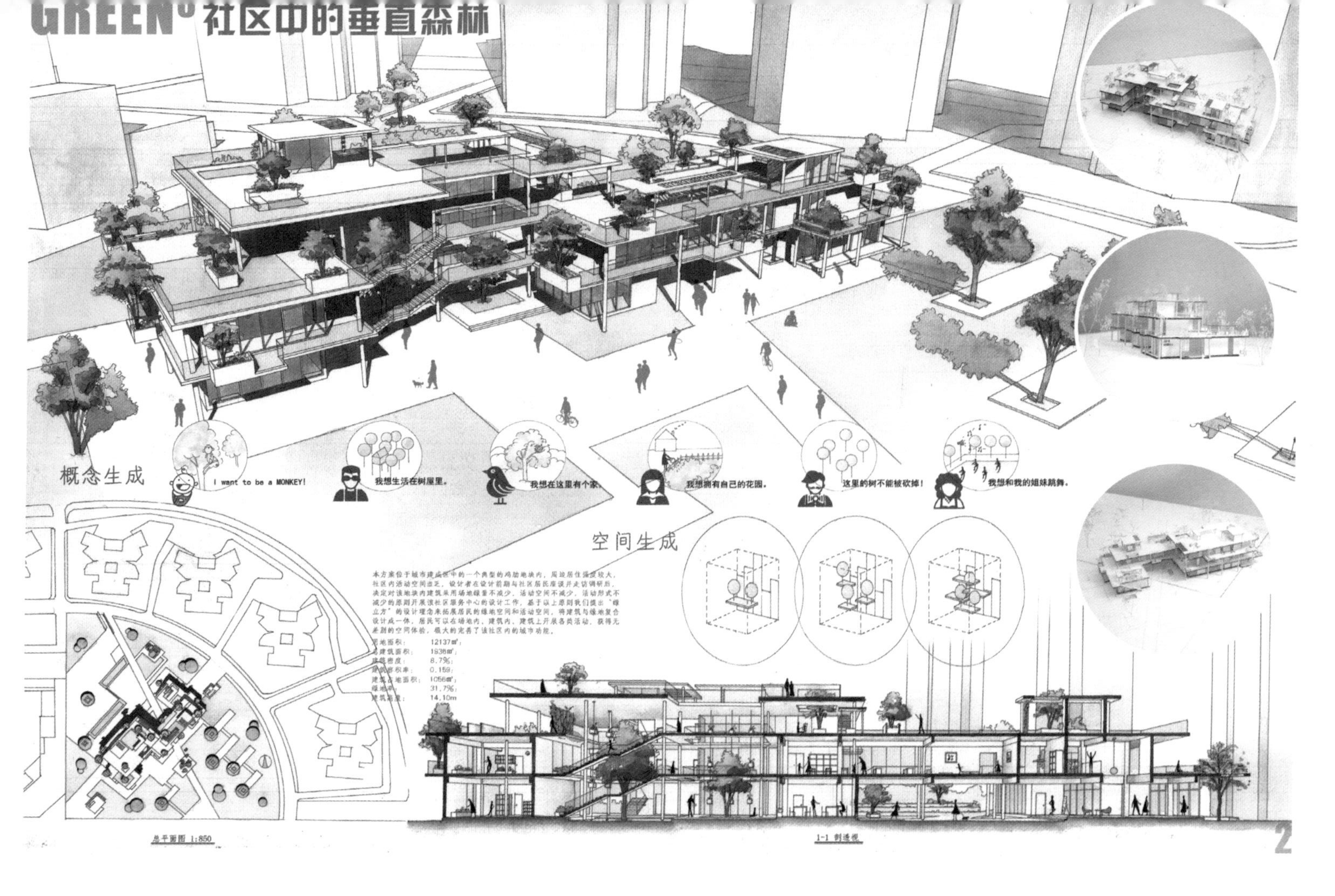
GREEN°社区中的垂直森林
概念生成
I want to be a MONKEY!
我想生活在树屋里。
我想在这里有个家。
我想拥有自己的花园。
这里的树不能被砍掉！
我想和我的姐妹跳舞。
空间生成
本方案位于城市建成区中的一个典型的鸡肋地块内，周边居住强度较大，社区内活动空间匮乏，设计者在设计前期与社区居民座谈并走访调研后，决定对该地块内建筑采用场地绿量不减少，活动空间不减少，活动形式不减少的原则开展该社区服务中心的设计工作，基于以上原则我们提出"绿立方"的设计理念来拓展居民的绿地空间和活动空间，将建筑与绿地复合设计成一体，居民可以在场地内、建筑内、建筑上开展各类活动，获得无差别的空间体验，极大的完善了该社区内的城市功能。
用地面积： 12137㎡；
总建筑面积： 1936㎡；
建筑密度： 8.7%；
建筑容积率： 0.159；
建筑占地面积： 1056㎡；
绿地率： 31.7%；
建筑高度： 14.10m
总平面图 1:850
1-1 剖透视
2

城市中心区高校科技创新园区城市设计教学

南京工业大学建筑学院建筑系　毕业设计

南京是国家历史文化名城，中山北路是南京聚集近代建筑较多的一条主干道。随着城市发展，在改善人们生活的同时，城市的业态与景观也发生了变化，很多地块面临更新改造。中山北路的乐业村、凤颐村一线留存近二十栋居住类民国建筑，乐业村15号还是近代著名民族实业家丁福成故居。这些建筑风貌好，但保存利用情况较差。由于周边地块商业发展及用地性质的改变，此处民国建筑存在状态颇为尴尬。加之建筑多为砖混结构，使用多逾70余年，多已破旧不堪。是仍旧修缮使用，维持现状？还是去旧建新，发展商业？一直是城市老旧街区与历史建筑生存发展中面临的难题。

近三十年的城市建设，在逐步与世界接轨的同时，也渐渐丧失了自身特色。如何留存并凸显城市的文脉？如何在城市更新中留存有价值、有记忆的城市建筑？如何激活并且重塑城市名片？是我们在城市设计、建筑保护与更新中经常面临的问题。本选题的研究与训练即希望通过对深具南京特色的民国建筑的环境整治，对历史建筑有选择的保护再生，既有建筑改造与环境更新设计；新建（构）筑物的插入设计，促进该地区建筑保护与更新，及其与周边城区的衔接与复兴。

本次毕业设计选取南京中山北路乐业村、凤颐村段为研究对象，将规划设计、城市设计、建筑设计结合在一起，是对建筑学专业五年专业知识与技能的综合性练习。一方面较好衔接五年专业学习与之后的设计机构工作，让学生全面了解设计工作的各个步骤；另一方面使学生更加关注城市问题，尤其是老城区历史街区保护与更新问题，增强设计的社会责任感。

优秀作业1：承嬗·离合——基于环境分析和场所构建的南京市中山北路乐业村地块城市设计
设计者：黄宁馨　王　峰　杨修立　冯　岩

优秀作业2：快慢之间·基于功能织补与生态修复的南京中山北路乐业村、凤颐村地块保护与更新设计
设计者：邹鸣鸣　陈　辉　陶宇清

作业指导教师：郭华瑜　李国华
教案主持教师：郭华瑜　李国华　方　遥　孙　璨

建筑设计课程整体框架：

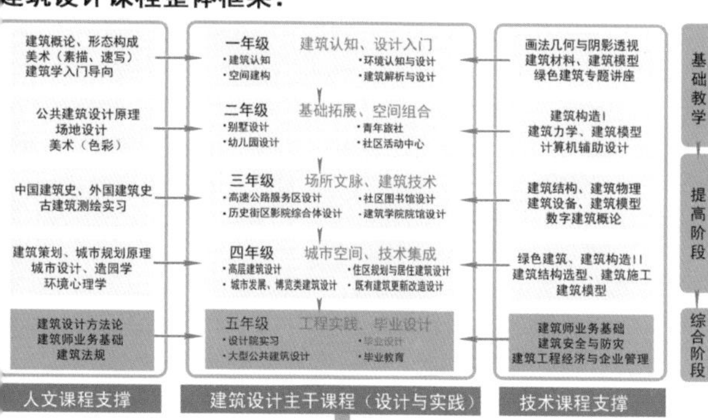

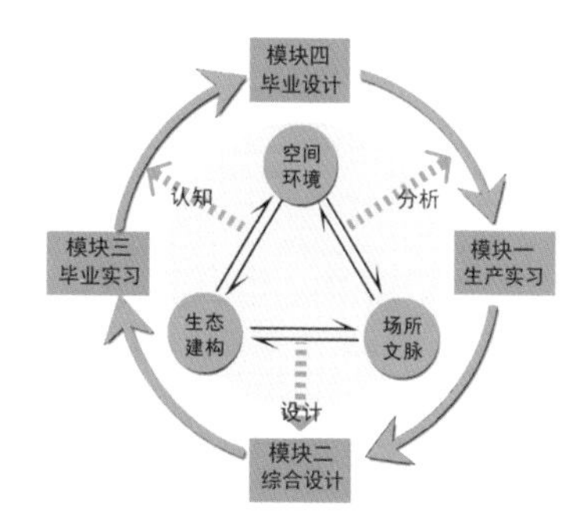

五年级建筑设计课程教学框架：

在前四年建筑设计教学基础上，五年级建筑设计教学注重培养学生综合分析问题及解决实际工程问题的能力。课题设置分别从生产实习、大型公共建筑综合设计、毕业实习与毕业设计等四个层面分主题、分阶段进行系统化培养，使学生建立整体的建筑观，掌握大中型建筑的设计方法，提高学生综合设计与表达的能力。

教学思路：以创新思维、理性分析、实践训练、整合设计、清晰表达并重的训练模式为主。

教学方法：思维启发、理论讲授、实践训练、互动设计

五年级教学目标：

- 全面结合专业知识与技能
- 具备综合分析场地文脉、功能空间、材料建构等问题的能力
- 围绕“场所—空间—建构”主题，整合完成不同场所环境中的大型公共建筑的综合设计
- 对城市既有历史环境和建筑保护再利用有较好的认知和掌握

第九学期 1-8周

生产实习
设计院实习训练

训练重点

- 规范和标准
- 团队合作
- 施工图训练
- 施工配合

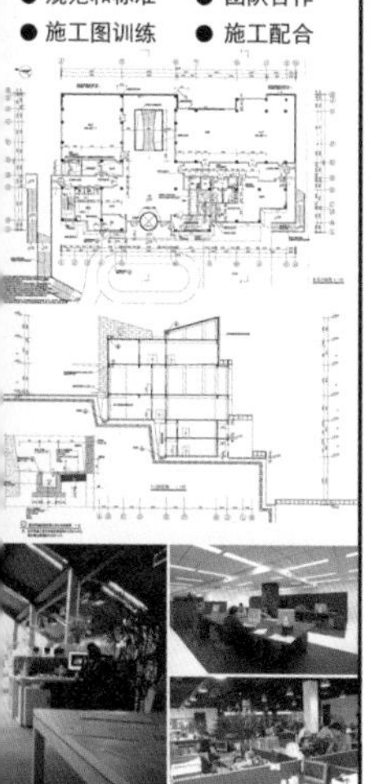

第九学期 9-16周

综合设计
大型公共建筑

（体育馆、医院、研发中心、既有建筑改造等）

训练重点

- 空间与复合
- 分区与流线
- 功能与结构
- 环境与生态

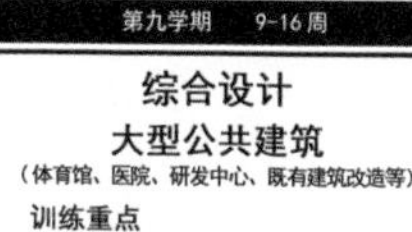

理论讲座支撑

实践环节支撑

课题设置

课题背景：

中山北路乐业村、凤颐村地块，毗邻湖南路商圈，留存近二十栋民国时期居住类建筑，风貌尚存但保存利用情况较差。本选题希望通过对深具南京特色的民国建筑的环境整治，对历史建筑有选择的保护再生，既有建筑改造与环境更新设计；新建（构）筑物的插入设计，促进该地区建筑保护与更新，及其与周边城区的衔接与复兴。将规划设计、城市设计、建筑设计相结合，是对建筑学专业五年专业知识与技能的综合性练习。一方面，衔接五年专业学习与之后设计机构实际工作，让学生全面了解设计工作的步骤；另一方面，使学生更加关注城市问题，尤其是老城区历史街区保护与更新问题，增强设计的社会责任感。

教学目标：

- 对基地环境、格局、交通、建筑进行充分调研，明确该区域民国建筑的过去与现在，确定历史建筑保护再生对象及改造更新的价值前景。
- 对历史建筑进行价值评估，提出保护与改造策略，合理组织交通流线与功能布局，有效对接城市功能，更新与发展该地区空间。
- 要求新功能体块与更新设计要融入整体环境 促进与周边城区的衔接与复兴。

场地设置：（地形图及场地说明）

- 本课题选址于南京鼓楼区中山北路东侧的乐业村、凤颐村地块，保留近20栋民国时期的居住建筑，其中乐业村15号位近代著名民族实业家丁福成故居。
- 基地北侧毗邻湖南路商圈，隔中山北路与国民政府最高法院旧址、国民政府立法院监察院旧址、华侨招待所旧址等民国建筑相望，历史与现代在基地内外交融。
- 基地北为乐业村路，较为狭窄，南临云南北路，东为湖北路，西接中山北路，路侧遍植梧桐，总用地面积为 5.08万平方米。

设计内容要求

场地调研与案例分析

- 发现问题：通过文献调研、现场调研与访谈，了解区域历史背景，民国建筑分布与使用状况，中山北路区域原有街道的空间形态与建筑格局；以及场地现状中各组建筑保存与使用存在的问题。
- 提出策略：针对调研结果，对场地中现有因素进行分析，明确建筑遗产保护的对象、保护与更新计划的目标和方法，提出保护与再利用策略与设计构想。
- 案例分析：通过类似历史街区更新的案例，分析其保护策略和设计手法等。
- 实地参观：南京1912民国历史街区、颐和路民国文化街区、北京大栅栏、798艺术街区、菊儿胡同、天津五大道等。

规划设计

- 规划理念：立足实际，明确保护更新策略和新建筑定位，考虑需求和经济性，注意结构清晰、流线顺畅、综合开发。结合对地块传统文脉的保护，注重营造富有原城市街道特色的景观，延续原有生活氛围。
- 规划要求：
  1）确定地块整体及各区块项目开发的功能内容，包括功能类型、业态、规模的研究与确定。量化确定地块项目开发容量。
  2）研究地块建设形态、空间特质和景观特质。
  3）符合相关规范及文件规定。

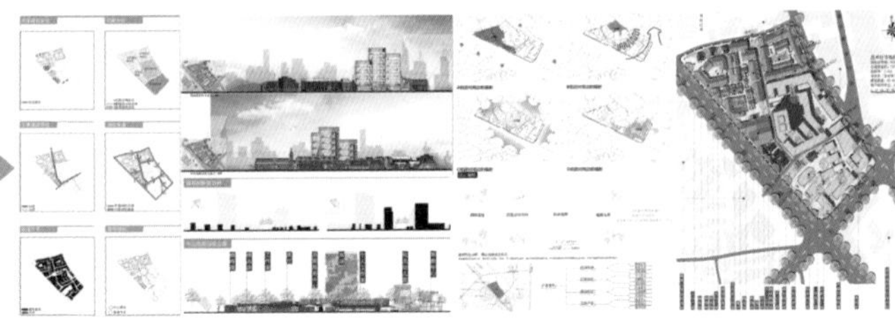

建筑设计

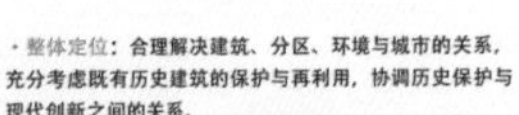

- 整体定位：合理解决建筑、分区、环境与城市的关系，充分考虑既有历史建筑的保护与再利用，协调历史保护与现代创新之间的关系。
- 环境设计：对建筑环境进行整体设计，注意建筑外部流线组织、主要出入口设置与停车设施；关注景观结构与建筑的关系。
- 建筑设计：合理控制建筑功能构成与各部分面积，注意建筑造型与历史建筑风貌的关系，注意防火分区、疏散流线与消防控制室的设置，关注无障碍设计。

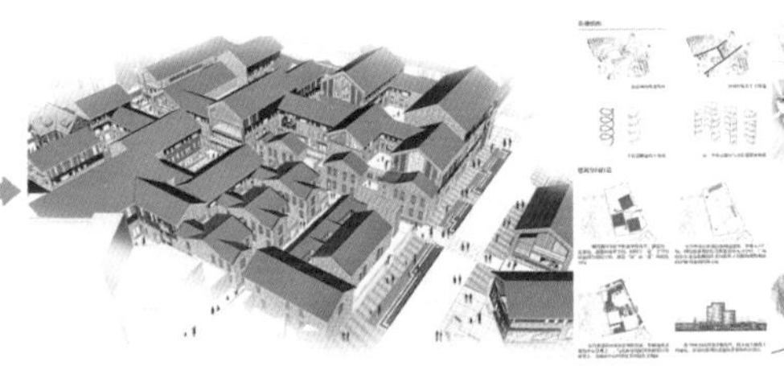

参考书目

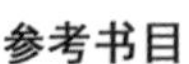

成果要求

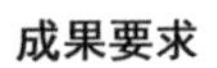

阶段提交成果：

1、阶段一：

完成中山北路片区乐业村、凤颐村民国建筑与场地调研报告。

2、阶段二：

完成城市设计导则的编制与项目开发策划报告。

3、阶段三：

完成是城市设计图纸。

4、阶段四：

完成地块整体设计和建筑设计图纸。

答辩评图要求：

采取毕业答辩组评分及主教老师评分结合的方式。

1、根据校答辩要求组织评委成员，每组必须邀请一名具有高级职称的校外专家。

2、答辩学生汇报方案，回答答辩评委的提问。

3、答辩组评委综合给分。

4、主教老师给出单项分值。

5、评分细则：

毕业设计评阅占20%，毕业设计答辩委员评分占20%；毕业设计平时成绩占30%，指导老师评语占30%。最终给出综合分值。

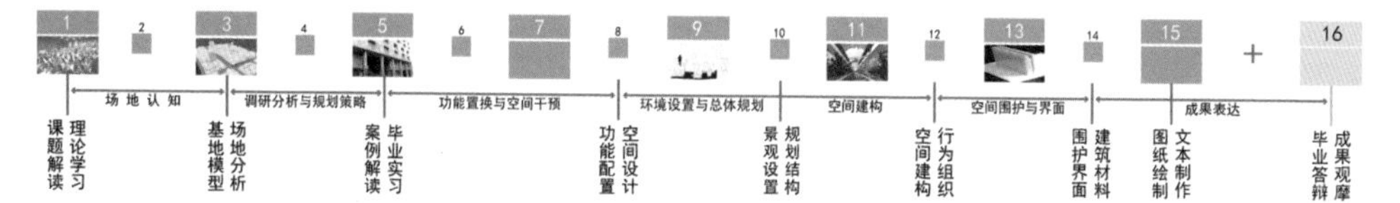

操作过程

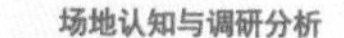

1 2 3 4 5 6 7 8 9 10 11 12 13 14 15 + 16

场地认知 | 调研分析与规划策略 | 功能置换与空间干预 | 环境设置与总体规划 | 空间建构 | 空间围护与界面 | 成果表达

理论学习 课题解读 | 场地分析 基地模型 | 毕业实习 案例解读 | 空间设计 功能配置 | 规划结构 景观设置 | 行为组织 空间建构 | 建筑材料 围护界面 | 文本制作 图纸绘制 | 成果观摩 毕业答辩

教学过程解析

阶段一

场地认知与调研分析

本阶段从以下方面进行场地认知并完成调研报告。

1. 中山北路、乐业村、凤颐村民国建筑发展历程状况;
2. 该区域建筑地位与主要特征;
3. 该区域现有管理状况;
4. 建筑历史、质量、风貌、结构等现状分析;
5. 环境现状,绿化植被保存状况;
6. 区域近期建设发展规划。

阶段二

城市设计导则编制、项目开发策划报告

从制度与策划的角度对地块整体进行设计,关注以下几方面:

1. 对地块整体及各区块项目开发的功能内容的研究与确定,包括功能类型、业态、规模;
2. 对地块项目开发容量的量化确定;
3. 对地块建设形态与空间特质的研究。

阶段三

总体规划与城市设计

1. 注重与城市整体、周边地区及其区内各部分之间空间形态的营造;
2. 充分考虑人在室外公共空间的感受和空间尺度,营造宜人的环境;
3. 可考虑设置体现街区形象的标志性建构筑物和城市广场;
4. 充分考虑整个区域的无障碍设计;
5. 深化竖向设计,适度利用地下空间;
6. 保障该地区在分期实施过程中,各阶段的城市设计均具有相对完整性。

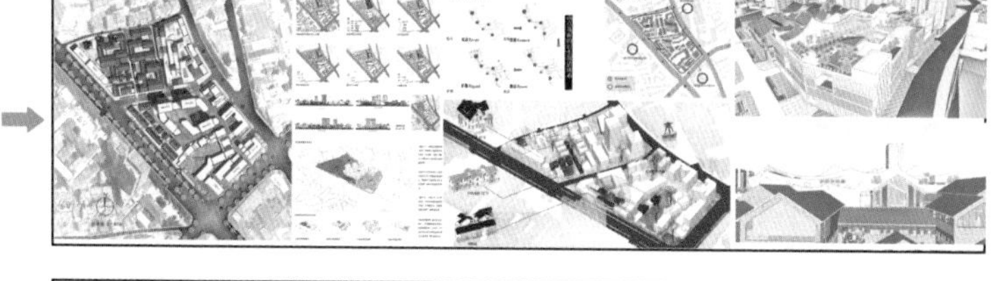

阶段四

既有建筑改造与建筑设计

该阶段进行单体建筑的深化设计,结合规划理念和街区空间意向,对建筑功能布局、围护界面的设计和材料选择深入设计。

1. 契合地块定位,对既有建筑合理保护利用;关注新构筑建筑风貌上与既有历史建筑的关系。
2. 建筑物形态与空间构成,流线与出入口设置,景观结构,以及建筑防火疏散等技术设计。

作业成果及点评

作业点评要求:

1. 场地调研是否详尽,分析内容是否全面。
2. 规划布局与规划理念是否合理,流线组织是否清晰,是否考虑既有历史建筑的再利用,以及与新建建筑的关系。
3. 场所空间是否深入考虑使用者的行为心理需求,空间设计是否序列丰富,尺度适宜。
4. 重要建筑的设计功能布局、流线、消防等是否合理,造型是否符合定位。

一.课题简介

二.项目背景

1. 政策背景

(1). 南京城市发展规划

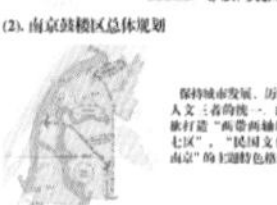

《首都计划》（THE CITY PLAN OF NANKING）是 1927 年（民国十六年）4 月 18 日国民政府定都南京后，发布的旨在对首都南京进行现代化改造的城市规划文件，是中国最早的现代城市规划。

(2). 南京鼓楼区总体规划

(3). 南京历史文化名城保护规划

2. 历史背景

中山北路沿线民国建筑　　云南北路沿线民国建筑

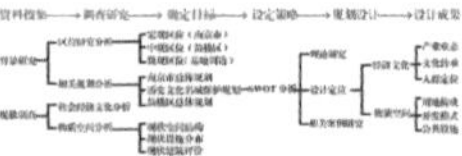

三.设计目标

继承演变

承嬗·離合

四.技术路线

五.设计策略——环境分析与场所构建

(一). 环境分析

1. 基地与周边环境分析

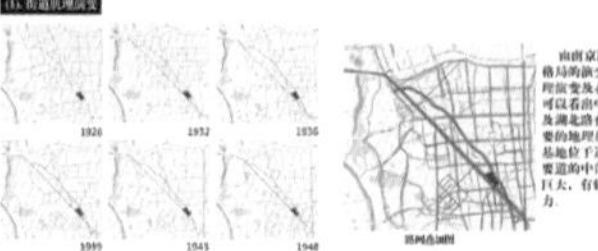

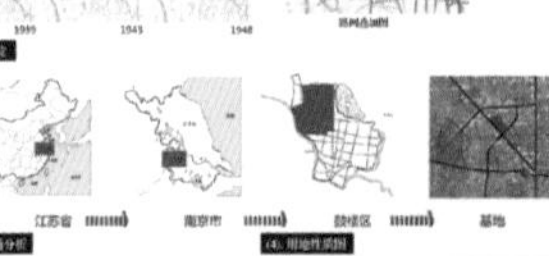

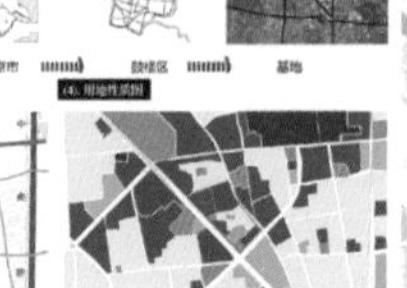

2. 基地内部环境分析

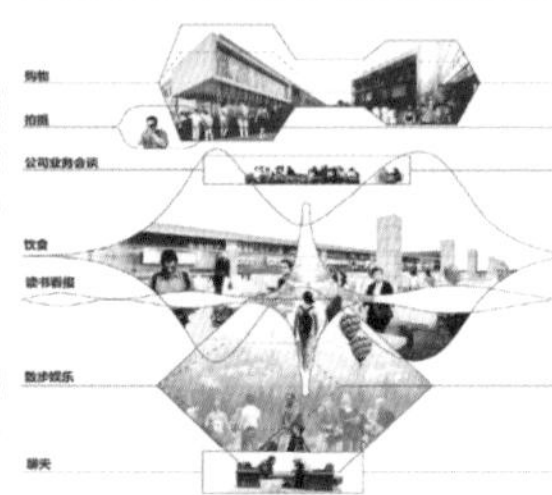

3. 基地现状问题总结

(二). 场所构建

1. 构建愿景

2. 构建方法

3. 设计方法图解

4. 活力点选择图示

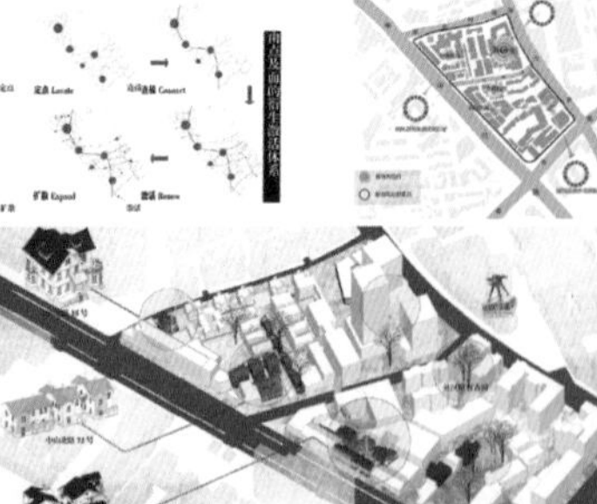

承嬗·離合

继承民国遗风，开拓崭新未来

——基于 和 的南京市中山北路乐业村地块城市设计

4

设计策略

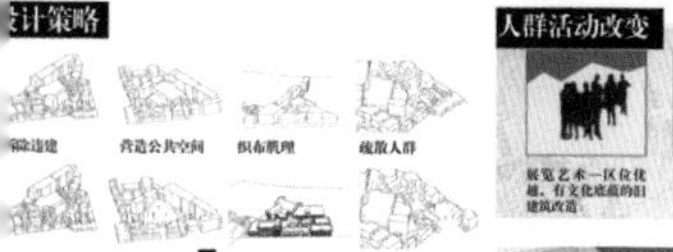

人群活动改变

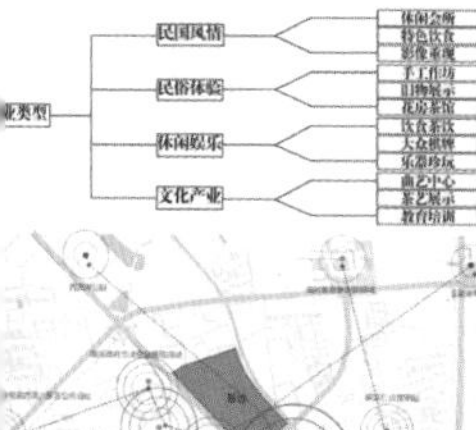

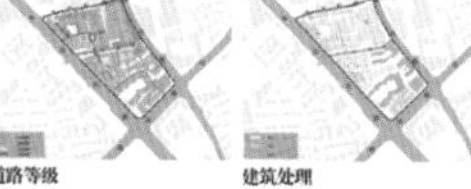

承嬗·離合

继承民国遗风，开拓崭新未来

——基于[illegible]和[illegible]的南京市中山北路乐业村地块城市设计

金陵春劇院 ——打造民國特色的文化社區

金陵春剧场是位于基地内一级道路二毛南路上的一座曲艺剧场，毗邻新泉里小区，是我们为了打造"文化社区主体而新建的。建筑高度为两层，风格延续了正片社区的民国风格，同时该社区也是我们的活力点之一。

剧场的主要业态以公益性的曲艺演出、宣传为主，主要演出南京的白话、白局。剧场的针对对象主要是服务于基地内部及周边的老人，在剧场的二楼是提供休息和交流的休息茶餐厅。

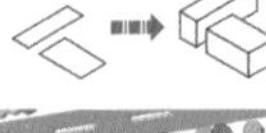

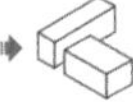

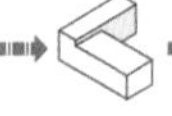

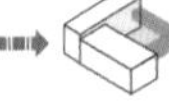

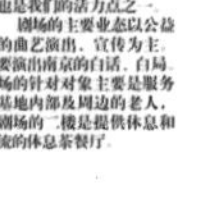

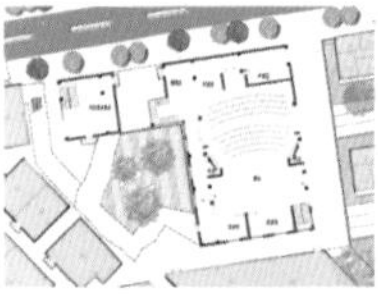

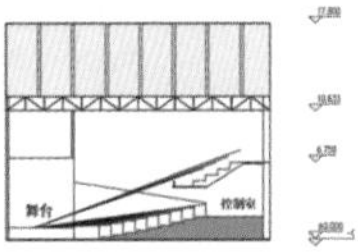

金陵春剧院南正立面1：300

金陵春剧院东立面1：300

二更民宿 ——重塑民國的記憶與場景

二更民宿是位于凤顺村46-56号内部的衣橱民宿，由凤顺村的两栋住宅改造而成。全街建筑均为红砖混合结构的建筑，原本建于民国时期，具有明显的西方建筑风格，也结合了中国传统建筑的风格。内部的两栋建筑是民国时期外交部的秘书所居住的地方，建筑风貌整体保存完好。

我们在改造过程中，拆除了违建的加建体，在内部打通了原本狭小晦暗的小房间，保留了原有的结构，并进行加固，对原有的居住空间进行一定的修复与更新，保留了原本的空间形态，是的这边更具有市井气息

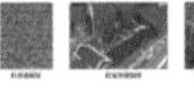

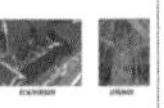

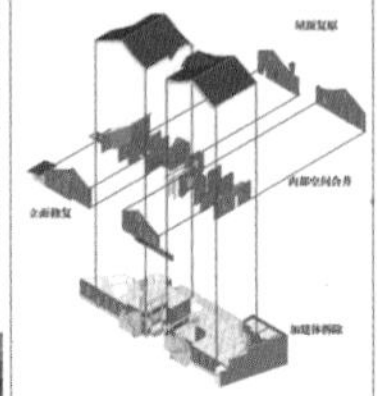

手工作坊 ——非物質文化遺產的傳承與展示

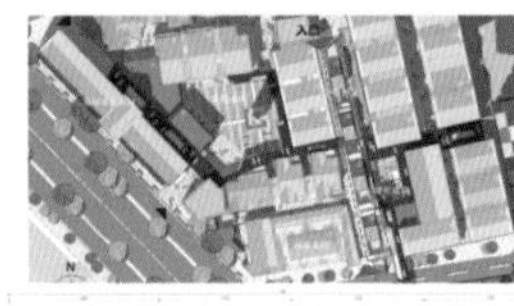

手工工艺作坊位于中山北路72号内部的联排别墅。原本的建筑封包保存较差，建筑主体存在较多加建的建筑结构体。我们在后期的设计中，我们拆出加建体，主要修复建筑的结构和立面，以及建筑的状况。

在业态的选择上，我们考虑到住宅内部的空间并不大，但却有一个附属的小院子和二层空间可以利用，结合文化产业，我们将联排别墅作为手工工艺作坊。

中山北路72号B楼一层平面1:200（改造前）

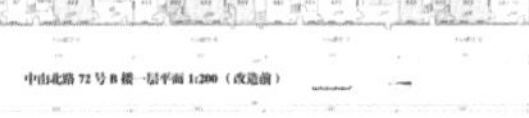

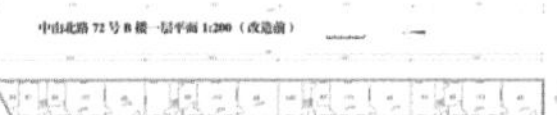

中山北路72号B楼一层平面1:200（改造后）

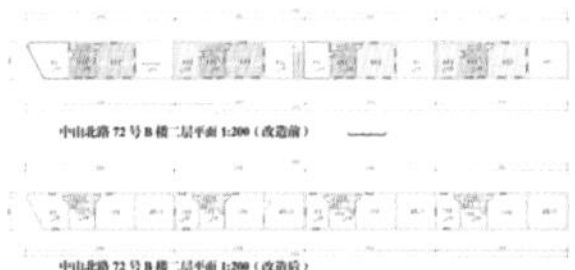

中山北路72号B楼二层平面1:200（改造前）

中山北路72号B楼二层平面1:200（改造后）

承嬗·離合

继承民国遗风，开拓崭新未来

——基于[illegible]和[illegible]的南京市中山北路乐业村地块城市设计

SkyRing ——摩天"街區"

■ 街巷组织

■ 塔楼剖轴测

■ 标准层平面图

建筑塔楼主要由多种商业店铺与体验式工作坊相互组织交融而成，通过传统模式下的"井"字形街巷空间将各个店铺、工作坊以及休闲空间串联起来，街巷的旋转上升形成了极具个性化的休憩空间。在垂直空间上组织串联起各类场地性空间，形成螺旋向上的主街道，在序列性的游览路径中，通过"结构"营造趋向以及开放性空间的开合变化，使得垂直街巷富有极大的趣味性，避免了单一空间所存在的乏味感，创造一个独具特色的垂直街巷体系。

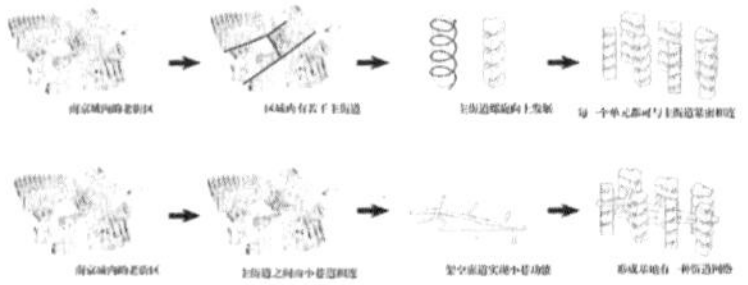

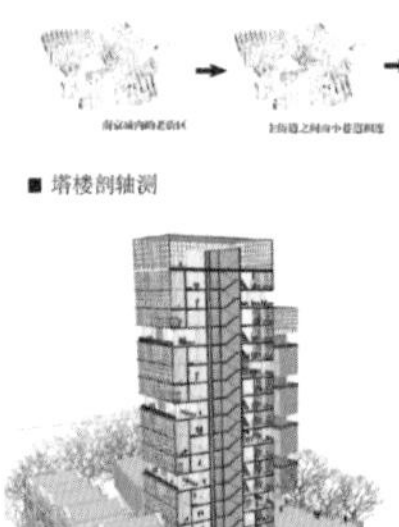

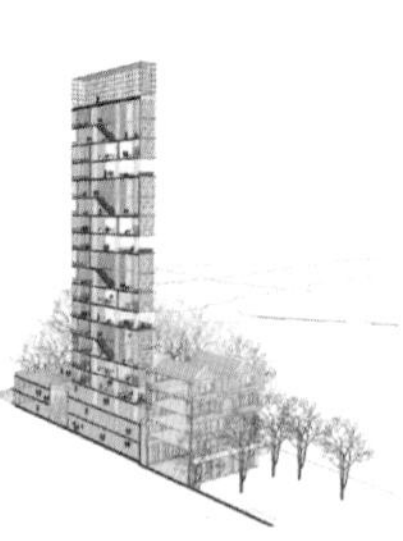

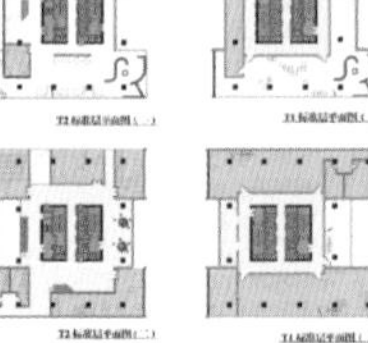

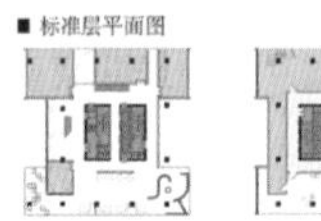

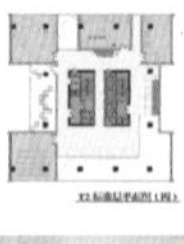

创客公社建筑方案设计

同济大学建筑与城市规划学院建筑系　二年级

1. 教案目标定位

作为设计基础教学向专业建筑教学过渡的一个关键节点，学生们在经历了前三个学期的开放式教学之后，迫切需要一个知识整固的环节。

本教案的核心目标是通过一个相对完整综合的建筑设计课程，在设计的高度（思想性）、广度（创新性）和深度（完整性）方面，为学生提供一次比较全面的专业认识，帮助学生建立完整而有深度的建筑方案设计理念，以及概念、空间和结构、建造一体化的设计策略，以此进行知识整理和自我设计方法建构。

2. 教案教学要点

本教案的教学要点是训练学生一种理性的、可以持续推进的逻辑设计和深化能力。不鼓励简单追求激动人心的概念，期待改变学生“顿悟式”设计倾向和对“灵感”的依赖，转而引导学生采用合理的建筑“手段”去真正实现设计“概念”，并使得那些所谓“天资普通”的学生也能通过逐步深入，完成一个足够“好”的设计。

3. 教案核心内容

基地线索——从场地认知和思考出发，使建筑与环境之间建立深层逻辑

功能计划——通过前期调研，自主参与最终任务书的制定，完善功能计划，并在此基础上展开理性设计。

空间与形态——拒绝“概念游戏”和“空间游戏”，流线组织、空间氛围和形态设计围绕基地线索和功能计划逻辑展开。

技术策略——避免出现缺少制约的形式主导现象，除了建筑学意义上的追求外，更加强技术上的要求，强化结构体系、设备空间的基本设计逻辑，以及建造和建构的可行性策略研究。

深度设计——鼓励学生在最初设计概念形成后不能轻易放弃，重点在于如何实现设计概念，而不是反复追逐一鸣惊人的想法，通过设计的持续推进，达成足够的设计深度。

完整过程——了解并掌握建筑方案设计的完整过程。

优秀作业 1：扭结而生——创客公社建筑方案设计　设计者：汪逸青
优秀作业 2：游园——创客公社建筑方案设计　设计者：陈子瑶

作业指导教师：李　立　陈　镌　徐　甘
教案主持教师：徐　甘　陈　镌　王　珂　王志军　龚　华　孟　刚　李　立　李彦伯　张　凡　李兴无　胡　滨　周　健　戚广平　张雪伟　刘宏伟　岑　伟　关　平　赵　群

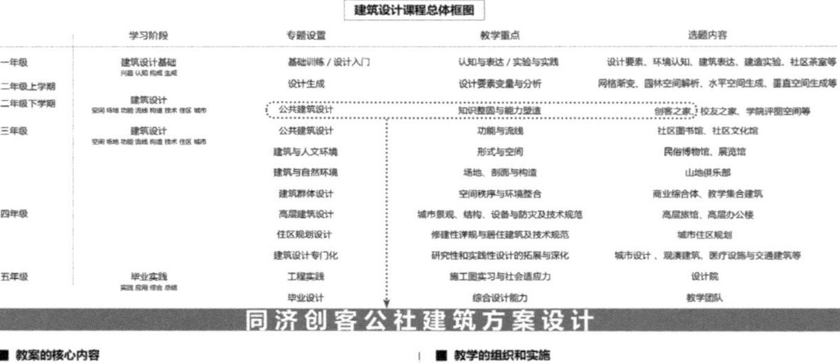

完整过程·深度设计

■ 课程的基本信息

课程班级：2015 级建筑学 1-5 班，历史建筑保护工程
课程周期：2 年级第 2 学期，17 周
学生人数：129 人
教师人数：18 人
课程节奏：1 个大作业，分 4 个教学阶段。
前期研究、教学参观、中期和终期班级集体评图各 1 次，期末年级公开评图 1 次
课程形式：课程教师集体评图、一对一辅导、邀请嘉宾评图

■ 课程的前后衔接

在同济大学建筑与城市规划学院建筑系的本科生培养体系中，二年级第二学期是一个特殊的教学节点。

目前的建筑设计基础教学历时一年半，共三个学期(一年级第 1、第 2 学期和二年级第 1 学期)。通过从具象到抽象再到具体的建筑设计基础训练，学生们已经初步具备了对空间及形态的感知和操作能力，并分别就基于日常生活感知、注重空间叙事和强调生成逻辑等方面进行了课题训练，初步了解了建筑方案设计的基本方法和表达手段。

而二年级第二学期的设计课程教学仍以设计基础教学团队为主，联合高年级和其他专业教学团队共同实施。

从三年级开始，学生们即将进入更为专业和综合的设计阶段学习。三年级第一学期一共 2 个课程设计，分别是更为专业的注重文脉特征的民俗博物馆设计（8 周）和应对特殊地形特征的山地俱乐部设计（9 周）。

■ 教案的目标定位

作为设计基础教学向专业建筑教学过渡的一个关键节点，学生们在经历了前三个学期的开放式教学之后，迫切需要一个知识整固的环节。

本教案的核心目标是通过一个相对完整综合的建筑设计课程，在设计的高度（思想性）、广度（创新性）和深度（完整性）方面，为学生提供一次比较全面的专业认识，帮助学生建立完整而有深度的建筑方案设计理念，以及概念、空间和结构、建造一体化的设计策略，以此进行知识整理和自我设计方法建构。

■ 教案的教学要点

本教案的教学要点是训练学生一种理性的、可以持续推进的逻辑设计和深化能力。不鼓励简单追求激动人心的概念，期待改变学生“顿悟式”设计倾向和对“灵感”的依赖，转而引导学生采用合理的建筑“手段”去真正实现设计“概念”，并使得那些所谓“天资普通”的学生也能通过逐步深入，完成一个足够“好”设计。

1. 自主的学习能力
主动进行资料收集研究、设计推进思考和设计过程总结，进行自我设计方法建构。

2. 团队合作能力
在小组作业中强化团队意识，培养领导能力和分工协作能力。

3. 整体设计意识
加强概念设计、空间设计、功能设计和结构、建造一体化的整体设计能力培养。

4. 持续深化能力
关注建筑方案设计中的“设计概念（包括合理的功能计划及、形态特征及空间氛围等）”如何通过建造（包括结构、技术与材料）与建构得以真正实现。

5. 综合表达能力
利用图纸、模型、多媒体等多元手段，清晰准确地表达设计意图。

建筑设计课程总体框图

	学习阶段	专题设置	教学重点	选题内容
一年级	建筑设计基础	基础训练 / 设计入门	认知与表达 / 实验与实践	设计要素、环境认知、建筑表达、建造实验、社区茶室等
二年级上学期		设计生成	设计要素变量与分析	网格渐变、园林空间解析、水平空间生成、垂直空间生成等
二年级下学期	建筑设计	公共建筑设计	知识整固与能力塑造	创客之家、校友之家、学院评图空间等
三年级	建筑设计	公共建筑设计	功能与流线	社区图书馆、社区文化馆
		建筑与人文环境	形式与空间	民俗博物馆、展览馆
		建筑与自然环境	场地、剖面与构造	山地俱乐部
		建筑群体设计	空间秩序与环境整合	商业综合体、教学集合建筑
四年级		高层建筑设计	城市景观、结构、设备与防灾及技术规范	高层旅馆、高层办公楼
		住区规划设计	修建性详规与居住建筑及技术规范	城市住区规划
		建筑设计专门化	研究性和实践性设计的拓展与深化	城市设计、观演建筑、医疗设施与交通建筑等
五年级	毕业实践	工程实践	施工图实习与社会适应力	设计院
		毕业设计	综合设计能力	教学团队

同济创客公社建筑方案设计

■ 教案的核心内容

基地线索
从场地认知和思考出发，使建筑与环境之间建立深层逻辑

功能计划
通过前期调研，自主参与最终任务书的制定，完善功能计划，并在此基础上展开理性设计。

空间与形态
拒绝“概念游戏”和“空间游戏”，流线组织、空间氛围和形态设计围绕基地线索和功能计划逻辑展开。

技术策略
避免出现缺少制约的形式主导现象，除了建筑学意义上的追求外，更加强技术上的要求，强化结构体系、设备空间的基本设计逻辑，以及建造和建构的可行性策略研究。

深度设计
鼓励学生在最初设计概念形成后不能轻易放弃，重点在于如何实现设计概念，而不是反复追逐一鸣惊人的想法，通过设计的持续推进，达成足够的设计深度。

完整过程
了解并掌握建筑方案设计的完整过程。

■ 教学的训练手段

1. 强化基地调研
采用真实可达的基地，引导学生通过亲身体验，建立建筑与基地特征的关联；鼓励学生从基地的场域特征寻找设计线索，结合项目自身的功能计划推导设计概念，在合理的设计逻辑上理解空间概念。

2. 强化案例研究
案例选择要求具有针对性，并结合文本案例研究和实地案例体验，要求研究成果对此后的课程设计具有指导意义，以此建立学生自己的评判标准。

3. 强化集体评图和讨论
尽量减少一对一的改图模式，教师以指导协助的身份介入课程设计，促使学生自主推进设计。

4. 多样化的设计手段
手绘草图、实体模型和实景合成表现图在不同设计阶段作为方案推进设计手段的意义和重要性。

5. 提升大比例图纸的价值
通过对图纸比例在不同设计阶段的逐步递进要求，促使学生不断深化设计内容。

6. 加强过程引导和控制
强调设计过程的重要性，分阶段设定任务要求和成果内容，设置多环节评图，及时在相应层面上固定设计概念和方案，不断连续地推动设计的深化发展。

■ 教学的组织和实施

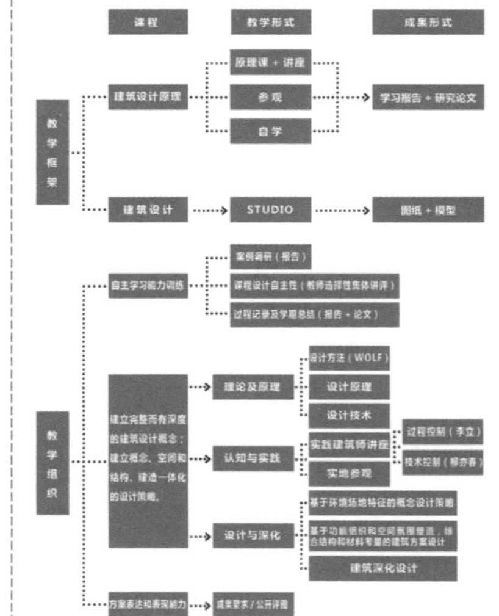

师资配置：为了保证设计深度，每班 3 位指导教师中，至少配置一名具有丰富实践经验、具备一级注册建筑师资格的教师。中间评图环节采取班级指导老师交叉评图，横向打通；在期末公开评图阶段全部由高年级老师和特邀实践建筑师担任评委，让学生接受更广泛深入

完整过程·深度设计

场地设置

2016 年的课程设计场地选址为同济大学校园内部的学生浴室所在地，紧邻大学生活动中心，可以有效利用学生熟悉的场景和可溯的记忆。但是对于 2 年级学生来说，由于线索太多且过于离散而难于把握，反而导致缺乏约束力。

因此，本次课程设计选址改为同济新村入口处，强化了基地限制条件的可读性和明确性。基地位于同济新村彰武路西入口，南侧和西侧为城市公共界面，东侧和北侧为同济新村既有住宅建筑。用地面积 1280 平方米，场地较为平坦规则，但东侧住宅呈 45 度布置，且东北侧地块顺势有一个三角形延展。设计要求对既有场地的边界特征做出有逻辑的应对。

教学反馈

本学期设计课长题——创客中心设计旨在通过一个设计任务，让我们认识设计从概念、发展到不断深化的完整过程，从基地调研和案例分析开始，我们经过了概念设计、结构体系确定、平面图深化、立面图深化、构造设计、室内设计等过程，在培养我们一贯以来概念、空间设计的同时，也让我们认识到建造与概念间密不可分的关系，让我们在下次设计中能整体考虑各方面限定因素。　　——15 建筑 1 班 曹伯桢

建筑不仅是一个概念和想法，而是人活动的空间。这个学期我们从最开始的基地调研、建筑与城市的关系，到建筑概念的确定，最后到室内设计、建筑构造技术、建筑结构的深入，我们逐步学习全面的建筑知识，培养了深入设计的能力。同时，设计过程中老师对于形式逻辑、空间逻辑一致性的强调，也锻炼了我整体把握设计的能力。　　——15 建筑 2 班 陈子瑶

一整个学期的长题难在对一个方案的反复琢磨以及修改完善的同时保留并强化最初的概念。如同老师所说，课程锻炼的是凿井的能力而非探井的能力。灵感型的概念能够人眼前一亮，但如果需要能让人细细品味，图纸的每处背后都要有思考的支撑。　　——15 建筑 3 班 汪逸青

教学的进度安排

全学期的课程设计划分为四个相互衔接的单元，分别为基地调研及案例研究；建筑方案概念设计；认知与实践；建筑方案深化设计。同时设置中间评图环节，各个阶段分别提交相应成果并打分计入最终成绩，以此控制设计进度，保证设计深度。

第一阶段：第 1 周至第 2 周（20170227-0309）

基地踏勘与调研，案例分析和研究，任务书研究和完善。

以小组为单位，通过基地踏勘和调研让学生对场地建立直观体验，对现场的物理环境及社会条件进行全面理解，并从中寻找合理可靠的设计线索；通过案例研究培养自我学习能力，安排上海的创客空间进行亲身体验，以强化对功能计划的感性认识，并在此基础上完善各自的设计任务书。同时，这个作业还可以培养团队合作能力，并使得学生可以分享其他同学的成果，拓展认知视野。

第二阶段：第 3 周至第 10 周（20170303-0504）

第 3 周，总体概念 / 设计线索及策略；第 4-5 周，方案设计（环境 / 空间 / 功能计划）；第 6-8 周，方案设计（环境 / 空间 / 功能计划 / 结构 / 材料）；第 10 周，中期交叉评图。

通过个人工作，从总体概念和场地策略入手，基于个人特定的功能计划，对流线梳理、空间组织、氛围塑造和形态生成提出基本的方案设计，并要求进行结构逻辑的合理研究，初步解决基本使用功能与流线，平、立、剖面的关系，空间与结构关系、形态与建造的关系等最基本的建筑问题。

第三阶段：第 9 周（20170303-0504）

第 9 周，认知与实践（参观苏州大学建筑学院建造实验基地）。

组织集体参观，对真实的建筑材料、生态技术、建造技术和构筑原理进行认知和体验。

第四阶段：第 11 周至第 17 周（20170505-0622）

第 11-14 周，建筑方案深化设计；第 15-16 周，方案设计深化整合及设计成果制作；第 17 周，班级期末评图及年级公开评图。

通过个人工作，在中期成果基础上，全面综合地深化和优化方案设计，选择特定空间和特定部位，通过 1：50 和 1:20 的大比例图纸及模型，将概念设计向"可实现"方向进行持续深化，建立完整而有深度的建筑方案设计理念，以及概念、空间和结构、建造一体化的设计策略。

课程设计任务书

在同济新村彰武路西门入口处，拟拆除现有的交通银行所在大楼及附属建筑，并在此基地上设计建造一处同济创客公社，为同济大学的毕业生和研究生提供一处可供出租使用的创业孵化空间。总建筑面积控制在 1500 ㎡左右。空调方式为 VRV 系统；热水采用电热水器；厨房不供天然气，采用电加热厨具。

具体设计要求如下：

1．设计应充分考虑基地及环境因素。

2．妥善解决建筑所涉及的各功能要素间的关系，满足各类使用空间的要求。

3．建筑地上 3-4 层，限高 18 米。不考虑地下室设计。

4．主要技术经济指标：

基地面积：1283 ㎡；容积率：不大于 1.2；建筑密度：不大于 50%

5．基本功能空间及面积要求：

（1）根据基地调研，在底层设置面向城市的公共服务空间或商业空间（不小于 240 ㎡，可以设置 1-2 种业态）

（2）创客公社部分：

物业管理用房（包括 1 间配电间）　3*20 ㎡

出租创客办公单元 A（6 间）　30 ㎡ / 间

出租创客办公单元 B（3 间）　60 ㎡ / 间

出租创客办公单元 C（1 个，自由出租工位）不小于 60 ㎡（开放空间或独立空间自定）

自助式商务文印空间　每层 10 ㎡左右，可与其他公共空间组合。

小型公共会议室（2 层以上每层 1 间）　30 ㎡

中型公共会议室（1 间，位置自定）　60 ㎡

注：上述面积指标为使用面积。门厅、公共接待前台、走道、电梯、楼梯、咖啡茶歇、公共交往空间、公共卫生间等功能及面积自行制定。公共区域应考虑无障碍设计。不考虑机动车停放，由周边地块和同济新村内部解决。非机动车停车 30 辆。

基地调研

认知与实践

期末公开评图

成果要求

基地调研报告：

以 3 位同学为一组，共同完成。成果以 A4 文本和 PPT 形式提交。

通过对基地环境的深入调研，完成基地分析。成果至少应包含、且不限于下列内容：

场地特征（包括历史文脉、气候特征、地形地貌、道路交通、环境和空间关系、既有建筑界面等等，并对这些特征的潜在设计意义和价值做出初步研究）；对基地周边的市民活动方式进行调研和评价，分析目前活动状态和既有建筑空间的关联性；根据基地调研成果，初步提出场地规划和设计策略。

同时，每个教学小组完成 1:200 场地模型（每班 3 组）；每位同学必须完成不少于 3 张徒手基地场景图录，并在最终的课程设计成果中得到体现。

案例调研报告：

以 3 位同学为一组，共同完成。成果以 A4 文本和 PPT 形式提交。

每组至少选择两个设计案例（国内外各一例）和一个实地考察案例进行调研分析。成果至少应包含、且不限于下列内容：项目概况；设计概念及空间形态生成分析；设计策略：包括设计问题及解决方案、功能分区及流线组织、设计手法和技术策略；案例图纸及图片；案例批评。

学期研究报告：（每人一份，以 A4 文本及电子文档形式提交）：

（1）每位学生需完成三次过程记录，图文结合，每份过程记录不少于 1500 字，包括且不限于：设计启动、推进和深化的过程（需附草图及工作模型照片）、教师意见和自我思辨。三次过程记录交稿时间分别为第 4 周（3 月 20 日，总体设计阶段）、第 10 周（5 月 4 日，中期方案设计阶段）和第 17 周（6 月 22 日，方案深化阶段）。

（2）根据本学期设计原理课程内容，结合完成的课程设计和文献阅读，完成一篇学期研究报告，需图文并茂，文字部分不得少于 3000 字。

中期评图：以 A0 图纸提交（同时提供电子文件及打印稿），图纸中至少应包含、且不限于下列内容：

（1）设计概念及空间形态生成分析：概述设计概念、思路和手法。文字及分析图。

（2）总平面图　1：500

（3）各层平面图　1：100

（4）立面图（四个立面）　1：100

（5）整体剖面图或剖透视（至少二个）　1：100

（6）结构体系分析图（空间轴测）　1：100

（7）效果图（至少有一张不小于 A2 画幅的实景合成效果图）。

（8）模型：总体模型 1:500（单一材料，A3 底板），单体模型 1:100（不超过 2 种材料，A3 底板），结构模型 1:100

期末评图：以 A0 图纸提交（同时提供电子文件及打印稿），图纸中至少应包含、且不限于下列内容：

（1）深化设计分析：概述设计策略和手段。文字及分析图。

（2）总平面图　1：500

（3）各层平面图（包括屋顶平面图）　1：100（要求标注轴线轴号，三道控制尺寸）

（4）主要立面图（一个）　1：100

（5）整体剖面图（一个）　1：100

（6）效果图（不小于 A2 画幅的实景合成效果图）。

（7）典型空间剖透视（反映结构和构造关系，并结合效果表现）1：50

（8）局部立面 + 墙身剖面组合详图（一个）1：20（要求表达详细立面材料和构筑关系）

（9）一个创客单元的室内设计（包括平面图、顶面图和剖面图，以及必要的详图）1：50

（10）总体模型 1:500（单一材料，A3 底板），单体模型 1:100（不超过 2 种材料，A3 底板）

（11）构筑模型：典型空间局部构筑模型，或墙身剖面构筑模型 1：20（A2 底板）

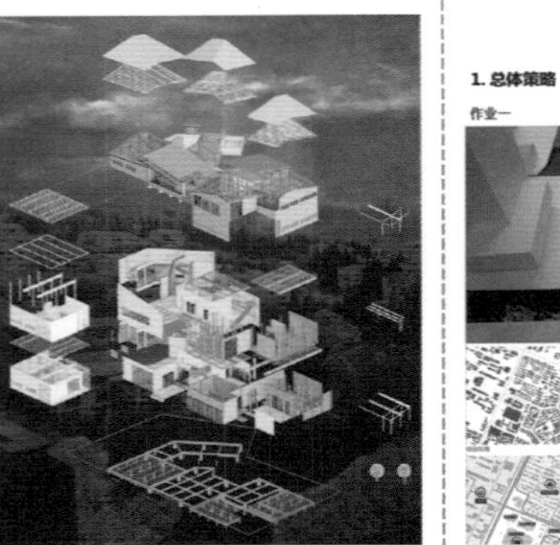

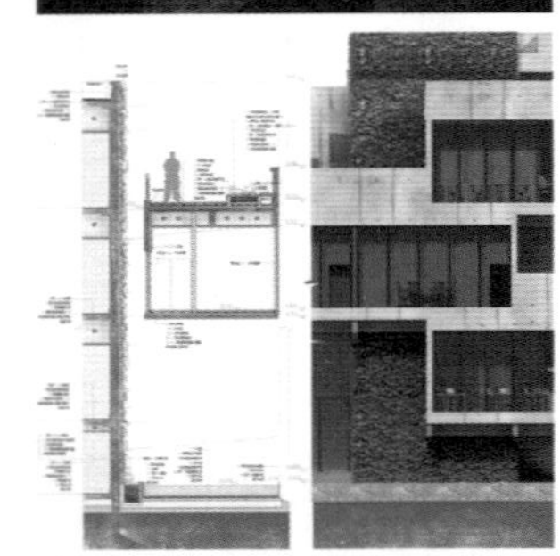

完整过程·深度设计

1. 总体策略

作业一

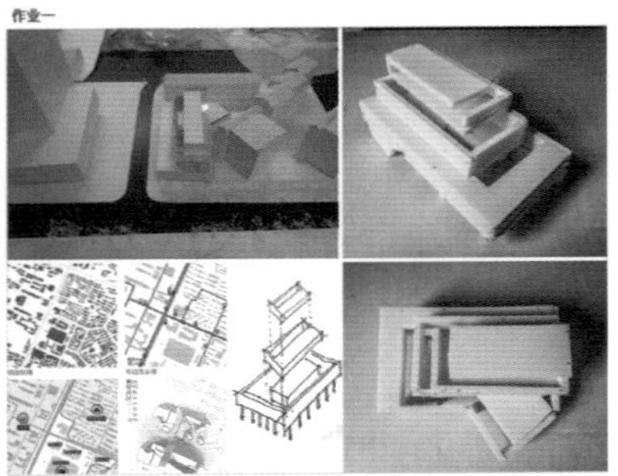

作业二

作业三

2. 方案设计（中期成果）

作业一

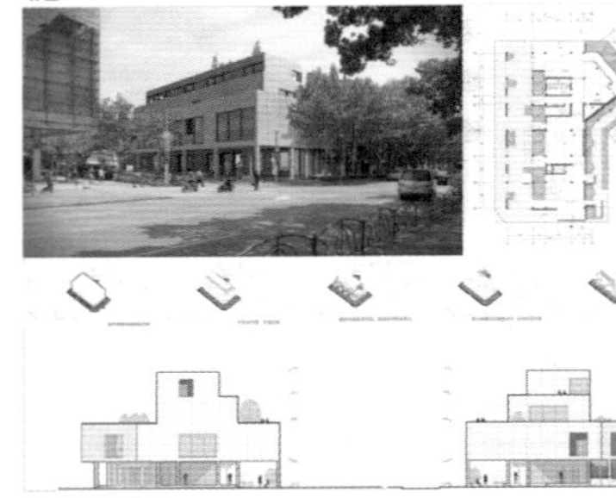

作业二

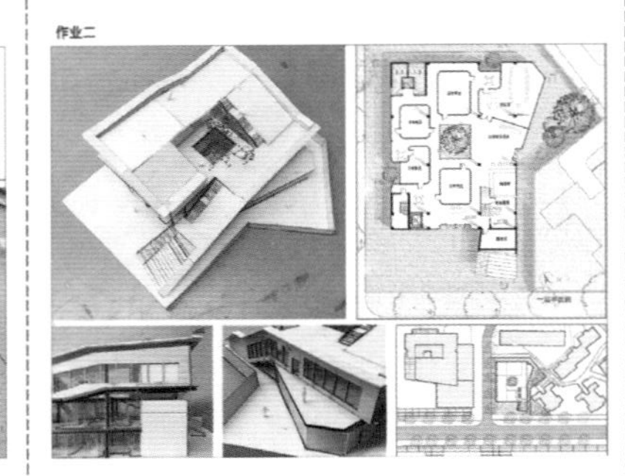

作业三

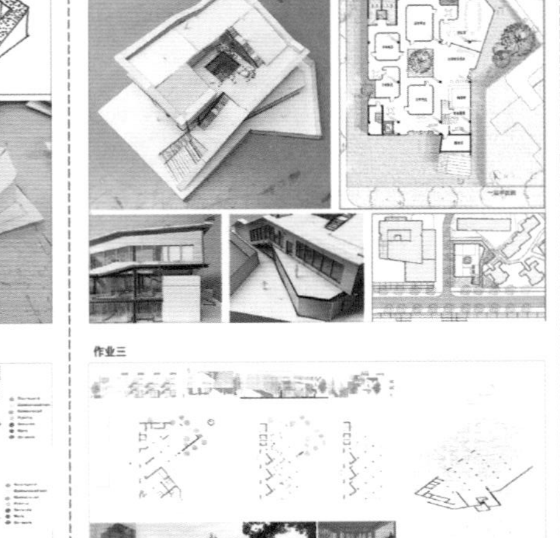

3. 深化设计（终期成果）

作业一

作业二

作业三

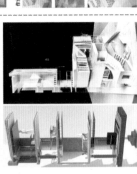

扭结而生——创客公社建筑方案设计

二年级下长题设计

【壹】

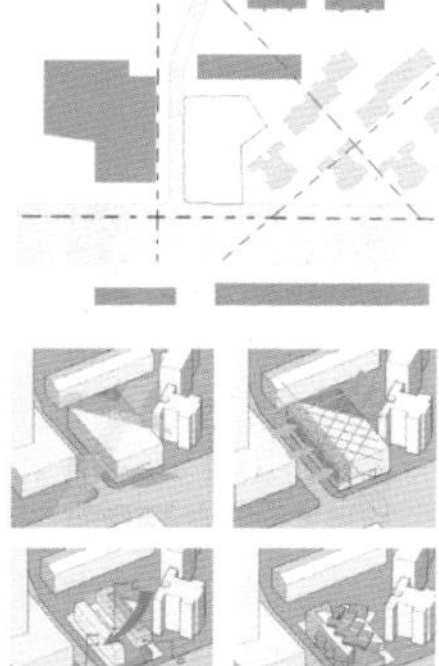

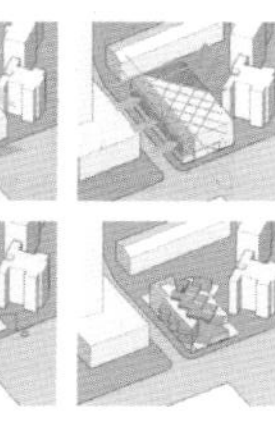

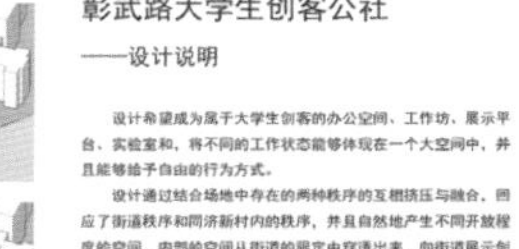

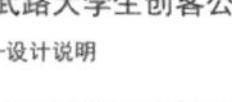

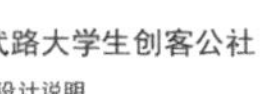

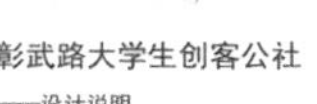

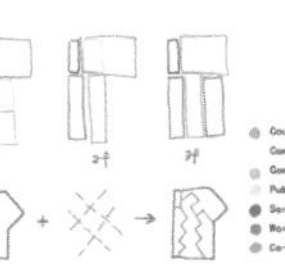

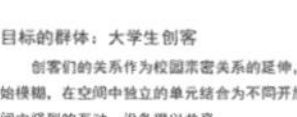

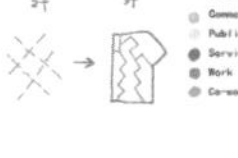

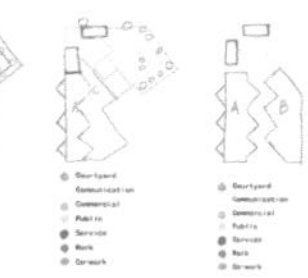

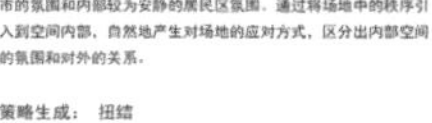

彰武路大学生创客公社

——设计说明

设计希望成为属于大学生创客的办公空间、工作坊、展示平台、实验室和，将不同的工作状态能够体现在一个大空间中，并且能够给予自由的行为方式。

设计通过结合场地中存在的两种秩序的互相挤压与融合，回应了街道秩序和同济新村内的秩序，并且自然地产生不同开放程度的空间。内部的空间从街道的限定中穿透出来，向街道展示创客的活动。人的行为通过交错的平台相互关系，空间的限定结合了实验、制作、办公、交流、展示等不同行为的尺度。由空间内部延伸出的院子作为与新村环境的过渡，使空间产生脱离与错位，使流动空间逐渐过渡，院落也成为创客思考的场所，玻璃砖和不同状态的玻璃的使用让空间成为暗示人的活动的容器和窗口。

逻辑的建立：　人+场地

目标的群体：大学生创客

创客们的关系作为校园亲密关系的延伸，办公单元的界限开始模糊，在空间中独立的单元结合为不同开放程度的平台。平台间由强烈的互动，设备得以共享。

场地的特征：两种秩序的扭结

在场地中存在着两种秩序，顺应着两种轴线分别对应着街道的秩序和街区内部的秩序。两种秩序产生了场地中属于街道与城市的氛围和内部较为安静的居民区氛围。通过将场地中的秩序引入到空间内部，自然地产生对场地的应对方式，区分出内部空间的氛围和对外的关系。

策略生成：　扭结

穿越、看穿的关系 + 场地轴线 + 三种创客模式

方案通过空间内外关系互相作用与约束，不断调整秩序与功能，产生自然的结果。

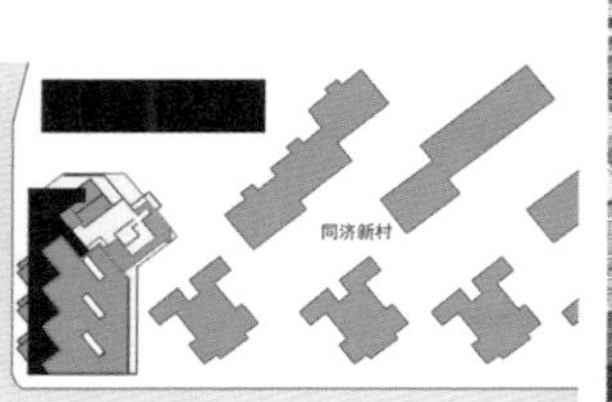

总平面 1:500

扭结而生——创客公社建筑方案设计

二年级下长题设计

【叁

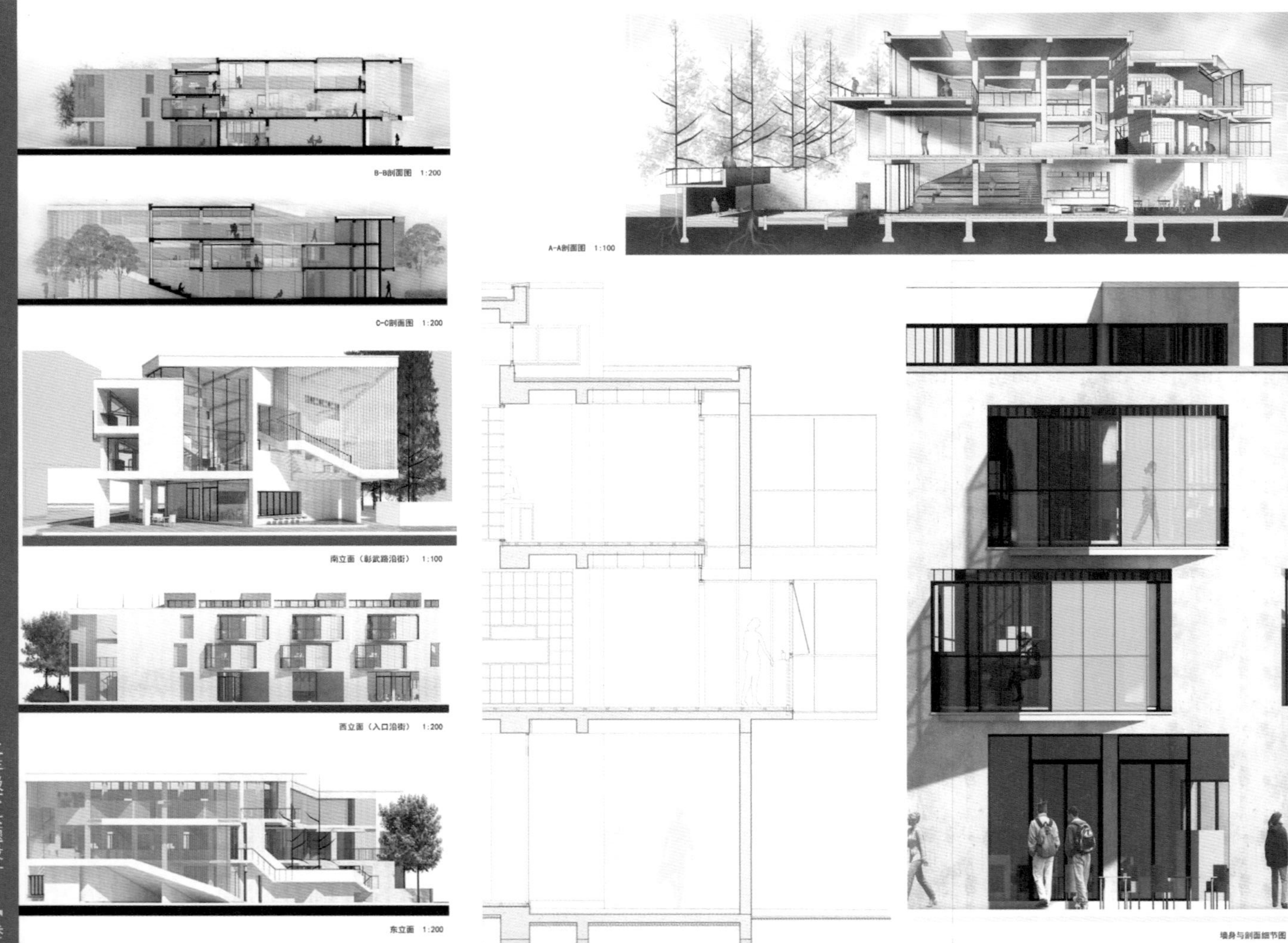

以文化输出为导向的多元化城市更新与建筑改造设计

同济大学建筑与城市规划学院建筑系　毕业设计

本次教案在编写与实施过程中主要有以下三方面的创新。

1. 课程研究问题多元：本次授课模拟策划设计运营全过程，从调研策划到城市设计，从建筑设计到运营管理，让学生有机会接触到多元的研究问题，从而获得全面的研究视角，进行更为系统的方法训练。在各个阶段都有清晰的研究问题和表达目标，并强调这些问题和目标之间的逻辑关系，学生在进行系统方法训练的同时，也随之建立了系统的知识体系。

2. 课程组织方式多元：本次授课采用多元课程组织方式，使得教师成为组织者而非决策者，通过分组和角色扮演，让学生站在不同立场思考，相互制衡。建立课堂讨论的良性机制，将学生讨论形成的设计导则作为参照，通过学生在设计中的实现度作为评价依据。对于相持不下的问题，通过投票少数服从多数。对于小组之间的矛盾，允许协商进行筹码交换。

3. 课程表现方式多元：本次授课鼓励学生采用多元表现方式，除传统的图纸和模型外，我们还尝试让学生使用空间剧本、轴测渲染、模型动图、解说视频等方式来研究、推进和呈现设计。要强调的是，多元的表现方式并非目的，而是通过这些方法的激发，引导学生有目的地解决各阶段问题，基于鲜活的活动场景在设计中落实核心概念“时空组织”和目标“文化输出”。

优秀作业 1：豫见牡丹亭——以文化输出为导向的豫园商城地块城市更新与建筑改造设计

设计者：孙少白　成紫玙　陈有菲　潘思雨　叶之凡　吴　风　吴庯欢　郭绵沅津　李　霖　林昱宏

作业指导教师：董　屹　王桢栋

教案主持教师：董　屹　王桢栋

以文化输出为导向的多元化城市更新与建筑改造设计

毕业设计教案（二）

1. 培养理念的转型

- 从知识点传授到方法训练的转变
- 从高强度辅导到学生独立思考的转变
- 从只满足于肯干到批判性创新的转变

2. 毕业设计的教改

- 以实践性和创新性为支点解决综合性问题

2.1 综合性

毕设选题结合学科前沿和现实问题，追踪社会热点，且不局限于建筑本身，从调研策划到城市设计，从政策运用到运营管理，全方位培养学生的职业敏感度和解决问题的视野，关注学生对综合性问题的解决能力。

2.2 实践性

毕设紧密结合实践，从解决实际问题出发，面对真实的用地情况和业主要求，将毕业设计作为学校教育与社会需求之间的连接点和体验区。培养学生与职业实践接轨的能力，包括理解能力、现场工作能力、表达交流能力和通用技能。

2.3 创新性

毕业设计坚持研究性设计的方向，鼓励学生开放思维，从不同切入点进入，以创新为目标地解决综合性问题，鼓励学生在设计中发展自己的个性，并结合新的沟通和传媒渠道创造新的表达模式，注重培养学生独立发现问题、分析问题并创造性解决问题的能力。

3. 毕设选题的特色

3.1 课题遴选秉承多元性原则：

课题选择基于社会需求及学生个人志趣两个因素；

3.2 教学组织坚持互动性原则：

通过教学组织形式充分体现教师、课题及学生之间的自由组合、默契配合的关系，达到所教即所学的目的；

3.3 实践教学科研复合性原则：

与此同时，毕业设计也已经成为建筑系教师将自身的实践、科研与教学结合的重要探索平台，学生在不同的选题下，和指导教师一起深入研究建筑与环境、空间与人、结构与建造等本质问题。

4. 课程选题的契机

4.1 豫园商城地块城市更新与建筑改造

豫园商城所处老城厢核心位置，具有深厚的文化积淀与特殊的风貌要求，同时作为上海乃至全国对外展示中国文化的窗口，承担着重要的文化输出和公共服务功能，因此相比普通的城市更新项目，探讨对其全方位的更新与提升具有特殊的现实意义。

4.2 以文化输出为导向的多元化毕业设计

经讨论，课题组决定在2017年毕业设计选题《以文化输出为导向的豫园商城地块城市更新与建筑改造设计》。课题要求学生：

• 充分理解城市环境更新与商业运营提升模式，对豫园商城地块进行"手术式"更新设计；

• 维持老城厢传统风貌的同时满足文化、商业、旅游等多方面的现实需求，有效挖掘目前豫园商城的空间潜力，整合商业与旅游流线；

• 寻找所在街区的历史印记，创造具有文化内涵的城市公共空间，为当前的风貌保护与城市更新进程提出创造性的思路和策略。

5. 教学模式的创新

5.1 课程研究问题多元

本次授课模拟城市综合体建设全过程，从调研策划到城市设计，从建筑设计到运营管理，让学生有机会接触到多元的研究问题，从而获得全面的研究视角，进行更为系统的方法训练。在教学设计中，我们强调各阶段研究问题间的逻辑关系，帮助学生建立系统的知识体系。

5.2 课程组织方式多元

本次授课采用多元课程组织方式，教师是组织者而非决策者。通过分组和角色扮演，让学生站在不同立场思考，相互制衡。建立课堂讨论的良性机制，学生讨论形成的导则作为参照，学生在设计中的实现度则作为评价依据。对于相持不下的问题，通过投票少数服从多数。对于小组之间的矛盾，允许协商进行筹码交换。

5.3 课程表现形式多元

本次授课鼓励学生采用多元表现方式，除传统的图纸和模型外，尝试让学生使用空间剧本、轴测渲染、模型动图、解说视频等方式来研究、推进和呈现设计。需要强调的是，多元的表现方式并非目的，而是引导学生妥善解决各阶段问题，基于鲜活的活动场景落实设计核心概念"时空组织"和目标"文化输出"的手段。

以文化输出为导向的多元化城市更新与建筑改造设计

毕业设计教案（二）

6. 教学过程的组织

6.1 立题：实地调研和概念策划

以专题讲座开场，引导五组学生以关键词为切入点展开实地调研。

经过讨论，课题组归纳出**四个最需解决的问题**：

问题一：作为城市对外窗口，公共交通接驳差，**跟周边旅游资源关系薄弱**；

问题二：作为城市公共空间，**高低区人流分布不均**，地面层热闹非凡，高区和地下却人迹罕至；

问题三：作为关键商业节点，却在**九点结束商业活动，商业资源浪费**；

问题四：作为著名的旅游景点，**文化体验较为单一。**

针对复杂的现状问题，组织学生进行五方会谈，要求学生以**角色扮演**的方式，分别站在设计师、开发商、规划局、专家学者和商业策划的角度，反复就豫园商城的改造问题进行博弈，最终**得出总体策划目标**，并将成果汇总为导则作为下一阶段工作的依据。

【调研分析】

思考文化输出的是什么这个问题，注重从访谈中发现问题；

分析“庙园市”三位一体的历史成因，研究历史上的同业公所；

跟踪本地、外地、外国游客路线，确定游客主要拍摄点；

对立面种类进行分类归纳，统计现有潜力空间；

归纳游线转折的因素，按视、听、嗅觉进行分类。

【角色扮演】

采取分组角色扮演，分别分为：开发商组、设计师组、规划局组、专家组以及商业策划组。

【总体策划】

进一步考虑庙、园、市一体，以及沉浸式剧场的设置；

召开五方会议进行讨论，将确定下来的部分汇总成城市设计导则张贴在教室。

6.2 解题：城市设计和动线梳理

通过专题讲座启发学生思考如何通过空间设计来应对设计导则，实现总体目标。引导学生以重要的空间节点为对象，尝试通过模型和拼贴效果图等方法，来捕捉既能打动人心的文化空间场景。

随后，学生投票进行城市设计分工，由设计师组为城市设计总控，领导各组工作。通过分工合作，课题组完成了地块内部的**立体流线**（包括商业动线，游线，水系统等）梳理，利用中庭空间打造丰富的商业节点**“新豫园十景”**，并**与周边城市环境形成立体联动开发。**

课题组明确了下一阶段设计重点：一是在夜间引入整套的**沉浸式戏剧**，实现昼夜在空间和功能上的转换；二是将豫园庙市中作为上海商业原点的众多**同业公所**（即行业工会）复原，赋予微型博物馆功能，散布植入豫园商城作为文化输出载体。

【场景设计】

场景需要打动人心，明确空间的文化积淀；

昼夜转换点空间确立，公所作为垂直拉结点确立，下沉广场项目确立；

同业公所作为建筑设计深化重要内容。

【城市设计】

梳理基地周边环境，处理古城公园与基地之间的关系；

水系统的设计讨论，调整步道，梳理商业交通公共空间。

【景点设计】

确定“新豫园十景”；

确定公所结合交通和昼夜转换进行设计，连接室内外。

【调研分析】豫园商城地块最需解决的四个问题

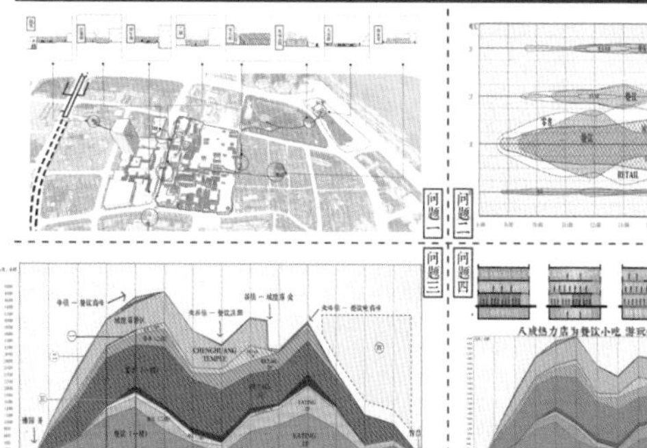

【总体策划】以角色扮演的方式进行五方会谈

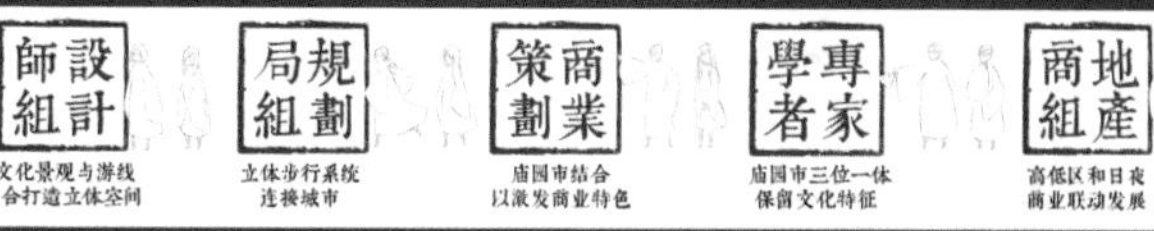

【城市设计】以立体流线推动周边的联动开发

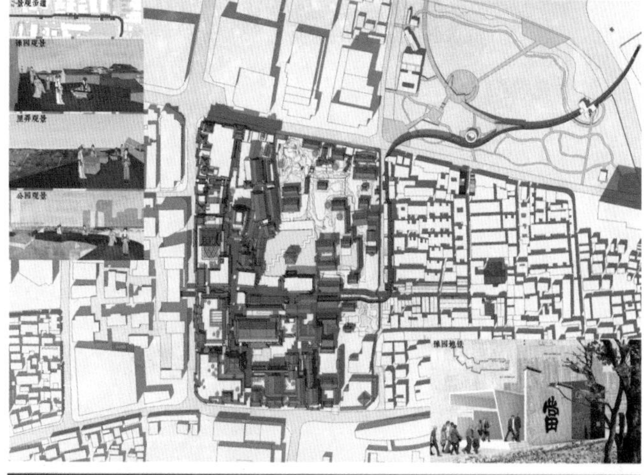

【时空策划】以沉浸式戏剧推动昼夜时空转换

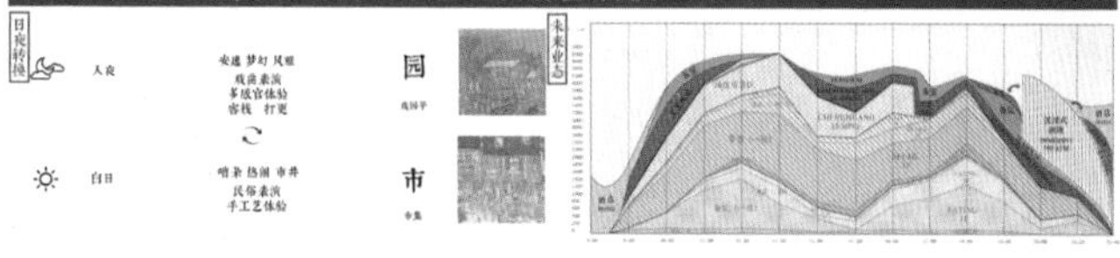

以文化输出为导向的多元化城市更新与建筑改造设计

毕业设计教案（三）

6.3 破题：时空策划和建筑设计

中期答辩后，课题组综合各方意见，以游、商、文、戏为重点，进行整体系统的时空策划。**呈现出白天以游园为主题**，以游串商，以游带文的形式，**晚上以惊梦为主题**，以戏带商，以戏串文的形式。

课题组确定以昆曲**《牡丹亭》**为题，编制沉浸式戏剧，由剧本确定空间任务书，分镜头剧本确定主舞台、次舞台；以此探索角色和空间的关系，把剧情融入建筑空间，并创造庞大场景。

确定 5 个中庭空间（每组一个）以及 10 个公所（每人一个）进行深化设计。**昼夜的不同系统依靠公所的空间变化进行转换**，通过推拉、旋转、伸长等动作，有的作为动态交通核改变通道方向，有的伸出成为廊道，有的将商业流线进行分离等等，由此在二层串联起专属演员和观众的戏线。戏线商线互不干扰，但又通过中庭互相渗透，商业戏剧互相拉动，互为背景。

【剧本修订】

确定使用《牡丹亭》，把剧情结合进去但不拘泥于情节；

空间作为主要对象，为空间创造例如家丁多，庞大的杜府家庭等的庞大场景。

【中庭公所】

设计师组：皕灵楼 酒业公所 匠铸

历史专家组：华宝楼 花糖洋货 纸业公所

商业策划组：凝辉阁 船业公所 星象业公所

规划局组：和丰楼 花业公所 南翔小笼

开发商组：悦宾楼 茶业公所 药业公所

6.4 结题：成果表达和设计呈现

课题组将空间剧本通过戏剧编剧分为上中下三本，围绕不同主题进行分区深化，**突出不同文化输出点设计内容**，并进一步明确最终成果表达和设计呈现的重点。

通过集体讨论 结合学生特点确定重要设计任负责人，并由负责人来组织工作：

昼夜剖轴测表现图（2 人）；

戏剧编排及图解（1 人）；

总体模型制作（1 人）；

各层平面图绘制（1 人）；

五个中庭空间的模型制作及昼夜场景渲染（5 人）；

以及十个公所的模型制作及昼夜场景渲染（由每人分别完成）；

为了在有限的大组答辩时间内（10 分钟讲解，5 分钟问答）获得更好的效果，课题组还专门安排一位同学制作动画。

【图纸表达】

定大轴侧为竖向一线两边向两边轴侧 30°，连廊采用一点透视或用云层遮挡等。

【材料构造】

考虑立面处理和材质结构等，注重对单一元素的重复利用。

深入设计可动部分构造，采用内轨道外滑轮的变形设计，以及液压设计等。

【模型制作】

每个公所制作一个可动模型，每个中庭制作一个静态模型。

【多媒体制作】

PPT 进一步完善，动画制作，平台宣传等。

【建筑设计】以中庭空间和公所建筑为核心深化设计

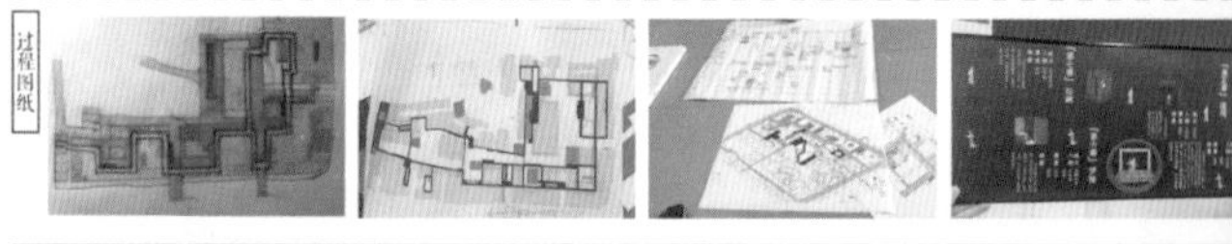

【成果表达】以模型制作和昼夜场景渲染为表达重心

【设计呈现】以可活动模型塑造丰富而又立体的场景

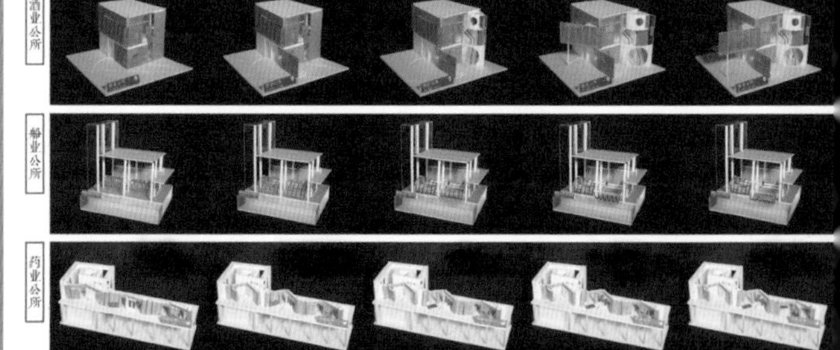

以文化输出为导向的
豫园商城地块城市更新与建筑改造设计

2017 建筑系本科毕业设计 十人组作业

1

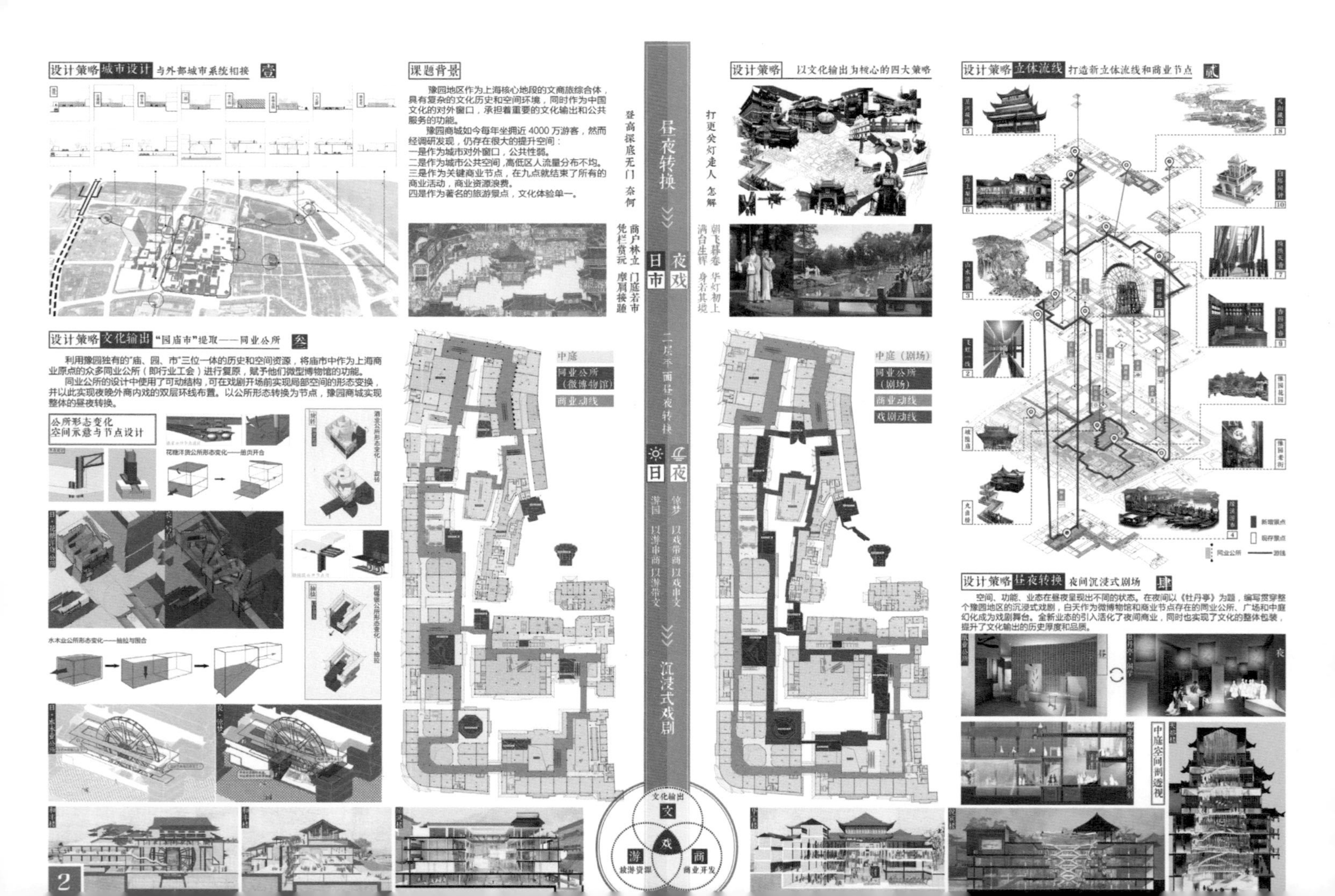
设计策略 城市设计 与外部城市系统相接 壹
课题背景
豫园地区作为上海核心地段的文商旅综合体，具有复杂的文化历史和空间环境，同时作为中国文化的对外窗口，承担着重要的文化输出和公共服务的功能。
豫园商城如今每年坐拥近 4000 万游客，然而经调研发现，仍存在很大的提升空间：
一是作为城市对外窗口，公共性弱。
二是作为城市公共空间，高低区人流量分布不均。
三是作为关键商业节点，在九点就结束了所有的商业活动，商业资源浪费。
四是作为著名的旅游景点，文化体验单一。
登高探底无门 奈何
商户林立 门庭若市
凭栏赏玩 摩肩接踵
昼夜转换
日 市
夜 戏
二层平面昼夜转换
日 游园 以游串商 以游带文
夜 惊梦 以戏带商 以戏串文
沉浸式戏剧
文化输出 文
游 旅游资源
商 商业开发
戏
打更 夫灯 走人 怎解
朝飞暮卷 华灯初上
满台生辉 身若其境
设计策略 以文化输出为核心的四大策略
设计策略 立体流线 打造新立体流线和商业节点 贰
新增景点
现存景点
同业公所
游线
设计策略 文化输出 “园庙市”提取——同业公所 叁
利用豫园独有的“庙、园、市”三位一体的历史和空间资源，将庙市中作为上海商业原点的众多同业公所（即行业工会）进行复原，赋予他们微型博物馆的功能。
同业公所的设计中使用了可动结构，可在戏剧开场前实现局部空间的形态变换，并以此实现夜晚外商内戏的双层环线布置。以公所形态转换为节点，豫园商城实现整体的昼夜转换。
公所形态变化
空间示意与节点设计
花糖洋货公所形态变化——册页开合
水木业公所形态变化——抽拉与围合
中庭
同业公所（微博物馆）
商业动线
中庭（剧场）
同业公所（剧场）
商业动线
戏剧动线
设计策略 昼夜转换 夜间沉浸式剧场 肆
空间、功能、业态在昼夜呈现出不同的状态。在夜间以《牡丹亭》为题，编写贯穿整个豫园地区的沉浸式戏剧，白天作为微博物馆和商业节点存在的同业公所、广场和中庭幻化成为戏剧舞台。全新业态的引入活化了夜间商业，同时也实现了文化的整体包装，提升了文化输出的历史厚度和品质。
昼
夜
中庭空间剖透视
2

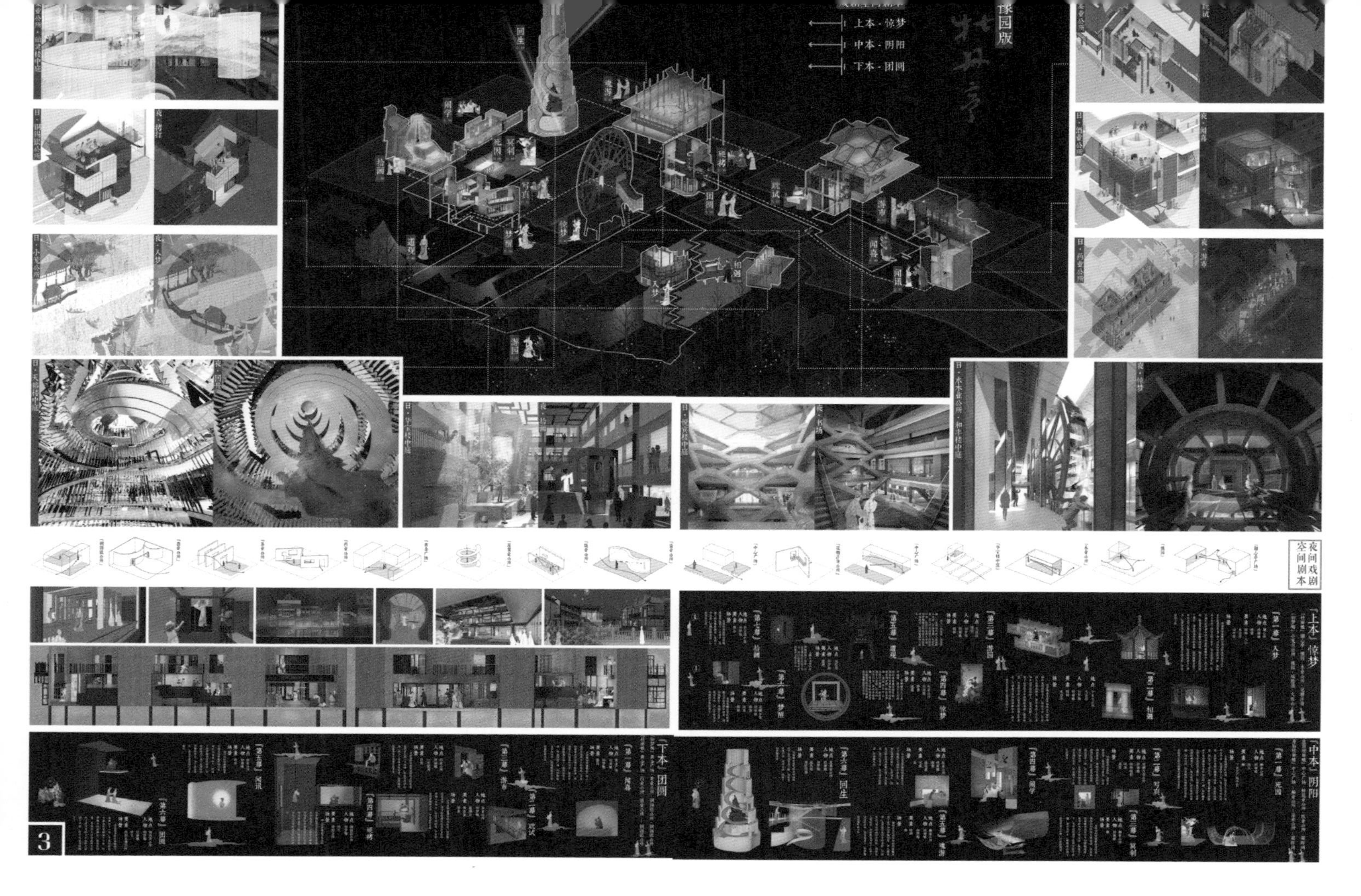

牡丹亭
豫园版
上本 · 惊梦
中本 · 阴阳
下本 · 团圆
夜间戏剧空间剧本
「上本」惊梦
「中本」阴阳
「下本」团圆
3

建造实验——移动·屋

昆明理工大学建筑与城市规划学院建筑学系　一年级

《建造实验》单元通过建造实践，学生获得对材料性能、建造方式及过程的感性及理性认识，理解建筑的物理特性。

“移动屋”通过在自己建造的建筑空间中进行的活动体验（200m 折返跑和静态就座），初步把握建筑使用功能、人体尺度、空间形态以及建筑物理、技术等方面的基本要求。

优秀作业 1：小世界

设计者：曾增志　王光宗　张珊珊　肖　雨　马鹏信　和向源　张思远

优秀作业 2：蜂语者

设计者：段夕瑶　杜欣悦　毛宏镁　黑　萧

作业指导教师：高　蕾　唐黎洲　雷　雯

教案主持教师：黎　南　高　蕾　吴　慧　刘　启　张志军　陆　莹　雷　雯　田潇然　刘　健　俞文学　唐黎洲

《建造实验》——移动·屋 01

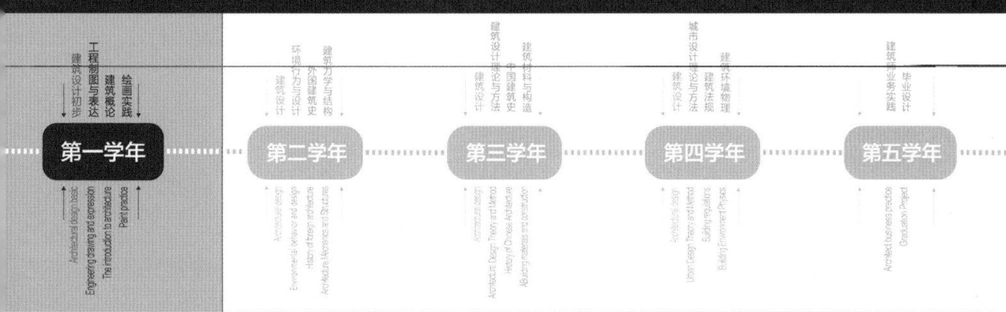

建筑设计初步 | 建筑入门 | 建筑学基本概念的认知与建构

教学目的

建筑设计初步为建筑大类设计专业的一门专业基础课，既是建筑设计的启蒙教育，也是建筑设计入门的关键，在建筑设计教学中占有特殊地位。这门课是培养和训练学生的建筑设计思维方法以及表达基本功的重要环节

教学内容

建筑学、城乡规划、风景园林等不同专业的学生通过学习"空间设计"，在广义建筑学的平台上掌握这个最为基本的问题。

让学生准确的掌握建筑设计涵盖的场地问题、空间问题和建造问题，并对相关的方法和技法有所了解和掌握。

用一系列围绕建筑基本问题的训练，培养学生解决问题的思路和大局观。

教学原则

深入浅出、循序渐进的讲解和传授，是建筑设计入门的关键。

教师需要对训练难度和深度有较准确的把握，而学生须知"练中学"的必要（learn by doing）

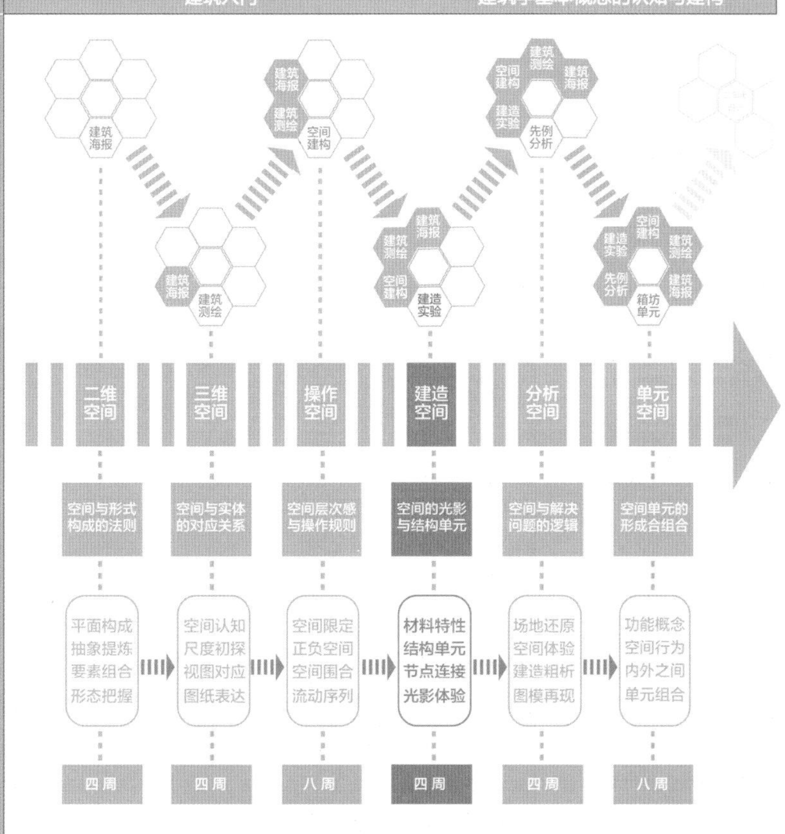

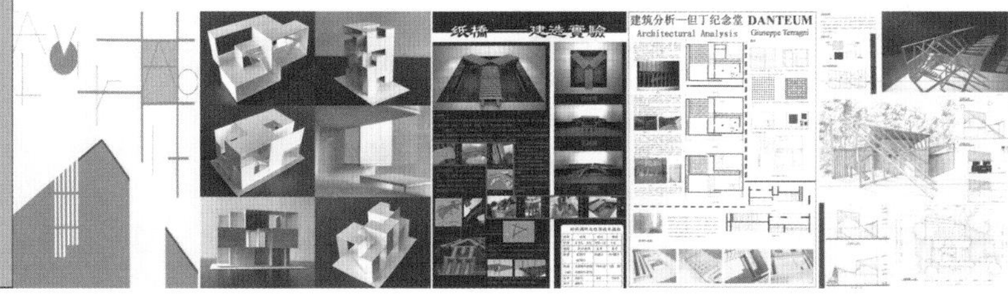

《建造实验》—— 移动·屋 02

建造实验

由四到六位同学组成1个小组，各小组需对纸板材料进行性能实验，并运用建筑结构力学和建筑构造一般原理建造一栋可移动的纸构装置。

内容要求：

- 需有顶棚，高度不超过2M，体积不超过8M³，可载人（至少1人），可行驶（至少50M）。
- 节点要求连接巧妙，造型需与结构相适应。
- 基本结构单元与整体结构形态需呈现清晰的逻辑生成关系。

成果要求：

- 模型（1:5；1:2；1:1）
- 图纸（A1，平、立、剖面、轴测图1:50）

教学进程

周数	教学主要内容	作业进度要求
1	开题及题解任务书	1:5草模制作
2	老师对小组草模进行小组评点	1:2草模制作
3	全年级统一评模	1:1搭建正模
4	打分后对优秀作业进行现场点评	完成正模和正图

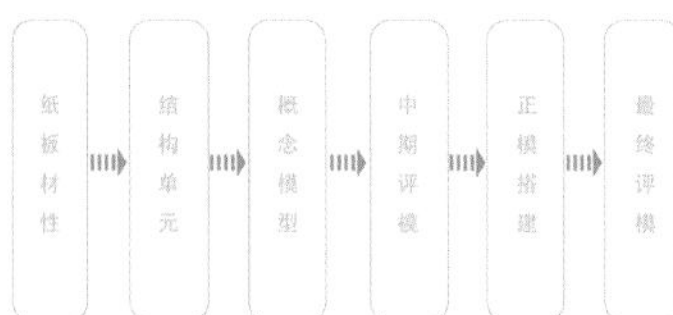

Keywords

单元 光影 材性 身体 尺度 折叠
插接 滚轴 栓接 肌理 预算 强度

静止 ····› 运动 ····› HOW

题目设置：8M³移动屋

材料 / 结构 / 连接　　可移动载人纸构装置

在中期评模前，同学们的设计雏形仅在分班和分组老师的视线范围内，因此势必囿于一角。全天的中期评模过程中，全体设计教师对各组的方案进行详细的点评，就不可行、尚可、有潜力的三类方案，提出改向、深化、挖掘等三种具体的操作对策。与此同时，同学也在观摩其他方案后，开扩了思路或者加强了紧迫感，为下一阶段的成果打下来良好的基础。

中期评模：　概念确定

最终评价 1:1 搭建的标准是采用动态评价和静态评价（环绕观察）相结合的方法。动态评价是在校园内部道路内，进行200米的折返跑，这既可以在折返时考察移动屋的转向能力，也可以在相对较长距离中考察移动屋转轮 / 滚轴的可靠性和耐久性。在各组的竞相追逐中，成功的移动屋跑起来既快又稳，不足的则有中途抛锚甚至解体的现象，还有一个设计没有考虑乘坐人的身体感受，乘坐同学在旋转翻滚的过程中，出现头晕等不适症状，不得不遗憾退赛。整个比赛过程充满欢声笑语，在趣味迭出中同学们也直观感受到设计对实操的决定性作用。

终期评模视频截图

评价标准：　动静态结合

学生作业：

《小世界》充分表达了身体和结构的关系

《蜂语者》的表皮肌理有渐变的光影效果

《建造实验》—— 移动·屋 03

	数量	单价	总价
板	28块	30元/块	840元
栓	128副	0.4元/副	51.2元
筒	1个	75元/个	75元

0 0.5 1 2M

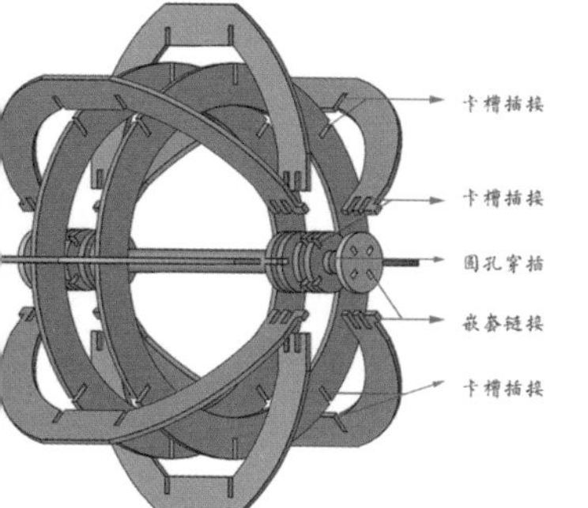

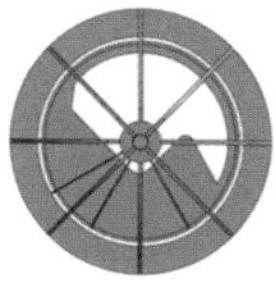
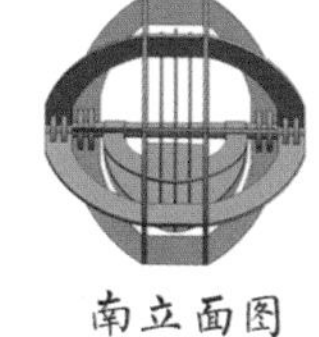
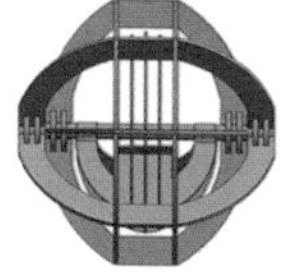
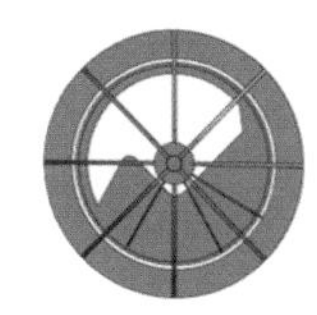

东立面图　南立面图　北立面图　西立面图

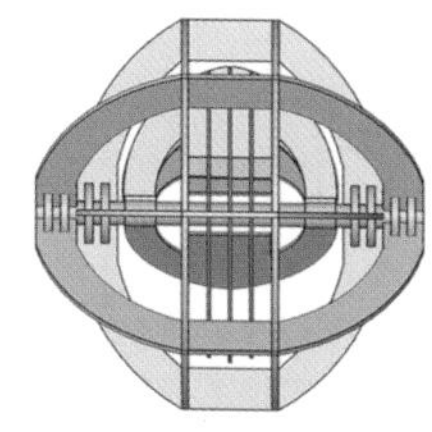

平面图 0 0.5 1M

形成分析

通过连接部件结合外圈和内层半环

同样方法插接外层半环

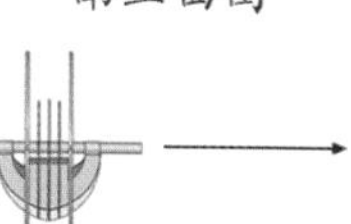
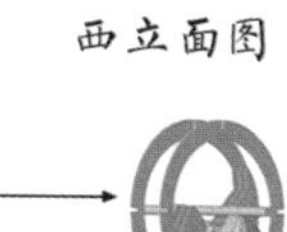
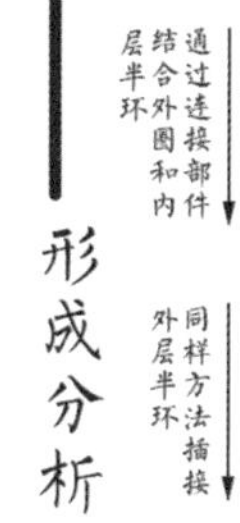
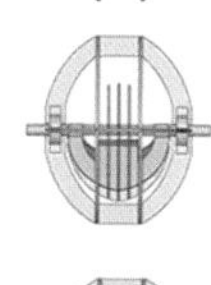
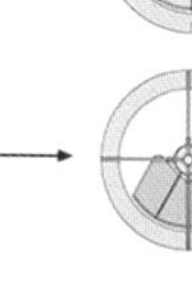
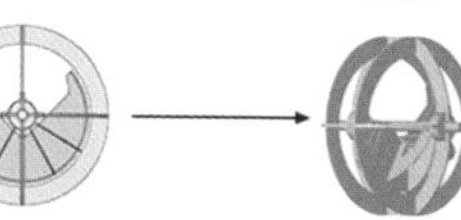
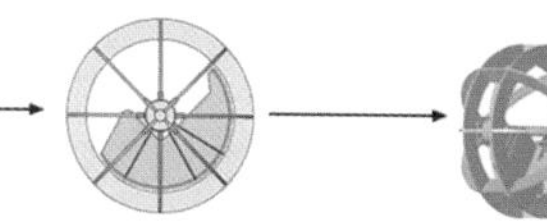

基于文化重构的多样性研究型设计——博览建筑设计

昆明理工大学建筑与城市规划学院建筑学系　三年级

本教案依托云南昆明特殊的地理、人文、风俗，来思考在这样一个特定文化环境下的博览建筑（现代建筑）创作，形成了相对成熟的教学思想、逻辑、方法和本校的教学特色即——面向特定文化下的多样化模块、多元化设计题材的研究性设计。

课题注重建筑逻辑和方法论的教学：寻找空间原型——寻求“文化可见”——产生新的空间语言——方案的生成；形成了清晰的主线，连贯易学。加强多地院校间交流，开创了本科课程设计校级间联合设计模块，取得了良好效果。

优秀作业 1：渔浦星灯——基于乌龙村的乡村活化　设计者：郭亚彪
优秀作业 2：叙述者——陆军讲武堂博物馆设计　设计者：皇甫子玥

作业指导教师：叶涧枫　杨　毅　白　旭
教案主持教师：叶涧枫　杨　毅　白　旭　何俊萍　马青宇　马　杰　施　红

本科三年级教案 基于文化重构的多样性研究型设计 2-1

一年级 认识建筑 | 二年级 基本建筑 | 三年级 特定建筑 | 四年级 综合建筑 | 五年级 系统建筑

教学背景

博览建筑设计是建筑学专业三年级阶段重要建筑单体课程设计，是以解决建筑本体问题为导向的、以文化为载体、功能较为复杂、强化流线训练、认知特殊构造节点、与地域环境关系密切的多元化课程选题。在8周的课程设计时间段内，学生通过调查研究、立论思考、研究策略、评价方法等不同维度进一步了解并处理建筑与"特定文化"下的关系，思索设计建筑所需考虑的诸多复杂的因素（如：场地、文化、城市、建筑空间、结构、材料与构造、生态节能等方面），并由此带来的建筑设计的多样性与可能性。

教学目的

- 建筑文化探究与建构，完善建筑认知；
- 建筑流线训练，梳理内部交通结构；
- 特殊构造设计训练，认知光环境设计；
- 空间组合训练，认知空间多元与混合。

任务书基本要求

- 完成建筑策划，完善自拟任务书部分；
- 总建筑面积：地上>3500平方米；机动车停车位应有考虑。
- 问题研究为导向，启发创意的设计理念、构思，并探索建筑的多样性与可能性；
- 完成比例不小于1:200的场地实体建筑剖切模型。

教学框架

一年级 — 二年级 — 三年级 — 四年级 — 五年级

特定自然环境 — 特定文化环境下的建筑设计——建筑的多样性与可行性研究 — 特定社会环境

基础学习

课程支撑：1.《环境行为学》 2.《云南自然与人文概论》 3.《人类学与空间环境认知》 4.《城市社会学》等课程

人文环境 | 建筑策划

课程支撑：1.《建筑策划》 2.《建筑设计原理》 3.《建筑节能与生态技术》 4.《建筑材料与构造》等课程

多样化与可行性探讨

建筑与环境	空间与场所	功能与流线	材料与构造
1、文化的诠释 2、基本场地设计 3、环境对建筑的需求 4、环境对建筑的制约 5、绿色设计的引入	1、场所=空间+人 2、不同空间下的人的行为模式研究 3、博览建筑的公共属性研究 4、适宜场所的结构系统选择	1、建筑功能的多元化需求研究 2、混合功能的有效组织与架构 3、博览建筑的流线组织梳理	1、建筑材料的文化属性研究 2、材料与构造的互补 3、构造与采光设计

对应设计策略研究

教学成果片段

教学模块

博览建筑设计

联合课程设计环节

特定的文化

两校联合课程设计

云南乌龙浦古渔村——文化体验馆研究型设计

文化与体验

教学中的几个关键问题-->让学生清楚、可学并掌握

教学逻辑与方法论指引

1 如何进行文化的解析？-->再到地方（特定）文化的解析？

文化中发现"特定"-->发掘文化下的空间类型

2 二年级及以前学习的现代建筑法则<--思考研究、试错-->特定文化下的建筑空间类型

两者的相互延推、促进、融合与发展

3 寻找"新的"空间语言、空间模式＋其它建筑要素综合考量

教学进程安排

教学特点

- 主线清晰、连贯易学——强调"研究化"
- 基地环境——多样化
  学校 特殊历史 城市 传统村落
- 设计选题——问题导向>>多元化
- 地域性设计突出——地利、人和
- 长周期制——因材施教、环环相扣
- 理论与实践课交叉——学以致用
- 互联网+建筑学教学网络平台——时刻互动
- 中期分专题答辩——提出差异、互相观摩
- 注重过程分析与研究——方案多元对比探索
- 方案的多元对比探索
- 公开评图——校内外互动、获取实践经验

作业点评/反馈

特定文化的把握

教学中的教研

三年级的设计课程核心是以来源于具体特定文化问题为研究对象，引导学生通过现场调研、资料收集、小组研究和讨论等途径，获得课程教学以外的扩展性知识，并据此深入分析问题，找到解决问题的策略与方法，最终帮助学生构建研究性、探索性的学习过程，全面提升以设计方法为核心的学生专业能力。

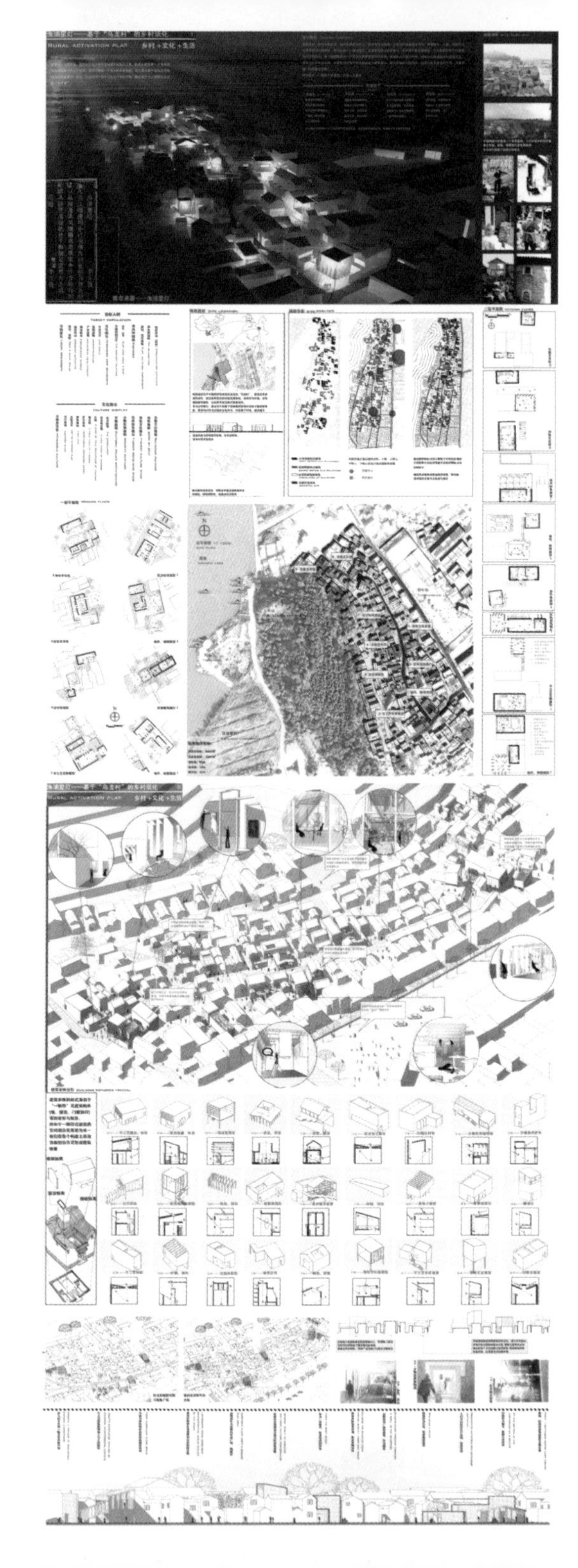

RURAL ACTIVATION PLAN
乡村+文化+生活

院宅设计

东南大学建筑学院建筑系　二年级

院宅作为一种居住空间模式，以此应对自然和社会，是东西方传统中经久的建筑类型。在当代城市高密度的居住环境下，重新讨论院宅这一居住空间模式，既是对生活内容的关注，也是对居住与自然及社会关系的再次探讨，由此引发生活场景的想象与创造。

在这一过程中，将学习有关生活空间的一些基本要素和关系，包括："公共与私密"、"服务与被服务"、"光线"、"视线"等基本使用要求；以及"内 - 外"、"虚 - 实"、"开放 - 封闭"、"中心 - 边界"、"上 - 下"、"深度 - 宽度 - 高度" 等基本空间关系。

目的和要求

1. 建立具体生活体验与建筑空间限定的联系，在理解一般家庭生活的基本需求及功能构成基础上，构想具有特质的生活空间场景。

2. 学习边界条件限定下的空间设计，在整体关系中理解内 - 外、虚 - 实等基本的空间分化及联系。

3. 理解物质要素对空间的支撑和限定。

4. 学习通过三维实物模型与二维图纸进行设计研究的工作方法。

场地

基地"桃园新村"位于南京玄武区梅园街道东北部，西邻大悲巷，东南接雍园，北至竺桥。该区域保留较多民国时期的建筑风貌，存有较多原先独立式的低层住宅——由于居民构成的转变和居住密度的增加，这些独栋住宅很大程度上转变为多户杂居、并历经增建，形成目前多栋房屋交叉散落、相互搭接的状况，由纵横交错的窄小街巷联通。在当前的街区风貌整治中，各个小地块周边、尤其是临近街巷一面，设置了连续统一的院墙（部分借用已有墙体、部分新增院墙），以此维持各个地块的私密性，并保持了公共街巷界面的整齐与完整。

优秀作业 1：院宅设计（双宅）设计者：刘昌铭　刘　璇
优秀作业 2：院宅设计（单宅）设计者：周楚茜

作业指导教师：朱　雷　高　勤　史永高
教案主持教师：朱　雷　史永高　蔡凯臻　韩晓峰

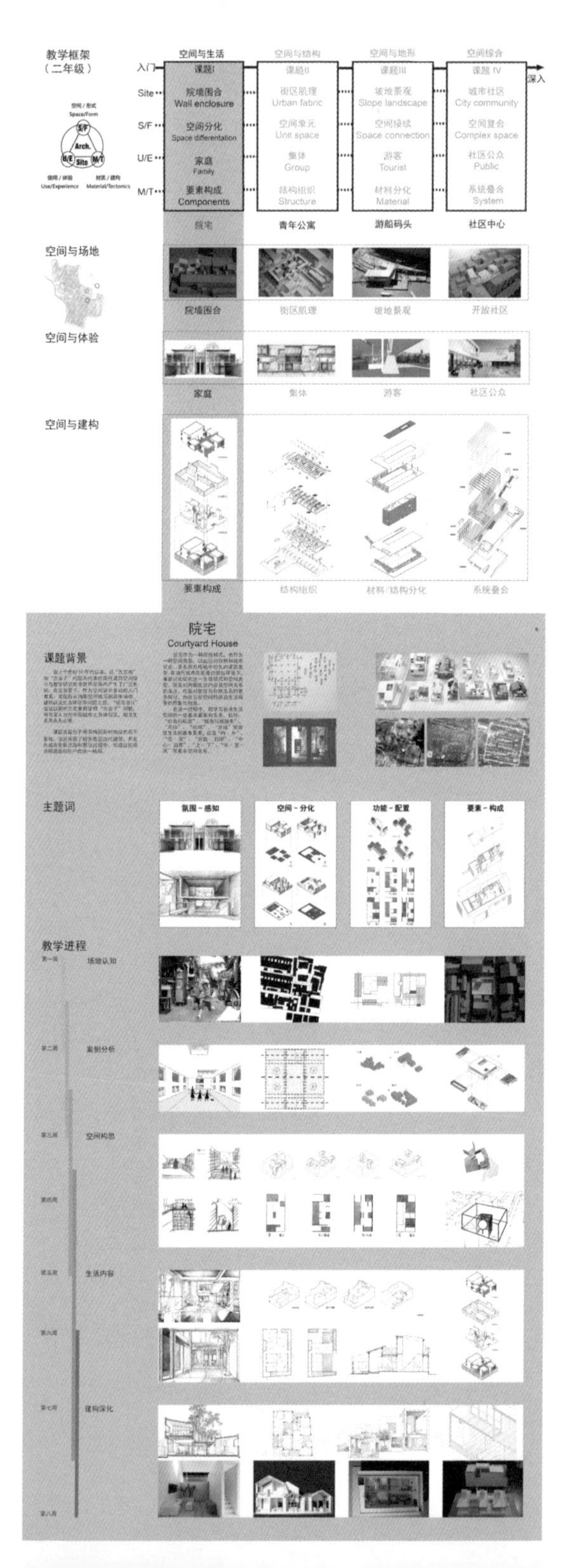
教学框架
（二年级）
空间与生活
空间与结构
空间与地形
空间综合
入门
深入
课题I
课题II
课题III
课题IV
Site
院墙围合
Wall enclosure
街区肌理
Urban fabric
坡地景观
Slope landscape
城市社区
City community
S/F
空间分化
Space differentiation
空间单元
Unit space
空间接续
Space connection
空间复合
Complex space
U/E
家庭
Family
集体
Group
游客
Tourist
社区公众
Public
M/T
要素构成
Components
结构组织
Structure
材料分化
Material
系统叠合
System
院宅
青年公寓
游船码头
社区中心
空间与场地
院墙围合
街区肌理
坡地景观
开放社区
空间与体验
家庭
集体
游客
社区公众
空间与建构
要素构成
结构组织
材料/结构分化
系统叠合
院宅
Courtyard House
课题背景
主题词
氛围－感知
空间－分化
功能－配置
要素－构成
教学进程
场地认知
案例分析
空间构思
生活内容
建构深化

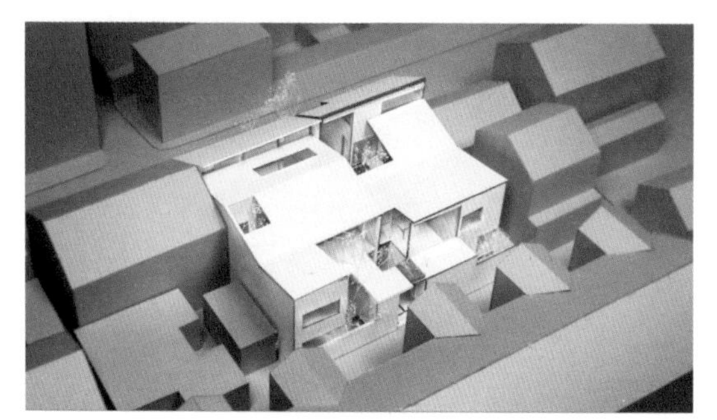

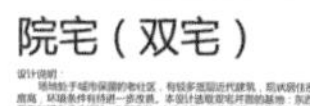

院宅（双宅）

设计说明：

场地处于城市保留的老社区，有较多民国近代建筑，现状居住密度高，环境条件有待进一步改善。本设计选取双宅并置的基地：东西两侧与现有住房毗邻；北侧临街，人流稠密；南临内弄，气氛安静闲适。

双宅并置的建筑形体与周边街区环境相融。北侧沿街设店，南侧借用现有弄堂，设置可共享的入户空间和二层平台花池，内部穿插院落天井，在满足私密性的基础上促进空间的复合和交流。

A宅

东侧A宅设计以三代同堂为原型，中国传统住宅素来讲究中心厅堂的布置，关注家庭成员聚集。设计受中国案例启发，以庭院为中心，在三维空间上组织起连续渗透的起居活动空间，其间融入老中青三代各自私密的卧室体块，并通过多重界面和院子的过渡，将街道生活适度引入院宅内部。

B宅

西侧B宅居住一对夫妇和两个上小学的孩子。设计从印象深刻的内弄游戏出发，空间设计迎合孩子天性，形成贯通建筑内外的游戏路径，高低上下、内外进出、动静相宜，既利于与父母的交流，又享有相对独立的游戏空间。母亲在家经营咖啡店，弄堂的位置使母亲顾得照看生意和家庭。

总平面 1：400

一层平面 1：100

跃层平面 1：100

二层平面 1：100

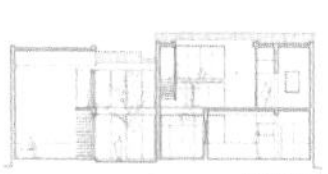

A-A 剖面 1：100

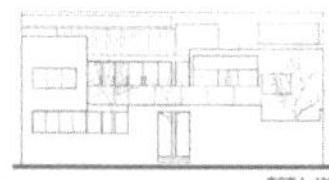

南立面 1：100

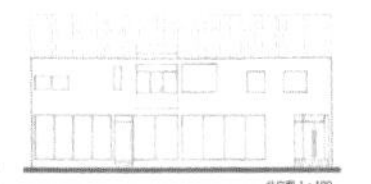

北立面 1：100

场景设定

室内透视

空间渗透

盒子占据 院子分布

剖透视

A宅

场景设定

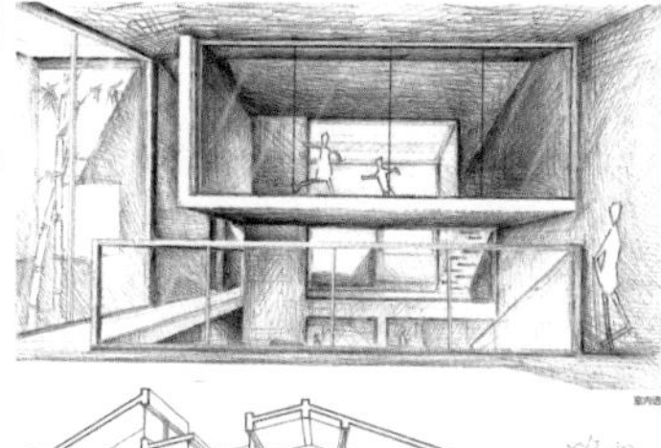

室内透视

儿童流线

母亲视线 儿童活动

冬季日照 夏季日照

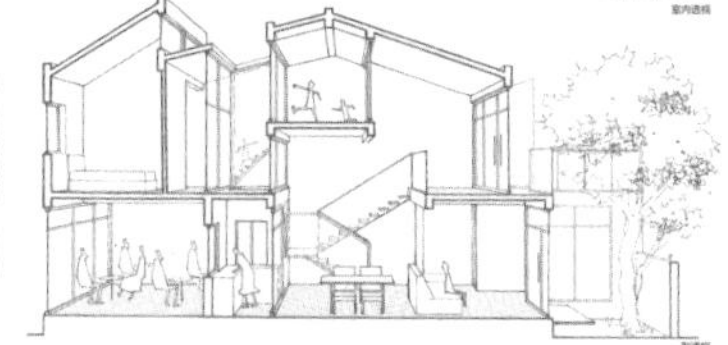

B宅

剖透视

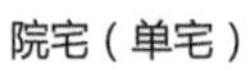

院宅（单宅）

设计说明：

此院宅设计从对一家三代人家庭生活场景的想象出发，并基于真实的场地条件，采取分散体量的方式，组织院落与宅、虚与实之间的对话。

在以低层住宅为主的胡同新村住区内，这片南北狭长的基地里被置入了四个高低不同的体量，它们位置的经营以及形体的变体首先来自于对退休在家热爱烹饪的爷爷、上班族父母以及两个上小学的孩子各自个性与需求的考量。在这些相对独立的体量之间以及与一堵院墙的共同围合之下发展出半开放的家庭共享起居、就餐、活动空间，以及领域感各异的三个一层庭院和一个屋顶庭院。立体内环通的家庭生活流线将由私密、半开放和开放的内外空间有机地组织在一起。而其中每个空间个性的不同既丰富了室内外视线流通的空间变化，又力图创造家庭成员之间从视线到共聚不同层次的交流可能。

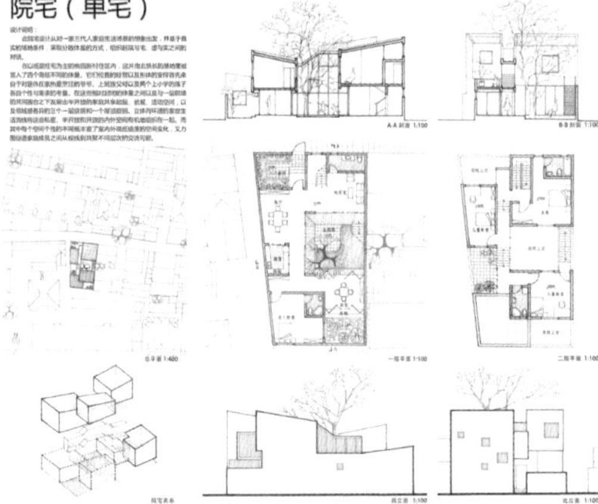

剖透视

象山堂设计：一座宋式厅堂

东南大学建筑学院建筑系　四年级

1. 选题背景：

“象山堂设计”为2016-2017学年春季学期交叉学科课题，是遗产保护教学体系和设计相结合的环节。基于木构传统是建筑遗产的主体对象，课程安排在四年级完成相关的传统木构建筑设计。

2. 教学核心

理解“传统”的三层含义：

（1）约束：在传统体系下面，传统是长时间经验的积累，基于相对稳定的材料理解、施工方式和工具产生的建造模式可以称之为方法、规律、约束，也就是所谓法式，理解一座江南宋式的厅堂的法式是设计的起点。

（2）认同：认同来自于选择，来自审美、文化、时代与气候地域的选择，最终形成所谓风格，在学习、理解并掌握特定时期特定地域的中国传统木构建筑的设计建造方式的基础上，合理的选择是设计的进展方式。

（3）转换：在约束和认同的基础上，结合场地和设计要求进行转换，完成的成果应该是在传统法式下的再设计，这种设计包括整体与构件的尺度处理，材料的选择，传统空间意向的表达以及建造和装饰一体化的斟酌。

3. 教学方法

（1）通过研究学习传统建筑的设计：

对江南地区现存宋元时期的传统木构建筑进行研究。结合宋代文献《营造法式》的阅读。

对现存宋代与建筑相关的绘画的解读。

（2）以模型为媒介学习传统建筑的设计：

对传统木构先例进行研究，要求学生根据相关资料、图纸和研究，搭建1:25的结构模型，通过模型的搭建更直观地理解传统木构建筑的结构、构造逻辑。

最终成果要求制作1:25实物模型，模型要求清晰反映结构逻辑，并在一定程度上模拟实际建造过程。

优秀作业1：礼居营造——象山堂一座宋式厅堂设计

设计者：张　文　程奂仑　李　甜　严书楠

优秀作业2：四象空间——象山堂一座宋式厅堂设计

设计者：朱梦然　曹蔚祎　陈宇龙　赵楠楠

作业指导教师：胡　石　贾亭立

教案主持教师：胡　石　贾亭立

象山堂设计：一座宋式厅堂

四年级整体教学框架

本校建筑学本科设计教学在四年级以教授工作室的方式，设置了四个课题方向供学生选择，分别是城市设计、住区与住宅设计、大型公共建筑和跨学科设计课题，每个设计课题的教学周期一般限定在8周内，每位学生在一个学年内须选满四个方向的课题，顺序自行规划。这四个课题方向均强调研究性内涵，总体来看是在前三年设计训练的基础上朝向“设计研究与研究性设计”的推进。

建筑学专业本科四年级课程设计类型

- 大型公建设计
- 城市设计
- 住区规划与住宅设计
- 跨学科课题设计

作业一

作业二

四年级跨学科课题设计教案

选题背景

“象山堂设计”为2016-2017学年春季学期交叉学科课题，是遗产保护教学体系和设计相结合的环节。基于木构传统是建筑遗产的主体对象，课程安排在四年级完成相关的传统木构建筑设计。中国美院希望在校区中建设一座“礼”堂，以传统建筑呼应及体现传统的礼仪，可以称为行礼的所在。此空间亦可兼顾他途，包括小规模的学位授予典礼、聘用典礼等仪式活动，也可当做传统意义上的书院，举办小型讲座和雅集。选题在此基础上，要求学生在特定场地中完成一个传统木构建筑的设计，功能要求在课程设计中被相对弱化，明确为一个约300平方米的主要公共空间和为之服务的卫生间、储藏、管理等若干辅助空间。

场地状况

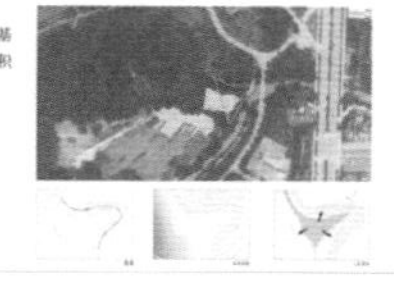

课题选址在浙江杭州中国美院象山校区东门内，象山脚下，基地西临象山，北侧和东南侧被交汇的两条山溪环抱，用地面积约1500平方米。

任务要求

研究部分：

1. 对江南及浙南闽北地区尚存的六处宋元建筑（宁波保国寺大殿、福州华林寺大殿、金华天宁寺大殿、武义延福寺大殿、景宁时思寺大殿、苏州轩辕宫大殿）进行分析研究，根据相关资料、图纸和研究，搭建1:25的结构模型。
2. 对现存宋画进行解读，理解南宋时期外檐做法的样式特征和布局特点，同时理解南宋时期界画中谋篇布局的手法及其背后投射的空间观念，成果以总图草图的方式表达。

设计部分：

结合画意，完成场地布局及主要建筑单体设计，强调构造和细部表达。

1. 总平面图，1:200
2. 相关平、立面图，1:30-1:50；
3. 剖轴侧图，1:30-50
4. 典型构造剖面图，1:10-30；
5. 典型传统构造轴测展开图，1:5-10；
6. 成果模型，1:25

教学核心

理解“传统”的三层含义：

1. **约束**：在传统体系下面，传统是长时间经验的积累，基于相对稳定的材料理解、施工方式和工具产生的建造模式可以称之为方法、规律、约束，也就是所谓法式，理解一座江南宋式的厅堂的法式是设计的起点。
2. **认同**：认同来自于选择，来自审美、文化、时代与气候地域的选择，最终形成所谓风格，在学习、理解并掌握特定时期特定地域的中国传统木构建筑的设计建造方式的基础上，合理的选择是设计的进展方式。
3. **转换**：在约束和认同的基础上，结合场地和设计要求进行转换，完成的成果应该是在传统法式下的再设计，这种设计包括整体与构件的尺度处理，材料的选择，传统空间意向的表达以及建造和装饰一体化的斟酌。

教学方法

1. 通过研究学习传统建筑的设计：

   对江南地区现存宋元时期的传统木构建筑进行研究，结合宋代文献《营造法式》的阅读，理解江南地区宋元时期木构建筑的结构、构造所反映的设计和营造的时代和地域差异。

   对现存宋代与建筑相关的绘画的解读，理解南宋时期外檐做法的样式特征和布局特点，同时理解南宋时期界画中谋篇布局的手法及其背后投射的空间观念。

2. 以模型为媒介学习传统建筑的设计：

   对传统木构先例进行研究，要求学生根据相关资料、图纸和研究，搭建1:25的结构模型，通过模型的搭建更直观地理解传统木构建筑的结构、构造逻辑。

   最终成果要求制作1:25实物模型，模型要求清晰反映结构逻辑，并在一定程度上模拟实际建造过程。

教学流程

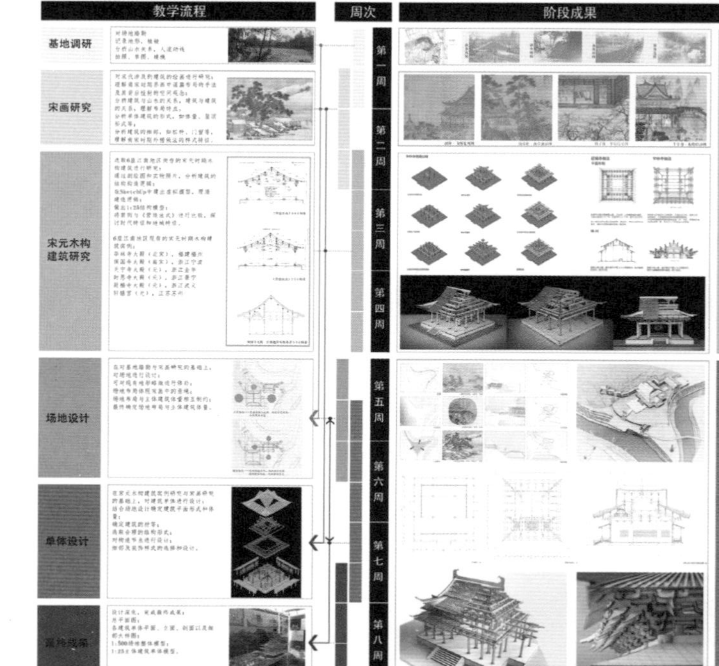

基地调研

对场地踏勘
记录地形、植被
分析山水关系、人流动线
拍照、草图、模型

宋画研究

对宋代涉及的建筑的绘画进行研究；
理解南宋时期界画中谋篇布局的手法及其背后投射的空间观念；
分析建筑与山水的关系，建筑与建筑的关系，理解布局特点；
分析单体建筑的形式，如体量、屋顶形式等；
分析建筑的细部，如栏杆、门窗等，理解南宋时期外檐做法的样式特征。

宋元木构建筑研究

选取6座江南地区现存的宋元时期木构建筑进行研究；
通过测绘图和实物照片，分析建筑的结构构造逻辑；
在SketchUp中建立虚拟模型，理清建造逻辑；
做出1:25结构模型；
将案例与《营造法式》进行比较，探讨时代特征和地域特征。

6座江南地区现存的宋元时期木构建筑实例：
华林寺大殿（北宋），福建福州
保国寺大殿（南宋），浙江宁波
天宁寺大殿（元），浙江金华
时思寺大殿（元），浙江景宁
延福寺大殿（元），浙江武义
轩辕宫（元），江苏苏州

场地设计

在对基地踏勘与宋画研究的基础上，对场地进行设计；
可对现有地形略微进行修改；
场地布局体现宋画中的意境；
场地布局与主体建筑体量相互制约；
最终确定场地布局与主体建筑体量。

单体设计

在宋元木构建筑实例研究与宋画研究的基础上，对建筑单体进行设计；
结合场地设计确定建筑平面形式和体量；
确定建筑的材等；
选取合理的结构形式；
对构造节点进行设计；
细部及装饰样式的选择和设计。

最终成果

设计深化，完成最终成果：
总平面图；
各建筑单体平面、立面、剖面以及细部大样图；
1:500场地整体模型；
1:25主体建筑单体模型。

周次

第一周　第二周　第三周　第四周　第五周　第六周　第七周　第八周

阶段成果

研究

设计

禮居營造
象山堂——一座宋式厅堂设计
现状踏勘
宋画提取
山体残缺
体量植入
路步嶙峋
延伏引导
水体环绕
体量延伸
桥体连接
场地入口
厅堂轴线——东南向嵌入山体，西向营造场地，北向塑造内院
辅屋轴线——东向创造序列，西向围合内院，南向围合场地，北向面向景区
主入口轴线——向低处延伸体量，向高处攀缘山体
院子轴线——折线连接两边入口及楼体，隔而不断
剖立面A
剖立面B
仰视平面
一层平面
总平面

空间折叠——从文本到空间构成

湖南大学建筑学院　一年级

1. 空间折叠专注于空间理解与形式操作，将概念与二维的平面空间转化成三维的立体空间设计。将平面空间折叠，能够让学生对平面与立体空间思维进行较好的融合与变换，让学生脱离平时的单一维度空间设计，提升他们的空间几何想象力。同时，着重训练学生的空间提炼与归纳能力，将发散的几何空间整理归纳成一种空间要素形态，例如胡同空间与胶囊空间，让学生进一步理解城市、建筑与人的相互关系。

2. 课题的教学方法因循“设计”思维逻辑来梳理和组织，在秩序和逻辑的引导下设计一种空间关系，比如：在网格引导下设计空间的开合、对比、渐变、穿插、反转、交叉、延展等，引发对空间、环境、活动等问题的观察分析和思考，激励学生善于观察、研究并创造性、理性地提出解决问题的策略和方法。

3. 课题鼓励对空间、材料与模型关系的相互理解与操作。以往传统建筑基础教学以构成训练为主，关注形式审美和建筑表达技能的培养。学生对空间的深入分析与解剖较少，对空间的突破与变形较为保守。本课题的表现环节通过借助网格用点、线、面将设计的过程整理成由文字－图形－形态的逻辑转换过程，将平面空间折叠成立体空间，树立以认知与体验为核心的空间观念，进一步掌握具有可操作性的建筑设计方法，在设计深度上能体验到真实的建造过程。

4. 课题强调设计的广度，要求学生综合运用设计原理、环境心理学、行为心理学、人体工程学等相关理论知识，尝试并初步了解建筑材料、结构与构造的基本概念。鼓励学生关注建筑学的前沿理论和交叉学科，培养学生的动手与实际操作能力。

优秀作业 1：破碎的折叠　设计者：宋国瑞　田子卉　王奕绮　徐正文
优秀作业 2：空间折叠——从文本到空间构成　设计者：马钰婵　蔡雨希

作业指导教师：章　为　邹　敏　钟力力　齐　靖
教案主持教师：钟力力　章　为　邹　敏　齐　靖　陈　娜　龚震西

设计基础教案展示

空间折叠

——从文本到空间构成

1 课题选择与目标

课程体系

一年级教学构架

设计基础教学以空间认知和设计为核心，设置了表达基础、形式基础、空间基础、场所认知基础、建构基础五个教学模块。每个模块配套相应的设计题目。并引入"设计性"思维，以期训练学生基本技能，提高空间认知，培养综合设计能力。

五大教学模块之间形成有机联系的整体，以空间认识为导向，以空间设计训练为主线，按照教学次序交叉呈现于学生面前，该体系奠定的关联性和逻辑性与学生的专业认知规律相一致，也符合设计思维培养的诉求。并且不局限在一年级的教学视角来看待模块的设置，而将其放在各年级整体的教学体系中研究。

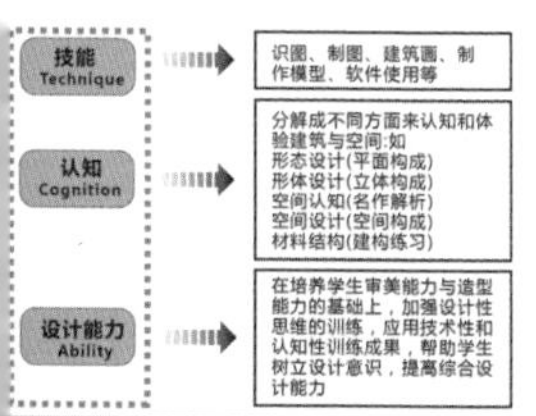

设计思维训练与设计基本素质培养

建筑设计基础

- 表达基础模块 — 抄绘练习、美术字、建筑制图、建筑画
- 形式基础模块 — 形态构成与设计:平面设计、立体设计

第一学期

- 空间基础模块 — 名作解析、空间认知、模型图解、空间构成
- 场所认知模块 — 场所分析与体验:基地调研、实例分析
- 建构基础模块 — 模型材料分析与轻质建造

第二学期

认识规律
表达技能
设计能力

建筑与空间

空间教学单元

空间认知训练：
- 尺度认知（建筑抄绘与平面布置）
- 经典建筑作品分析（名作解析）
- 场所与空间认知（城市与建筑空间阅读）

空间设计训练：
- 简单空间设计训练（空间构成的分割与限定）
- 空间生成训练（图解表达与轻质建构）
- 复杂空间设计训练（单元空间与空间组合）

一年级

二年级上

教学框架

教学背景

本课题是建筑学一年级《设计基础》课程下学期的第二个设计课题，时长5周，周课时30学时。教学在建筑尺度认知、城市空间分析的基础上，尝试通过文本阅读、空间图解、分析构成来认知与理解空间与设计本身。讲授建筑与空间的相关理论知识，注重结合经典的现代主义"九宫格"、"结构主义"、"特拉尼理性主义"等。在教学过程强调因循"设计"思维逻辑，使学生的空间设计思维得以建构和发展，并为之后的建筑设计学习奠定专业认知和综合能力的基础。

本课题组织和串联起一、二年级的设计课程联系，同时也是一年级"空间认知与设计"系列教学单元的训练重点。课题定位基于学生的接受程度设置，引导学生由设计基础课程前期模块中并列式的广度认知过渡到建筑设计课程中线性的有深度的思考。

教学目的

1、阅读《北京折叠》，着重理解空间的整体性与内在性，以及形态的操作与转化。归纳和掌握空间形式语言，认知建筑、城市的空间形态关系，尝试空间的分割与限定方式，图解表达空间与界面的丰富特征。

2、学会将概念与空间进行提炼，尝试"把要素打碎进行重新组合"的创作方法。

3、掌握以模型为主的设计手段，鼓励以模型作为直观手段促进设计思路发展。理解材料的受力关系、节点交接和美学效果，体验模型与材料加工。

4、强调原型与概念，通过"阅读—空间—图解"来构成，鼓励直觉思维与发散性思维。

教学方法

1、空间折叠专注于空间理解与形式操作，将概念与二维的平面空间转化成三维的立体空间设计。将平面空间折叠，能够让学生对平面与立体空间思维进行较好的融合与变换，让学生脱离平时的单一维度空间设计，提升他们的空间几何想象力。同时，着重训练学生的空间提炼与归纳能力，将发散的几何空间整理归纳成一种空间要素形态，例如胡同空间与胶囊空间，让学生进一步理解城市、建筑与人的相互关系。

2、课题的教学方法因循"设计"思维逻辑来梳理和组织，在秩序和逻辑的引导下设计一种空间关系，比如：在网格引导下设计空间的开合、对比、渐变、穿插、反转、交叉、延展等等，引发对空间、环境、活动等问题的观察分析和思考，激励学生善于观察、研究并创造性、理性提出解决问题的策略和方法。

3、课题鼓励对空间、材料与模型关系的相互理解与操作。以往传统建筑基础教学以构成训练为主，关注形式审美和建筑表达技能的培养。学生对空间的深入分析与解剖较少，对空间的突破与变形较为保守。本课题的表现环节通过借助网格用点、线、面将设计的过程整理成由文字-图形-形态的逻辑转换过程，将平面空间折叠成立体空间，树立以认知与体验为核心的空间观念，进一步掌握具有可操作性的建筑设计方法在设计深度上能体验到真实的建造过程。

4、课题强调设计的广度，要求学生综合运用设计原理、环境心理学、行为心理学、人体工程学等相关理论知识，尝试并初步了解建筑材料、结构与构造的基本概念。鼓励学生关注建筑学的前沿理论和交叉学科，培养学生的动手与实际操作能力。

《北京折叠》是郝景芳在2012年年底完成的，引起了《三体》英文版译者刘宇昆注意并译成英文，收录于《看不见的星球：中国当代科幻小说选集》中，之后于2015年11月在美国上市，2016年4月入围第74届"雨果奖"。

在书中构建了一个不同空间、不同阶层的北京，可像"变形金刚般折叠起来的城市"，却又"具有更为冷峻的现实感"。

在不同的空间，分门别类住着不同的人，第三空间是底层工人，第二空间是中产白领，第一空间则是当权的管理者。在可以折叠的北京里，越上等的人不仅仅有更精致的生活，甚至有更长的时间。

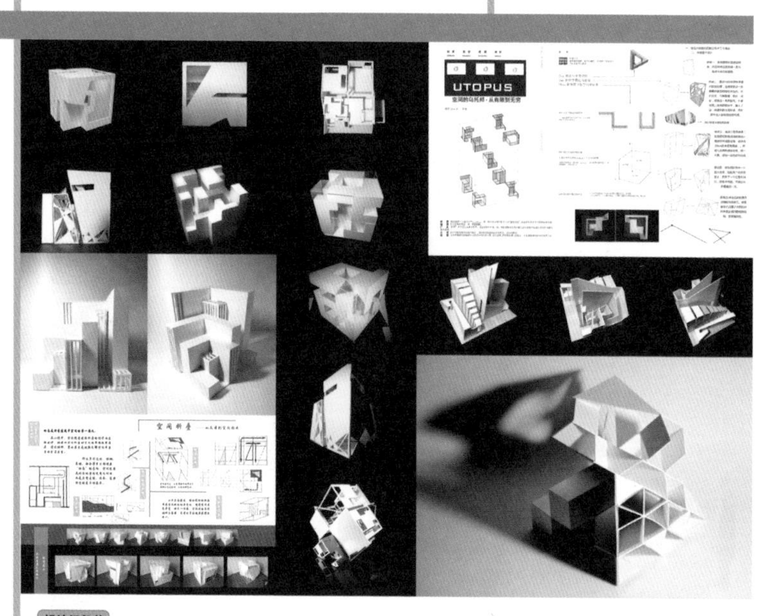

设计任务书

设计内容：

设计构思需要一个概念来源，概念来自于设计者对事物的认知，如"所见"、"所闻"、"所想"。阅读一本小说，着重理解小说中对于空间相关的描述，通过想象与感知提取出一种来自于这种感受的形态与空间关系，运用空间构成的知识完成一个空间构成设计。

设计要求：

一、做法与步骤

1.阅读与感悟:阅读短篇科幻小说《北京折叠》并思考文中关于"空间"与"折叠"描述，以自己体会最深的部分（句子、段落、章节均可）写一篇读后感，字数不宜超过1000字。

2.转化与归纳:

- 着重理解将小说中对空间的描述，然后转化为3种以内的基本形，比如：将某种空间提炼归纳成一种空间形态要素，胡同空间、胶囊空间提炼成较小的体块；
- 在秩序和逻辑的引导下设计一种空间关系，比如：在网格引导下设计空间的开合、对比、渐变、穿插、反转、交叉、延展等等。
- 并以小组讨论的工作方式形式进行优化修改，之后每人做一个方案，并做ppt汇报。

3.图解与表现:运用3-4张简图，借助网格用点、线、面将设计的过程整理成由文字-图形-形态的逻辑过程，用个数不少于20个体块在20X30X30mm或者30X30X30mm大小范围内，完成一个空间构成，表现出构想的空间形态。

二、时间与安排（1-5周）

周次				
第一周	星期一	布置讲解题目	星期四	阅读小说
第二周	星期一	写读后感，分小组讨论，人数自定	星期四	整理想法，绘制简图，ppt
第三周	星期一	分组汇报ppt	星期四	制作方案草图、草模
第四周	星期一	讨论修改草模	星期四	模型拍照
第五周	星期一	正图绘制、排版	星期四	交纸质版作业

三、成果要求

1．文字部分：读后感、简要构思说明，可结合其他艺术表达方式（手绘草图、水彩画、空间意象等等）。设计构思和概念的逻辑及设计过程完整连续的阐释。

2．分析图部分：设计过程的草图、草模（手做）等及分析图。应注意线型分明准确，图例表达正确，表达清晰。

3．模型部分：各向空间模型（手做）照片，不少于8张。局部细节照片不少于3张。精度300pdi。

4．图纸采用2＃图幅（597x420），不少于2张，图面布图整洁、均衡、美观。

设计基础教案展示

空间折叠

——从文本到空间构成

2 教学过程与成果

课程衔接

1.横向课程衔接

“空间折叠”课题有效整合了“设计概论”、“设计基础”和“模型制作实践三门平行课程。一方面，“设计概论”较系统地讲授了设计原理与空间理论的内容；另一方面，“模型制作实践”则学习了模型制作、空间组合、处理材料等。“空间折叠”课题以“阅读—空间—图解”打通了两者的教学环节，同时也促进了课题的完成度与深度。在一年级的课程体系中，围绕着“设计基础”以空间认知和训练的教学主线，将理论知识、空间认知与训练内容及模型制作有效结合，从而加强了学生综合能力的培养。

2.纵向课程衔接

前一个作业：名作解析

“空间折叠”是一年级“空间认知与设计”系列教学单元的训练重点。之前的作业为一年级下学期的名作解析，通过对已知空间的认知体验和已建成的经典建筑解析，使学生初步了解并掌握基本的空间认知方法和步骤，培养学生独立思考、分析问题的能力及良好的空间构思、立体造型能力;并对几何形态、构成关系、空间用光、与环境的对话、对材料的理解与应用、交通与路径、场所与空间等多方面认识分析。为空间折叠打下基础。

后一个作业：轻质建构

本课题之后是一年级最后一个课题—“轻质建构”。在空间折叠的训练中，学生对空间的构成、转换以及提炼有了一定的认知、思考和实践。在建构的设计上，更多的是进一步帮助学生在模型制作实践中认知空间，在原有的空间训练教学主线上拓展形成包含场所、空间、材料、建构的综合设计基础知识系统。可看做是二年级的小型建筑设计课题的分解和准备动作。

教学过程

第一阶段：阅读与感悟（1周，6学时）

教学内容　老师开题讲授:布置设计题目，讲解任务书，讲解与课题相关的设计原理知识，分析典型案例，推荐参考书目。
学生阅读书目:阅读短篇科幻小说《北京折叠》并思考文中关于“空间”与“折叠”描述，以体会最深的部分（句子、段落、章节均可）写一篇读后感，字数不宜超过1000字。

教学方法　课堂讲授、汇报讨论。

阶段成果　读书报告、案例分析。

第二阶段：转化与归纳（1.5周，9学时）

教学内容　教师启发聆听:在教学中启发学生根据小说内容形成空间意象和主题。在学生进行概念构思时，鼓励他们从设计相关领域(如:美术作品、平面设计、工业设计、建计等)拓展学习，收集相关资料，寻找设计灵感。
学生概念生成:经过头脑风暴，学生将小说中对空间的描述转化为概念、原型或基本形。以小组讨论的工作方式形式进行优化修改，之后每人通过空间组合、形体操作等试做方案，并做ppt汇报。表达初步设计构思，对设计草图和模型不求美化处理，但求记录思维痕迹，鼓励学生的尝试和失误，在限制中寻找突破点，并激发其思维的发散性与创造性。

教学方法　头脑风暴、模型构思、方案优选。

阶段成果　PPT汇报、概念模型。

第三阶段：图解与表现（1.5周，9学时）

教学内容　教师讲授指导:结合讲座讲授空构相关原理，分析空间构成的内在逻辑和秩序，介绍空间基本类型、要素与空间的关系等。在课程设计指导环节，更多采用引导式的教学方法”，尊重学生的尝试和试验，挖掘和激发学生的 创造力。设计重点放在概念的表达与空间的趣味性。
学生搭建及制图：学生尝试计算机辅助设计，模拟光影，搭建体块在20X30X30mm或者30X30X30mm大小范围内的空构，表现出构想的空间形态，着重表达小说的空间逻辑关系。并制作分析简图。

教学方法　引导式教学、计算机辅助设计。

阶段成果　手工模型、手绘图纸、模型拍照。

第四阶段：讲解与对比（1周，6学时）

教学内容　组织学生进行实体模型集中展览和方案汇报，邀请多专业及各年级教师共同参加，公开评审图纸、听取汇报、与同学们充分交流讨论、现场打分和讲评、选出优胜作品。进行跟踪反馈和总结交流，以期在今后的教学过程中予以改进。

教学方法　模型制作实践、汇报总结、集中讲评。

阶段成果　完成手工模型、提交正式图纸。

前后作业

前一个作业：名作解析

后一个作业：轻质建构

名作解析要求：
通过对著名建筑师（以四个大师、普利茨奖得主为主）已建成的中小型建筑名作的解析，使学生初步了解并掌握基本的设计方法和步骤，培养学生独立思考、分析问题、解决问题的能力，以及良好的空间构思、立体造型的能力；并对建筑与文化、与人、与技术、与气候等关系有初步了解。
成果：
两张或两张以上手绘A2图纸。包括但不限于：
1.作品与设计者的相关背景、调研与学术评价等。
2.相关图纸。总图、平、立、剖面图等。
3.建筑作品的分析图与说明、图解等。
4.相关透视或轴测、细部大样。
5.手工模型的照片（不少于五张，需反映制作过程以及最后的成果）。
6.作品的典型特点与个人解析。

轻质建构要求：
通过轻质材料PP中空板建造实践，学生获得对材料性能、建造方式及过程的感性及理性认识理解建筑的物理特性。通过在自己建造的建筑空间中进行的活动体验，初步把握建筑使用功能、人体尺度、空间形态以及建筑物理、技术等方面的基本要求。
成果：
模型（集体）
1、1: 10白色展示模型
2、1:1PP中空板实体模型一个/组（可拆除）
图纸（个人）
1、A2作业图 2-3张
2、全过程记录照片

教师点评

方案介绍

小说中对于等级分明的三个阶梯的描述使我想起周易否卦，而其高楼折叠的方式又让我开始思考构成中的穿插，升降，光影对比等多种形式，我的概念也因此形成。

通过虚实相间的搭接穿插，营造似是而非的空间感。通过横插的立柱表现崩塌的观感，与外围的四方形成鲜明对比。通过无规则体块的内凹体现空间的逼仄与压抑，如同小说给人的精神观感。

教师点评

通过对文本中“三层空间”设定的理解，准确有效地抓住文中“三”的关键概念进行转译。通过对空间形态的想象，运用空间构成手法，将空间形式丰富有序的建构起来。从而形成了很强的文本与空间形态的关联。模型与图面表达逻辑清晰、完整，作业对题目要求的理解准确到位，是一份很高质量的空间构成设计。

方案介绍

归繁为简，建筑由小方块以人的意志按照一定的秩序组合排序而成，每个小方块空间承担着不同的职责与功能，又统一于空间的本质。空间被赋予了运动性和可组性，从而拥有无限的可能形态。

提取空间基本型:魔方空间—由单位小空间聚集而成的一种空间体系，具有密集性及极大变化性。

教师点评

设计以建筑的形成方式“组合一分解”为切入点，提取魔方空间为空间的基本型，通过对基本型的不同操作与组合在小空间中创造了丰富的公共大空间。图纸对于最终成果的表达比较充分，但是对于空间构成的生成过程表达不够。

方案介绍

这次空间构成的设计过程是一个转译过程，从作者以文字表述出的人情冷暖·社会形态，到自我空间语言的理解，思考，再创作过程。

由下至上，以线面体不同开放程度的围合，分隔面与立方体外表面的倾斜角度，来展现不同世界中的建筑密度，以及对自然环境的亲和程度。由下至上，以围合程度的降低，通透性的增强，来体现等级升高时建筑密度降低，公共环境解放亲和自然的特点，同时符合力学原理，模型受力稳定。刻意为立方空间分层的同时，设置了中部“天井”和外部双层“墙”，局部打破分层空间。

教师点评

该作业的空间构成，“基本形—骨架—构成”思路较为清晰，空间构成关系处理较为整体。稍显不足的是部分图纸表达过于简单、平淡；模型部分交接略生硬。如能加强方案细节推敲与表达，设计会更进一步。

图纸展示

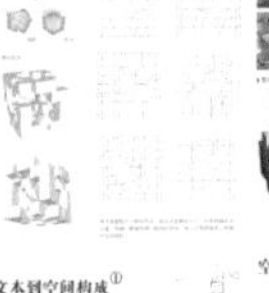

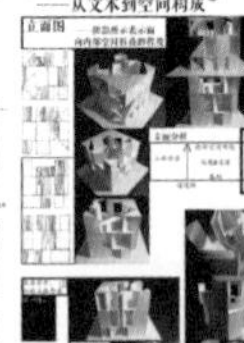

教学总结与反思

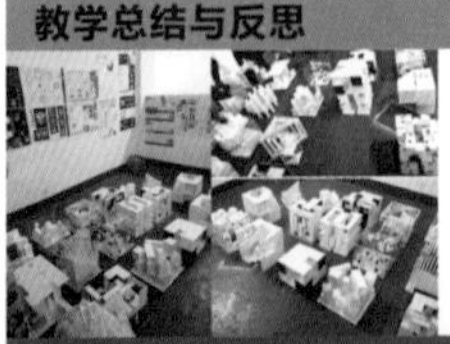

“空间折叠”课程教学延续上一阶段空间知识与建筑解析环节，通过短篇小说《北京折叠》的文本阅读，感悟其中的空间描述和典型的空间片段， 围绕空间概念与原型采取形式转化与空间操作，尝试模型构思与制作，最终通过图解表现，完成空间构成设计，再联系后一阶段的轻质建构环节，从而达到“空间认知-空间构成-模型建构”的空间设计训练。本课程教学过程中围绕“阅读-空间-图解”展开空间构成，文本阅读，空间感悟，模型制作等外显性元素将形式逻辑与空间图解等较为理性元素隐含其中。特别是一年级学生从熟悉的小说阅读出发寻找空间构成概念的“原型”，过程生动活泼，很好地串接了形象思维与逻辑思维，对图解表现与空间构成起了较好的训练作用。

当代知识的多元、信息传播的便捷和学生个性的发展使得学生的知识架构开始倾向自我完成，也促使老师在教学中更应成为一个组织者和引导者，教师在某些环节甚至仅仅作为聆听者而不是裁判人。在设计过程中突出学生的主动性和能动性，教学评价的标准更多的是学生的概念分析过程和逻辑的合理，而且并不是答案的唯一。

值得引起重视的是，对于一年级同学来说，如何从以往的理性和逻辑思维转换为形象和直觉思维始终是教学的难点。空间构成较为抽象，从“阅读-感悟-图解”，把握概念和原型，形式的提取和转化，空间的操作和图解，不失为一种有益的尝试。当然，本次课程作业关注的是思维训练的过程性，形式操作的可变性和空间构成的多样性，教学过程中模型过程如何有效评价，手绘与电脑表达如何平衡，理论体系如何完善等诸多细节。有待在后续教学中进一步实践与优化。

从文本到空间构成

From Text to Space Composition

破碎的折叠 Broken folding 1

原文节选 Text Excerpt

1转换开始了，这是24小时周期的分隔时刻.整个世界开始翻转，钢筋砖块合拢的声音连成一片，像出了故障的流水线，高楼收拢合并，折叠成立方体，霓虹灯、店铺、招牌、阳台和附加结构都被吸收入墙体，贴成楼的肌肤，结构见缝插针，每一寸空间都被占满

每个清晨，如果有人从远处观望——就像大货车司机在高速北京入口处等待时那样——他会看到整座城市的伸展与与折叠

2晨光熹微中，一座城市折叠自身，向地面收拢，高楼像最卑微的仆人，弯下腰，让自己低声下气切断身体，头碰着脚，紧紧贴在一起，然后再次断裂弯腰，将头顶手臂扭曲弯折，插入空隙，高楼弯折之后重新组合，蜷缩成致密的巨大魔方，密密匝匝地聚合到一起，陷入沉睡，然后地面翻转，小块小块上地围绕其轴，一百八十度翻转到另一面，将另一面的建筑楼宇露出地表，楼宇由折叠中站立起身，在灰蓝色的天空中像苏醒的兽类，城市孤岛在橘黄色晨光中落位，展开，站定，腾起弥漫的灰色苍云

——《北京折叠》

解题思路 Theme Comprehension

故事里的北京被建在一个巨大的转轴上，转轴上粘附了三个不同的生存空间，第一空间住着管理者，第二空间里是中产，第三空间则是底层劳务人员，随着转轴转动，翻转到地面的那一个空间里居民开始生活，而剩余的，在地下的另两个空间则进入休眠——此为折叠。

折叠的出现意味着一种全新的，与过去截然不同的时空观，空间开始以一种新的方式呈现，也引发了我们接下来的种种思考，当思考变成一种特权，当每个空间里的人从思想上已完全无法发生共鸣和交流，折叠便宣告完成。

小说将北京设定为两平面三空间，空间互换时大地翻折，建筑折叠、收拢，给人一种破碎、折叠的动态感，通过渐变、堆叠、翻折、交叉、延伸、围合、切割、错动等方式可以改变

概念提取

文本 → 构成

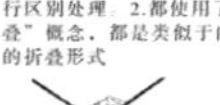

设计1 Design 1

构思过程

贯穿本文的主线是三个空间以及对折叠延伸的运用，我认为，折叠或是延伸可以使空间利用的更加合理，甚或就改变了空间的存在形态，而空间大小形态的变化也会产生奇妙的视觉效果。因此，我从文本中提取了三个立方体盒子为基本型，各代表一二三空间，并把这三个盒子中的一些体块切割掉，联合盒子的错动，借以呼应文本中大地裂开的情节，而后又提取了文中折叠的元素，将三个盒子中的一些体块转化为折叠型

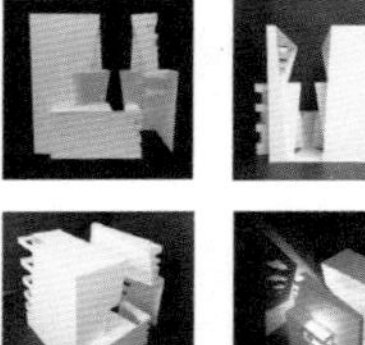

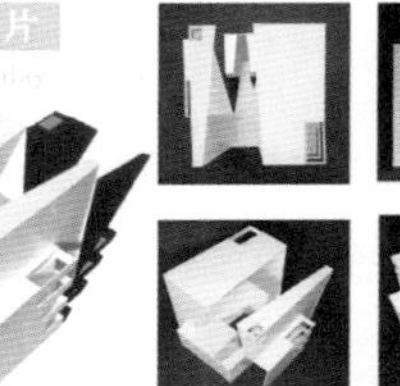

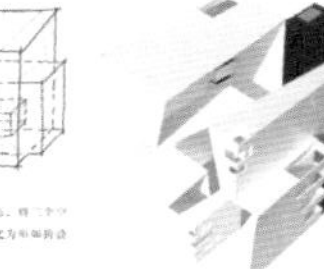

模型图片

设计2 Design 2

构思过程

概念来源于《北京折叠》，基本形态受到了折叠贺卡的启发

，小说中的城市可以折叠，在压缩与伸展间切换，这对应折叠贺卡中可突出的"方块"部分

，每一张贺卡代表一种空间，又因为三个空间是相互转换又存密不可分，故将这三张贺卡面对面拼在一起，形成一个正方体

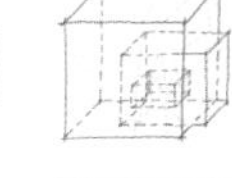

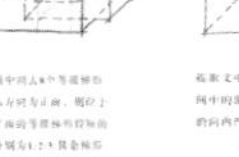

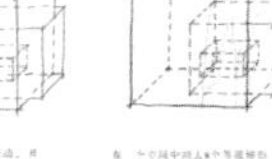

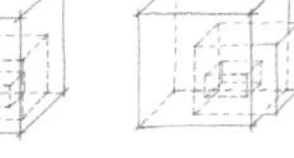

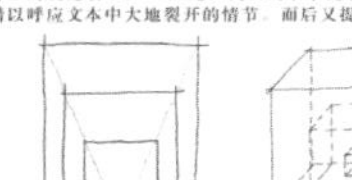

制作过程

模型图片

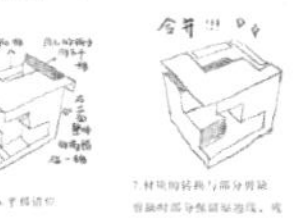

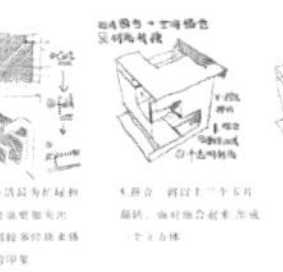

作品类比

作品1和作品2对比

相同：1.提取和使用了"三个空间"的概念，将这三个空间转换成三个形态应用在空间构成中，并且根据三个空间自由度和时间占有率的不同对其进行区别处理。2.都使用了"折叠"概念，都是类似于向内凹的折叠形式

3都使用了"错动"的手法，以呼应文本中大地裂开的情节，并增强空间构成表现力

不同：1.作品2中三个空间是由三个"折叠贺卡"分别表现，并且根据空间之间的差别进行剪切，时间占有度最小、最受限制的空间被剪切的面积越大，而作品1是通过三个体积不同的体块来表现三个空间的差异

2作品1是"先错动后剪切"，"作品2"先剪切后错动

从文本到空间构成

From Text to Space Composition

破碎的折叠 2

Broken folding

设计3 Design 3

Design Process

构思过程

文中的几个词"合并"、"嵌入"、"古满"不由得想到天然存在的密集分布结构——蜂巢。以无缝排布的六边形组成了这个稳定而又密集的复合体，进而提取出六边形。而三个世界转换折叠的过程很容易可以提取出折叠的概念，通过不同面的折叠又可以形成空间上的围合关系。至于破碎感则考虑用三角形作为基本元素展开设计。

模型图片

Photo Display

三个世界的反差想到用三角形的组合创造破碎和尖锐感。

由世界折叠转换的过程联想到面的折叠，创造一种有展开感的变换。

不同面的围合，意在形成小说中世界折叠的动感。

小说中三个世界的拥挤情况各不相同，考虑不同程度的围合，使内部空间富于变化

不同世界将人分隔，用三角形分隔中间的类六边形骨架创造的围合空间。

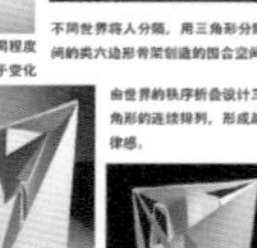

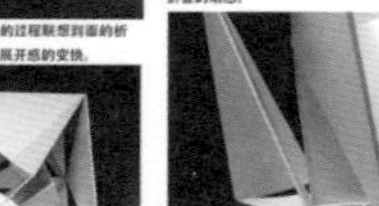

由世界的秩序折叠设计三角形的连续排列，形成韵律感。

在两个立面集中设计三角形的折叠，突出表现世界折叠的"折叠"形式。

通过三角形的翻转排列以及高低错落再现世界折叠的错动感，翻转感。

细节部分加强三角形的运用，强化折叠的元素。

设计4 Design 4

Design Process

构思过程

小说将北京设定为两平面三空间，空间互换时大地翻折、建筑折叠、收拢，给人一种破碎、折叠的动态感。本作品将1、2、3空间以约为2：1：1的比例和1空间压迫2、3空间的形式通过渐变、堆叠、翻折、交叉、延伸等方式呈现，欲表现出一种下塌、破碎、翻折、不稳定感。

模型图片

Photo Display

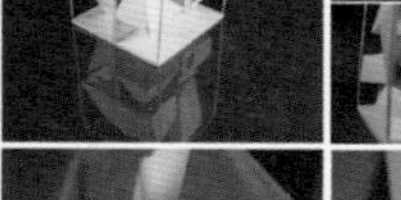

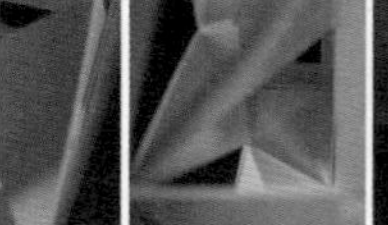
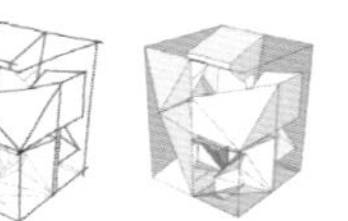
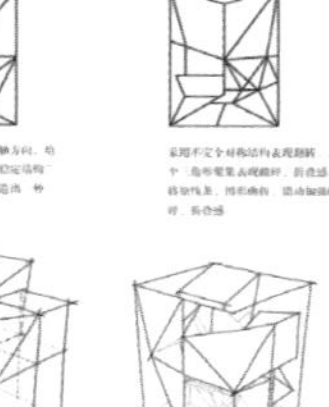

小组总结 Group summary

小组的四个成员均从小说中提取了折叠的基本元素，并以此作为设计的灵感来源展开设计。而在设计过程中，有的组员偏向于分别表现出三个空间的特点，有明显的层次区分；有的组员选择从小说的整体感受入手，让一到两个元素贯穿始终。在设计手法上，各组成员均是由平面的分割设计开始，在之后有的组员选择盒子的概念，有的组员选择贺卡的概念，有的同学选择体块堆叠的方式，有的同学选择面的围合，多种组合方式也使此次小组作业精彩纷呈，风格各异

作品类比

相同点：

1.都提取了小说中的折叠元素和破碎不稳定感，并将其融入设计。2.都由平面的分割设计开始，经过一系列的变化，上升为立体。

不同点：

1. 概念设计的差异：设计3从世界折叠变化的整个过程中提取元素，从整体入手，开始概念设计；而设计4着手于1.2.3空间的不同，设计时注重分别表现1.2.3空间的特点。 2. 手法上的差异：3同学主要通过点连线，线成面来组合成为体；而4同学选择通过不同小体块的堆叠来成体。

地域环境与建筑空间设计教学探索

湖南大学建筑学院　二年级

教案编撰针对二年级二期建筑学本科专业学生，教学主要目标是探索地域环境和建筑空间设计，设计任务书涵盖一学期的时长，从基地调研和社区人群行为分析，艺术社区微型组团设计，到建筑单体设计和材料建构深入等阶段目标、内容和任务，教案展开过程注重连续性和教与学的互动性，强调各类手工模型制作推动设计的学习方式，适度增加多学科专家讲座交流环节，注重各种集体评图、公开评分的作用和效率。

1. 题目关键词：地域环境、社区、行为、艺术工作室

该项目选取的主要业主为特定的文化艺术人群，如画家、雕塑家、平面设计师、建筑师、服装设计师、自由作家、音乐人、媒体从业者等等。建筑在社区地块上有机联系，但又相对独立，每栋建筑有属于自己的领域和场所。

2. 教学目标及内容

了解包括（1）现代社区—自然与人文场所所构成的系统；（2）传统聚落生态文化地域特征——与自然共生，以及遵循自然规律的生长机制等。理解建筑个体与环境相协调的重要性。

学生应进一步树立功能意识、空间意识和环境意识以及社会观、艺术观，掌握组团级规划设计和建筑设计的基本原理、基本程序，并且提倡调研与分析以及模型推动设计进程的方式方法。

根据不同功能、环境及技术条件解决建筑的空间构成、组合、环境创造和形体塑造、材质风格、结构布局、细部构造等问题。

学生在掌握设计基本原理之外，还应掌握建筑设计的基本技巧和表现方法。

优秀作业 1：景别叙事——陈和西艺术工作室设计　设计者：谭祖斌
优秀作业 2：红墙·印象——艺术家联合工作室设计　设计者：冯永棋

作业指导教师：向　昊
教案主持教师：向　昊　李　煦　彭智谋　谢　菲　杨　涛

地域环境与建筑空间设计教学探索

教学体系

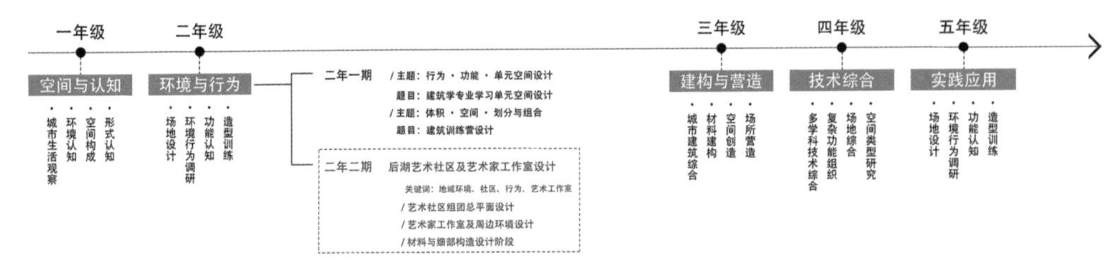

教学目标 二年二期

- 了解包括 1）现代社区—自然与人文场所所构成的系统；2）传统聚落生态文化地域特征—
- 与自然共生、以及遵循自然规律的生长机制等。理解建筑个体与环境相协调的重要性。
- 学生应进一步树立功能意识、空间意识和环境意识以及社会观、艺术观，掌握组团级规划
- 设计和建筑设计的基本原理、基本程序，并且提倡调研与分析以及模型推动设计进程的方式方法。
- 根据不同功能、环境及技术条件解决建筑的空间构成、组合、环境创造和形体塑造、材质风格、结构布局、细部构造等问题；
- 学生在掌握设计基本原理之外，还应掌握建筑设计的基本技巧和表现方法。

教学内容 二年级

- 教学内容主要包括小型建筑（服务、教育、居住、工作室、幼儿园等类型）的功能分析；人体与家具尺度；交通部分布置与分析；辅助部分的布置分析；低层建筑的技术与经济性。学习在给定用地范围内，按建筑功能及形式要求对空间及形体进行围合、划分、引导的能力；分析人对内部空间的基本要求，人在地域环境空间的行为方式和感受；理解结构形式对空间的限定与围和作用；了解调研收集资料的科学方法；了解建筑个体空间与地域环境相协调的重要性。

教学方式 二年二期

- 以微型艺术社区为蓝本，注重培养学生环境认知和场地分析能力以及设计概念生成过程的连续性；
- 搭建群体艺术家讲座和交流的平台，激发学生调研业主生成概念构思；
- 强化用各设计阶段的手工模型和电脑模型推动方案设计；
- 注重空间想象力的培养和图示思维的表达以及技术性图的精确表达；
- 注重个人学习与集体交流的关联，强化集体评图（班级、年级评图和公开评分）的作用及效率。

小组评图 班级评图 年级模型作业展及公开评分

设计任务书与教学过程

地域环境 · 艺术社区

后湖国际艺术区位于岳麓区大学城内，是岳麓区的重点文化产业项目之一，园区以桃花岛为核心，占地 145 亩。工程于 2012 年底开始动工建设，建成了艺术高地名家展厅、艺术团体办公中心及 60 套艺术家工作室。"已建成的后湖国际艺术区第一期所在地，其前身最早是一家毛纺厂，后来成为岳麓渔场的管理处，艺术区基地的用房部分是由老毛纺厂改建而成。"未来后湖以东将以展示与交流为主，以西主要是创作区。完全建成后将成为中部地区原创画作展示、收藏的最大平台。设计系列命题选址南侧紧临后湖艺术区一期用地，东面临湖，北侧有不完整的民居微型聚落。场地现状主要是弃用的某驾校停车坪，地势低洼。

现场调研　基地模型

场地环境分析

社区艺术家调研

微型组团空间营造

艺术社区组团总平面图设计（以组为单位）：

每小组首先进行社区调研和场地分析报告，在此基础上设计一个组团（组群）总平面方案，主要包括艺术工作室、微型聚会单元、适当的展示空间，以及街道、广场。此外还应包括道路及绿化景观环境的设计。可考虑部分临时停车及自行车停放区。要求建筑密度<30%；建筑层数<3 层；绿地率≥40%，低层低密度的格局，并应考虑新组团与原有建筑、道路、景观等社区格局的过度和衔接。

组团模型　组团设计

单体建筑拼接成组团空间

单体建筑空间设计

艺术家工作室及周边环境设计（以个人为单位）：

应根据选则的个人艺术家业主制定完善的"艺术家工作室设计功能计划书"，设计适宜艺术家创造性行为活动发生的建筑内外部空间。建议工作室（或包括展厅和交流空间）面积占总建筑面积 50% 以上。此外，建议制定"青年艺术家联合工作室设计功能计划书"，总建筑面积可扩大一倍。生活空间功能内容和面积宜减少设置，增加公众参与的相关艺术活动和参观游览行为空间，突出开放性艺术设计理念，建筑空间设计应结合地域环境等诸多要素。

过程草模　单体模型　设计图纸

材料与细部构造设计

材料与细部构造设计阶段（以个人为单位）：

分析单体建筑结构，确定材质，深入设计出节点或细部大样图，选取优选方案的建筑细部或构件制作细部构造模型。

模型

教学进度计划表 二年二期

	艺术社区组团总平面设计阶段						艺术家工作室建筑设计阶段									
	社区调研场地分析阶段（3 周）				组团总平面设计阶段(2 周)		建筑方案设计阶段(6 周)							细部构造设计阶段(2 周)		
周次	2	3		4	5	6	7	8	9	10	11	12		13	14	15
教学内容及进程	课题介绍；调研分析	艺术家群体讲座交流	基地调研报告；草模讨论交流	艺术社区案例讲解	选定组团设计方案，调整完善	修改调整总平面；模型设计与制作；完善组团正图	业主调研访谈；编写建筑设计功能计划书	艺术家工作室建筑案例讲解	方案调整，草图	方案调整；制作二草模型	方案定稿；修改完善方案	制作正式模型及绘制正图	正模正图	材质和细部构造深入设计	选择方案建构阶段	模型及作业展年级评图公开评分
设计成果要求	资料收集；制作基地模型	基地测绘图、基地模型班级交流		社区调研和场地分析报告汇报和点评	总平面规划方案草图及模型制作	设计评图	艺术家工作室或小住宅建筑案例解析报告		一草及概念模型	集体草图讨论			正图		1：50 剖透视模型	组织校内外专家点评、评分

组团设计作业一

评：设计首先把场地周的格网延伸，生成场地内格网的主要形态，由于场东侧临湖，所以在已有格的基础上把场地内的轴线导向湖边，并通过格网与网生成大致道路；根据交出的轴网生成形态各异却符合场地形态的建筑，并场地内到湖边逐级退台，每个建筑都享受到湖景；对道路进行分级，形成场中间的广场式道路及纵横错的显隐路径。整体设计序分明，流线组织合理，有很强的识别性和高效性。

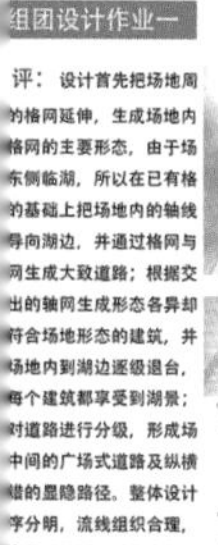

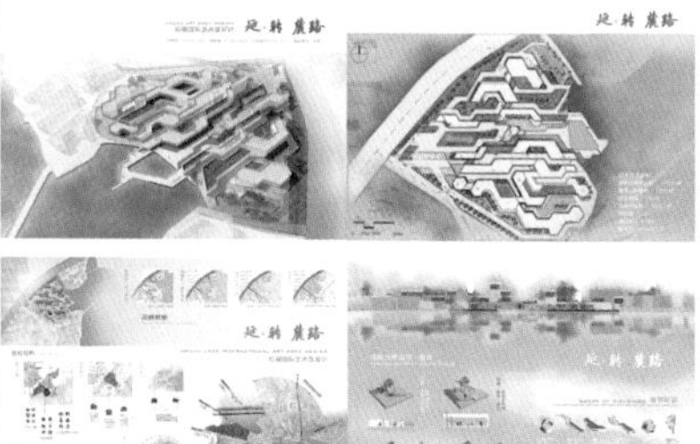

单体设计作业一

点评：方案设计从给定场地的轴网以及建筑与周边环境的关系出发，在建筑两端建立一条公共路径，吸引东南角广场上的人流到达西北角建筑下沉庭院，激活建筑的周边空间。此外，设计同时结合使用者的需求和工作性质，把"音乐均衡器"的概念转换为高度不一的墙体，并使墙体顺应场地六边形网格的趋势进行排列，营造出丰富的空间体验。单体设计既融入整体的秩序，同时也进行个性化的突破，形成了一种功能与形式上的张力。

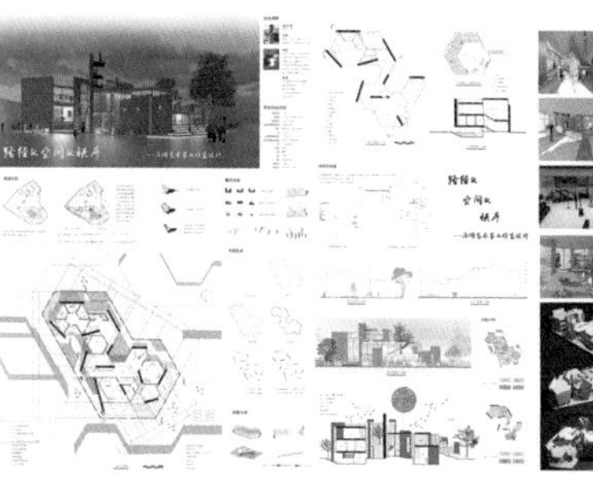

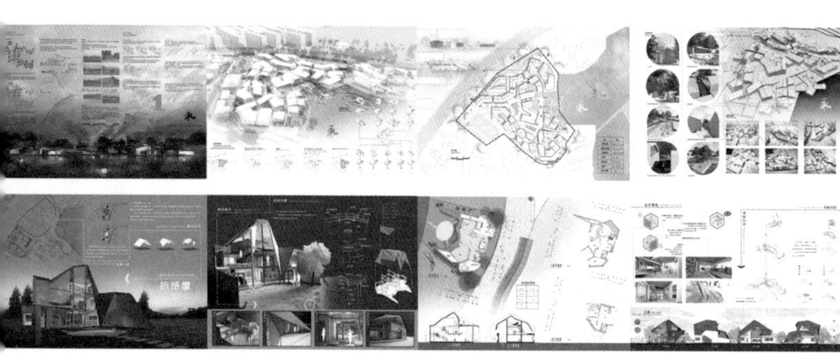

组团设计作业二

点评：调研得出基本轴网关系、体块意象以及公共区域节点大致分布区位。将基本意向中的建筑单体进行挤压和组合，形成公共空间、一级街道和庭院；然后调整院落之间和院落内部的道路关系，形成二级道路和三级道路，得到聚落单体的基本位置和聚落的街巷关系。最后通过轴网调整院落屋脊线得到建筑单体的坡屋顶。

街道的分级和高差的调整实现了对人流的引导和湖景充分利用，院落式空间为艺术家创造良好的创作氛围。规划设计结合场地周围建筑机理，在符合秩序感的同时不失个性，营造出了一个具有街道意向的聚落空间。

单体设计作业二

点评：方案从画家用纸作画和折纸艺术中获取灵感，用不规则的表皮营造体量轻盈感的空间，以楼梯的过渡竖向分隔功能区域。建筑主体顺应地形沿东南布置，使更多的空间靠近湖景，建筑沿场地边界形成前院，两侧实墙对周边建筑形成规避，设计问题主要是过于注重建筑形式的塑造，但建筑与地域环境的呼应有不足。

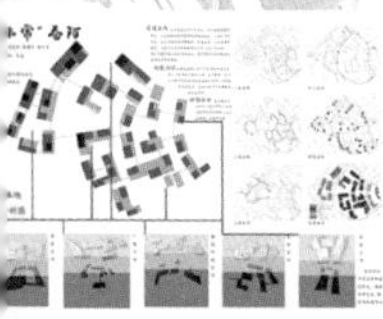

组团设计作业三

点评 组团的设计从基地的地理环境，人文环境，艺术家与公众的相互关系出发，以景观视线确定轴网，以村落的尺度布置路径和院落，营造出自然宜人，富有生活气息的艺术社区。作为场地活力的激发点，空中连廊的置入，既增强了工作室单元体的联系，又在原有路网的基础上，增加了一个层级，使其两者相互交错，相互联系，营造出高低错落，丰富多样的路径空间。另外，方案设计注重与周围区域的关系，通过节点小广场的设计，路径的联系，引导人流的聚集和流动，实现艺术社区与周围不同区域间的过度。但方案的设计深度稍显不足，路径的节点，小广场的景观等都需要继续深入完善。

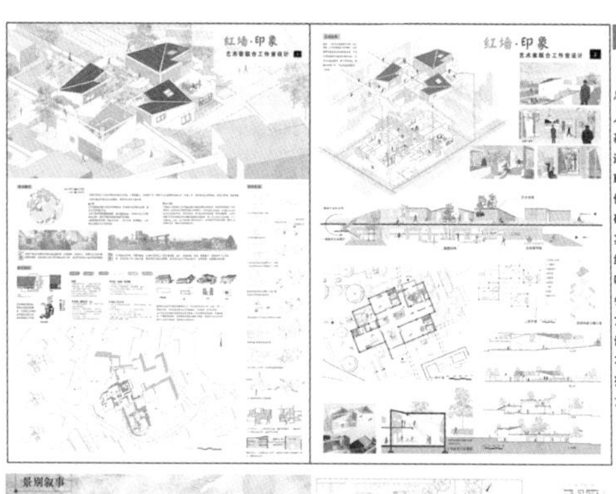

单体设计作业三

点评：设计综合了场地的人文环境和自然环境，参照基地原有村落民居的形式，通过坡顶，庭院等元素的提取，营造丰富自然的空间，保存当地的地域记忆。红色砖墙是行为发生的关键点，其作为建筑空间序列的连接纽带，贯穿公共空间的始终，吸引并引导公众进入，游览，参与艺术活动。

方案不足的是，红砖的砌筑设计上深度不够，若能考虑不同的砌筑方法，在空间序列上，对应形成不同的墙面，方案将会更为精彩和完善。

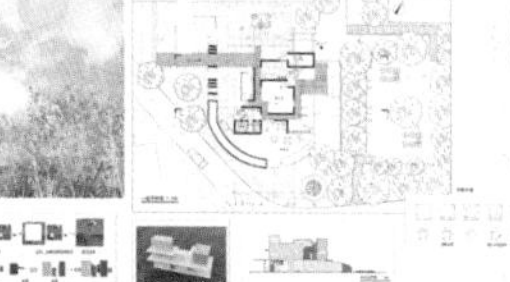

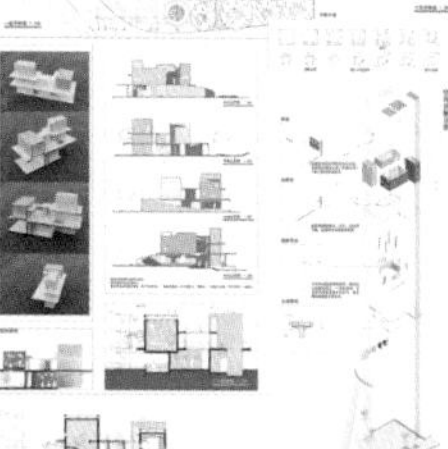

单体设计作业四

点评：方案的设计思维较为独特，作者从对画家作品的解读出发，将画作中的景别层次转译为建筑的空间层次，把画作中的色彩构成运用到建筑的材料配色上，营造出多层次，多变化空间关系。另外，方案结合基地和艺术家的调研，把建筑一层作为公众的开放空间，二层作为艺术家的工作空间，两者以中心庭院，斜坡相连，在保证艺术家的需求的同时，激发了公众参与艺术的行为的发生，为社区注入活力。略为不足的是，建筑的空间层次，地面的高差关系稍显琐碎，若处理得更为整体简洁，建筑的层次特点将更为突出。

教学体会

1. 寻找有艺术文化性有地域特色的基地环境，真题假作，便于激发学生从基地调研、行为分析、业主访谈入手获取设计概念，理解方案设计中从地域环境到建筑空间协调共生的重要性。
2. 多学科讲座的介入比如艺术家群体讲座和交流、针对小型低层建筑的结构选型和材料选择的知识讲座，有助于学生消化多学科的信息融入建筑设计。
3. 设计命题内容略复杂，基地人文环境要素和自然环境要素太丰富，二年级学生调研难度偏大，相关学科知识储备不足以及设计周期时长不足造成某些设计阶段完成得不够充分。
4. 设计命题引入地域环境的调研和分析，有助于学生过渡到三年级城市文化综合体建筑设计的学习，注重建筑学本科专业教学内容和目标的连续性和完整性。

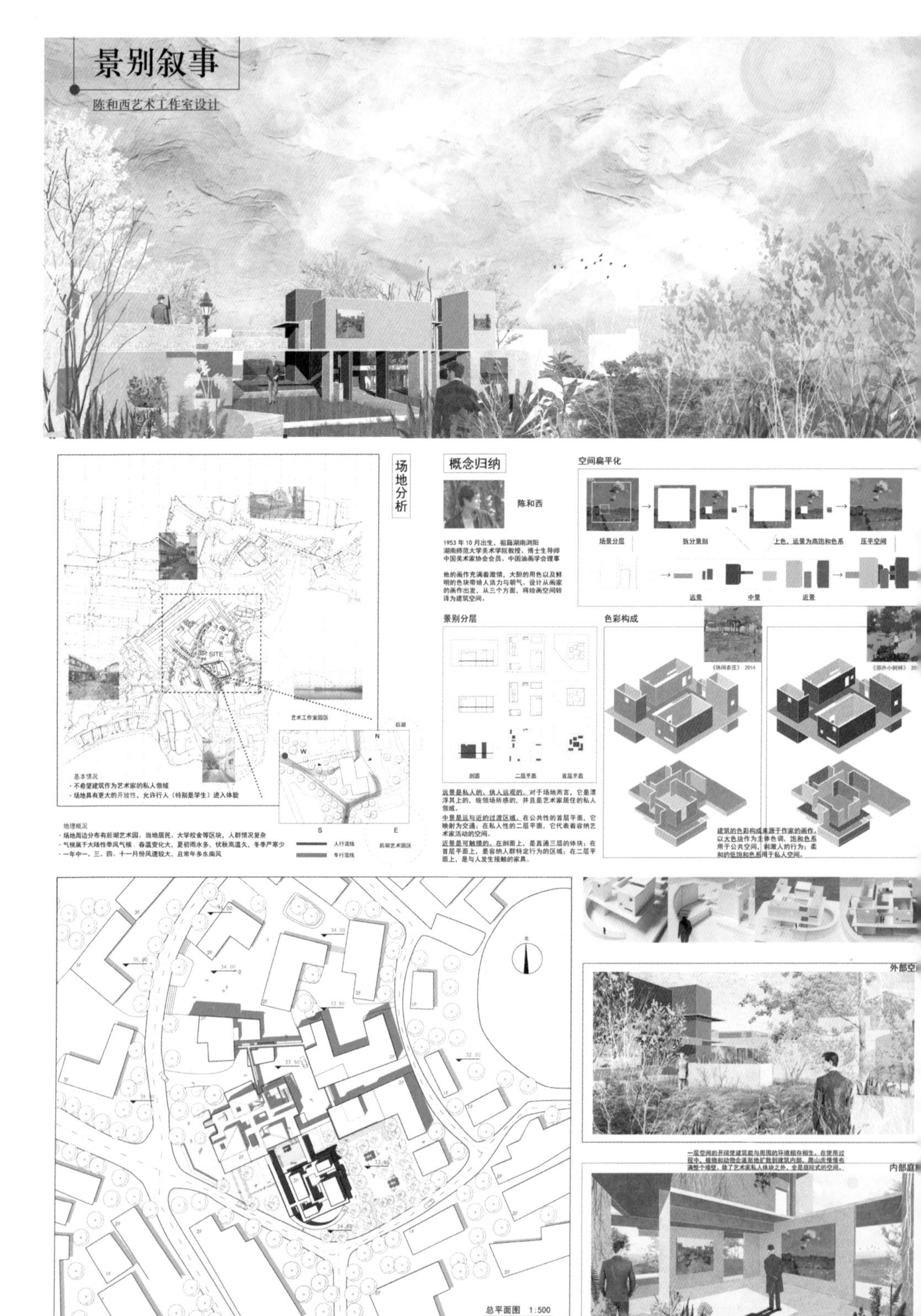
景别叙事
陈和西艺术工作室设计
场地分析
SITE
艺术工作室园区
后湖
N
W
S
E
后湖艺术园区
人行流线
车行流线
基本情况
· 不希望建筑作为艺术家的私人领域
· 场地具有更大的开放性，允许行人（特别是学生）进入体验
地理概况
· 场地周边分布有后湖艺术园、当地居民、大学校舍等区块，人群情况复杂
· 气候属于大陆性季风气候，春温变化大，夏初雨水多，伏秋高温久，冬季严寒少
· 一年中一、三、四、十一月份风速较大，且常年多东南风
概念归纳
陈和西
1953年10月出生，祖籍湖南浏阳
湖南师范大学美术学院教授、博士生导师
中国美术家协会会员、中国油画学会理事
他的画作充满着激情，大胆的用色以及鲜明的色块带给人活力与朝气，设计从画家的画作出发，从三个方面，将绘画空间转译为建筑空间。
空间扁平化
场景分层
拆分景别
上色，远景为高饱和色系
压平空间
远景
中景
近景
景别分层
剖面
二层平面
首层平面
远景是私人的、供人远观的。对于场地而言，它是漂浮其上的，统领场所感的，并且是艺术家居住的私人领域。
中景是远与近的过渡区域。在公共性的首层平面，它映射为交通；在私人性的二层平面，它代表着容纳艺术家活动的空间。
近景是可触摸的。在剖面上，是直通三层的体块；在首层平面上，是容纳人群特定行为的区域；在二层平面上，是与人发生接触的家具。
色彩构成
《休闲农庄》 2014
《郊外小树林》 20
建筑的色彩构成来源于作家的画作。以大色块作为主体色调，饱和色系用于公共空间，刺激人的行为；柔和的低饱和色系用于私人空间。
总平面图 1:500
外部空
一层空间的开阔使建筑能与周围的环境相存相生。在使用过程中，植物和动物会逐渐地扩散到建筑内部，爬山虎慢慢布满整个墙壁，除了艺术家私人体块之外，全是庭院式的空间。
内部庭

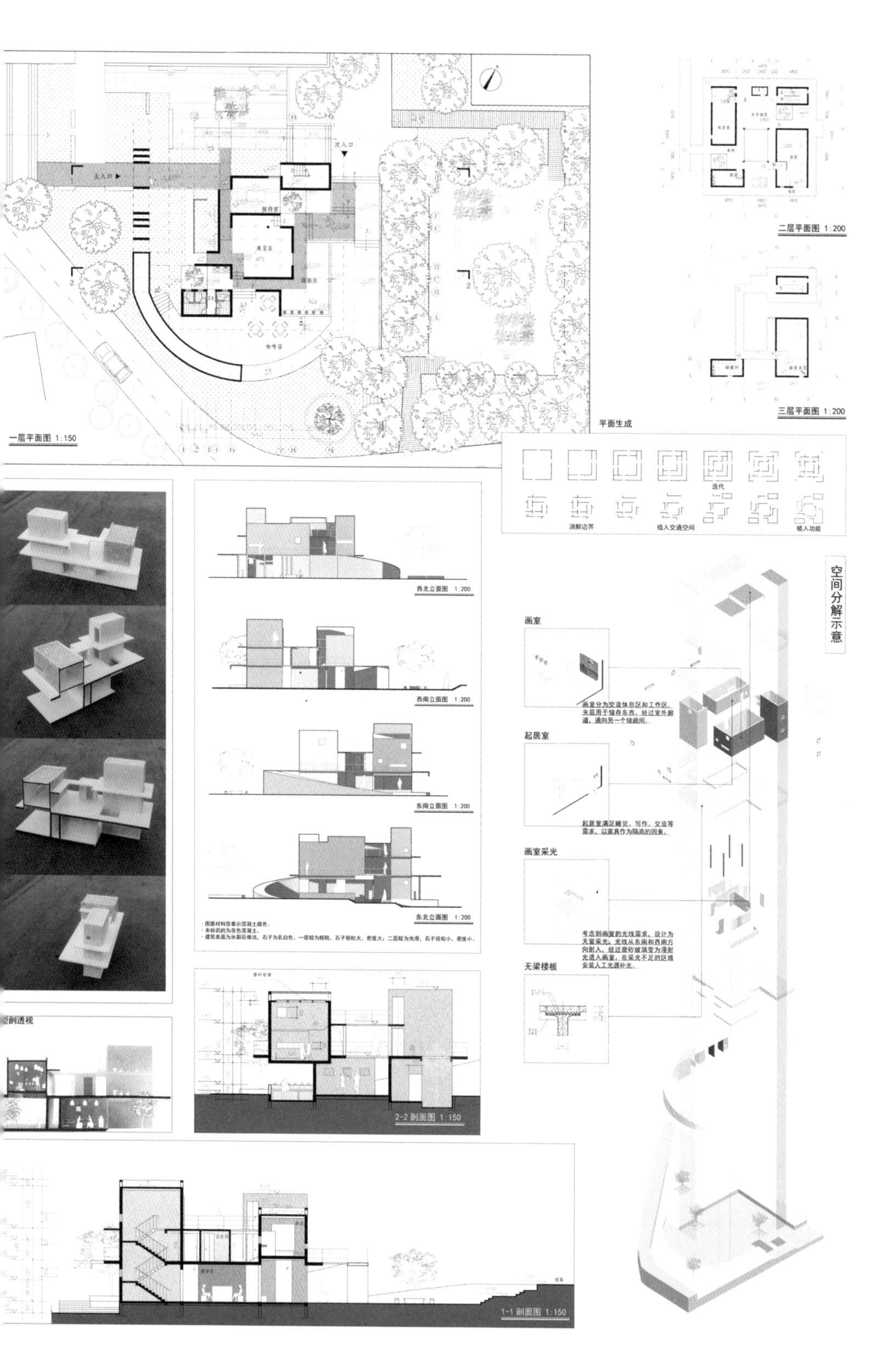

主入口
次入口
接待室
展览区
体验区
咖啡店
一层平面图 1:150
二层平面图 1:200
三层平面图 1:200
平面生成
迭代
消解边界
插入交通空间
植入功能
西北立面图 1:200
西南立面图 1:200
东南立面图 1:200
东北立面图 1:200
· 图面材料仅表示混凝土颜色。
· 未标识的为灰色混凝土。
· 建筑表面为水刷石做法，石子为乳白色，一层较为粗糙，石子径粒大，密度大；二层较为光滑，石子径粒小，密度小。
空间分解示意
画室
画室分为交流休息区和工作区，夹层用于储存东西，经过室外廊道，通向另一个储藏间。
起居室
起居室满足睡觉、写作、交流等需求，以家具作为隔离的因素。
画室采光
考虑到画室的光线需求，设计为天窗采光，光线从东南和西南方向射入，经过磨砂玻璃变为漫射光进入画室，在采光不足的区域安装人工光源补光。
无梁楼板
剖透视
2-2 剖面图 1:150
1-1 剖面图 1:150

从认知到建构的建筑设计基础教学

哈尔滨理工大学建筑工程学院建筑学系　一年级

1. 教学目标

（1）以空间叙事和剧本为基础，将学生个体的空间体验和文学、影视作品的空间描述结合起来，避免原有单调的空间构成法则而使学生产生枯燥感，通过叙事与空间剧本确立空间情境，以基本的空间要素建构一个形体的组合并形成完整的空间序列。

（2）弱化功能要求，通过一个概念性的空间生成与建构训练，将原有构成训练和空间建构方法结合起来，将形态、光影、围合、人体尺度等多个要素综合考虑，有机整合，为后续的建筑设计训练奠定空间基础。

（3）回避材质、色彩、质感等内容，重点训练学生的空间生成方法，加深学生对空间以及相关要素的认识理解，学习如何通过杆件、板片、体块空间生成的基本方法。

（4）掌握空间中限定、组合、形式之间的关系，注重空间体验，如空间的大小、形状、比例、方向、明暗等等，深入理解建筑空间与形式的关系。

2. 教学总结

空间训练一直是设计基础课程中最重要的组成部分，传统的空间构成、立体构成等训练方法，无法摆脱“方盒子”的限制，学习过程过于理性，严谨有余而创造性不足。

引入空间叙事和剧本是在空间构成设计开始之前所进行的文字性的空间想象与游历，其意在借助虚拟的想象，五感的调动以及意向性的空间感受，引发对空间效果、空间关系的丰富联想，使空间构成的设计过程在理性思维的控制之下融入个人感性的认知。挖掘内心感受和审美趣味，强化空间的感性认知与体验，拓展空间形象思维，使抽象的空间设计融入了个人主观的情趣延续空间想象。在空间剧本和空间设计之间往复修正，使个性化的情景想象和理性化的设计手法相结合。

优秀作业 1：静城 · 喧巷　设计者：张博文　徐艺阁　王　晖

优秀作业 2：曲转迷城　设计者：何俊江　陈虎林　张　嵩

作业指导教师：程新宇　李　梅

教案主持教师：程新宇　李　梅

从认知到建构的建筑设计基础教学

建筑设计基础教案 1

From cognition to construction

建筑设计基础教学概况

结合近年来基础教学的发展趋势，我校将教学目标由侧重表达技巧训练转向侧重空间意识、建筑思维方面的培养为主，明确新的建筑设计基础教学目标，即：

1）建立基本的建筑概念和空间意识。

2）学习建筑设计思维方式。

3）掌握建筑学专业图示语言和表达技巧，为后续的建筑设计课程打好基础。

教案以基本能力训练为切入点，以一系列的空间训练为主线，结合概论、空间原理等理论讲授，将原有的分类并置的表现技能训练重新梳理，划分为认知、表现、设计、建构四个教学单元，采用线性结构和单元结合的教学组织架构，将建筑设计基础教学过程分解为若干阶段，明晰课题的教学目标和分项任务（思维训练、语汇训练、技能技巧训练、知识点等），结合教学实际，仔细安排课题教学的进程和环节以及阶段性控制目标，加以有机整合，经过近4年教学实践，一年级学生的专业学习兴趣、基础设计能力和综合表达能力都得到了明显的提高。

专业教学体系

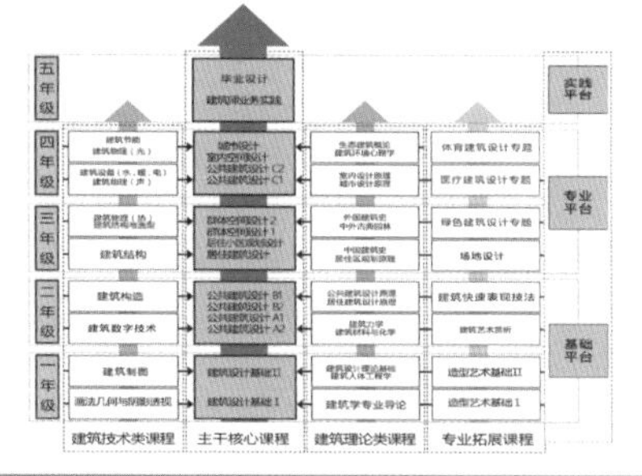

建筑设计基础教学框架

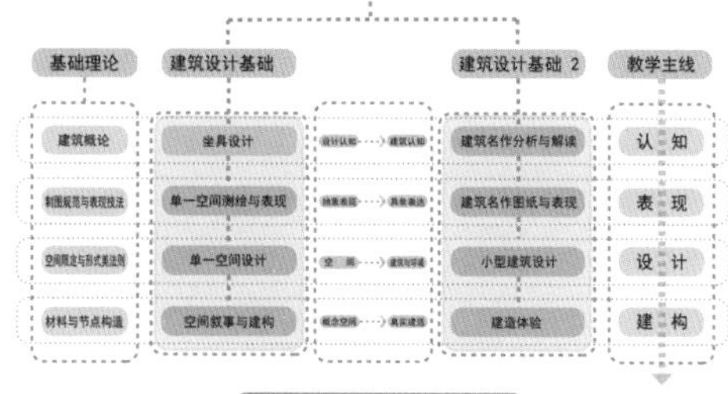

一年级专业基础教学框架

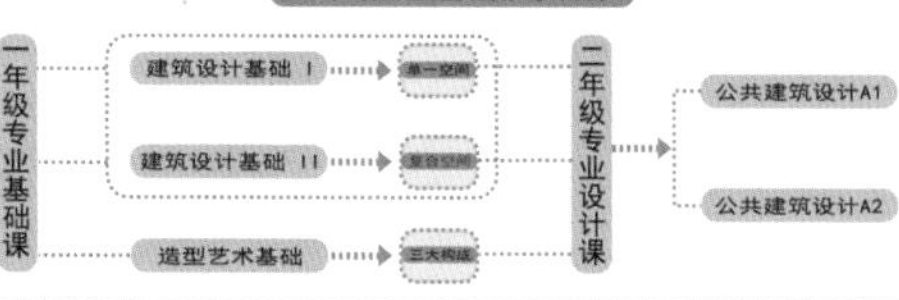

建筑设计基础 I 教学

设计认知-坐具设计

目标任务

1、了解从概念到形式的设计过程和方法，建立一个广义的设计概念，包含设计、制作和使用。

2、通过一个坐具的设计来认识人的身体和物体之间的基本关系，认识设计对象与人的行为、人体尺度的关系。

3、体验如何借助草图和草模来发展和表达设计。

教学内容

使用瓦楞纸板来设计和制作一个可供一人坐的1:1的坐具。设计以小组形式进行，每三人一组，每组使用不超过2张的，材料限定于8mm厚的，大小2400mm×1200mm的瓦楞纸板。

教学成果

教学评价

坐具设计对刚刚步入建筑学的大一新生来说是一个挑战，学生要在短短的两周时间内，与新同学共同协作，经历资料收集、草图、草模、制作正式模型、绘制图纸等多个学习阶段，本项作业既能够激发学生的专业兴趣，又能够将学生们从感性思维引入理性创造之路，从专业知识、设计方法、动手能力、思维模式等方面取得较大的收获。

16学时

单一空间测绘与表现

目标任务

1、初步了解人体活动的基本尺度和常用的建筑空间、建筑设施、家具等的基本尺寸；

2、学习使用建筑制图工具表达建筑空间的基本方法，掌握平面图、立面图、剖面图等建筑图纸画法。

教学内容

对单一空间的基本状况进行测量、记录，并按照建筑制图标准画出平面图、剖面图，用尺规作图，并用针管笔绘制墨线图。

教学成果

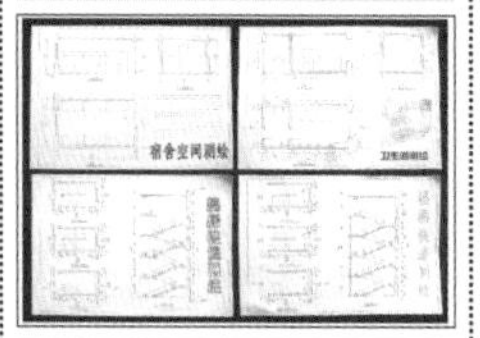

教学评价

宿舍空间是学生们朝夕生活的地方，其特点是：功能简单，行为模式多样。本项作业的训练成果主要体现在：

1、学生们通过亲自测量工作后逐步熟悉和关注周边的建筑空间尺度；

2、通过学习制图规范掌握建筑制图的一般规定；

3、通过图纸绘制，熟悉尺规作图的工具和方法。

16学时

单一空间设计

目标任务

1、初步建立空间的概念，以自身生活体验和分析为基础认识到空间是与一定的行为相关联的。

2、深入了解限定室内空间的手法，注意点、线、面、体等在围合空间时的运用。

教学内容

对测绘的单一空间进行分析，按教师要求重新布置空间，房间的布置应充分满足空间内使用者的功能要求，并适度考虑空间的可持续发展。

教学成果

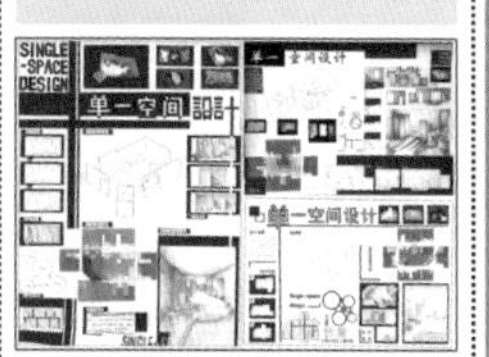

教学评价

本项作业是空间形式与人的行为关系训练的重要环节。

在教学中，为了使学生更加关注空间在多维方向上的形式创造和功能分区，将家具指定为固定尺度的模块，学生通过功能分区模型，空间的正、负形模型等来观察和学习功能分区、流线组织、空间限定等相关知识和设计方法。

32学时

空间叙事与建构

目标任务

1、弱化功能要求，以空间剧本为基础，将形式、空间、流线、光影、人体尺度等多个要素综合考虑，完成一个叙事空间。

2、回避材质、色彩、质感等内容，重点训练学生的空间生成方法，加深学生对空间以及相关要素的认识理解，学习通过杆件、板片、体块空间生成的基本方法。

教学内容

每三人一组，以空间剧本为基础，在6×9×15m的空间中划分不同空间，并组合成完整的空间序列。力求通过一系列空间形式（如大小、形状、比例、方向、明暗等）的变化，形成丰富的空间感受和空间特征。

教学成果

教学评价

"一个剧本，三个体块，曲折变化的丰富空间。"这是本项作业的亮点。通过这个训练将学生们的学习兴趣和空间设计知识提升到一个新高度。这里学生们用空间的形式、光影、尺度、流线等变化演绎和创造出源自内心的一个个场景，这里没有冗余的信息，只有心灵与空间的对话。

48学时

建筑设计基础 II 教学

建筑名作分析与解读

目标任务

1、通过对著名建筑大师的作品的模型还原，深入理解复合空间的概念，学习建筑的空间关系、空间形态、空间过渡等设计知识。

2、理解建筑空间与功能、形式、材质等的关系。

3、关注建筑与环境的关系。

教学内容

搜集现当代知名建筑作品的图纸、影像、文字等资料，并按照一定比例进行建筑模型的制作，对建筑进行分析，分析图的形式对该建筑物从功能布置、形态构成、结构示意、体量关系、交通流线、比例关系、细部构思等各个方面进行细致的分析与表达。

教学成果

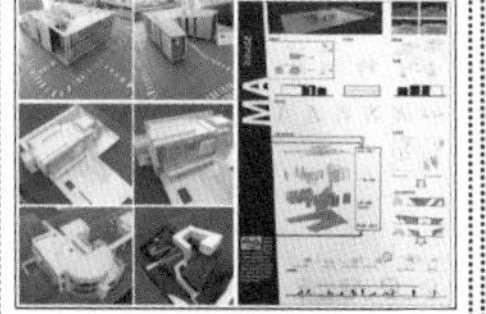

教学评价

建筑名作分析是建筑设计基础教案的经典教学内容之一。多年来进行了多次教学改革，将作业内容由原来的现代建筑大师的几个作品转为当代新兴建筑师的著名作品，选题更加广泛；模型表达重点由作品空间真实还原转为由单一材料表现的建筑空间本质还原，略去建筑立面的色彩和材质的影响；图纸表达由原来的抄绘分析图转为具有独立思维的作品解读。

24学时

建筑名作图纸与表现

目标任务

1、掌握建筑方案图的一般规定及表达内容；

2、掌握正确的建筑总平面图、建筑平、立、剖面图的表达方法，学习建筑配景的表达方法。

3、初步掌握建筑水彩的表现技法。

教学内容

对已做名作模型尺度进行完整的图纸还原，要求符合国家的制图规范标准，采用合理的建筑构图形式，并加入适当的建筑配景，完成总平、平立剖图纸的绘制。利用水彩等表现技法表达建筑外立面色彩、材料、质感、色彩，以及虚实、明暗、阴影关系等。

教学成果

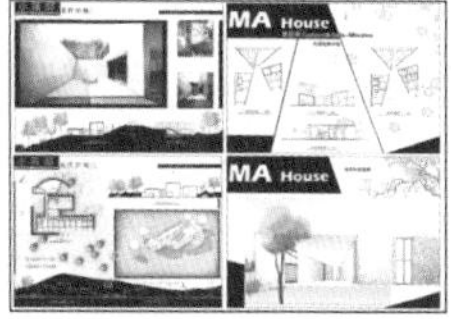

教学评价

本项作业主要是建筑方案的表达训练，包括建筑设计方案图的表达内容、表现方法、构图技巧、水彩表现、钢笔画表现等多方面的综合知识，学生通过训练建立起对建筑方案图的完整概念，掌握建筑表现的基本技法，为后续的小型建筑设计方案图纸表达奠定了基础。

24学时

小型建筑设计

目标任务

1、通过校园内的小型建筑的设计及其外部空间环境的设计训练，从实例调研、场地分析开始，初步了解并掌握建筑设的计过程与步骤。

2、初步学习并逐步掌握一些基本的建筑设计方法，包括总图布局，平、立、剖面的设计，空间组织关系、使用行为与空间的互动关系以及简单的外部环境设计等。

教学内容

根据校园内给定的数个地块，对场地进行环境调研和分析，并依据地块的分析确定设计题目，可从林中书屋、快递驿站、校园商亭等题目中确定，分阶段完成校园小型建筑及环境设计的图纸。

教学成果

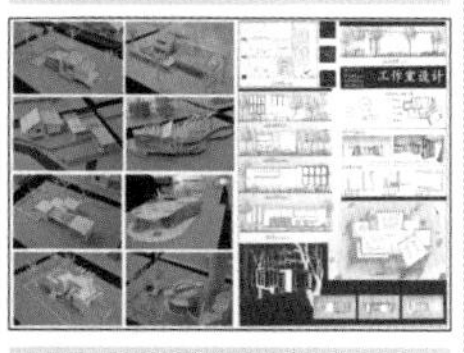

教学评价

小型建筑设计是建筑设计基础课的一项综合训练，引导学生利用所学知识综合解决设计问题。从坐具到校园建筑，从身边的"一物"到"一筑"，空间、功能、环境、行为、构造、材料等都更加丰富和复杂。学生在矛盾中不断的探求方法和解析问题，每一个设计作品都将成为他们登向建筑之路的阶梯。

40学时

建造体验

目标任务

1、建构—通过感性体验和操作实践，认识并初步掌握建构理念与建构过程；建立起形式与空间的概念联系，对应空间与功能的逻辑关系，完成从设计到实际建成作品的体验。

2、材料—初步了解材料与构造的概念和逻辑；通过动手操作体会材料与构造对形体与空间的限定，了解特定材料的特定加工方法与建构逻辑，把握从设计选材到实际建造的可行性。

教学内容

以6-8人小组形式利用瓦楞纸建造一个3米×3米×3米的构筑物，采取校园内真实环境的建造或者参与多校联合的建造节等形式进行，完成后的作品要有合理的结构形式，且没有任何外在的辅助支撑的情况下保持稳定，通过整体结构和节点的连接方式等的设计，实现材料、结构的统一。

教学成果

教学评价

建造体验教学的重点是对材料与空间生成的感性认知和真实建造过程的体验，从草图到1：10模型，1：5、1：2最后是1：1实体建造，尺度增大的过程考验结构稳定性，并使学生意识到建筑设计不是停留在纸面上的绘画，而是真实的建造。

24学时

从认知到建构的建筑设计基础教学

建筑设计基础教案

From cognition to construction

课题题目：空间叙事与建构

教学框架

任务书解读

- 空间情境收集与分析：空间训练相关理论讲授；影视、文字空间解读；空间调研体验
- 空间生成要素与特性：空间生成要素分析；块、板、杆空间特征；空间体验与认知
- 空间演绎与空间建构：块、板、杆的操作方法；空间网格；人体尺度；空间光影
- 空间序列与形体组合：空间序列；空间层次；空间组合；空间界面；形体组合
- 空间构思与叙事剧本

成果表达

教学目标

1、以空间叙事和剧本为基础，将学生个体的空间体验和文学、影视作品的空间描述结合起来，避免原有单调的空间构成法则而使学生产生枯燥感，通过叙事与空间剧本确立空间情境，以基本的空间要素建构一个形体的组合并形成完整的空间序列。

2、弱化功能要求，通过一个概念性的空间生成与建构训练，将原有构成训练和空间建构方法结合起来，将形态、光影、围合、人体尺度等多个要素综合考虑，有机整合，为后续的建筑设计训练奠定空间基础。

3、回避材质、色彩、质感等内容，重点训练学生的空间生成方法，加深学生对空间以及相关要素的认识理解，学习如何通过杆件、板片、体块空间生成的基本方法。

4、掌握空间中限定、组合、形式之间的关系，注重空间体验，如空间的大小、形状、比例、方向、明暗等等，深入理解建筑空间与形式的关系。

任务书

一、设计内容：

1、以3人为一组，诠释一种带领游客穿越一系列内部空间的经历，长时间或片刻，要带有强烈的戏剧性，可囊括多种感官（看，触，尝，听，味），实现由空间剧本所关联的三个连续空间每个空间的限制是6米×9米×15米。

2、以3人一组，每人按1:50的比例，在6×9×15m的空间中划分不同空间，并根据空间叙事的逻将三个体块组合成完整的空间序列和布局。

二、设计要求：

1、三个盒子总的占地面积是36×30m，任何部分都不允许超出这个范围。

2、每一个盒子空间水平划分个数3个以上，垂直2层以上，注意空间类型的多样性与丰富性，空组织的连续性和层次性。

3、空间设计逻辑说明示意图，空间逻辑或空间序列的空间（内、外）照片，不少于8张。

4、A1表现图一张，包括空间构思、多种材料表现。空间透视图（至少3个视点）、剖透视图2个流线分析、尺度分析，空间光影表现图等，各层平面、各个立面、两个剖面、总轴测图。

三、教学进度：

1、空间叙事与空间剧本　8学时

2、空间概念模型　12学时

3、空间演绎与建构 12学时

4、空间序列与形体组合 8学时

5、A1表现图8学时。

四、主要参考资料：

1、顾大庆．空间、建构和设计——建构作为一种设计的工作方法．建筑师，119期．2006（1）

2、《建筑：形式、空间和秩序》-程大锦-天津大学出版社，2008.9

3、《建筑形式的逻辑概念》，[德]托马斯·史密特 著，肖毅强译，中国建筑工业出版社，200

4、《建筑形态构成基础》，朱建民，科学出版社，2002

5、空间专辑．建筑师，112期，2004（12）

6、丁沃沃、张雷、冯金龙编著．欧洲现代建筑解析一形式的逻辑．江苏科学技术出版社，1999

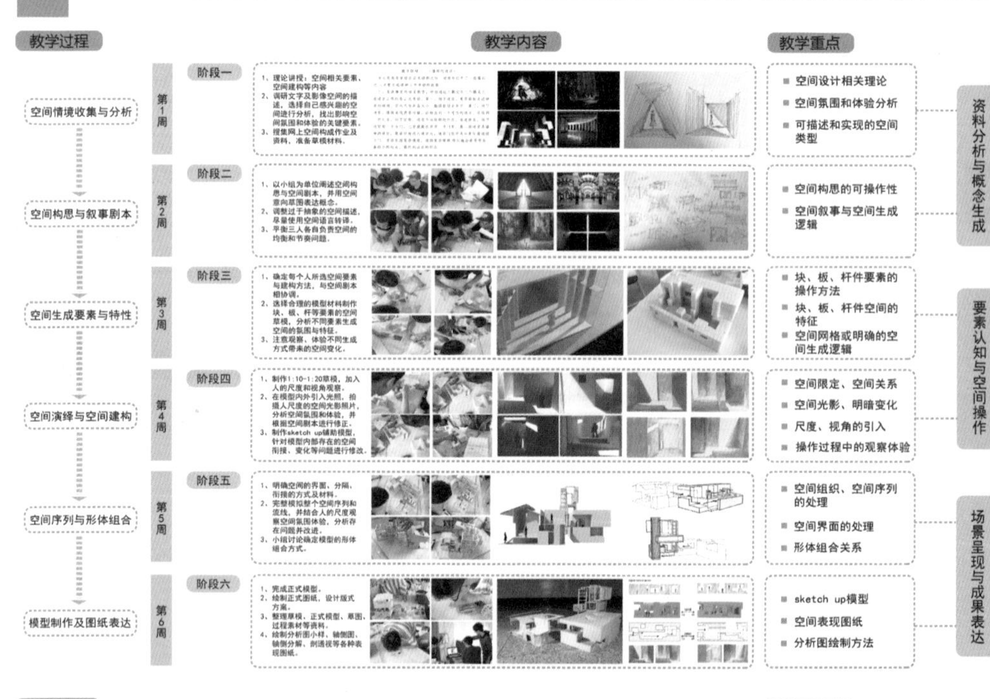

成果展示

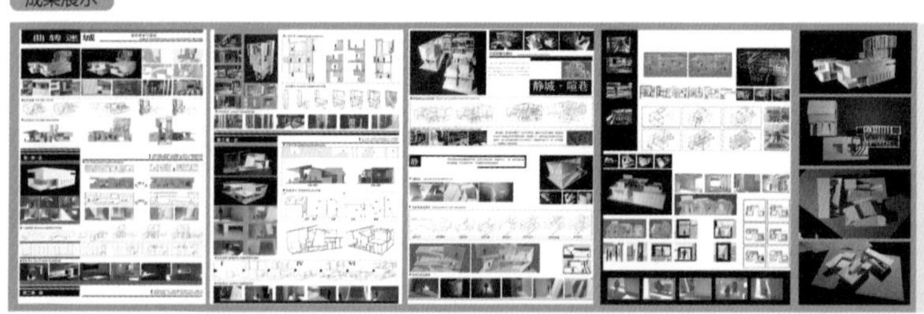

教学总结

空间训练一直是设计基础课程中最重要的组成部分，传统的空间构成、立体构成等训练方法，无法摆脱"方盒子"的限制，学习过程过于理性，严谨有余而创造性不足。

引入空间叙事和剧本是在空间构成设计开始之前所进行的文字性的空间想象与游历，其意在借助虚拟的想象，五感的调动以及意向性的空间感受，引发对空间效果、空间关系的丰富联想，使空间构成的设计过程在理性思维的控制之下融入个人感性的认知，挖掘内心感受和审美趣味，强化空间的感性认知与体验，拓展空间形象思维，使抽象的空间设计融入了个人主观的情趣延续空间想象。在空间剧本和空间设计之间往复修正，使个性化的情景想象和理性化的设计手法相结合。

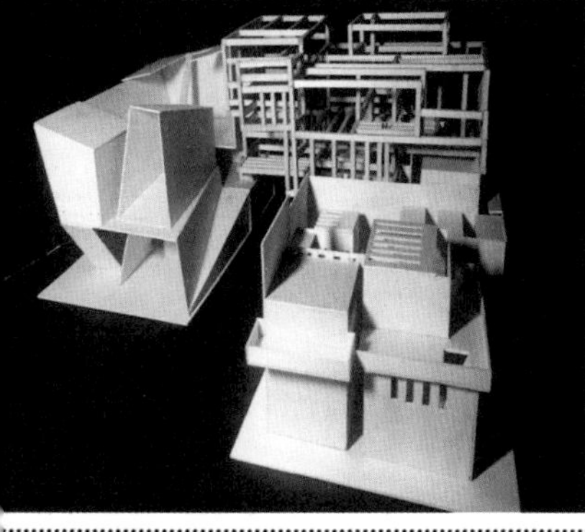
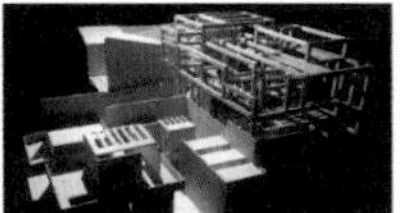

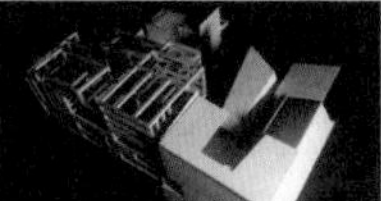

空间叙事与建构 Spatial narrative and construction

设计说明：最终确定主题为静与喧相互游历相互衬托的空间行为。巨大的空间，倾斜的墙体给人神秘，肃穆庄重之感。密布的空间，繁多的转角给人嘈杂之感。而连接静与喧的空间，运用了榫卯的魔力。

静城·喧巷

空间逻辑生成与交通流线 Spatial logic generation and traffic streamline

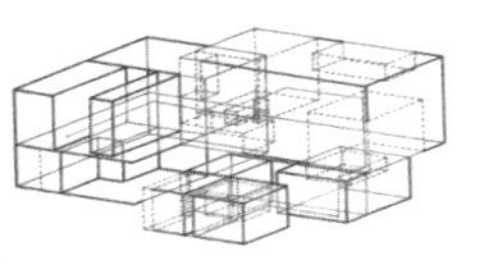
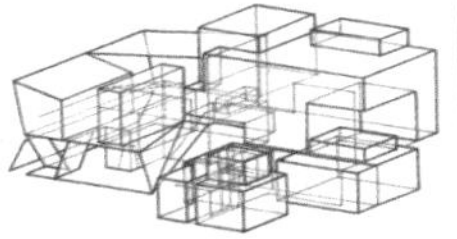
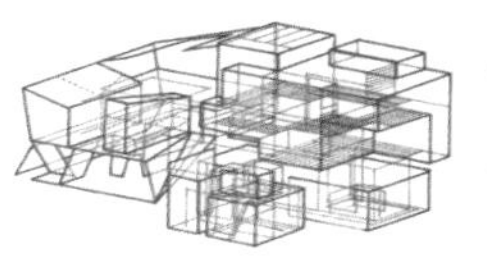
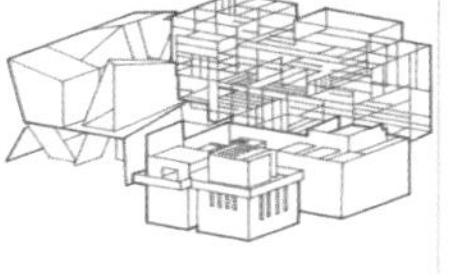

细部节点分析和组合手法运用 Analysis and combination of detail nodes

榫卯结构，是中国古建筑的一项伟大得发明。通过研究我们了解到，榫卯结构的连接方式是典型的木构建筑采用的一种连接方式，这样的组合会增加节点出的稳固性。所以我们采取用榫卯的方式将我们三人模型部分组合在一起，既具有意义，也使模型之间更加牢固。

静

静寂的空气中弥漫着阴谋的气息，真相好似近在眼前，却原在天边。“他”苦苦的搜寻着他穿越隧道，忽然间豁然开朗，气氛陡然变的压抑凝重起来。

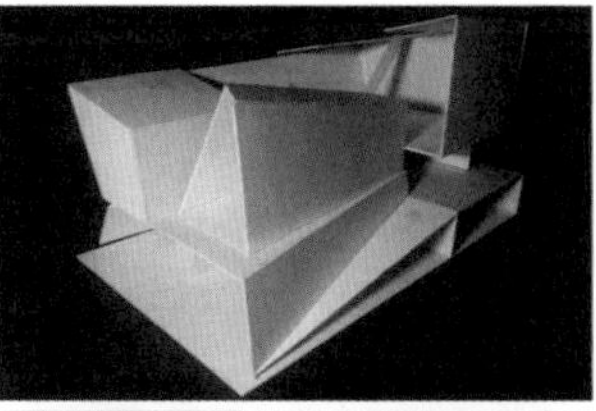

光影表现 Light and shadow performance

空间生成及演绎 Space generation and interpretation

空间构思 Space conception

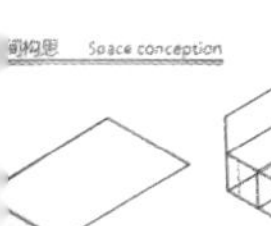
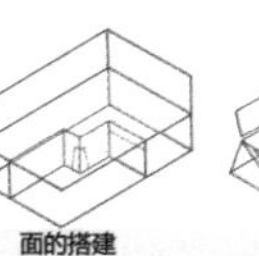
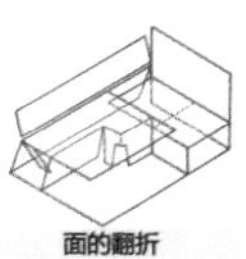
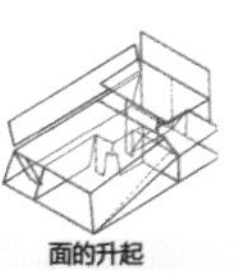
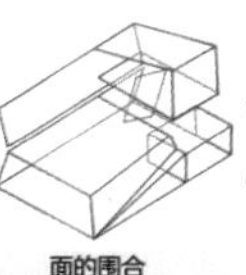
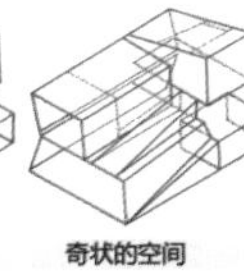
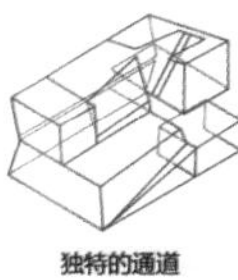
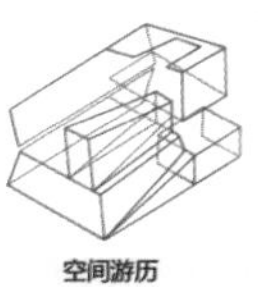

面的衍生　面的搭建　面的翻折　面的升起　面的围合　奇状的空间　独特的通道　空间游历

空间生成及演绎

折

在经过苦苦思索之后，案情终于拨云见日，他似乎离真相越来越近，终于他来到一个地下室入口。面对多个入口他决定进入地下室，他决定继续搜寻……

■光影分析

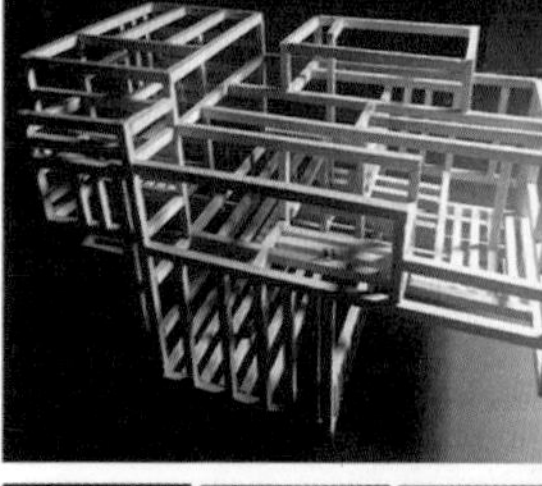
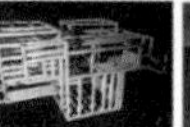

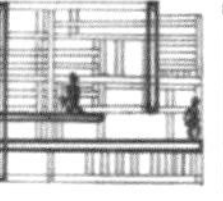
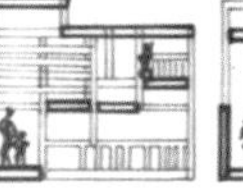
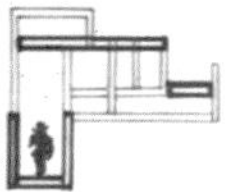

■设计思路

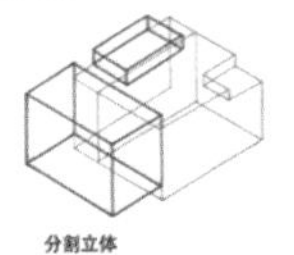
分割立体

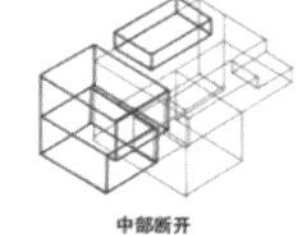
中部断开

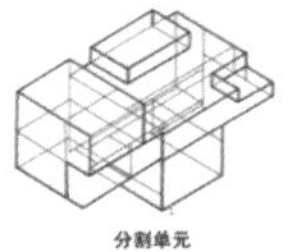
分割单元

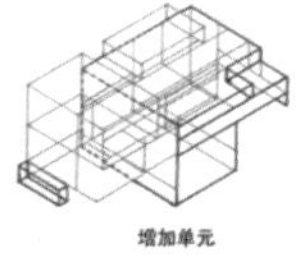
增加单元

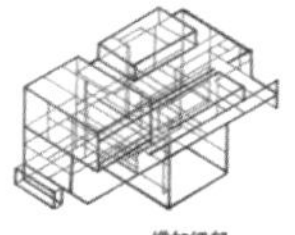
增加细部

最终成果

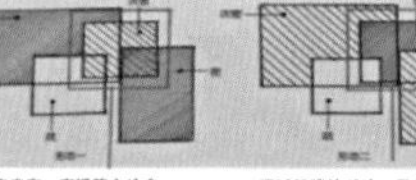
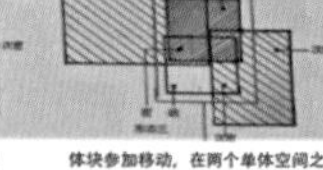

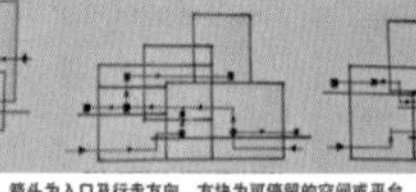

通过穿串套，穿插等方法在一个单一空间内产生多种空间感

通过平移的手法，整个外部造型发生变化，某个单个空间也变的丰富

体块参加移动，在两个单体空间之上，产生不同的空间效果

整个外部造型上下起伏，形成一定的层次感，在内部结构利用杆件的特有性质进行排列，搭接，调节从而形成有疏有密，丰富多彩的空间结构

箭头为入口及行走方向，方块为可停留的空间或平台

平面路径分析　东侧路径分析　北侧路径分析

喧

面对地下室错综复杂的通路以及阴暗的环境，他内心很是急迫，想要抓到杀人凶手，地下室诡异的环境就如同凶手的行为一样，让人恐惧，不知过了多久，前方出现了一片亮光，沐浴在光线下站立着一个人

■　设计思路与交通流线

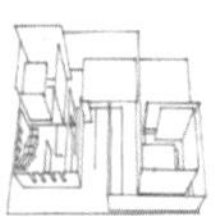
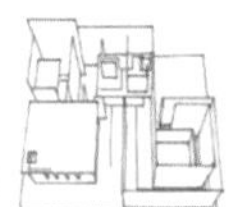
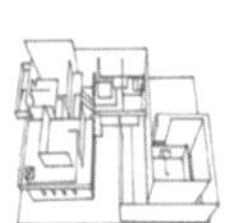
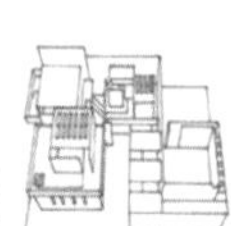

■　空间尺度与人的感受

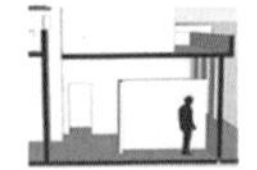

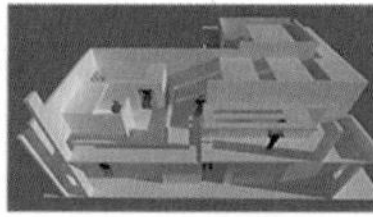
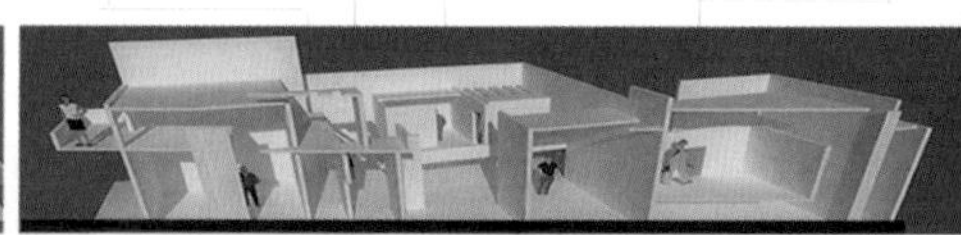

■　光影分析

以场地和行为为导向的长周期设计——校园书吧设计

合肥工业大学建筑与艺术学院建筑学系　二年级

1. 教学目标

（1）掌握建筑方案设计的基本步骤、内容和方法，初步学会分析解决建筑功能、空间、形式、场地以及建造等的基本问题。

（2）初步掌握建筑方案设计的基本理论。学习形象思维和逻辑思维融贯的整体化思维方法，培养综合分析问题、解决问题的能力，掌握相应的建筑方案设计技巧。

（3）掌握准确、简明地表达建筑方案设计构思的表现技巧（包括草图、工作模型、正图、图解分析、鸟瞰透视和模型）。

（4）培养严谨、有序、准确、求精的科学工作态度。

2. 教学方法

（1）启发式教学

引导学生从认识身边环境入手，理解空间组织的基本规律，并思考其存在的问题，推动自主学习。

（2）开放式教学

运用专题讲座、互动式讨论、公开评图等方法推动课程，拓展学生知识背景、培养合作、协作的能力，锻炼沟通和表达的技巧。

（3）研究式教学

强化资料收集准备工作要求；强化案例分析工作；强调自主寻找并解决问题的教学过程，培养学生创造性解决问题的能力。

优秀作业 1：廊读——校园书吧设计　设计者：熊雨涵

优秀作业 2：“相映成趣”——校园书吧设计　设计者：江明峰

作业指导教师：曹海婴　宣晓东　刘　阳

教案主持教师：宣晓东　刘　阳　曹海婴　任舒雅　凌　峰　刘　源

Fundamentals of Design III

基础训练到建筑设计的过渡

以场地和行为为导向的长周期设计

本科二年级课程“校园书吧设计”教案（一）

场地　行为　空间、形式

01 课程概况

建筑学专业“一核多维”的设计教学模式。该体系架构的初步设想是：以“空间设计”为基点，依据支撑课程与设计教学的关联程度，在不同教学阶段设置不同的设计问题。通过由近及远的问题设置，逐步由建筑学科相向交叉学科拓展，循序渐进的培养学生基本设计技能和综合创新能力。

教学体系

	一年级	二年级	三年级	四年级	五年级
表达维度	手绘表达 模型表达 语言表达	规范制图表达 CAD辅助设计	数字化设计 数字化建构	Team Work 数字化建构 文字表达	
空间核心	空间认知 空间构作	单一空间　单元空间 线性空间	复合空间　复杂空间	城市空间　社会空间	综合空间实践
设计维度	空间概念和基本表达方法	设计基本操作/场地、行为	空间组织、结构选型、材料运用、绿色设计、建造方式	社区规划、城市社会学、建筑文化研究、建筑策划	
	基础和入门	建筑设计“内涵” 基于功能、结构、材料、技术、建造的设计		建筑设计“外延” 基于社会、城市、经济、文化等的设计	

“一核多维”建筑学专业设计教学体系

作为建筑学专业二年级上半学期的专业主干课程，其作用在于引导学生由对“设计”的认知转向对“建筑设计”的认知，树立建筑的概念，了解建筑设计涉及的基本问题。让学生对给定的场地进行分析，并且让学生了解建筑是一个如何处理社会需求以及建筑使用者的需求问题。对使用者行为的多样性和需求的差异性做出分析，把场地和行为作为建筑空间生成的主要要素。

教学目标

空间构成练习	小型建筑设计综合练习	幼儿园 3X3空间	校史展览馆 名人纪念馆 售楼部
基础练习：基于人体尺度的基本空间设计和表达	综合基础练习：基于场地和行为的简单建筑设计和表达	建筑设计练习：小型单元式空间组织练习	建筑设计练习：基于行为和流线组织的设计练习
书报亭 起居空间 上下联系空间	书吧 茶室	单元空间建筑设计	线性空间建筑设计

前置的一年级专业基础课程教学使学生掌握了对建筑空间进行基本分析的方法，进行了有关行为与建筑环境调研认知方面的训练，但要达到高年级操作综合建筑设计的要求仍然不够，如何启发和引导学生理解：
场地环境是建筑建立的基石，也是建筑与外界取得联系的基础；
人的行为是构成建筑功能的基础、人的行为是建筑空间产生的源泉、人的行为是建筑形式生成的依据。
并在此基础上运用恰当的方法创造性的处理建筑与场地和行为的关系是重要的教学问题。

教学问题

体验场地：引导学生关注场地环境对建筑空间、形式生成的影响；现场感受、描述式练习；如何影响建筑与外界取得联系？

空间、形式：基于场地和行为的空间趣味与形式美感；在设计中实现空间、形式需要将行为与环境要素与建筑空间、形式的基本语汇和操作做有机的结合；如何整合场地、行为操作与建筑设计方法

认知行为：引导学生分析行为的多样性和差异性对建筑空间、形式的影响；阅读、体验式练习；如何实现功能、空间、形式？

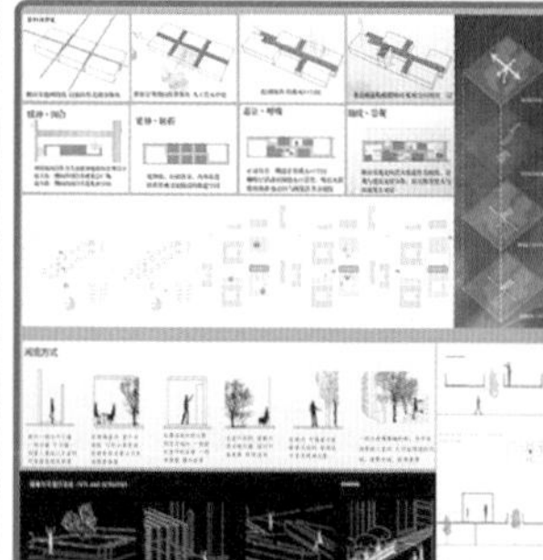

建筑的“功能、空间”来自于场地制约和人的行为需求，最终需要通过建筑的形式来体现。基于场地和行为的设计方法的重要性在于，要求学生能够通过操作建筑设计的语汇：总体布局、形态塑造、材料选择等来回应场地、人的行为等对空间环境的需要。因此，基于具体场地和多样行为的基本形式语言的操作是教学中要特别关注的地方。

教学重点

基于“场地、行为”的设计方法

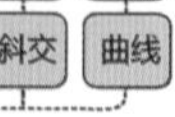

场地：区位　地形　活动
行为：类型　场所　主体　时间
形态：正交　斜交　曲线
空间：尺度　比例　形状　方向

本课程是主干系列设计课程中的重要环节，起着从一年级设计概念培养到具体建筑和规划设计训练中的过渡作用，其前课程为设计基础1、2，后继课程为公共建筑设计1。后继课程的幼儿园设计要掌握特定人群的行为特点，展览馆设计需熟悉多样的参观行为。本课程对于下学期设计中使用者行为和场地对建筑空间、功能和形式的理解起到了重要的作用。

前后衔接

设计基础1、2：形体空间构成练习、大师作品分析……（设计的概念）；线条练习、色彩练习、模型训练……（设计的表达）

设计基础3：小型公共建筑：建筑设计的概念、基本方法和表达

建筑设计、规划设计：建筑设计的“内涵”——幼儿园设计、旅馆设计……；建筑设计的“外延”——居住区规划、城市设计……

基础训练到建筑设计的过渡

以场地和行为为导向的长周期设计

本科二年级课程"校园书吧设计"教案（二）

02 课程内容

场地　行为　空间、形式

分析一年级基础教学提出的问题后，我们得出结论：对于从建筑认知转向设计的问题，解决方案是培养学生建立一个基本的建筑设计方法框架；对于从形态、空间训练转向建筑设计问题，解决方法是通过具体建筑设计训练来培养学生的统筹综合能力；而对于综合性表达能力的不足，则希望通过一个全过程建筑设计作业表达来补足。

针对二年级学生的基本素养和面临的问题，我们认为应当通过一个建立在基本建筑设计方法训练之上，内容简单但过程综合的作业来解决，长周期是训练质量的保证，以期使学生顺利的从基础练习阶段过渡到解决复杂建筑设计问题的创造性学习阶段。

教学方案

能力目标	建筑设计的基本方法	+	统筹、综合的能力	+	完整、有创意的表达
练习设置	从场地、行为到建筑	+	从单元训练到综合练习	+	从模仿练习到创造性思维
练习手段	直觉-假设-检验	+	观察-分析-综合	+	模仿-运用-创新

作业设置：基于场地和行为的小型建筑设计长周期综合性练习

题目特征	熟悉的场地	切身的行为体验	灵活的题目	综合的训练
	校园内	校园书吧空间	单一、灵活空间	场地调研、行为调研、布局、形式、材料、建造、表达

题目：校园书吧设计

场地与行为　小型建筑　长周期综合练习

作为入门课程，任务设置不同于一般任务书的制定，考虑尽可能训练学生初步接触与建筑设计有关的各个方面，同时又容易上手，因此题目选择学生熟悉的场地，功能，并且选择会对建筑形式和空间影响较大的场地，练习的重点在于设计方法和建筑形式和空间对场地与行为回应。

教学训练模块
- 模块一 场地和概念：场地环境认知和总体布局训练
- 模块二 行为和形态：行为认知和空间生成训练
- 模块三 形态和空间：形态处理和空间生成训练
- 模块四 材料和建造：材料结构和空间建造训练
- 模块五 设计表达：建筑设计表达训练

任务设置

基地在校园位置

启发式教学、开放式教学、研究式教学等多种教学方法的运用在于提高教学效率、最大化组织利用教学资源、培养学生的兴趣和主动学习的能力。场地设计和建筑行为学的专题讲座能帮助学生更好的处理相关的问题，并且帮助学生把环境制约和行为因素赋予相应的建筑语言。

教学方法

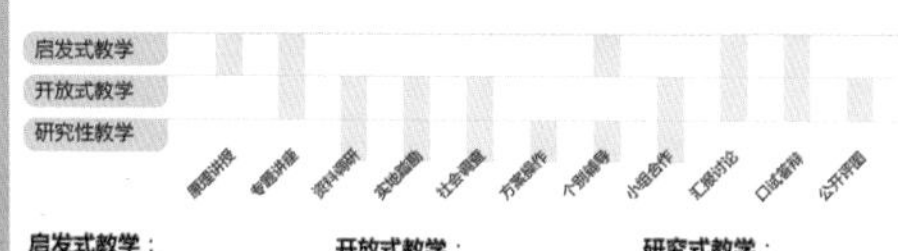

启发式教学：引导学生从认识身边环境入手，理解空间组织的基本规律，并思考其存在的问题，推动自主学习。

开放式教学：运用专题讲座、互动式讨论、公开评图等方法推动课程，拓展学生知识背景、培养合作、协作的能力，锻炼沟通和表达的技巧。

研究式教学：强化资料收集准备工作要求；强化案例分析工作；强调自主寻找并解决问题的教学过程，培养学生创造性解决问题的能力。

专题讲座：针对教学目标开设了书吧建筑设计，场地设计、建筑行为学以及建筑形态等专题讲座。在课程的早期为学生建立的相关的基础知识，为后期的建筑设计打下了良好的理论基础。

调研　讲座　讨论　答辩

教学日历

第一周	第二周	第三周	第四周	第五周	第六周	第七周	第八周	第九周	第十周	第十一周
讲课：任务布置，概念讲解（4课时）	讨论：场地调研。（4课时）	调研、讨论：行为空间（4课时）	专题讲座：联系空间（2课时）	调研、讨论：联系空间（6课时）	专题讲座：建筑形态（2课时）	调研、辅导：造型设计（6课时）	辅导：方案深入（4课时）	专题讲座：设计表达（2课时）	辅导：版面设计（2课时）	展览+公开评图
调研：场地调研。（4课时）	专题讲座：场地设计（4课时）	专题讲座：行为、环境、空间（4课时）	辅导：平面布局（4课时）	辅导：平面-剖面设计（6课时）	辅导：平、立、剖面设计（6课时）	专题讲座：材料与建造逻辑（2课时）	辅导：方案深入（4课时）	辅导：定稿图（6课时）	辅导：成图模型（6课时）	

基础训练到建筑设计的过渡

以场地和行为为导向的长周期设计

本科二年级课程"校园书吧设计"教案（三）

03 课程模块

场地　行为　空间、形式

场地和概念

（第1周——第2周）

训练模块一

• 场地环境调研：测绘场地地形、地貌，观察、记录场地环境的用地、建筑物、植被、水面、道路、景观等要素，观察日照、风向条件等场地自然状况；调查、研究场地和周边人车流交通、校园生活等场地人文状况；通过文字、速写、分析图表、场地剖面、照片等，分析场地自然状况和人的活动之间的关系。
• 场地模型制作：制作不小于1:250的场地模型，通过模型分析场地环境对书吧建筑设计起关键性作用的要素。
总体布局模型制作：制作不小于1:250的场地模型，确定建筑出入口、主要朝向、初步的体型设想，处理建筑与场地环境关键性要素的关系。

行为和形态

（第2周——第3周）

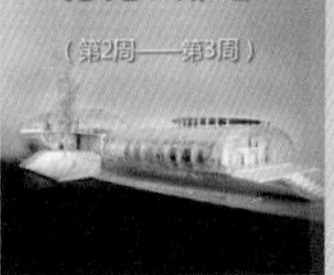

训练模块二

• 书吧空间调研：观察、记录书吧空间中人的行为活动规律，客人、服务人员、物品等的不同流线，调查主要功能空间的分布模式，交通联系空间的组织分布，观察、记录书吧空间和服务空间的形态、尺度；分析人的行为与空间形态、尺度的契合关系。
• 建立建筑--总平面关系：绘制总平面草图，尺规绘制不小于1:250的建筑总平面布局图。
• 方案设计：组织书吧中各个功能模块的组合模式，组织水平和垂直交通；重点研究一个局部空间构成。
• 草模制作：表达空间和形体对应关系，形体和环境的呼应关系。
• 建立建筑-平面关系：学习平面表达空间设计的方法，分析平面中人的行为组织
• 建立建筑-剖面关系：学习剖面表达空间设计的方法，分析剖面中人的行为组织

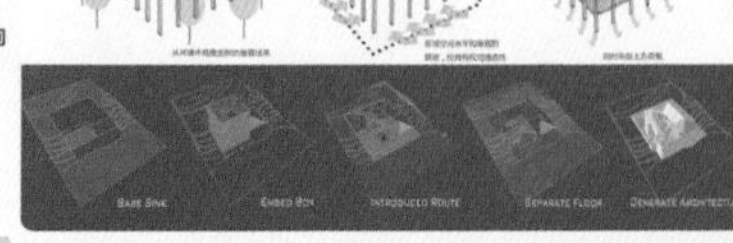

形态和空间

（第4周——第7周）

训练模块三

• 方案设计：依据使用者行为特点进行空间的加减法，并组织开口、开窗、开洞设计，做多立面方案构思（不少于3个立面构思方案）；深入一个局部空间设计。
• 草模制作：依据人的行为进行体块的开洞和阳台、雨篷等出挑，考虑符合人的尺度的建筑形态。
• 建立建筑——立面关系：学习立面表达设计的方法，分析立面反映的形态关系。

材料和建造

（第8周——第9周）

训练模块四

• 建造和材料认知调研：收集书面资料，调研实体建筑，观察、记录材料的质感、形态与空间的关系；分析材料与建筑形式的关连，区分分析支撑体系、围护体系，分析其与空间和形态的关系。
• 方案设计：设计建筑形式的材料、色彩，完善方案。
• 建立建筑——结构关系：理解基于基本的结构原理，了解不同材料砖、木材、混凝土、钢的特性，在这一基础上，进行"有准备的形式冒险"。
• 建立建筑——细部关系：理解基于行为的细部和基于建造的细部，通过材料表达的细部。
• 方案设计：设计建筑形式的材料、色彩，调整方案。

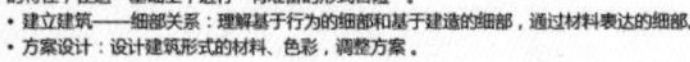

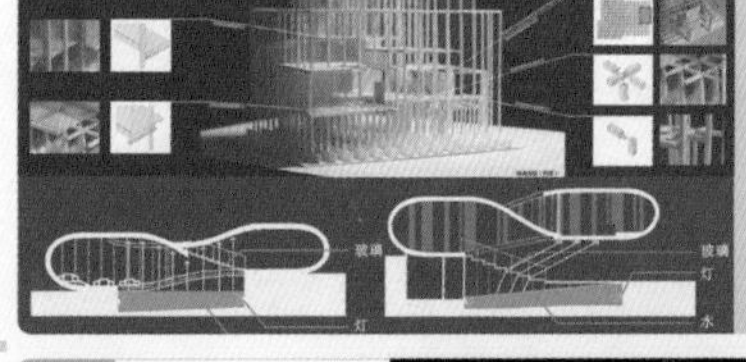

设计表达

（第9周——第11周）

训练模块五

• 方案设计：综合评估方案对人的场地、行为、材料等问题的回应，完善方案细节，绘制定稿图。
• 图解表达方式：理清设计思路；学习分析图表的绘制方法，通过分析图表展现、传达设计意图和设计演进过程。
• 版面设计：收集6幅以上优秀有参考价值排版进行分析比对，设计成图版面。
• 建筑方案设计表达：学习掌握规范的建筑制图表达方式和方法，培养严谨、高效的制图习惯。
• 版面设计：收集6幅以上优秀有参考价值排版进行分析比对，设计成图版面。

成果评价

考虑到评价的客观性，主要采用两种评价机制结合的方式评价学生最终学习成果：任课教师评价：以研究报告和图纸、模型等以及勤绩等为基础综合考核学生的学习态度和专业能力。
非任课教师评价：以口试和答辩为基础考察学生的综合专业素养，锻炼其交流和表达能力。

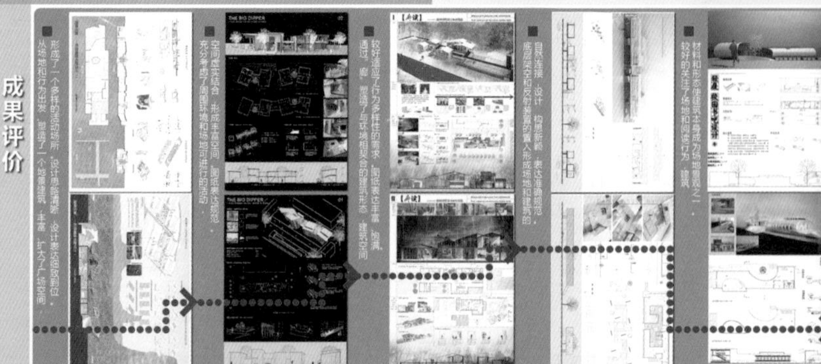

I 【廊读】 ——校园书吧设计&场地篇

READING THROUGH THE CORRIDOR

THE DESING OF SCHOOL BOOK BAR

经济技术指标

>>CONCEPT DESCRIPTION

“廊”是中外建筑中一个典型的建筑元素，“廊”是室内室外融合的地方，也是建筑整体中活跃的区域，本方案将花架与书架结合形成书架廊，形成书架廊形式的廊道空间设置为串联起各个功能单元的主轴，不同功能的空间在廊道汇合，人们在廊内阅读、观景、发生对话

>>BASE ENVIRONMENT ANALYSIS

基地周围的道路肌理以网格形式展开，通往小北门的主干道人流大，宿舍一侧小路人流小

基地北面为食堂，具有时段性喧嚣的特点，西面和南面为宿舍楼，设计应注意起隐私性，东面为商业超市，吸引一定人流

基地周边的景观绿化主要位于东北、西南，设计时可将这两个方向做的较为通透

人流以校内人员为主，主要来自于宿舍楼、食堂、图书馆，同时也要考虑作为校园一角与城市的衔接

>>THE EVOLUTION OF READING SPACE

书籍陈列空间和阅读空间，信息量大，方便收集整理资料，其空间特征开敞，公共性强

书籍陈列空间和短时翻阅区，可以购买图书容其私有化

在就餐空间和休闲空间交递阅读空间，人们在其间喝茶、听音乐、用餐、阅读、下棋，环境放松优雅，私密性强

将以上各空间紧密相连又有所分割，不同功能的空间多有交叠综合，更突出交互体验和渗透性的场所空间

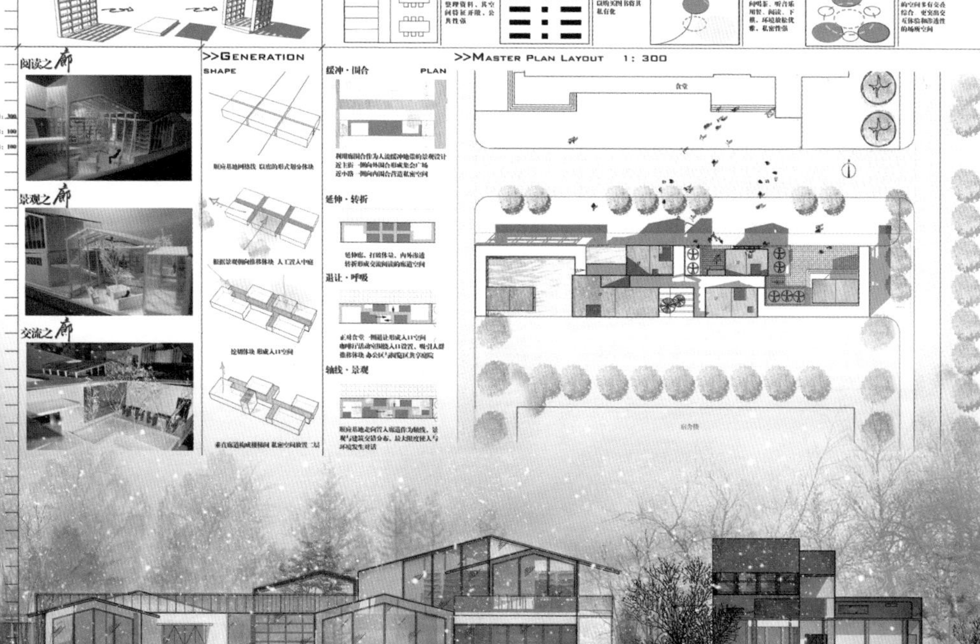

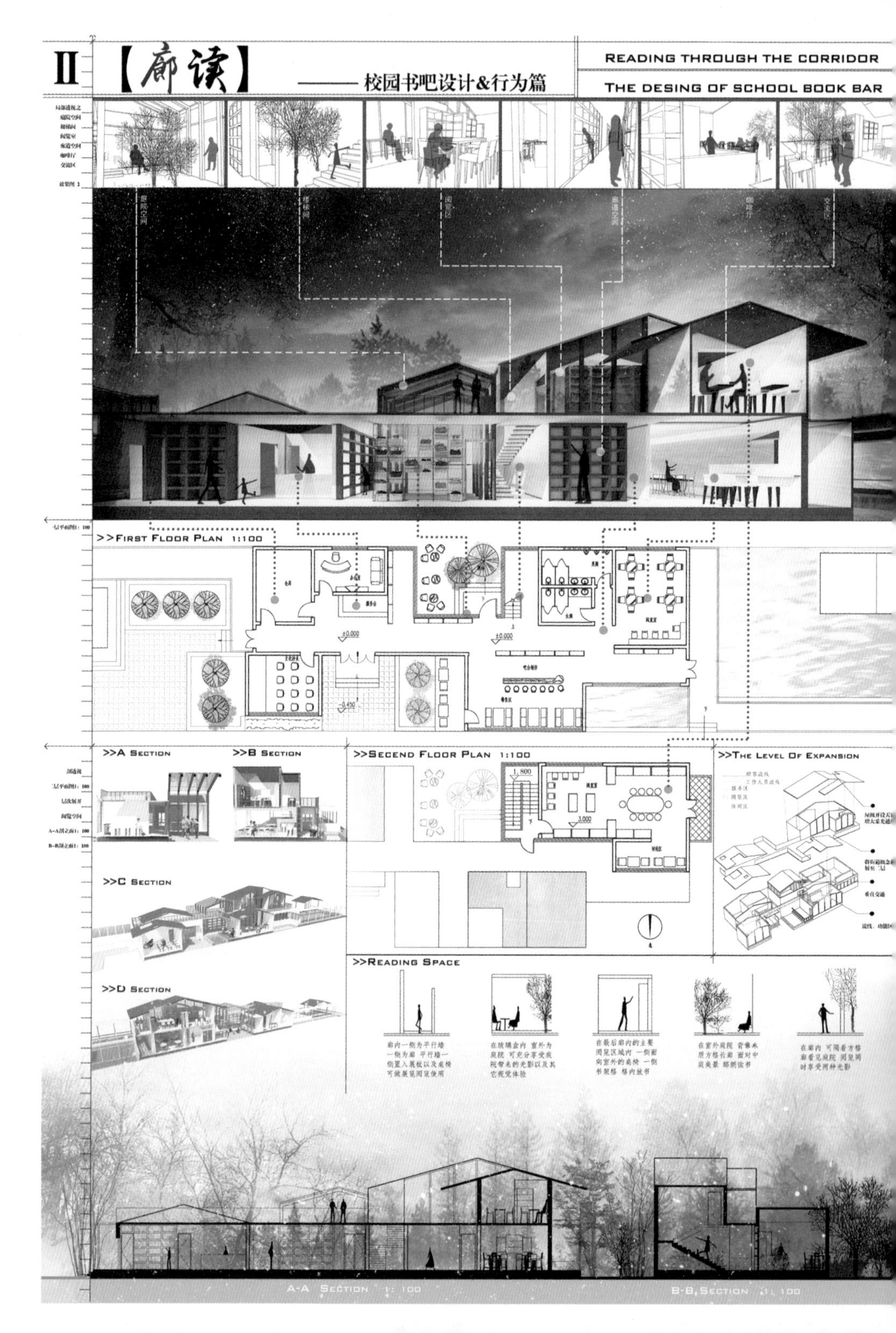

Ⅱ【廊读】——校园书吧设计&行为篇
READING THROUGH THE CORRIDOR
THE DESING OF SCHOOL BOOK BAR
>>FIRST FLOOR PLAN 1:100
±0.000
-0.450
>>A SECTION
>>B SECTION
>>C SECTION
>>D SECTION
>>SECEND FLOOR PLAN 1:100
1.800
3.000
>>THE LEVEL OF EXPANSION
>>READING SPACE
廊内一侧为平行墙 一侧为廊 平行墙一侧置入展板以及桌椅 可做展览阅览使用
在玻璃盒内 室外为庭院 可充分享受庭院带来的光影以及其它视觉体验
在最后廊内的主要阅览区域内 一侧面向室外的桌椅 一侧书架格 格内放书
在室外庭院 背靠木质方格长廊 面对中庭美景 郎朗读书
在廊内 可隔着方格廊看见庭院 阅览同时享受两种光影
A-A SECTION 1:100
B-B SECTION 1:100

关联与迭代的设计训练

华中科技大学建筑与城市规划学院建筑学系　一年级

本科一年级建筑初步课程是迈向日常及其设计的起点，其首要目的是启发学生对于自然、艺术、人文的兴趣和思考，引导学生关注日常生活和空间发现，强调真实的体验、表达和建造。一年级建筑设计课程分为八个单元，关注日常生活和空间发现中的认知形成以及相互关联和迭代的基本设计训练，分别为A3·庇护所、楼梯测绘、城市九宫格、椅子的故事、基本训练Ⅰ——要素的操作、基本训练Ⅱ——度量的使用、基本训练Ⅲ——背景的响应、基本训练Ⅳ——局部的深化。

优秀作业1：基本训练Ⅰ、Ⅱ、Ⅲ、Ⅳ系列——跳跃的板片　设计者：宋越居
优秀作业2：基本训练Ⅰ、Ⅱ、Ⅲ、Ⅳ系列——表皮的演化　设计者：陈　勇

作业指导教师：王　玺　王　振　邱　静　万　谦
教案主持教师：王　振　万　谦　王　玺　邱　静　谭刚毅　汪　原　张　乾　华　宁

关联与迭代的设计训练

——本科一年级下学期建筑初步课程教学

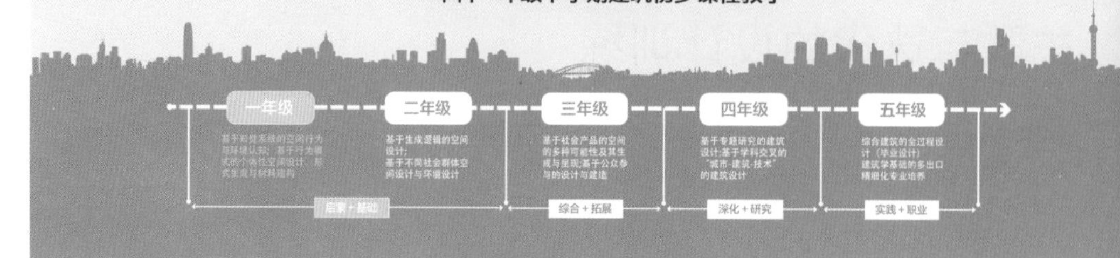

本科设计课程教学体系

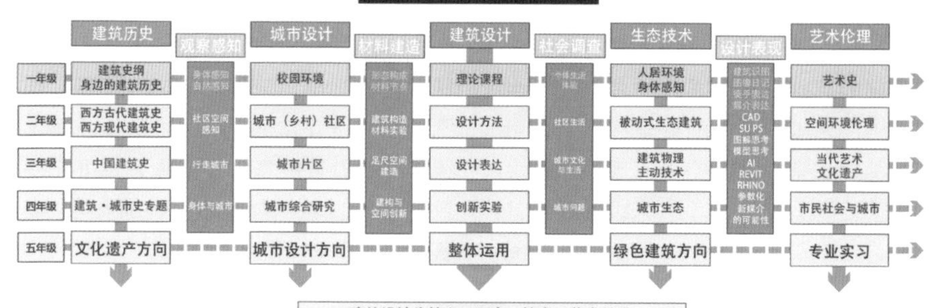

课程结构

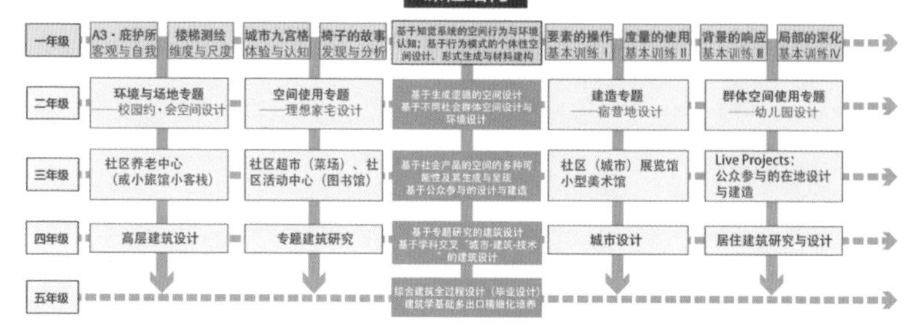

一年级教学体系

教学目标

- 启蒙自我发现和学习的兴趣；
- 促进精神和智力上的成长；
- 培育空间认知、想象、发现、分析；
- 学习过程分析与设计、真实建造与实现。

教学重点

建筑初步课程是迈向日常及其设计的起点，其首要是启发学生对于自然、艺术、人文的兴趣和思考，引导学生关注日常生活和空间发现，强调真实的体验、表达和建造。

- 认知形成：日常生活中主客体之间的关联
  关键词：体验、观察、发现、沟通、分析、表达；
- 建筑形成：空间－行为－环境三者之间的关联
  关键词：日常、要素、度量、背景、局部。

教学难点

- 日常生活从具象的三维认知转化成抽象的二维图纸，并通过设计进行优化，还原成真实的三维使用；
- 空间介入后，人的行为与环境的关联；
- 相互关联与前后迭代的设计训练系列，如何通过客观分析激发学生的客观性和能动性，以及如何在接近于设计实践的条件下解决问题。

教学方法

- 以日常生活和空间发现为主题，以真实的体验、表达和建造为目标，建立从认知形成到建筑形成的，体现认知－呈现－设计的过程教学方法；
- 从日常、要素、度量、背景到局部，每个基本训练可以根据各自的主题进行分项和联合的研究，培养前后系列主题联合起来渐进地导向若干个任务相互关联并同时解决的能力。

一年级 ・ 基本训练

建筑形成：日常－要素－度量－背景－局部

教学特色——过程迭代

- 基本训练过程的迭代：要素、度量、背景；
- 基本设计方法的迭代：有理、有效、有趣；
- 基本设计评价的迭代：态度、方法、意境；
- 基本设计观念的迭代：经济、社会、生态；
- 基本设计教育的迭代：授学生以鱼、渔、欲。

关联与迭代的设计训练

——本科一年级下学期建筑初步课程教学

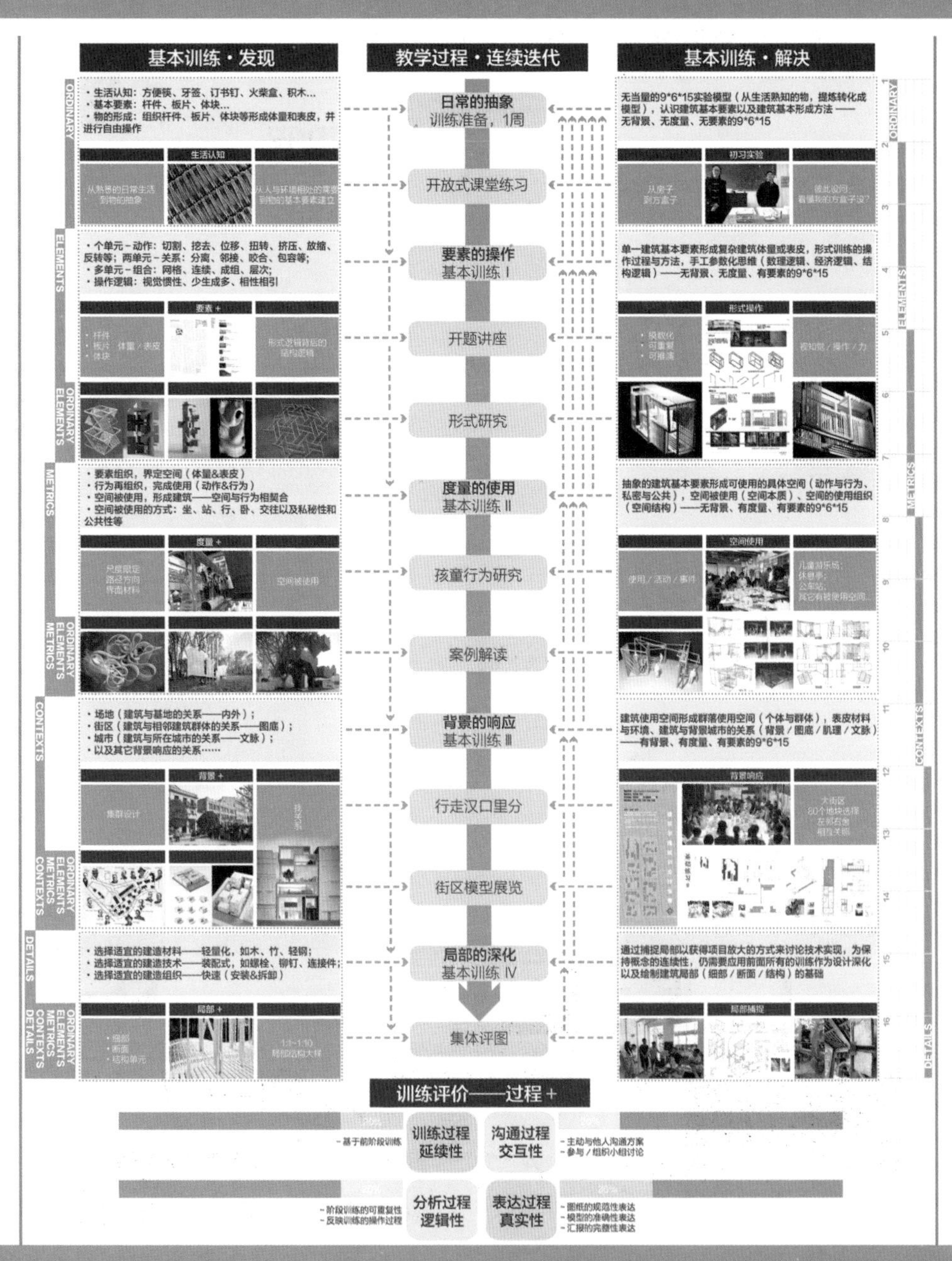

关联与迭代的设计训练

——本科一年级下学期建筑初步课程教学

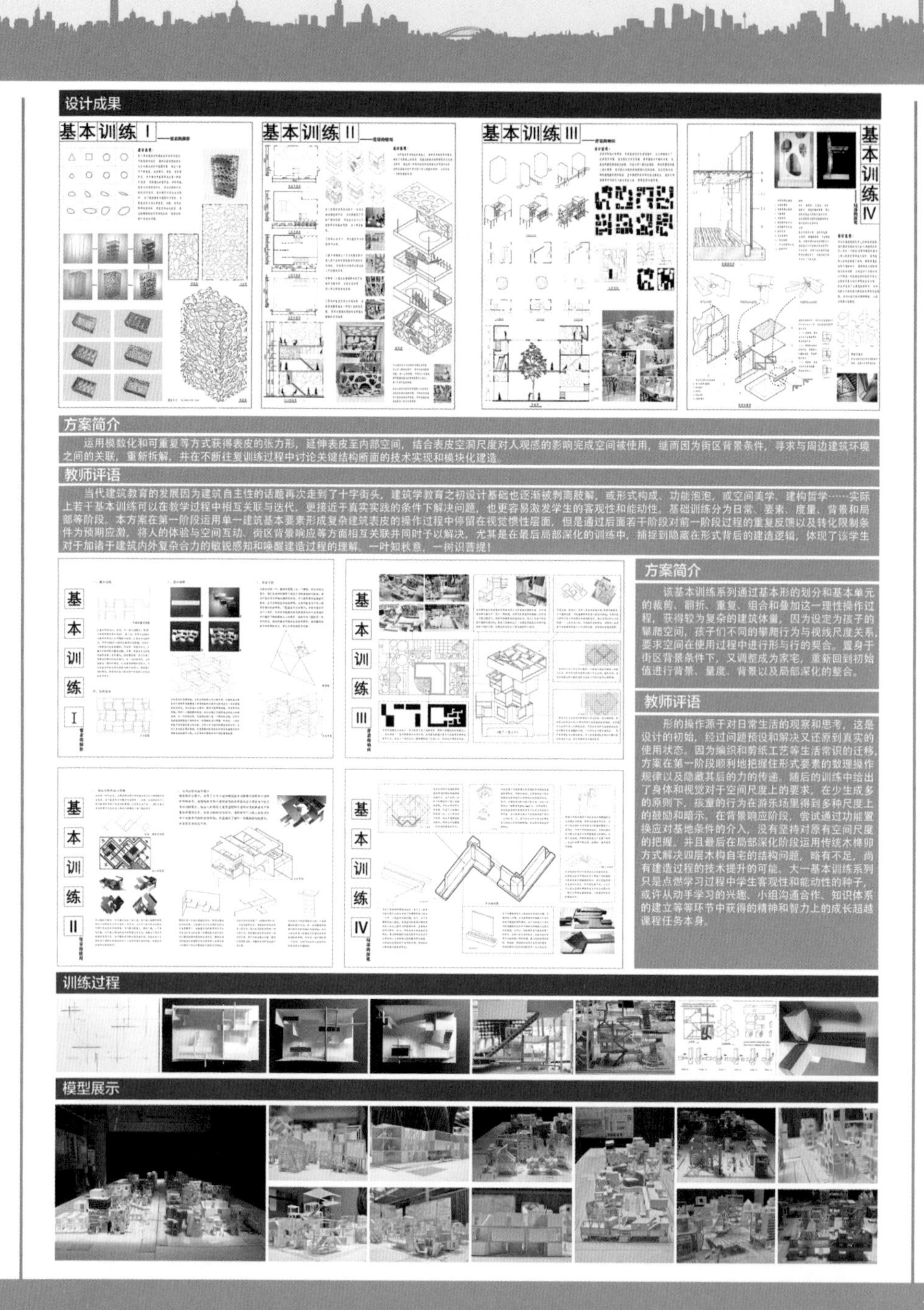

设计成果
基本训练 I
基本训练 II
基本训练 III
基本训练 IV
方案简介
运用模数化和可重复等方式获得表皮的张力形，延伸表皮至内部空间，结合表皮空洞尺度对人观感的影响完成空间被使用，继而因为街区背景条件，寻求与周边建筑环境之间的关联，重新拆解，并在不断往复训练过程中讨论关键结构断面的技术实现和模块化建造。
教师评语
当代建筑教育的发展因为建筑自主性的话题再次走到了十字街头，建筑学教育之初设计基础也逐渐被剥离肢解，或形式构成、功能泡泡，或空间美学、建构哲学……实际上若干基本训练可以在教学过程中相互关联与迭代，更接近于真实实践的条件下解决问题，也更容易激发学生的客观性和能动性。基础训练分为日常、要素、度量、背景和局部等阶段。本方案在第一阶段运用单一建筑基本要素形成复杂建筑表皮的操作过程中停留在视觉惯性层面，但是通过后面若干阶段对前一阶段过程的重复反馈以及转化限制条件为预期应激，将人的体验与空间互动、街区背景响应等方面相互关联并同时予以解决，尤其是在最后局部深化的训练中，捕捉到隐藏在形式背后的建造逻辑，体现了该学生对于加诸于建筑内外复杂合力的敏锐感知和唤醒建造过程的理解。一叶知秋意，一树识菩提！
基本训练 I
基本训练 III
基本训练 II
基本训练 IV
方案简介
该基本训练系列通过基本形的划分和基本单元的裁剪、翻折、重复、组合和叠加这一理性操作过程，获得较为复杂的建筑体量，因为设定为孩子的攀爬空间，孩子们不同的攀爬行为与视线尺度关系，要求空间在使用过程中进行形与行的契合。置身于街区背景条件下，又调整成为家宅，重新回到初始值进行背景、量度、背景以及局部深化的整合。
教师评语
形的操作源于对日常生活的观察和思考，这是设计的初始，经过问题预设和解决又还原到真实的使用状态。因为编织和剪纸工艺等生活常识的迁移，方案在第一阶段顺利地把握住形式要素的数理操作规律以及隐藏其后的力的传递。随后的训练中给出了身体和视觉对于空间尺度上的要求，在少生成多的原则下，孩童的行为在游乐场里得到多种尺度上的鼓励和暗示。在背景响应阶段，尝试通过功能置换应对基地条件的介入，没有坚持对原有空间尺度的把握。并且最后在局部深化阶段运用传统木榫卯方式解决四层木构自宅的结构问题，略有不足，尚有建造过程的技术提升的可能。大一基本训练系列只是点燃学习过程中学生客观性和能动性的种子，或许从动手学习的兴趣、小组沟通合作、知识体系的建立等等环节中获得的精神和智力上的成长超越课程任务本身。
训练过程
模型展示

基本训练 I 要素的操作

一、操作过程

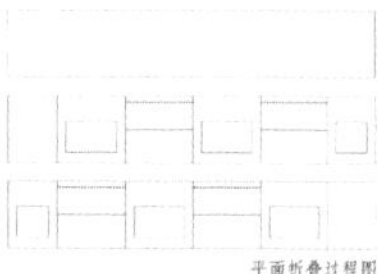

平面折叠过程图

1.基本形的划分：首先，将一张长25厘米，宽3厘米的矩形纸条等分成6份。接下来，在等分出的6个小矩形内再划分出间隔的小矩形。2.基本单元的形式：将等分的6个大矩形沿着等分线折叠，同时将小矩形沿边先裁剪翻折，形成第一层基本单元。3.操作中的对称和重复变换：将第一层基本单元对称变换形成第二层并叠加，同时重复第一层作为第三层每层在叠加时相互错开，有一定的韵律感，这样就组成了最终的模型。4.在整体的制作过程中，无论是基本形的选择还是基本操作的设计，都遵循从简的原则，用最简单的元素或操作来获得比较复杂的空间形式。

二、设计说明

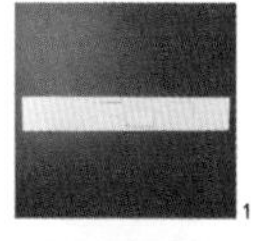

1

2

3

4

在构思本阶段模型前，首先分析提炼出作业要求是，对建筑基本要素进行某种具有数理或力学逻辑的特定操作来获得具有一定韵律感的空间形式。因此在设计过程中，操作过程明确清晰，具有简单的逻辑，得到了上图的最终模型。也从右图正立面图看出形式上的韵律感。这一阶段的训练，使我明白设计是一个理性的过程，任何外观的获得都要基于某种具有一定逻辑的设计原理。即便是一个没有被赋予任何实际意义和功能，没有人参与其中的最简单的空间，也有它存在的合理的逻辑。而最重要的就是能在对空间实施操作时有清晰具体的操作过程，这是得到有逻辑性的产物的重要前提。

三、其他可能

在基本训练一中，最终只需要上交一个模型，但在训练过程中，我们在老师的指导下尝试了多种其他的可能性。通过对基本单元和基本操作的改变，可以获得很多其他的可能性。由于没有改变内在的逻辑，这些可能性在外形上都具有相似的韵律感。下图是在作业过程中，将矩形基本形改为三角形，在进行切割操作时选择每条边的中点连接并向外翻折不断的重复以上的操作，就能形成下图的另一种空间形式。尝试将基本形换成其他简单图形，或将翻折角度作有规律的变化，那么又将得到更多可能。

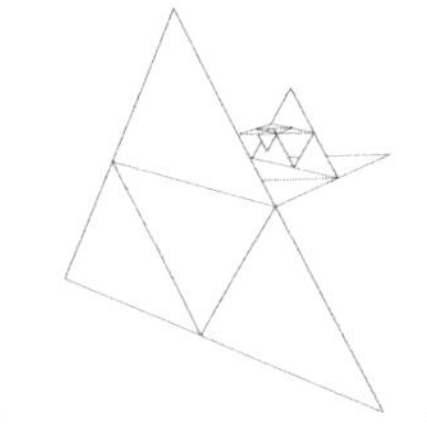

猜想图

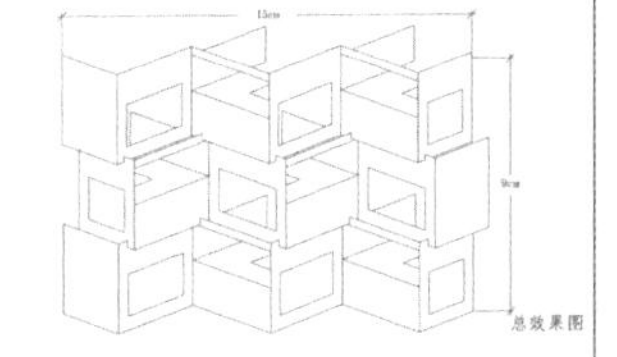

总效果图

四、阶段总结

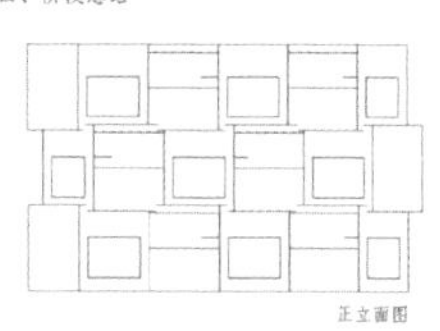

正立面图

基本训练 II 度量的使用

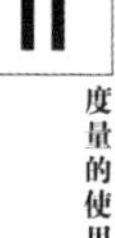

一、演化过程和设计思路

在阶段一的作业中，主要使用右图这样的基本单元进行简单操作复合而成。由于基本单元和操作方法的单一，在第二阶段的训练中已经不能满足多种人体活动的需求，空间形式过于单一，因此对基本单元和操作方法结合人体的尺度做出了如下图的修改。

阶段一模型俯视图

设计过程图

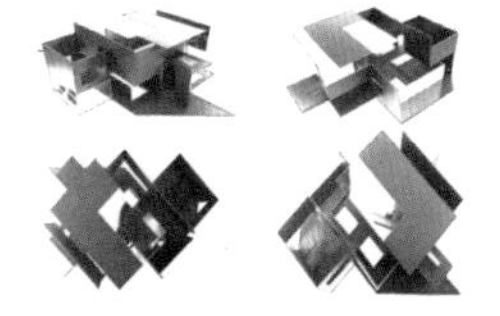

将上图的平面进一步丰富并结合人体尺度，使平面上的图形两两相交以获得更多互相交错的三维空间。这样可以使不同空间里的不同行为活动也互相渗透。设计的过程是从二维到三维，从平面到立面。在平面上确定好空间的穿插关系之后，再确定不同空间的高低错落关系。由于整体空间的主题是游乐场，因此在设计不同空间之间的关系时也结合了人在空间里的流线可能，来使空间在使用时更有秩序。

二、空间分析和细节展示

模型制作过程中，选用了亚克力板和硬纸板来间接替代透明和不透明的两种材质。而透明材质和不透明材质的使用是结合不同空间中的不同活动的需求。结合人的视线尺度用透明和不透明材质的拼接来平衡整体的围透关系。在狭小的封闭空间中，透明材质可以使人在封闭空间中也能有开阔的空间体验，并且满足了游乐一些藏躲的功能需求，使虚实空间动态平衡。

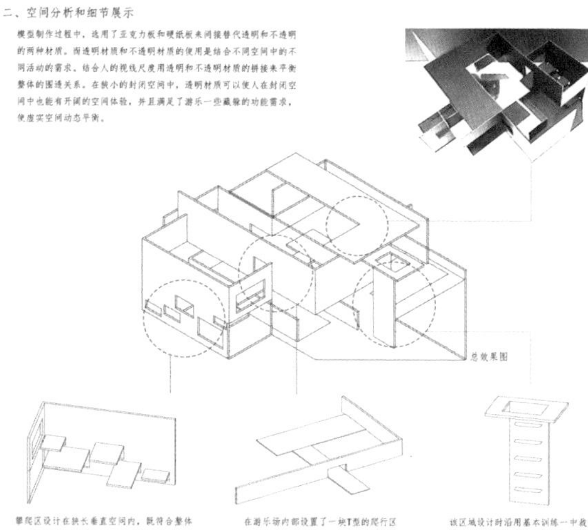

总效果图

攀爬区设计在狭长垂直空间内，既符合整体活动的主题，又能增加空间活动趣味性的活动就是攀爬了。该垂直空间的高度适中可在符合活动安全的前提下给攀爬者在游乐场内进行攀爬时提供很好的空间体验。攀爬区旁边的板块选用透明亚克力材质使人在原本狭小的攀爬区里也可拥有较开阔的空间体验。

在游乐场内部设置了一块T型的爬行区，在经过跳跃区后，用高度的降低来改变人的活动。其中较窄的板块限制了爬行的方向，而较宽的板块则连接另一块活动区域。爬行区的设置也丰富了整体空间里的活动，使整体空间更符合游乐场主题。

该区域设计时沿用基本训练一中裁剪翻折的操作方法，按一定的数理逻辑排列矩形使板块排列错落有致，结合人体尺度使人在板块中的活动也具有相同的韵律感。作为进入游乐场的第一个空间，它的灵动也使人在空间内的感受更加丰富轻快。

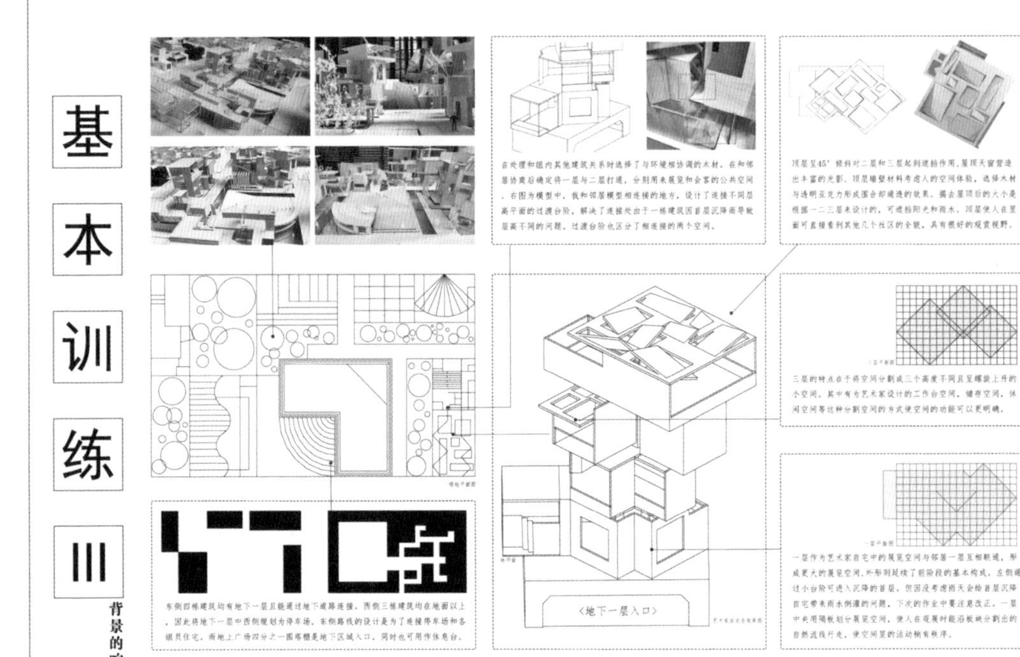
基本训练III
背景的响应
在处理和组内其他建筑关系时选择了与环境相协调的木材。在和邻居协商后确定将一层与二层打通，分别用来展览和会客的公共空间。右图为模型中，我和邻居模型相连接的地方，设计了连接不同层高平面的过渡台阶，解决了连接处由于一栋建筑因首层沉降而导致层高不同的问题。过渡台阶也区分了相连接的两个空间。
顶层呈45°倾斜对二层和三层起到遮挡作用，屋顶天窗营造出丰富的光影。顶层墙壁材料考虑人的空间体验，选择木材与透明亚克力形成围合却通透的效果。揭去屋顶后的大小是根据一二三层来设计的，可遮挡阳光和雨水，顶层使人在里面可直接看到其他几个社区的全貌，具有很好的观赏视野。
三层的特点在于将空间分割成三个高度不同且呈螺旋上升的小空间。其中有为艺术家设计的工作台空间，储存空间，休闲空间等这种分割空间的方式使空间的功能可以更明确。
一层作为艺术家自宅中的展览空间与邻居一层互相联通，形成更大的展览空间，外形则延续了前阶段的基本构成。左侧通过小台阶可进入沉降的首层，但因没考虑雨天会给首层沉降自宅带来雨水倒灌的问题，下次的作业中要注意改正。一层中央用隔板划分展览空间，使人在观展时能沿板块分割出的自然流线行走，使空间里的活动稍有秩序。
〈地下一层入口〉
东侧四栋建筑均有地下一层且能通过地下道路连接。西侧三栋建筑均在地面以上，因此将地下一层中西侧规划为停车场。东侧路线的设计是为了连接停车场和各组员住宅。而地上广场四分之一圆塔棚是地下区域入口，同时也可用作休息台。

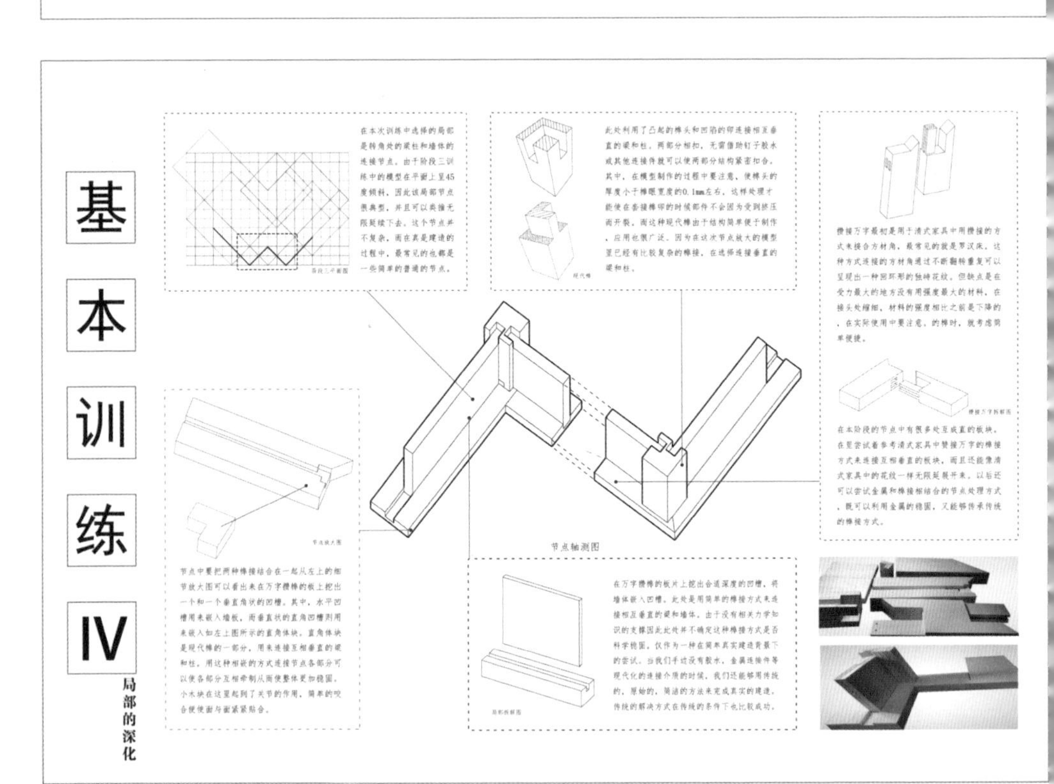
基本训练IV
局部的深化
在本次训练中选择的局部是转角处的梁柱和墙体的连接节点。由于阶段三训练中的模型在平面上呈45度倾斜，因此该局部节点很典型，并且可以类推无限延续下去。这个节点并不复杂，而在真是建造的过程中，最常见的也都是一些简单的普通的节点。
此处利用了凸起的榫头和凹陷的卯连接相互垂直的梁和柱，两部分相扣，无需借助钉子胶水或其他连接件就可以使两部分结构紧密扣合。其中，在模型制作的过程中要注意，使榫头的厚度小于榫眼宽度的0.1mm左右，这样处理才能使在套接榫卯的时候部件不会因为受到挤压而开裂。而这种现代榫由于结构简单便于制作，应用也很广泛。因为在这次节点放大的模型里已经有比较复杂的榫接，在选择连接垂直的梁和柱。
现代榫
攒接万字最初是用于清式家具中用攒接的方式来接合方材角，最常见的就是罗汉床。这种方式连接的方材角通过不断翻转重复可以呈现出一种回环形的独特花纹。但缺点是在受力最大的地方没有用强度最大的材料，在接头处缩细，材料的强度相比之前是下降的，在实际使用中要注意，的榫时，就考虑简单便捷。
攒接万字拆解图
在本阶段的节点中有很多处互成直的板块。在里尝试着参考清式家具中攒接万字的榫接方式来连接互相垂直的板块，而且还能像清式家具中的花纹一样无限延展开来。以后还可以尝试金属和榫接相结合的节点处理方式，既可以利用金属的稳固，又能够传承传统的榫接方式。
节点轴测图
节点放大图
节点中要把两种榫接结合在一起从左上的细节放大图可以看出来在万字攒榫的板上挖出一个和一个垂直角状的凹槽。其中，水平凹槽用来嵌入墙板，而垂直状的直角凹槽则用来嵌入如左上图所示的直角体块。直角体块是现代榫的一部分，用来连接互相垂直的梁和柱。用这种相嵌的方式连接节点各部分可以使各部分互相牵制从而使整体更加稳固。小木块在这里起到了关节的作用，简单的咬合使使面与面紧紧贴合。
在万字攒榫的板片上挖出合适深度的凹槽，将墙体嵌入凹槽。此处是用简单的榫接方式来连接相互垂直的梁和墙体。由于没有相关力学知识的支撑因此此处并不确定这种榫接方式是否科学稳固，仅作为一种在简单真实建造背景下的尝试。当我们手边没有胶水，金属连接件等现代化的连接介质的时候，我们还能够用传统的，原始的，简洁的方法来完成真实的建造。传统的解决方式在传统的条件下也比较成功。

城市微更新——三年级建筑设计教案

华中科技大学建筑与城市规划学院建筑学系　三年级

本次设计用地位于武汉市光谷地区的一个老旧社区，它是“一五”时期国家重点建设项目——长江汽轮发动机厂——的职工宿舍配套设施。在历经 50-80 年代的建设高峰后，伴随着 90 年代的下岗潮，该社区进入到持续的衰退期。现在身处光谷这一片高科技、金融商业的建设热土，这一 50 年代建设起来的老旧社区无论是基础设施还是居住环境都迫切需要更新改造。本次设计要求在对社区深入调研的基础上，对社区进行“微观介入与更新”，强调微型修补，改善居住环境，提升居民生活的幸福感。设计内容可以是一个景观小品，亦可以是建筑更新改造。

优秀作业 1：墙上的斑点——社区“微空间”修补设计　设计者：朱雷蕾　程子耀　袁　璟
优秀作业 2：“路障”激活社区 | 社区微空间修补　设计者：孔德博　穆黄轩

作业指导教师：雷祖康　谭刚毅
教案主持教师：彭　雷　龚　建　谭刚毅　雷祖康　王　萍　陈秋瑜　刘　剀　李　纯

LIVE PROJECTS:城市微更新
——本科三年级建筑设计课程教学

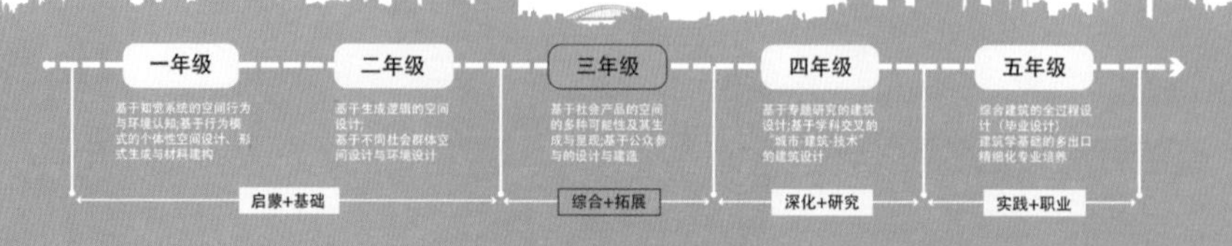

本科设计课程教学体系

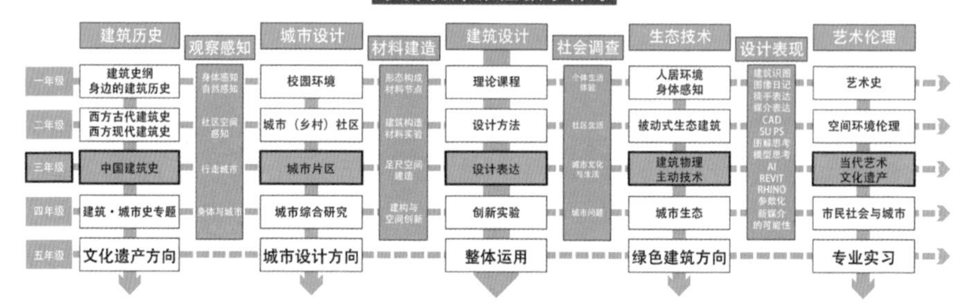

建筑设计为核心、历史、技术、艺术并重

课程结构

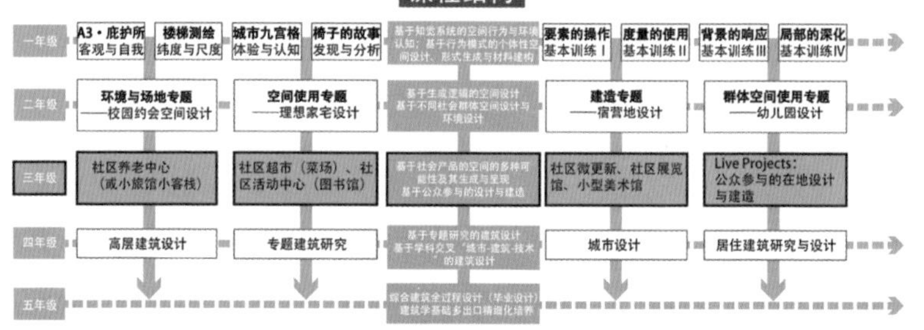

三年级教学体系

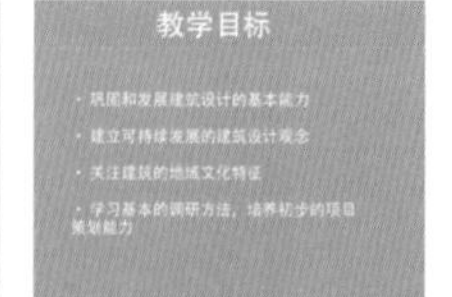

教学目标
· 巩固和发展建筑设计的基本能力
· 建立可持续发展的建筑设计观念
· 关注建筑的地域文化特征
· 学习基本的调研方法,培养初步的项目策划能力

教学重点

课程设计引导学生思考建筑与人、社会、环境的关系,采用系列性的设计训练,强化学生对地方环境的理解和重视。

· 立足本土文化,尤其重视地方文脉的存续,从历史街区中提取地域性特质,如:历史遗存、民俗演进、生活发展、气候应对等等,以及由此而形成的空间策略和技术手段。

· 以使用者为中心的设计视角,强调在现场调研和文献检索的基础上展开设计,其中调研的方法包括观察法、访谈、问卷调查等,以期形成以使用者(而非设计者)为中心的设计视角。

· 建筑城市化,城市建筑化,复杂的环境,开放的命题,要求设计应多层次思考、多环节兼顾,最终成果是涵盖了规划景观及建筑内容的复合型设计。

教学难点

· 建筑作为一个大量在城市中发生的事物,它与城市环境的关系密不可分,设计复杂程度较之前相比有较大提升。

· 三年级的课程设计将把建筑置于真实的城市环境中以达到强化建筑的外在社会属性,教学难点之二就在于从低年级的单体建筑设计向城市中的建筑设计转变。

· 本次设计强调"微更新",因此教学难点之三在于引导学生舍弃"高大上"的设计思路,建立"小而精"的设计理念。

教学方法、手段

· 教学方法:为充分激发学生探索精神,我们倡导引导型教学,以多元互动的教学方式,通过讲座、调研、讨论、点评等多种手段,重点培养学生的分析思考能力和设计创意能力。同时,在教学过程中手工模型及制图与电脑辅助并重。

· 教学手段:课堂讲座穿插开题讲座、调研方法、文史讲座,案例分析,多方引入社会认知教育,引导学生领悟作为"城市中的建筑"。小组学习强调头脑风暴,同学之间设计互评,在完成前期调研和头脑风暴之后,引入4小时快题设计,引导学生快速进入一草阶段,并通过小组之间交叉评图方式帮助学生深入理解课题内容。

三年级·课题四
LIVE PROJECTS:城市微更新

教学特色——多重回归

· 回归土地感悟:宏观(社会、乡土、气候)、中观(地形、植被、视野)、微观(材料、人体);

· 回归教学互动:师与徒、业主与设计者、居民与访客、专家与匠人

· 回归营造技艺:低技术的切身体验、新工具的熟练掌握、探索之中的进步、理解之后的创造

· 回归人本需求:身(空间尺度、材质、温度、明暗)、心(空间节奏、氛围、故事)

· 回归建筑原创:在地性(从环境与材料出发)、人本化(为使用者思考)、实践操作(知行合一)

LIVE PROJECTS:城市微更新
——本科三年级建筑设计课程教学

设计任务书

课程设计任务书 社区微空间修补设计

设计内容：设计用地位于武汉市光谷地区的一个老旧社区，它是"一五时期"国家重点建设项目——长江汽轮发动机厂——的职工宿舍配套设施。在历经50-80年代的建设高峰后，伴随着90年代的下岗潮，该社区进入到持续的衰退期。现在身处光谷这一片高科技、金融商业的建设热土，这一50年代建设起来的老旧社区无论是基础设施还是居住环境都迫切需要更新改造。本次设计要求在对社区深入调研的基础上对社区进行"微观介入与更新"，强调微型修补，改善居住环境，提升居民生活的幸福感。设计内容可以是一个景观小品，亦可以是建筑更新改造。

设计要求：恰当表现和营造地域文化、反映对场地的理解。尊重自然环境，巧妙进行交通流线组织和环境设计。空间尺度与设计要求相适应。

建筑规模：建筑面积：不大于1000M²

教学总结与反思

建筑城市化，城市建筑化：进一步强化"存量规划"背景下的"社区生活"、"微观介入"和"适度更新"的真题背景。

立足本土文化：对具体城市地域历史的微观考量与中国历史进程的宏观把握。从历史街区中提取地域性特质，即从历史遗存、民俗演进、生活气息、气候应对中形成的空间策略和技术手段。

以使用者为中心的设计视角：强调在现场调研和文献阅读的基础上展开设计。引入观察法、用户访谈、问卷调查以及城市行为地图的方法，以期形成以使用者（而非设计者）为中心的设计视角。

强化设计全过程质量把控：为了帮助学生建立正确的设计程序和良好的学习习惯，在设计第三周增加设计概念快题和讲评环节，督促学生在前期调研结束后，迅速进入设计语境；并在设计中后期适时加入全年级评图环节，使全体学生不掉队并强化以团队为基础的教学组织。

教学过程——多元对话

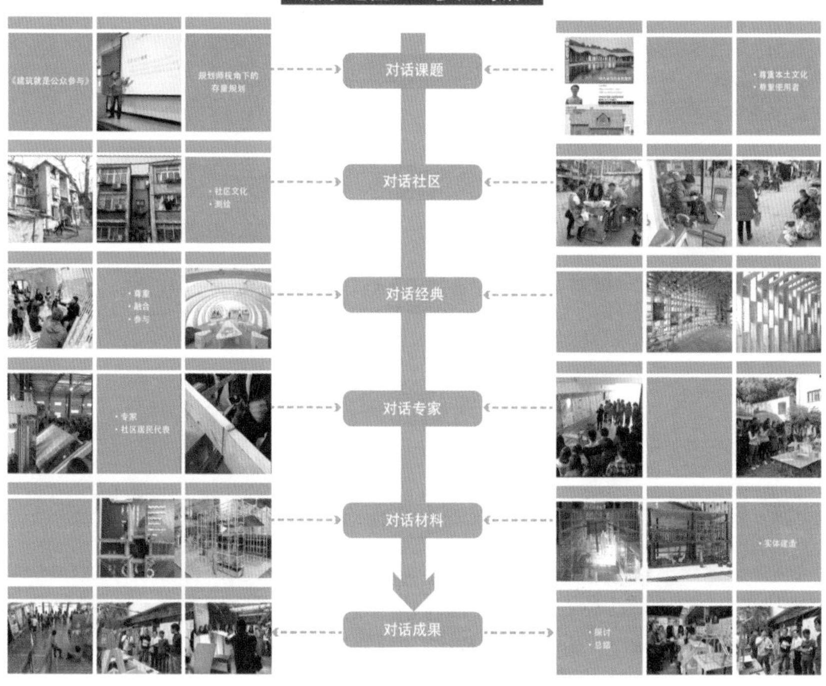

评分标准—多维判断

比例	项目	内容
10%	工作计划 项目管理	提供设计计划；提供设计预算；记录工作进程
10%	现场调研 设计推敲	了解用户需求；工作模型；团队成员分工明确
10%	现场调研 设计推敲	参与场地调研；制作场地模型；现场采样实验
70%	设计成果 实际建造	图纸表达15；汇报陈述5；方案优化5；实际建造 试用体验（5分附加）；方案构思30（功能、材料、造价、美观）；模型建造10；过程记录5

LIVE PROJECTS:城市微更新

——本科三年级建筑设计课程教学

教学成果——多层收获

设计成果

教师评语：
本次课程设计意在摆脱精英化思维，在城市环境中细微观察，回归日常生活。该设计在老旧社区的调研和体验过程中"发现"不起眼、"消极"的路障，通过进一步的观察和行为-物件-环境的关联性分析，设计一个便携的"家具"，低廉的成本、简洁可变，适用不同使用需要，并用以激活老旧社区中的边界消极空间，契合微更新的理念。更难能可贵的是将设计成果带入社区，实地检验，与社区居民互动，反馈推动设计。

教师评语：
重点在于室内的使用者，由于时间变化，人的家庭结构变化，导致室内空间使用的变化，而渐变成建筑外观立面或外庭园也产生变化。因此，要从人与家庭构成，时间变化，活动变化，空间变化，立面与庭园变化等几个关键词切入描述，描述序位由人到空间，由室内到室外。

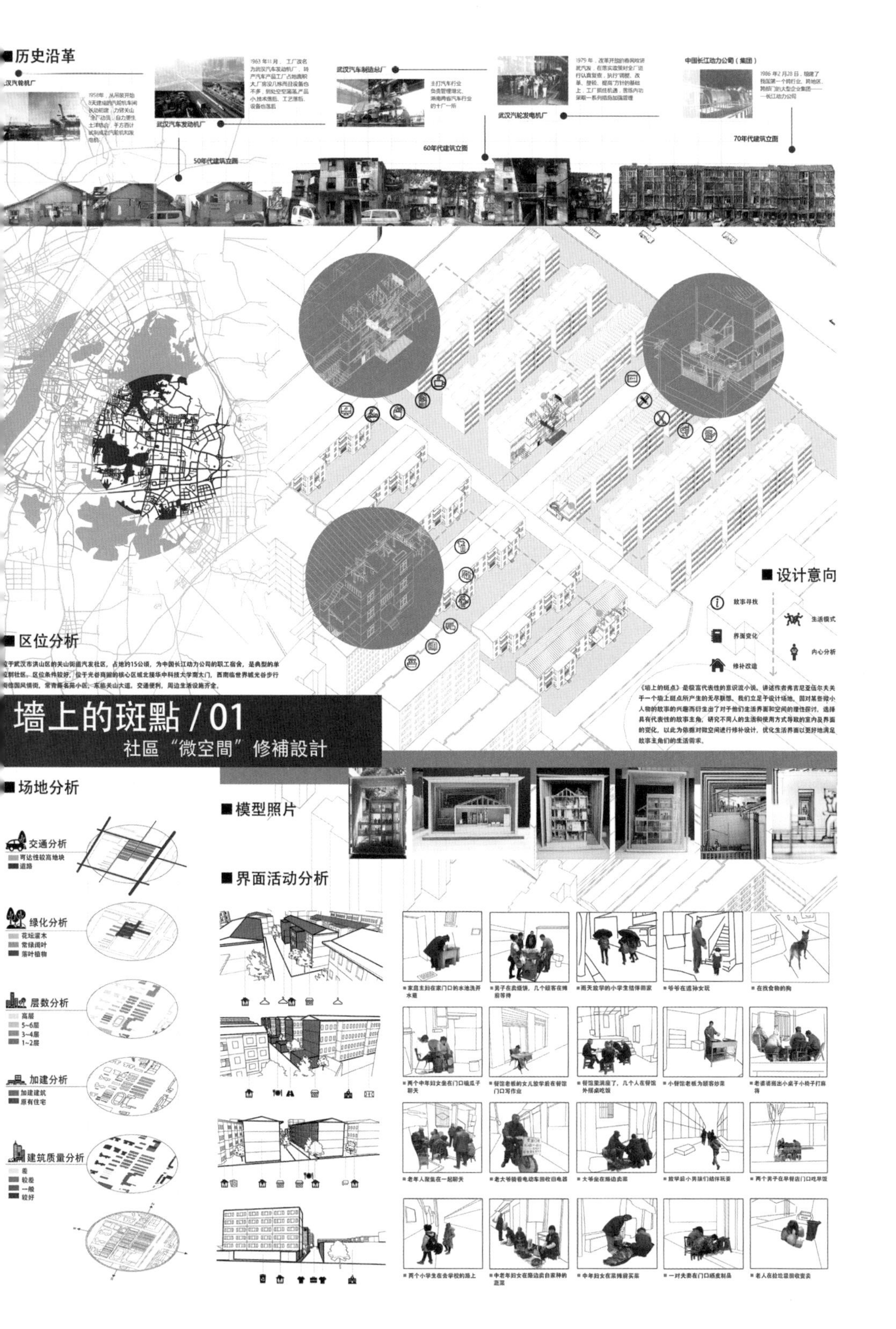

历史沿革
汉汽轮机厂
1958年，从吊装开始8天建成的汽轮机车间长动初建，力贺关山"全厂动员，自力更生，土洋结合，千方百计试制成功汽轮机和发电机
武汉汽车发动机厂
1963年11月，工厂改名为武汉汽车发动机厂，转产汽车产品工厂占地面积大厂房没几栋而且设备也不多，到处空空荡荡，产品小技术落后、工艺落后、设备也落后
武汉汽车制造总厂
主打汽车行业负责管理湖北、湖南两省汽车行业的十厂一所
武汉汽轮发电机厂
1979年，改革开放的春风吹进武汽发，在落实政策对全厂进行认真复查，执行"调整、改革、整顿、提高"方针的基础上，工厂抓住机遇，苦练内功采取一系列措施加强管理
中国长江动力公司（集团）
1986年2月28日，组建了我国第一个跨行业、跨地区、跨部门的大型企业集团——长江动力公司
50年代建筑立面
60年代建筑立面
70年代建筑立面
设计意向
故事寻找
界面变化
修补改造
生活模式
内心分析
《墙上的斑点》是极富代表性的意识流小说，讲述作者弗吉尼亚伍尔夫关于一个墙上斑点所产生的无尽联想。我们立足于设计场地，因对某些微小人物的故事的兴趣而衍生出了对于他们生活界面和空间的理性探讨。选择具有代表性的故事主角，研究不同人的生活和使用方式导致的室内及界面的变化，以此为依据对微空间进行修补设计，优化生活界面以更好地满足故事主角们的生活需求。
区位分析
于武汉市洪山区的关山街道汽发社区，占地约15公顷，为中国长江动力公司的职工宿舍，是典型的单
制社区。区位条件较好，位于光谷商圈的核心区域北接华中科技大学南大门，西南临世界城光谷步行
德国风情街，常青藤名苑小区，东临关山大道，交通便利，周边生活设施齐全。
墙上的斑點 / 01
社區“微空間”修補設計
场地分析
交通分析
可达性较高地块
道路
绿化分析
花坛灌木
常绿阔叶
落叶植物
层数分析
高层
5~6层
3~4层
1~2层
加建分析
加建建筑
原有住宅
建筑质量分析
差
较差
一般
较好
模型照片
界面活动分析
家庭主妇在家门口的水池洗开水瓶
男子在卖烧饼，几个顾客在摊前等待
雨天放学的小学生结伴回家
爷爷在逗孙女玩
在找食物的狗
两个中年妇女坐在门口嗑瓜子聊天
餐馆老板的女儿放学后在餐馆门口写作业
餐馆里满座了，几个人在餐馆外摆桌吃饭
小餐馆老板为顾客炒菜
老婆婆搬出小桌子小椅子打麻将
老年人聚集在一起聊天
老大爷骑着电动车回收旧电器
大爷坐在路边卖菜
放学后小男孩们结伴玩耍
两个男子在早餐店门口吃早饭
两个小学生在去学校的路上
中老年妇女在路边卖自家种的蔬菜
中年妇女在菜摊前买菜
一对夫妻在门口晒皮制品
老人在捡垃圾回收变卖

■建筑室外空间模式演变
■新增建筑模块功能示意
墙上的斑點 / 03
社區“微空間”修補設計
■建筑室内使用模式变化
户型A
户型B
户型C
户型D
喜爱社交棋牌的老大爷
热爱运动的中年男人
爱种花种菜的婆婆
一家三口
在外打工的父亲
在家靠做手工补贴家用的母亲
在旭光学校读书的小学生
孜孜不倦的旭光学校美术老师
随着对生活品质要求
以及各类经商需求
生活空间已经严重不足
年轻的餐厅老板娘一家
一家人经营餐馆
女儿在旭光学校念小学 没有地方写作业
理发店一家
洗剪吹拉染烫皆可服务
培优补课教育机构
一对一课程、一对多课程
课外、兴趣班

身体认知

南京大学建筑与城市规划学院　一年级

设计基础是建筑学科的基础课。它的教学目的是使学生通过本课程的学习，掌握运用理性思维进行造型和表现的习惯和能力，提高学生运用视觉语言和物质材料进行记录、表达和思考的能力，使学生既具有基本的造型能力，又掌握现代艺术的基本理念和表达方法，为学生学好建筑学打下一个良好的视觉设计基础。本课程通过一系列实践型作业，从对身体动作的分析与图示，到利用折纸对身体的包裹，让学生逐步建立身体意识和环境意识，学会观察、分析和表达问题，掌握通过二维表现进行三维想象的方法，并通过贯穿整个课程系列作业的理性思维更全面地理解身体与空间之间的关系。

本课程共包括两个部分的练习。练习一，“动作－空间分析”通过观察和分析被空间限定的身体动作，训练学生认知身体、尺度与环境的关系；练习二，“身体包裹”利用折纸操作对运动中的身体进行包裹，训练学生形成建筑学形式操作的基本思维与方法。

优秀作业 1：身体认知　设计者：陈予婧
优秀作业 2：身体认知　设计者：张涵筱

作业指导教师：丁沃沃　鲁安东　唐　莲
教案主持教师：丁沃沃　鲁安东　唐　莲

本科教学纲要

教学阶段 Phases of Education	本科生培养（学士学位）Undergraduate Program (Bachelor Degree)：一年级 1st Year / 二年级 2nd Year / 三年级 3rd Year / 四年级 4th Year
教学类型 Types of Education	通识教育 General Education / 专业教育 Professional Training
课程类型 Types of Courses	通识类课程 General Courses / 学科类课程 Disciplinary Courses / 专业类课程 Professional Courses
主干课程 Design Courses	设计基础 Basic Design / 建筑设计基础 Basic of Architectural Design / 建筑设计 Architectural Design
理论课程 Theoretical Courses	专业基础理论 Basic Theory of Architecture / 专业理论 Architectural Theory
技术课程 Technological Courses	
实践课程 Practical Courses	环境认知 Environmental Cognition / 古建筑测绘 Ancient Building Survey and Drawing / 工地实习 Practice of Construction Plant

本科设计基础 & 建筑设计课程纲要

美学训练 AESTHETICS & DRAWING | 身体认知 BODY KNOWLEDGE | 结构认知 STRUCTURE KNOWLEDGE | 建筑认知 ARCHITECTURE BASIC KNOWLEDGE | 形式与语言 FORM & LANGUAGE | 材料与构造 | 空间与场所 SPACE & PLACE | 功能与混合 流线与公共性 | 技术与规范 TECHNIQUE & REGULATION | 城市与环 URBANISM & ENVIR

一年级下学期设计基础：身体认知

课程介绍

设计基础是建筑学科的基础课。它的教学目的是使学生通过本课程的学习，掌握运用理性思维进行造型和表现的习惯和能力，提高学生运用视觉语言和物质材料进行记录、表达和思考的能力，使学生既具有基本的造型能力，又掌握现代艺术的基本理念和表达方法，为学生学好建筑学打下一个良好的视觉设计基础。本课程通过一系列实践型作业，从对身体动作的分析与图示，到利用折纸对身体的包裹，让学生逐步建立身体意识和环境意识，学会观察、分析和表达问题，掌握通过二维表现进行三维想象的方法，并通过贯穿整个课程系列作业的理性思维更全面地理解身体与空间之间的关系。

本课程共包括两个部分的练习。练习一“动作-空间分析”通过观察和分析被空间限定的身体动作，训练学生认知身体、尺度与环境的关系；练习二“身体包裹”利用折纸操作对运动中的身体进行包裹，训练学生形成建筑学形式操作的基本思维与方法。

形式认知

练习1 动作-空间分析

教学目标：理解空间-身体之间的相互作用，多角度地理解空间。

教学进程

任务A 身体动作

1 动作观察与记录 | 2 动作分析和图解 | 3 空间拼贴 | 4 动作容积分析与表达

任务B 日常空间的身体动作

1 动作观察与记录 | 2 动作分析和图解 | 3 空间拼贴 | 4 动作容积分析与表达

练习2 身体包裹

教学目标：理解形式塑造机制，理解形式与材料、构件、工艺的关系。

教学进程

任务A 折纸单元

单元拼接 | 整纸折叠

任务B 折纸塑形

单元拼接 | 整纸折叠

任务C 折纸包裹身体

基本尺度 | 穿戴尺度 | 扩展尺度

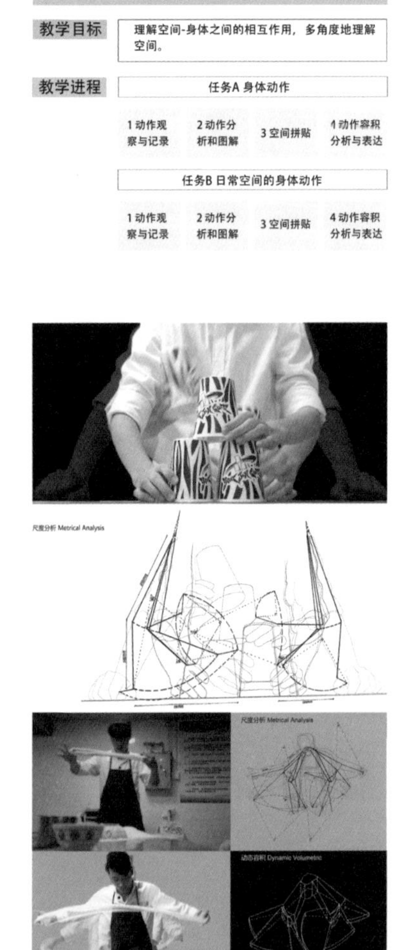

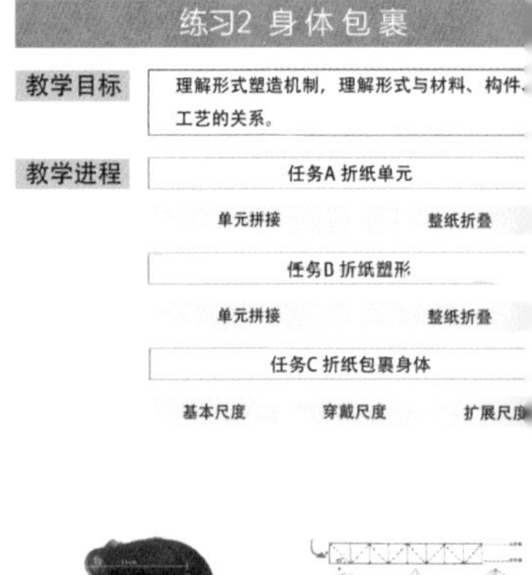

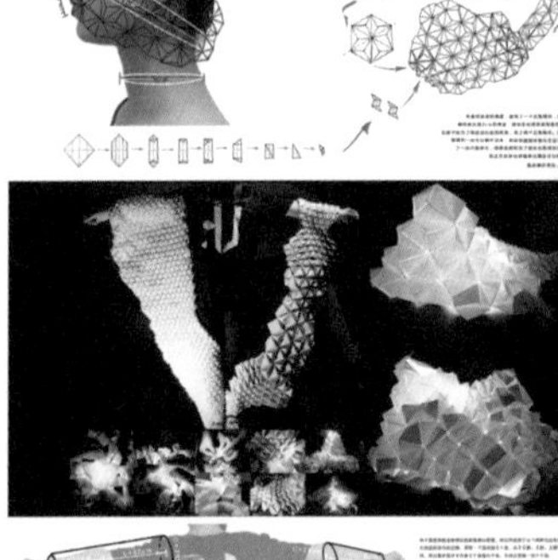

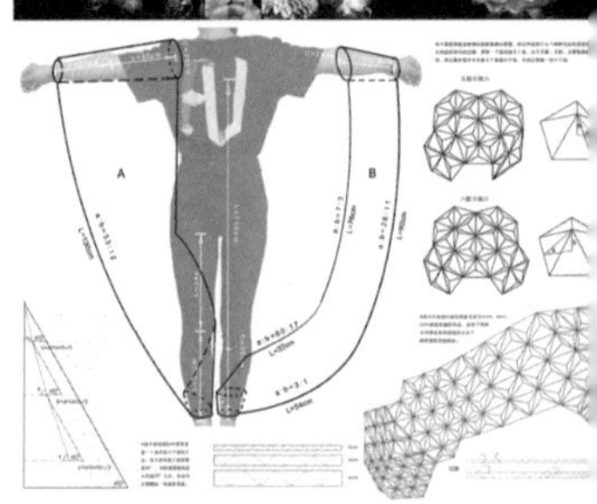

1 动作-空间分析

“动作-空间分析”的教学历时5周（含评图1周），教学内容包括拼贴、色彩、摄影和分镜头剧本，要求通过动作编排和影像表达，理解空间-身体之间的相互作用，通过对动作进行动态分析、度量分析和感知分析，多角度地理解空间，在此基础上进一步培养观察、分析、表达的贯通思维，同时教会学生绘制分析图，提高手绘能力。

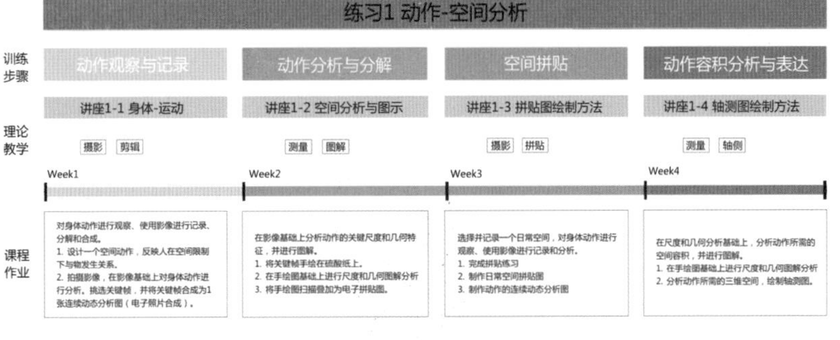

练习1 动作-空间分析
训练步骤
动作观察与记录
动作分析与分解
空间拼贴
动作容积分析与表达
理论教学
讲座1-1 身体-运动
讲座1-2 空间分析与图示
讲座1-3 拼贴图绘制方法
讲座1-4 轴测图绘制方法
摄影
剪辑
测量
图解
摄影
拼贴
测量
轴侧
Week1
Week2
Week3
Week4
课程作业
对身体动作进行观察、使用影像进行记录、分解和合成。
1. 设计一个空间动作，反映人在空间限制下与物发生关系。
2. 拍摄影像，在影像基础上对身体动作进行分析。挑选关键帧，并将关键帧合成为1张连续动态分析图（电子照片合成）。
在影像基础上分析动作的关键尺度和几何特征，并进行图解。
1. 将关键帧手绘在硫酸纸上。
2. 在手绘图基础上进行尺度和几何图解分析
3. 将手绘图扫描叠加为电子拼贴图。
选择并记录一个日常空间，对身体动作进行观察、使用影像进行记录和分析。
1. 完成拼贴练习
2. 制作日常空间拼贴图
3. 制作动作的连续动态分析图
在尺度和几何分析基础上，分析动作所需的空间容积，并进行图解。
1. 在手绘图基础上进行尺度和几何图解分析
2. 分析动作所需的三维空间，绘制轴测图。

任务A 身体动作　　任务B 日常空间的身体动作

阶段成果

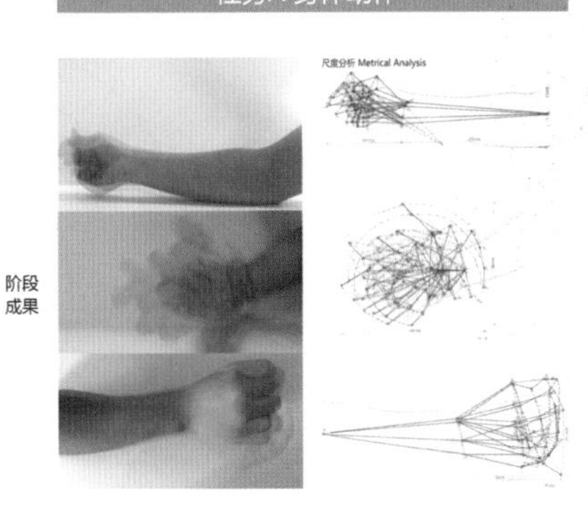

2 身体包裹

“身体包裹”的教学历时6周（含评图1周），要求用折纸对身体的一个部位进行包裹，完成一件衣服的设计与制作。课程可以理解为基于身体（场地）的形式操作，教学的主要内容是形式设计的逻辑与方法，其中折纸作为实现形式的技术与媒介。为此，在整个教学过程中设置了三个阶段的练习，并开展相应的讲座来指导与配合练习。这三个阶段分别为，折纸单元基础练习（一周）、折纸单元变形与组合研究（一周）、以及折纸包裹空间的设计（三周）。

练习2 身体包裹

训练步骤：塑形机制研究　身体测量与几何分析　形式操作与图示

理论教学：讲座2-1 折纸概述　讲座2-2 折纸单元的变形与组合　讲座2-3 身体尺度与空间包裹　讲座2-4 图示表达

折叠　拼插　｜　折叠　拼插　变形　计算　｜　测量　计算　概念　折叠　拼插　｜　摄影　图解

Week5　Week6　Week7　Week8　Week9

课程作业：

学习折纸的基本知识，运用单元拼插或者整纸折叠的方式，制作一个直径不小于15cm的空心球。

以折纸球的单元为基础选择一种单元进行深入，单元拼插单元通过大小组合、整纸折叠通过折痕线的变化，来研究折纸塑形机制，最终能够做到娴熟地控形。

运用掌握的折纸塑形原理，包裹身体的一个部位，最终成品需满足身体尺度的三个层次，并能够改变人的形体。这个过程历时三周，前两周以设计与制作衣服为主，学生需要根据选择的部位以及衣服的设计意向设定概念，设计除了技术上遵循之前的研究成果之外，也需符合概念的设定，由概念来引导设计造型的走向；后一周学生需要对成品进行拍摄，对制作原理进行手绘图表述，最终完整呈现到一张图版上。

任务A 折纸单元　　任务B 折纸塑形　　任务C 折纸包裹身体

阶段成果

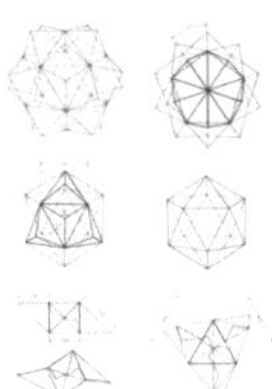

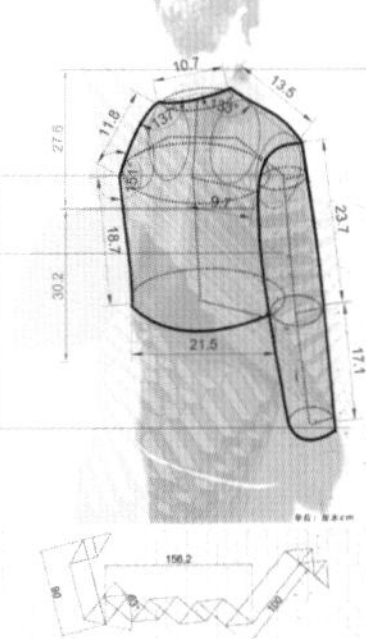

动作照片

尺度分析 Metrical Analysis

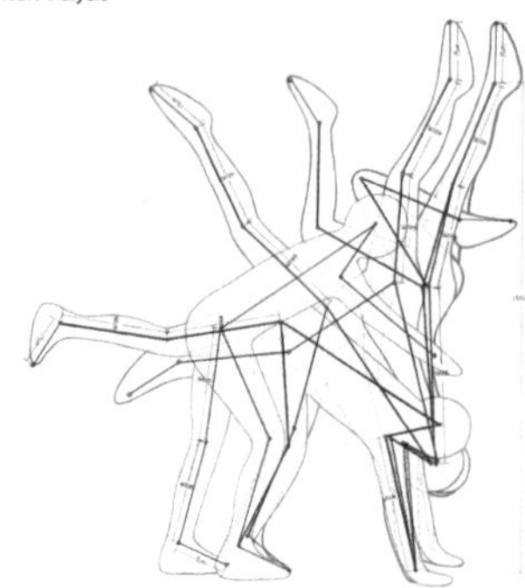

动作图解 Action Diagram

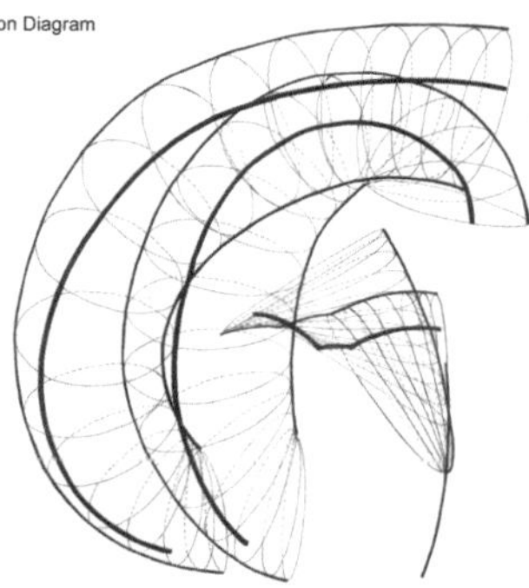

尺度分析 Metrical Analysis

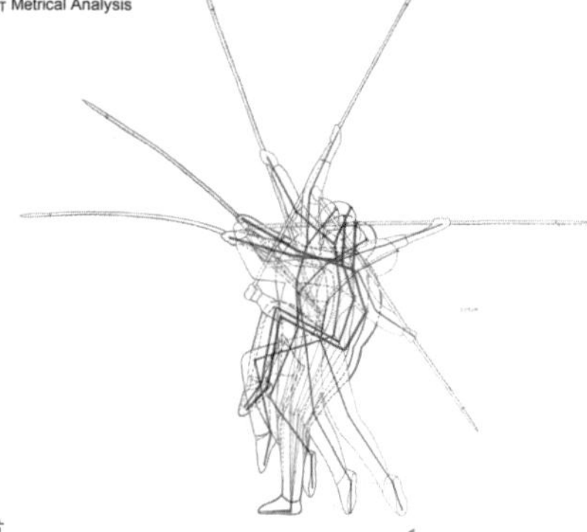

场景照片

动作照片

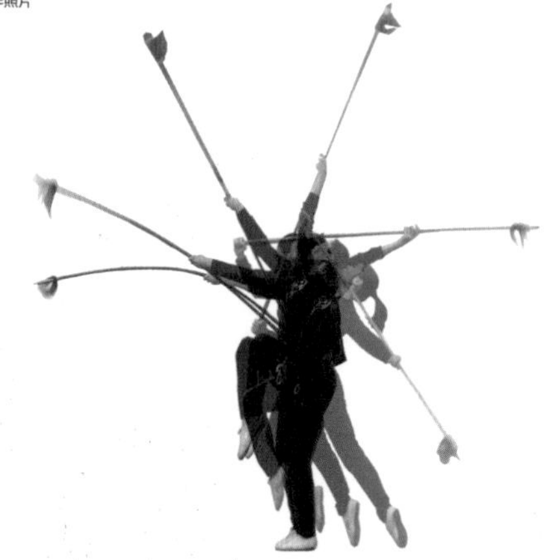

动态容积 Dynamic Volumetric

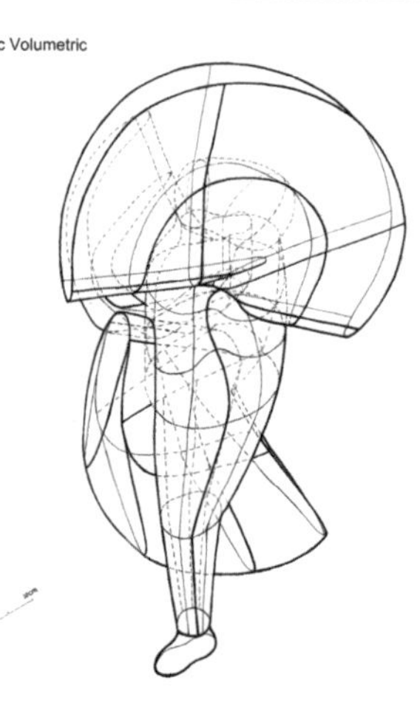

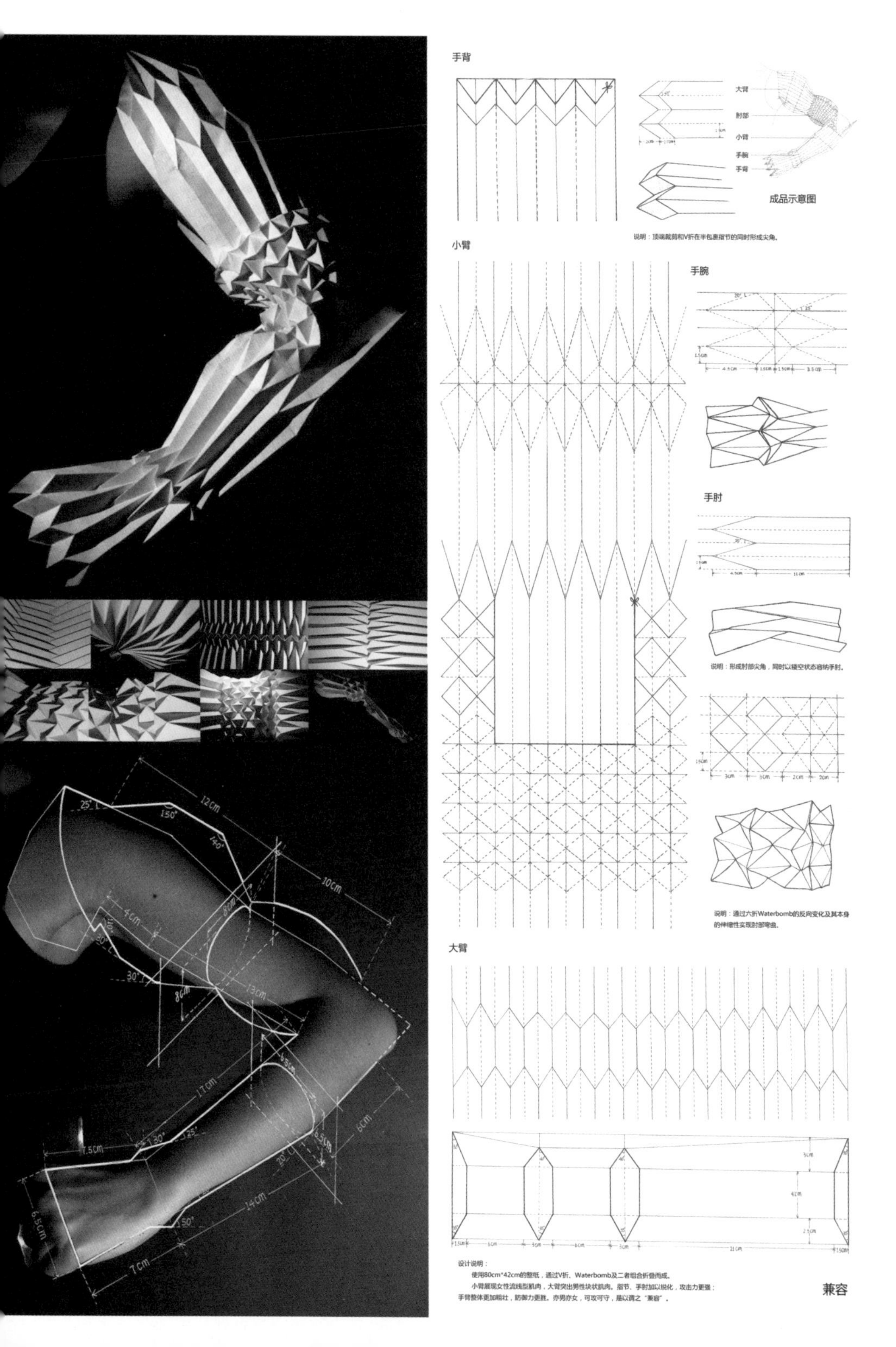

手背
大臂
肘部
小臂
手腕
手背
成品示意图
说明：顶端裁剪和V折在半包裹指节的同时形成尖角。
小臂
手腕
手肘
说明：形成肘部尖角，同时以镂空状态容纳手肘。
说明：通过六折Waterbomb的反向变化及其本身的伸缩性实现肘部弯曲。
大臂
25°
150°
12cm
140°
10cm
4cm
8cm
30°
13cm
17cm
6.5cm
6cm
7.5cm
130°
25°
20°
14cm
150°
6.5cm
7cm
设计说明：
使用80cm*42cm的整纸，通过V折、Waterbomb及二者组合折叠而成。
小臂展现女性流线型肌肉，大臂突出男性块状肌肉。指节、手肘加以锐化，攻击力更强；手臂整体更加粗壮，防御力更胜。亦男亦女，可攻可守，是以谓之“兼容”。
兼容

从指令型设计走向研究型设计——大型公共建筑设计

南京大学建筑与城市规划学院建筑学系　三年级

随着我国社会经济的不断发展，建筑师的角色也正在发生深刻的变化，从以往“空间的组织者”、“形式的创造者”和“工种的协调者”向“资源的统筹和整合者”、乃至“计划的构想和引领者”拓展。这就要求建筑学专业教育体系作出相应的改变，将学生研究能力的培养贯穿到专业教育的各个环节，以研究带动设计，以设计促进研究，以研究引领创新。建筑学本科三年级下学期“大型公共建筑设计”课题是我院本硕贯通建筑学专业课程体系中承上启下的重要环节，具有一定的复杂性和综合性。本教案在重视专业知识传授和专业技能训练的基础上，尝试强化设计课程的研究性，从基于训练和操作的“指令式”教学逐渐向重视思考和分析的“研究型”课程转化。通过开放式任务书、分阶段研究性设计、研究性教学成果等措施，力图使学生初步理解研究对于设计创新的重要意义，并初步训练学生科学、理性、逻辑的研究思维、方法和能力。

优秀作业 1：五塘新村社区文化活动与综合服务中心　设计者：唐　萌
优秀作业 2：五塘新村社区文化活动与综合服务中心　设计者：卢　鼎

作业指导教师：钟华颖　华晓宁　王　铠
教案主持教师：华晓宁　钟华颖　王　铠

三年级下学期“大型公共建筑设计”教案

从指令型设计走向研究型设计

“现在的重点已经从一转向多，从对象转向场域，从个体转向并置的网络” ——James Corner

随着我国社会经济的不断发展，建筑师的角色也正在发生深刻的变化，从以往“空间的组织者”、“形式的创造者”和“工种的协调者”向“资源的统筹和整合者”、乃至“计划的构想和引领者”拓展。这就要求建筑学专业教育体系作出相应的改变，将学生研究能力的培养贯穿到专业教育的各个环节，以研究引领设计，以设计做为研究，以研究引领创新。

建筑学本科三年级下学期“大型公共建筑设计”课题是我系本硕贯通建筑学专业课程体系中承上启下的重要环节，具有一定的复杂性和综合性。本教案在重视专业知识传授和专业技能训练的基础上，尝试强化设计课程的研究性，从基于训练和操作的“指令式”教学逐渐向重视思考和分析的“研究型”课程转化，力图使学生初步理解研究对于设计创新的重要意义，并初步训练学生科学、理性、逻辑的研究思维、方法和能力。

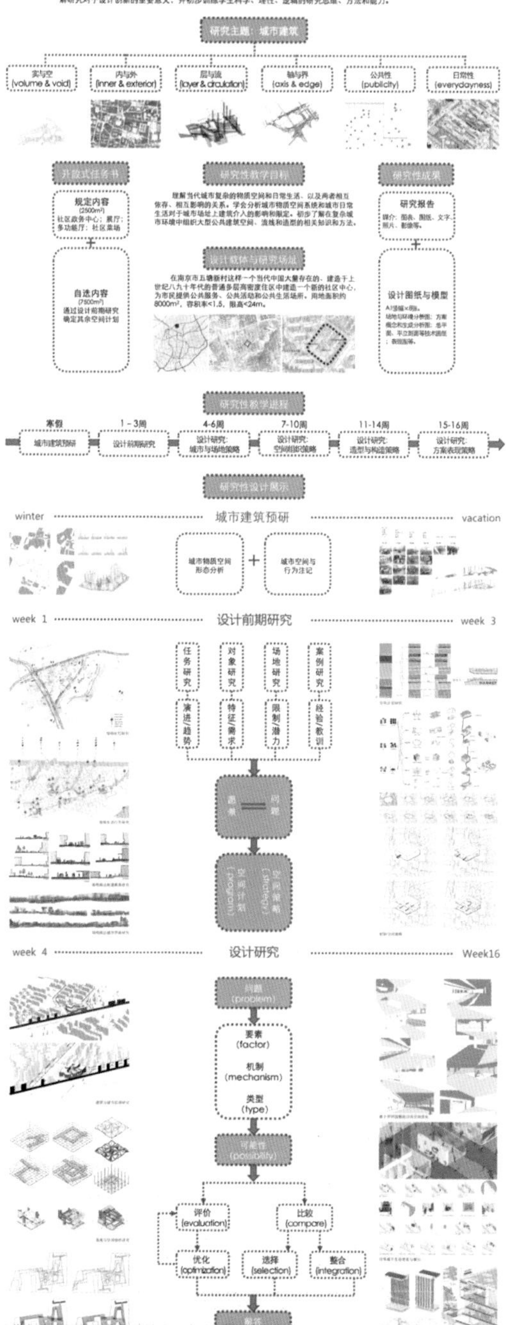

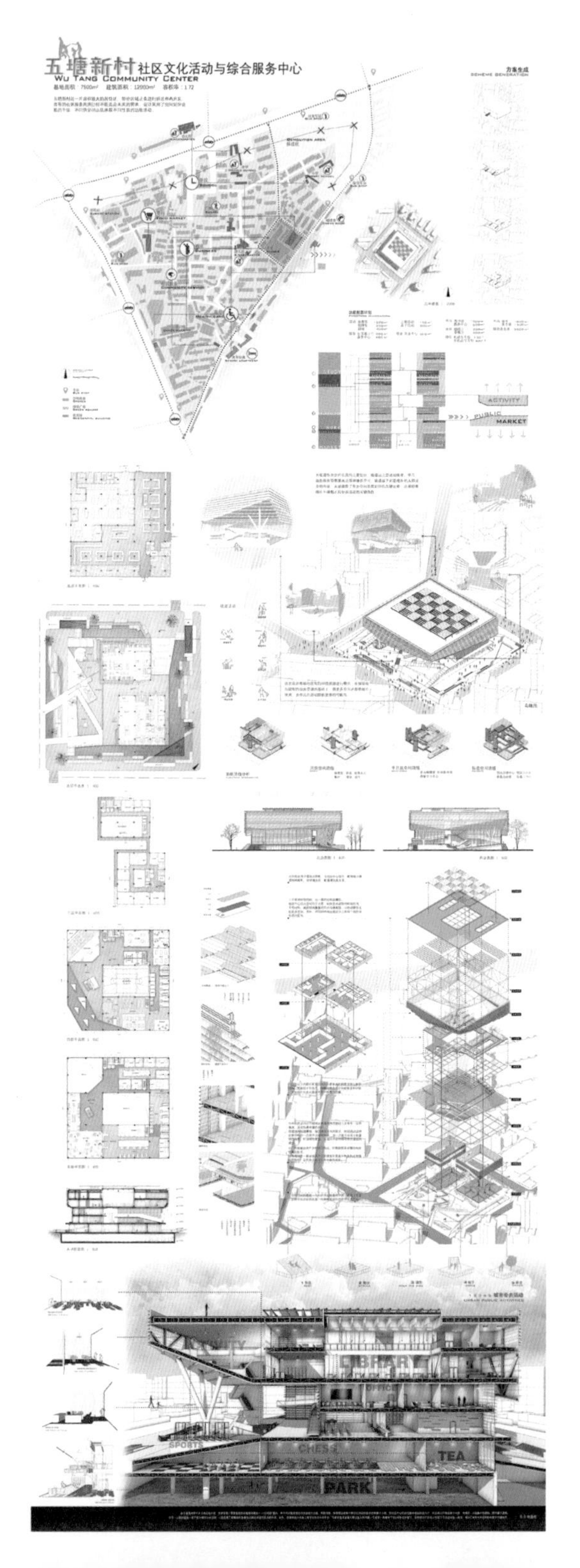
五塘新村社区文化活动与综合服务中心
WU TANG COMMUNITY CENTER
基地面积：7500m²　建筑面积：12900m²　容积率：1.72
DEMOLITION AREA
方案生成
SCHEME GENERATION
ACTIVITY
PUBLIC
MARKET
LIBRARY
SPORTS
CHESS
TEA
PARK

地·墙·架·梯·俱——“五构”训练主题下的西山书院设计

北方工业大学建筑与艺术学院建筑系　二年级

本题目是二年级上学期第二个设计题目——西山书院设计，要求学生在八周时间完成一个具有居住、教学交流两个主要功能的小型建筑设计。教学过程嵌入“五构”的训练模块，学生在设计过程中，按要求完成对地、墙、架、梯、俱五种空间要素的专题训练。本设计题目前为餐馆设计，后为幼儿园设计，均为具有核心功能的小型建筑，在体量、面积、功能模块上紧密衔接。

优秀作业 1：追风——西山建筑学社　设计者：谢润明
优秀作业 2：山居素日　设计者：郭俣男

作业指导教师：张　娟　罗　丹　袁　琳　薛翊岚
教案主持教师：袁　琳　贾　东　宋效巍　崔　轶　张　娟　钱　毅

1

地·墙·架·梯·俱

“五构”训练主题下的西山书院设计

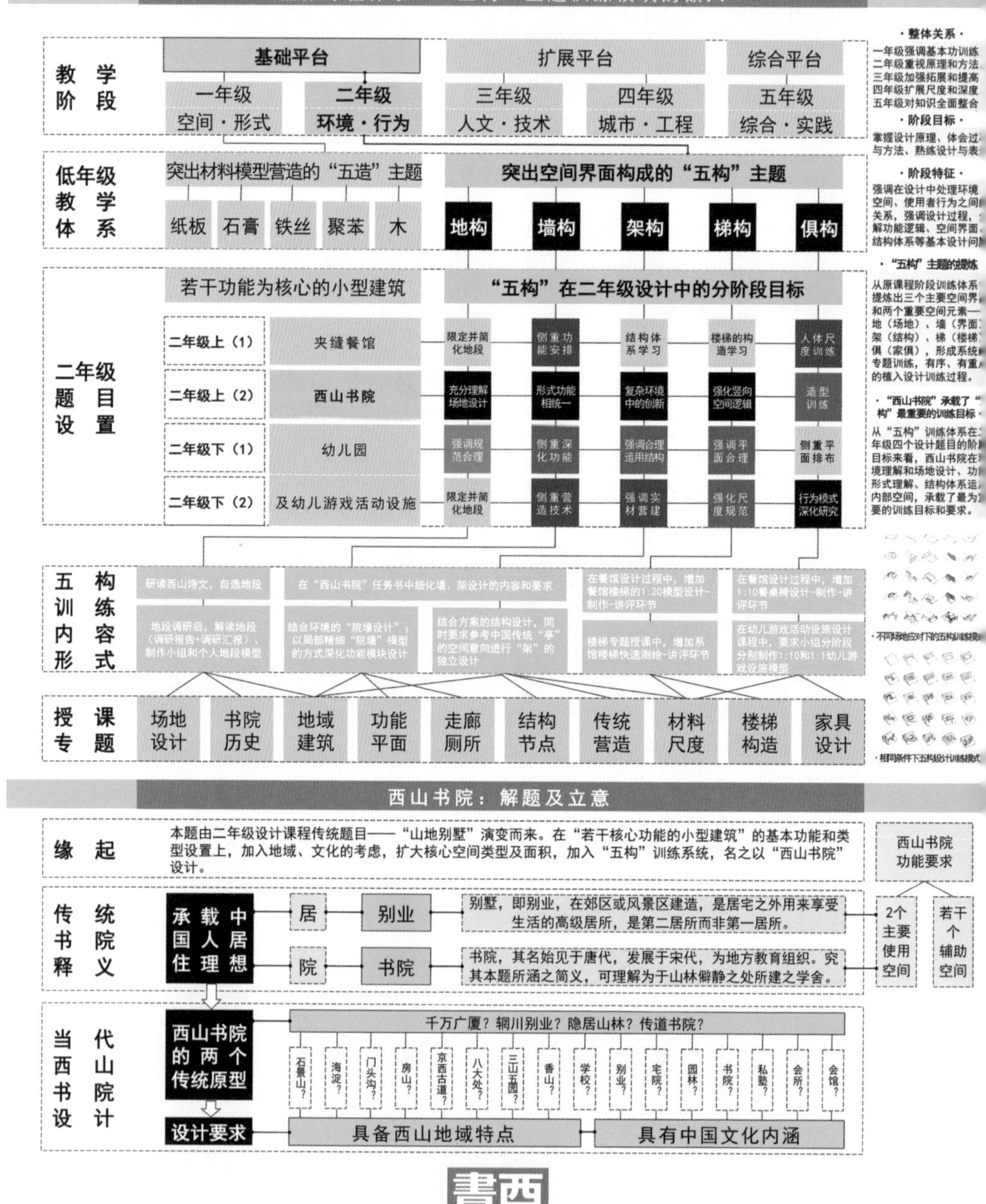

整体课程体系：“五构”主题训练模块的嵌入
教学阶段
基础平台
扩展平台
综合平台
一年级
空间·形式
二年级
环境·行为
三年级
人文·技术
四年级
城市·工程
五年级
综合·实践
低年级教学体系
突出材料模型营造的“五造”主题
纸板
石膏
铁丝
聚苯
木
突出空间界面构成的“五构”主题
地构
墙构
架构
梯构
俱构
二年级题目设置
若干功能为核心的小型建筑
“五构”在二年级设计中的分阶段目标
二年级上（1）
夹缝餐馆
限定并简化地段
侧重功能安排
结构体系学习
楼梯的构造学习
人体尺度训练
二年级上（2）
西山书院
充分理解场地设计
形式功能相统一
复杂环境中的创新
强化竖向空间逻辑
造型训练
二年级下（1）
幼儿园
强调规范合理
侧重深化功能
强调合理运用结构
强调平面合理
侧重平面排布
二年级下（2）
及幼儿游戏活动设施
限定并简化地段
侧重营造技术
强调实材营建
强化尺度规范
行为模式深化研究
五构训练内容形式
研读西山诗文，自选地段
地段调研后，解读地段（调研报告+调研汇报）、制作小组和个人地段模型
在“西山书院”任务书中细化墙、架设计的内容和要求
结合环境的“院墙设计”；以局部精细“院墙”模型的方式深化功能模块设计
结合方案的结构设计，同时要求参考中国传统“亭”的空间意向进行“架”的独立设计
在餐馆设计过程中，增加餐馆楼梯的1:20模型设计-制作-讲评环节
楼梯专题授课中，增加系馆楼梯快速测绘-讲评环节
在餐馆设计过程中，增加1:10餐桌椅设计-制作-讲评环节
在幼儿游戏活动设施设计课程中，要求小组分阶段分别制作1:10和1:1幼儿游戏设施模型
授课专题
场地设计
书院历史
地域建筑
功能平面
走廊厕所
结构节点
传统营造
材料尺度
楼梯构造
家具设计
·整体关系·
一年级强调基本功训练
二年级重视原理和方法
三年级加强拓展和提高
四年级扩展尺度和深度
五年级对知识全面整合
·阶段目标·
·阶段特征·
·“五构”主题的提炼
·“西山书院”承载了
·不同场地应对下的五构训练模式
·相同条件下五构设计训练模式
西山书院：解题及立意
缘起
本题由二年级设计课程传统题目——“山地别墅”演变而来。在“若干核心功能的小型建筑”的基本功能和类型设置上，加入地域、文化的考虑，扩大核心空间类型及面积，加入“五构”训练系统，名之以“西山书院”设计。
西山书院功能要求
传统书院释义
承载中国人居住理想
居
别业
别墅，即别业，在郊区或风景区建造，是居宅之外用来享受生活的高级居所，是第二居所而非第一居所。
院
书院
书院，其名始见于唐代，发展于宋代，为地方教育组织。究其本题所涵之简义，可理解为于山林僻静之处所建之学舍。
2个主要使用空间
若干个辅助空间
当代西山书院设计
西山书院的两个传统原型
千万广厦？辋川别业？隐居山林？传道书院？
石景山？
海淀？
门头沟？
房山？
京西古道？
八大处？
三山五园？
香山？
学校？
别业？
宅院？
园林？
书院？
私塾？
会所？
会馆？
设计要求
具备西山地域特点
具有中国文化内涵

書院 西山

二年级·教案

2 地·墙·架·梯·俱

“五构”训练主题下的西山书院设计

地段及设计要求

任务

本设计要求学生以朴实、当代的“地”、“墙”、“架”、“梯”、“俱”五种建造形态，完成一个：具有中国传统文化内涵和西山地域特点的、具有学术交流功能的居院方案设计。设计包括单体建筑、外部环境、绿化植被等。

地段

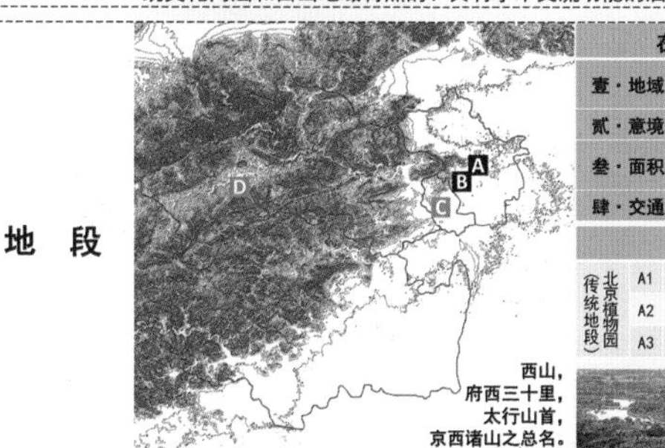

西山，
府西三十里，
太行山首，
京西诸山之总名。

在任务书中不设定具体地段，自选地段需满足以下要求

壹·地域	中国·北纬40度一线，环境幽静，树木成林之地均可选择，在不影响周围建筑的前提下，自行确定用地范围，可以依北京香山、八大处等地选定。
贰·意境	地段环境具备“君子之于学也，藏焉修焉，息焉游焉”之意境。
叁·面积	用地范围面积不大于1800平方米，用地范围之长边不超过80米，用地范围内至少3米高差，平均坡度不大于25%。
肆·交通	地段外有支路在附近经过。

任务书提供以下参考地段与参考地块

北京植物园（传统地段）	A1	平地，东北面湖滨	香山见心斋	B	倚别垣东坡，面京城。借其地谋假题。
	A2	坡地，西南面湖滨	北京八大处	C	待选
	A3	平地，西面湖滨	京西古道	D	

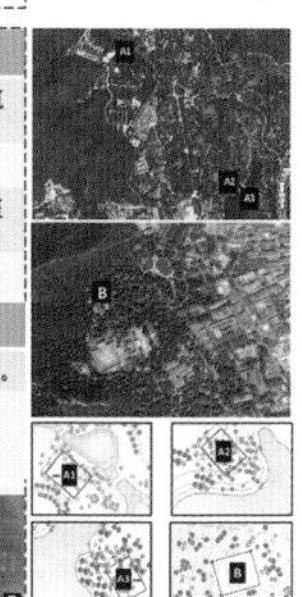

设计进度安排

阶段		师	生
第9周	1		
	2		
第10周	3		
	4		
第11周	5		
	6		
第12周	7		
	8		
第13周	9		
	10		
第14周	11		
	12		
第15周	13		
	14		
第16周	15		
	16		

基地调研

以七人小组为单位，择题、相地、踏勘、测绘地形并制作小组和个人环境模型，各人独立编写设计任务书。为期一周。

集中授课

六位教师分别以“地”、“墙”、“架”、“梯”、“俱”为主题集中授课，为期两周（四节大课），同时布置专题训练作业。

方案构思

学生完成地段、环境、业主、主题的构思，以快题+概念模型之形式确定方案；为期两周（与调研同步）。同时进行专题训练。

方案推进

教师根据学生所定主题通过课下改草图+课上点评模型的方式推进学生方案。方案不断推进持续至终期评图。同时推进专题训练。

方案表达

学生以课上快题设计+课下推敲模型的方式表达方案，鼓励手工模型。持续至终期评图，主要集中于第六、七周。

阶段评图

以七人为组，两组为团，每周最后一课时以 ppt 形式对快题之图纸、课下之模型展开组内互评，团内点评，班内交流。

终期评图

图纸数量为3张统一完整构图之A1设计图，模型以照片形式体现于图纸，并提交相应的电子文档；终期评图以全年级范围内公开汇报的形式展开。

功能与面积

零	总建筑面积400~500平方米。
壹	**界线与开口** ☐ 院墙：院墙不是地段边界线。院墙在地段内设计，不求封闭，但要界线明确，可以石、砖、木、土等，还可以树、草、坡、水等。要求结合地势，便于识别，既可以开放又可以限制出入，适当封闭管理 ☐ 院门：正出入口、辅出入口分开设置，通向地段外即可。形式不拘一格 ☐ 院墙辅出入口附设车库1间（2车位），面积自定，车出入口在院墙外，车库另有一门通向院内 ☐ 院墙外设临时停车、自行车停放区
贰	**研修空间** ☐ 30人的讨论式教室1间，使用面积约60平方米 ☐ 15人会议室1间，面积自定 ☐ 适当的交流与展示空间，形式、面积自定 ☐ 辅助功能空间，如：卫生间、准备室、走道、楼梯等
叁	**生活空间** ☐ 起居兼研讨空间1间，使用面积不小于25平方米 ☐ 主卧室1间，带卫生间，面积自定 ☐ 次卧室4间，带卫生间，面积自定 ☐ 厨房与就餐空间，供6人一日三餐，偶纳20人临时之自助餐，可与其它空间连续通用 ☐ 辅助功能空间，如：工人房、储藏室、走道、楼梯、过厅等
肆	**拓展空间** 根据业主专业需要自行设定。如：设计室、模型室、工作室、实验室、摄影室、画室、影像室、标本间、书房、练功房、收藏室等，面积自定
伍	**休闲与交流空间** ☐ 应与前四部分空间有机结合 ☐ 充分考虑室内 外结合，如：水面、浮桥、花房、露台、敞廊、庭院等

图纸要求

一题	题目，自拟		
一记	设计说明（包括经济技术指标）		
二造	整体模型	需体现建筑与地形的形体关系，1:100或1:200	通过不同材料、色彩的创意性搭配，准确地传达设计意图，表达设计思路；色彩、材料的表现可适当简化、抽象；模型须以高质量清晰照片的形式体现在正图中。
	局部模型	需体现“五构”体系及其逻辑关系，1:10	
五图	平面图	总平面图，1:300	包括外环境，内庭院景观设计，设计图纸应能清晰地表达设计思路，阐释设计意图，同时图面清晰，布局优美。
		首层平面图，带场地，1:100或1:200 各层平面图及屋顶平面图，1:100或1:200	注意线形搭配、各种符号标识、字体及字体大小配置、配景画法；要求图纸清洁整齐，准确反映空间信息。
	立面图	2-4个，1:100或1:50	注意线形搭配、材料符号、构造细节、材质肌理表达、立面配景搭配。
	剖面图	2-4个，1:100或1:50	
	透视/轴测图	表现方式不限	主透视表现室外场景，不小于2号图纸大小，反映建筑与环境的关系，应透视准确、颜色搭配和谐，注意材料的表达方式；另可适当表现有特点的室内空间场景。
	分析图	表现方式不限	
八景	一组场景绘画，表现方式不限		

·总体功能·

该书院供某特定专业和研究方向（如中国传统文化、诗词戏曲小说、自然科学、传统建筑文化、当代建筑思潮、建筑营造体系）之长期研修、讲学之用。

·业主与环境·

为该书院拟定一位具有传统文化气质之业主；需拟一段诗文描述该书院之文化气质及环境氛围，在设计中积极予以体现。如：以“呦呦鹿鸣”为主题选定诸奕得主屠呦呦女士为虚拟之业主。

·文化表达·

本设计要求用建筑语汇尝试表达书院“礼乐相成”的特点，表现一定的地域性、文化性、艺术性。

·语汇与手法·

在设计中要求系统使用和体现“地”、“墙”、“架”、“梯”、“俱”五构的设计语汇与手法。

3

地·墙·架·梯·俱

"五构"训练主题下的西山书院设计

作业评析

"五构"阶段目标成果

总结与反思

"五构主题训练"在二年级设计课程已尝试进行了四年，目前还在继续探索。回顾历年教学情况，学生对"五构"的理解、掌握、运用程度各有异同。就整体情况而言，学生在"地"构方面表现出很多想法，但往往对场地的整体掌控力不够；在"墙"构、"架"构、"梯"构三方面都表现出较丰富的创造力和较好的表现力，其中，在"梯"构训练中，对竖向空间的设计也表现较为吃力；同时，在八周的时间设计周期里，多数学生对相应的"俱"构设计的展开不够深入。

在将来的五构训练中，还需要继续探讨任务书的细化和专题训练的设置，希望进一步加强"五构"主题训练模块与设计课题的进一步嵌入融合，尤其需要继续深入研究设计地段，深化任务书，继续探讨更好的方法，激发学生对场地的学习，强化学生对五构的理解。

《追风–西山建筑学社》	《山居素日》
地构：方案选择东北滨水地段，考虑了岸线和正南朝向的轴线方位变化，并以此展开体块推敲。	地构：合理利用了见心斋地段西高东低的坡地，分置高静低闹的功能体块，同时充分利用水来组织体块关系。
墙构：注重了墙在水平方向的虚实变化。	墙构：用穿插的手法设置了两组变化丰富的群墙，充满趣味。
架构：丰富的体块关系、丰富的屋顶形式，且难能可贵有基本合理的结构体系作为基础。	架构：墙、架结合，虚实结合，塑造了几处丰富的灰空间。
梯构：与结构紧密结合，竖向空间成为方案的亮点	梯构：不突出。
俱构：室内外家具平面布置基本合理。	俱构：对重点空间进行了室内家具的设计，有一定的把控能力。

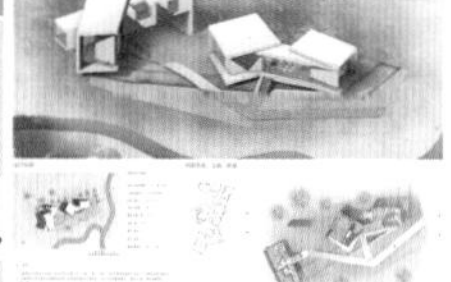

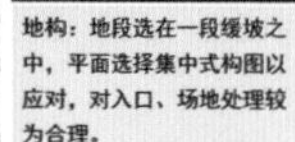

地构：地段选在一段缓坡之中，平面选择集中式构图以应对，对入口、场地处理较为合理。

墙构：方案对墙的材质及其搭配、构建进行了一定的尝试，形成若干处舒适、有意境的空间。

架构：尝试了对传统坡屋顶的个性解读和重构，重组墙、柱、廊、屋顶等元素。

梯构：不突出。

俱构：较欠缺。

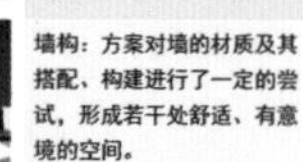

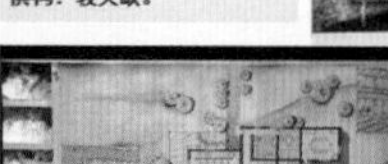

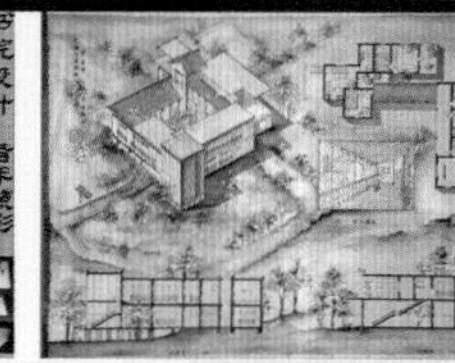

地构：以场地体验作为设计出发点，形式上不显山露水却适宜得体。	墙构：院落关系得体，立面开窗推敲细致，功能流线舒服。	架构：采用单双坡屋顶的常用造型，结构基本合理。	梯构：结合地形设置两处楼梯，分布基本合理。	俱构：较少体现。

西山建筑学社
经济技术指标：
总建筑面积：831 ㎡
场地面积：1285 ㎡
容积率：64.7%
道路
生活区
公共区
家庭区
客房、餐饮和辅助用房
工作区
公共区
场地由南侧的高地和北侧的阴坡组成，向北可以看到山谷和湖泊的景色。
为了满足该建筑的两大功能，将场地划分为南侧的朝阳的生活区和北侧的公共区。
细化后的功能块分布：主人家庭生活区最为私密，故设在南侧上部；公共与生活区之间布置私密性中等的建筑师工作区。
综合调整各体量关系：将不同高度的体量屋顶平缓连接，形成融入地形的屋面；将家庭区抬升，使一层屋顶形成通透的活动平台，并且家庭区获得更好的视野。
1. 设计思路分析
本设计是一座坐落在北京西郊山谷的书院建筑，主要功能是为一位建筑师提供举办学术活动、进行学术研究和建筑创作的场所，以及作为他和家人的假日居所。
场地原始植被以针叶林为主，本着让建筑更好地融入环境，同时又不被淹没在环境中的初衷，得到了最终的形态：一层屋面与地面接合，形成平缓起伏的屋顶；上部抬起的体量不仅作为建筑的“标志”，使它高出森林，能够远远就被看见，同时也为建筑提供了更好的视野。
设计说明
南立面图 1:250
北立面图 1:250
东立面图 1:250
7.400
3.350
-0.300
±0.000
-3.000
1-1剖面图 1:125
10.400
7.400
3.350
±0.000
-0.450
-0.300
2-2剖面图 1:125
总平面图 1:500

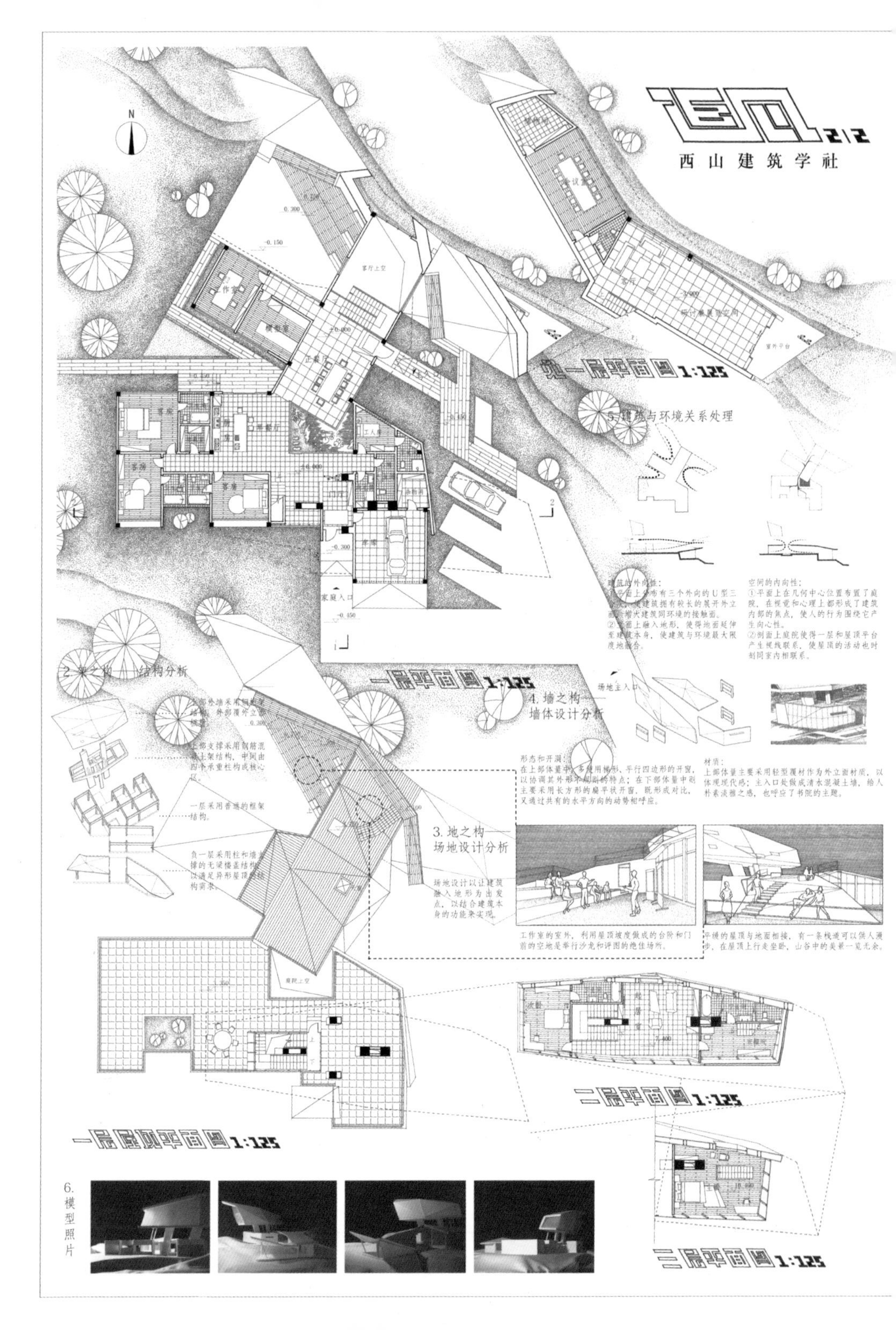

西山建筑学社
N
一层平面图 1:125
负一层平面图 1:125
二层平面图 1:125
三层平面图 1:125
一层屋顶平面图 1:125
家庭入口
场地主入口
车库
工作室
模型室
正餐厅
客厅上空
客厅
庭院上空
起居室
次卧
主卧
研讨兼展览空间
室外平台
5.建筑与环境关系处理
建筑的外向性：
面上增大建筑同环境的接触面。
②　面上融入地形，使得地面延伸
度地融合。
空间的内向性：
①平面上在几何中心位置布置了庭院，在视觉和心理上都形成了建筑内部的焦点，使人的行为围绕它产生向心性。
②剖面上庭院使得一层和屋顶平台产生视线联系，使屋顶的活动也时刻同室内相联系。
2.架之构——结构分析
一层采用普通的框架结构。
4.墙之构——墙体设计分析
形态和开洞：
又通过共有的水平方向的动势相呼应。
材质：
上部体量主要采用轻型覆材作为外立面材质，以体现现代感；主入口处做成清水混凝土墙，给人朴素淡雅之感，也呼应了书院的主题。
3.地之构——场地设计分析
工作室的室外，利用屋顶坡度做成的台阶和门前的空地是举行沙龙和评图的绝佳场所。
平缓的屋顶与地面相接，有一条栈道可以供人漫步，在屋顶上行走坐卧，山谷中的美景一览无余。
6.模型照片

地域建筑活化与场所重塑——老旧建筑改扩建设计

安徽建筑大学建筑与规划学院　三年级

1. 课题解读

本设计要求以建筑语汇表达地方及传统文化特性；探求建筑与自然环境及历史人文环境之间的共生互动关系；打造传统街区新形象，合理规划风貌保护区用地范围的景观及道路等城市功能设施；满足建筑改建后建筑在流线、功能、环境等方面适应当代社会的使用要求；思考历史或传统建筑在当代发展趋势之下的利用、传承与再创造，注意传统街巷空间的尺度、肌理和城市发展需要。

2. 教学目标

（1）树立建筑遗产保护意识，建立保护观念

结合古建筑测绘实习，了解遗产保护现状概况以及未来发展趋势，从而在建筑设计中树立建筑遗产保护意识，建立保护观念。

（2）关注地域建筑文化特征，挖掘场所精神

针对徽州地区传统建筑进行改扩建，具有社会、文化方面的象征意义。应紧密结合具体地段的历史、人文和地域文化特征，把握建筑与经济、社会、政治、文化、民俗等因素的相互关系；发掘建筑在文化和艺术上的功用和潜力。

（3）把握新旧建筑共生关系，培养创意能力

运用建筑设计知识，巧妙利用各种设计要素与创作手段，合理组织内部功能、流线、空间，在满足新旧共生的同时，设计出具有创意的形式和空间。

（4）探讨徽州建筑的当代应用，传承徽州文化

通过设计，促使学生关注徽州建筑文化，了解徽州建筑布局、形象、结构、人文等特征，进而探讨徽州建筑的保护与应用，并引导学生自觉地以徽州建筑文化为原型进行创作，丰富设计内涵，展现徽州地方传统文化底蕴。

优秀作业 1：老街新巷・屯溪老街枫树巷改扩建——茶文化体验工坊　设计者：高　翔
优秀作业 2：游廊戏巷——传统街区老旧建筑改扩建　设计者：姚　尧

作业指导教师：解玉琪　徐雪芳
教案主持教师：徐雪芳　解玉琪　王　薇　戴　慧　周庆华　钟　杰

地域建筑活化与场所重塑

三年级
老旧建筑改扩建设计教案

课程体系

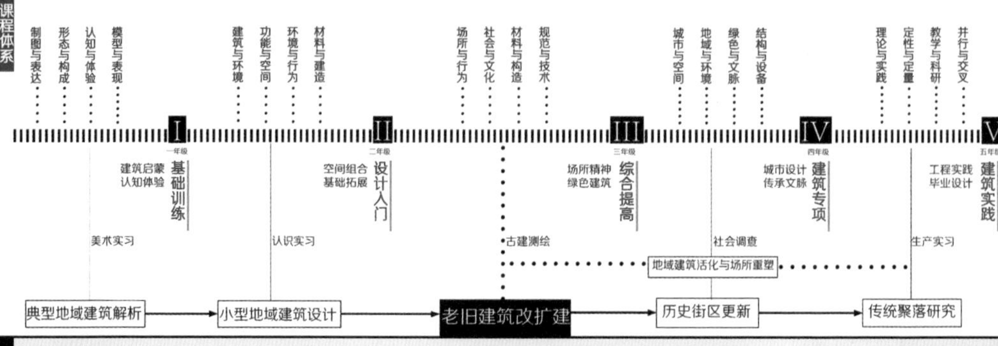

任务设置

一、教学目的

- **树立建筑遗产保护意识，建立保护观念**

结合古建筑测绘实习，了解遗产保护现状概况以及未来发展趋势，从而在建筑设计中树立建筑遗产保护意识，建立保护观念。

- **关注地域建筑文化特征，挖掘场所精神**

针对徽州地区传统建筑进行改扩建，具有社会、文化方面的象征意义。应紧密结合具体地段的历史、人文和地域文化特征，把握建筑与经济、社会、政治、文化、民俗等因素的相互关系；发掘建筑在文化和艺术上的功用和潜力。

- **把握新旧建筑共生关系，培养创意能力**

运用建筑设计知识，巧妙利用各种设计要素与创作手段，合理组织内部功能、流线、空间，在满足新旧共生的同时，设计出具有创意的形式和空间。

- **探讨徽州建筑的当代应用，传承徽州文化**

通过设计，促使学生关注徽州建筑文化，了解徽州建筑布局、形象、结构、人文等特征，进而探讨徽州建筑的保护与应用，并引导学生自觉地以徽州建筑文化为原型进行创作，丰富设计内涵，展现徽州地方传统文化底蕴。

二、设计内容

地块位于屯溪老街核心保护区风貌控制区范围内，毗邻屯溪老街。基地由枫树巷划分为两个地块。基地内枫树巷肌理要求保留，还有一处民国时期名人故居建筑要求保留，另外中医院老门诊楼外立面要求保留，作为历史风貌建筑遗存不同时期的记忆。现拟改建成游客接待和徽文化展示中心及配套休闲会馆，或旅馆、文化服务等建筑空间，拓展老街旅游功能及满足文化发展的需要。

功能配置可结合调研及总体规划自行拟定，总建筑面积控制在 3000M^2 左右。容积率不超过 1.0。可设计成单栋综合性建筑，也可考虑小的建筑群落。

三、设计要求

- 设计构思应从总体环境出发，体现特有环境语境下的建筑形式；
- 基地内传统建筑遗存的活化使用，基地环境与周边传统街区建筑的关系需细致分析，对基地环境进行合理整治，提取关键影响因子，保持屯溪老街建筑群体风貌的完整性；
- 新建建筑沿延安路整体高度不得超过 15M;
- 整体设计应尽量保留街巷肌理完善，丰富徽州传统建筑文化内涵。

基地条件

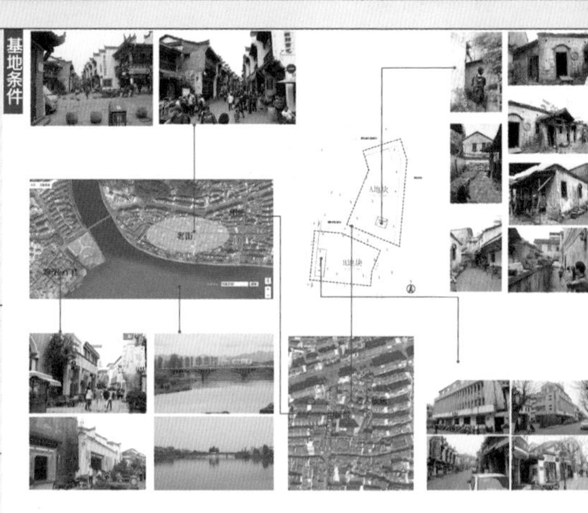

教学特色

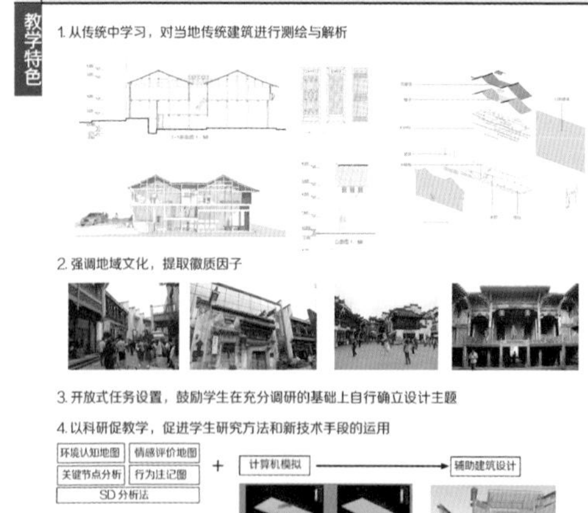

1. 从传统中学习，对当地传统建筑进行测绘与解析
2. 强调地域文化，提取徽质因子
3. 开放式任务设置，鼓励学生在充分调研的基础上自行确立设计主题
4. 以科研促教学，促进学生研究方法和新技术手段的运用
环境认知地图
情感评价地图
关键节点分析
行为注记图
SD 分析法
计算机模拟
辅助建筑设计

案例分析

1. 成都太古里
从都市更新和公共空间创建的角度，落实更具开放性、包容性、公共性和聚落特质的都市计划。营造开放街区、新旧融合、快慢呼应、文化传承、空间共享的富于历史文化氛围的都市空间，着重于公共空间与街巷空间场所营造
2. 董氏义庄茶室
新建筑室内、外高低穿插，形成有趣的空间变化。大面积砖砌的窗花外墙，开敞的露台屋顶，简朴、直率、谦虚地作为古建筑群的衬托，新和旧同一、协调，却又彰显着区别
3. 水井坊改造
以民居建筑尺度为参照，采用聚合小体量，缝合相邻历史街区肌理，结合院落转换室内外空间，丰富空间体验。保留原有街道尺度，运用地方材料、民居元素和现代建筑材料，延续传统技术基础上发展当代建构方式
4. 黎阳古街改造
根据当地建筑特征，以民居的基本单元模块特征为基础，因地制宜自由生长，使建筑间街巷空间曲折、蜿蜒。传统和现代元素并置，新与旧材料上的对比和融合，使得建筑环境既有传统氛围，又有现代精神

地域建筑活化与场所重塑

三年级
老旧建筑改扩建设计教案

贰

教学过程

任务布置
梳理设计思路及逻辑

场地调研
- 基地环境认知：路径、边界、区域、节点、关键空间
- 徽质空间认知：秩序、尺度、空间行为
- 案例分析：满意度调查、评价因子筛选

并行教学—平行班

公开汇报

方案构思
- 个性化任务书制定与完善
- 新旧建筑融合策略研究：现象学、类型学
- 徽质因子提取 / 转换 / 生成
- 构建三维空间：空间量化 + 模型搭建 + 计算机模拟

纵向互动—高低年级

中期评图

方案生成
- 整体场景融合：视域融合、空间感知体验
- 材料、构造特色体现：表皮与节能、绿色与文脉

交叉教学—土木学院 环能学院

定稿审查

成果表达
- 设计分析
- 技术图纸
- 精确模型：明确表达目的、传承地域特色文化、拓展徽质建筑精神

实践交流—兄弟院校设计院

公开评图　意见反馈

方案完善

教学重点：环境认知方法、徽质因子转换方法、生态文脉营建方法、多维模拟表达方法

作业壹

作业点评

该设计从屯溪老街传统语境出发，提取天井等徽质空间特征，并引入“透明性”的设计方法，打造多重院落及多义空间。同时为回应老街肌理，设计高低错落的小青瓦坡屋面，以名人故居为空间序列的起点，围绕微型景观庭院展开，将新老建筑进行融合，创造出犹如闲庭漫步的空间氛围

学生体会

本次设计由屯溪老街古建筑测绘实习调研期间对皖南古建筑的深入观察与研究而展开，对传统街区内部分老旧建筑进行改造扩建。设计受传统建筑院落空间及天井空间等徽质空间的启发，提取并升华其庭院特点，以四合院为整体格局，造山引水。通过这次设计对皖南古建筑和新徽派建筑有了更深刻、直观的了解。

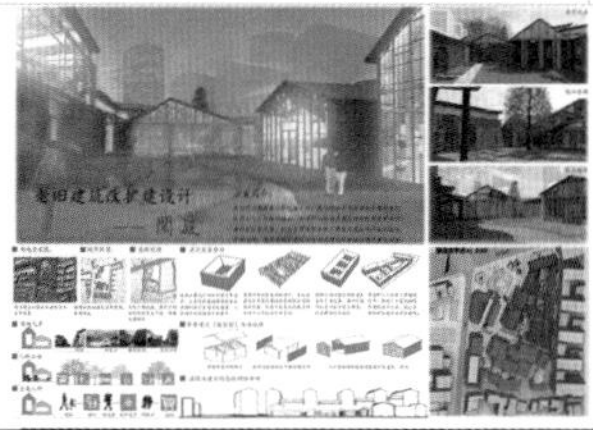

作业贰

作业点评

该设计从社会性和地域性角度出发，针对居民和来客这两类不同的人的需求，考虑各类人的和谐共生，营造富有徽州传统地域文化特征的融合日常性的建筑空间。在街巷的围合，公共性和私密性的关系等方面也有相应的设计思考，脚本化的场景表达有趣生动。

学生体会

“历史街区改扩建”并不是一个单纯的建筑议题，在拿到任务书之初我便在考虑这一“行为”的社会性与地域性：旧城改造如何让来客与居民和谐“共生”？“商”、“住”空间之间的权衡贯穿整个课题，对围合、私密、街巷感和业态的理解在老师的指导下得到了加深，同时也引发了对建筑与人关系的更深层次思考。

作业叁

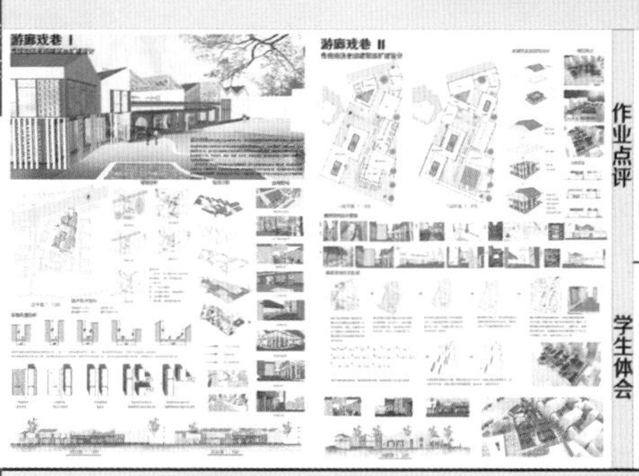

作业点评

方案以徽派建筑、街巷空间为切入点，紧扣“老街记忆”的精神内涵，顺应街区肌理，以拟保留的名人故居为始点，提出“游廊戏巷”的设计概念，整合文化体验、游客接待、餐饮休闲多功能为一体。功能明确，流线清晰，使老建筑在整个设计中生动、活化。

学生体会

从接触课题毫无头绪到经过调研产生大致概念和方向，打算结合传统街巷特质空间，打造新老融合、特色鲜明的地域建筑，同时在新旧建筑结构和材料设计上有了更新认知，整个过程是一个有趣的体验。

作业肆

作业点评

采取民居的机理特征，通过院落空间的设计，加强场地的生态环境的提升。院落结合建筑，丰富空间层次，体现传统空间特征。采用功能转换策略，提升空间的多义和多用性，考虑环境中人的需求，结合社区活动，丰富日常性空间的场景，提升场所的地域文化特征。

学生体会

为期一周的皖南古建测绘和现场调研给了我不同以往的前期铺垫。在设计中遇到了一些新的难题，场地问题老旧建筑利用、历史街区协调等，在进行整体规划的时候，我也对场地密集的机理与功能定位犹豫良久。最终我选择了以一种相对密集的状态进入场地，对于诸多问题的思考学习，收获良多。

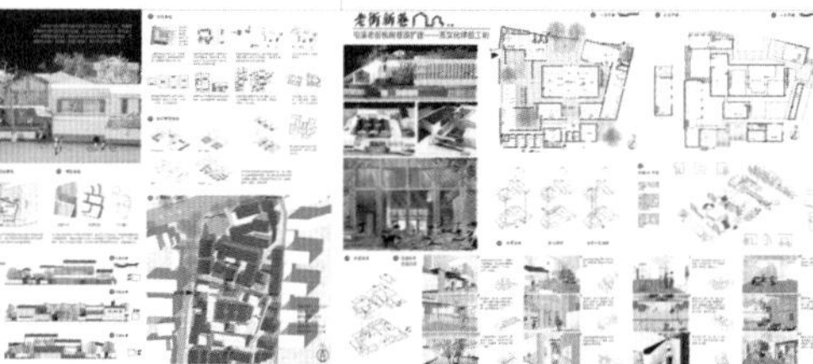

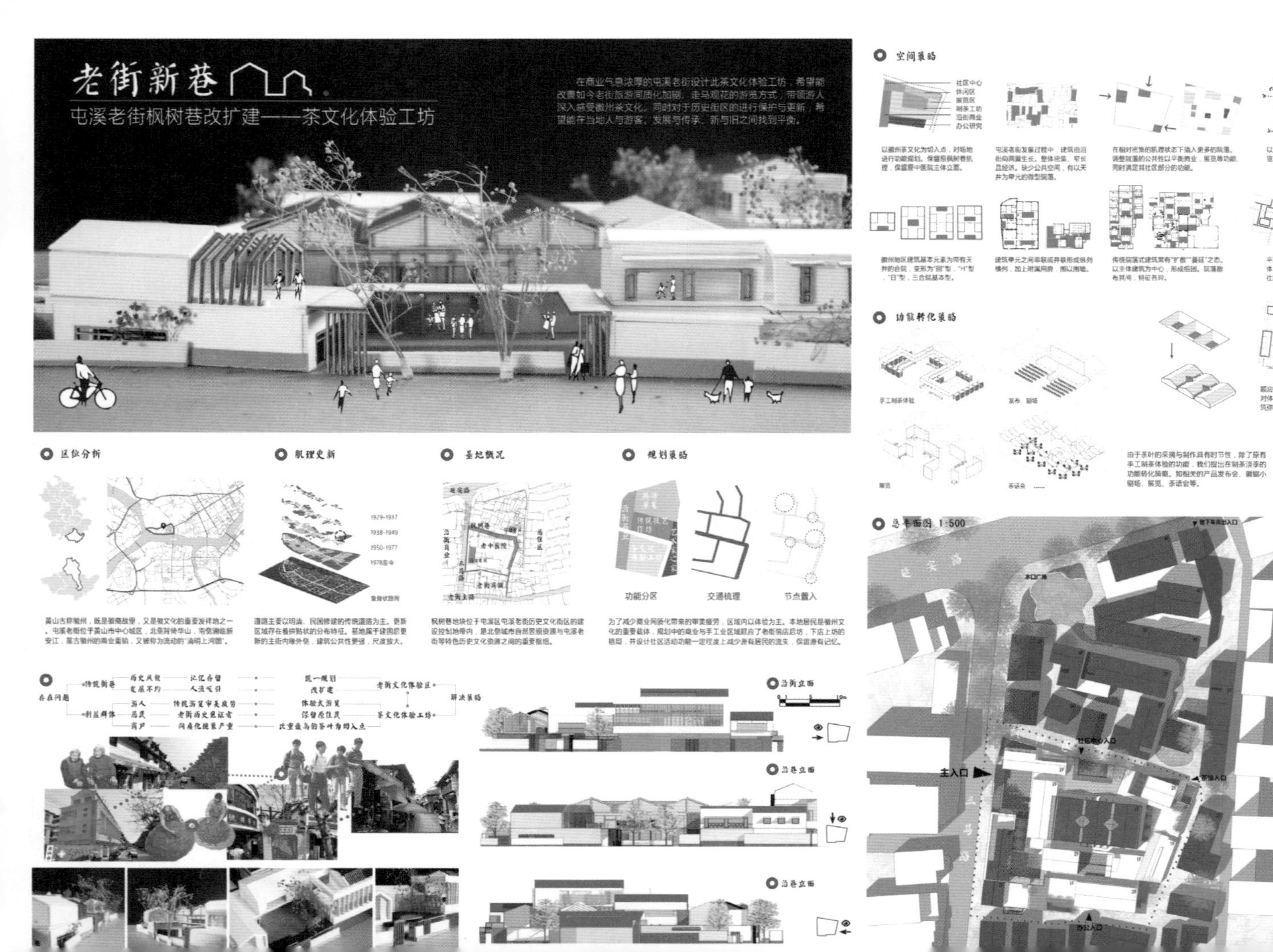

老街新巷
屯溪老街枫树巷改扩建——茶文化体验工坊
在商业气息浓厚的屯溪老街设计此茶文化体验工坊，希望能改善如今老街旅游同质化加剧、走马观花的游览方式，带领游人深入感受徽州茶文化。同时对于历史街区的进行保护与更新，希望能在当地人与游客、发展与传承、新与旧之间找到平衡。
区位分析
黄山古称徽州，既是徽商故里，又是徽文化的重要发祥地之一。屯溪老街位于黄山市中心城区，北靠背倚华山，南侧濒临新安江，是古徽州的商业重镇，又被称为流动的"清明上河图"。
肌理更新
1929-1937
1938-1949
1950-1977
1978至今
鱼骨状路网
道路主要以明清、民国修建的传统道路为主。更新区域存在着拼贴状的分布特征。基地属于建国后更新的主街内缘外侧，建筑公共性更强，尺度放大。
基地概况
枫树巷地块位于屯溪区屯溪老街历史文化街区的建设控制地带内，是北侧城市自然景观资源与屯溪老街等特色历史文化资源之间的重要枢纽。
规划策略
功能分区
交通梳理
节点置入
为了减少商业同质化带来的审美疲劳，区域内以体验为主。本地居民是徽州文化的重要载体，规划中的商业与手工业区域延续了老街前店后坊，下店上坊的格局，并设计社区活动功能一定程度上减少原有居民的流失，保留原有记忆。
存在问题
传统街巷
历史风貌
发展不均
记忆存留
人流吸引
利益群体
游人
居民
商户
统一规划
改扩建
体验式消费
保留居住民
老街文化体验区
茶文化体验工坊
解决策略
沿街立面
沿巷立面
空间策略
社区中心
休闲区
展览区
制茶工坊
沿街商业
办公研究
以徽州茶文化为切入点，对场地进行功能规划。保留原枫树巷肌理，保留原中医院主体立面。
屯溪老街发展过程中，建筑由沿街向两翼生长。整体密集、窄长且经济。缺少公共空间，有以天井为单元的微型院落。
在相对密集的肌理状态下植入更多的院落。调整院落的公共性以平衡商业、展览等功能，同时满足其社区部分的功能。
以院子串起流线，丰富游览体验。
徽州地区建筑基本元素为带有天井的合院，变形为"回"型、"H"型、"日"型、三合院基本型。
建筑单元之间串联或并联形成纵列横列，加上附属用房，围以院墙。
传统院落式建筑常有"扩散""蔓延"之态。以主体建筑为中心，形成组团。院落散布其间，特征各异。
平面布置以中心工坊为主体，内圈为展览，外圈为社区、休闲、办公等功能
功能转化策略
手工制茶体验
发布 剧场
展览
茶话会
顺应相对密集的老街肌理，对体块操作，使之与旧建筑弥合。
由于茶叶的采摘与制作具有时节性，除了原有手工制茶体验的功能，我们提出在制茶淡季的功能转化策略。如相关的产品发布会、微型小剧场、展览、茶话会等。
总平面图 1:500
地下车库出入口
主入口
社区中心入口
办公入口
规划面积：0.96hm²
容积率：0.92
建筑密度：43%
绿化率：35%
基地面积：3120㎡
建筑面积：2850㎡
N

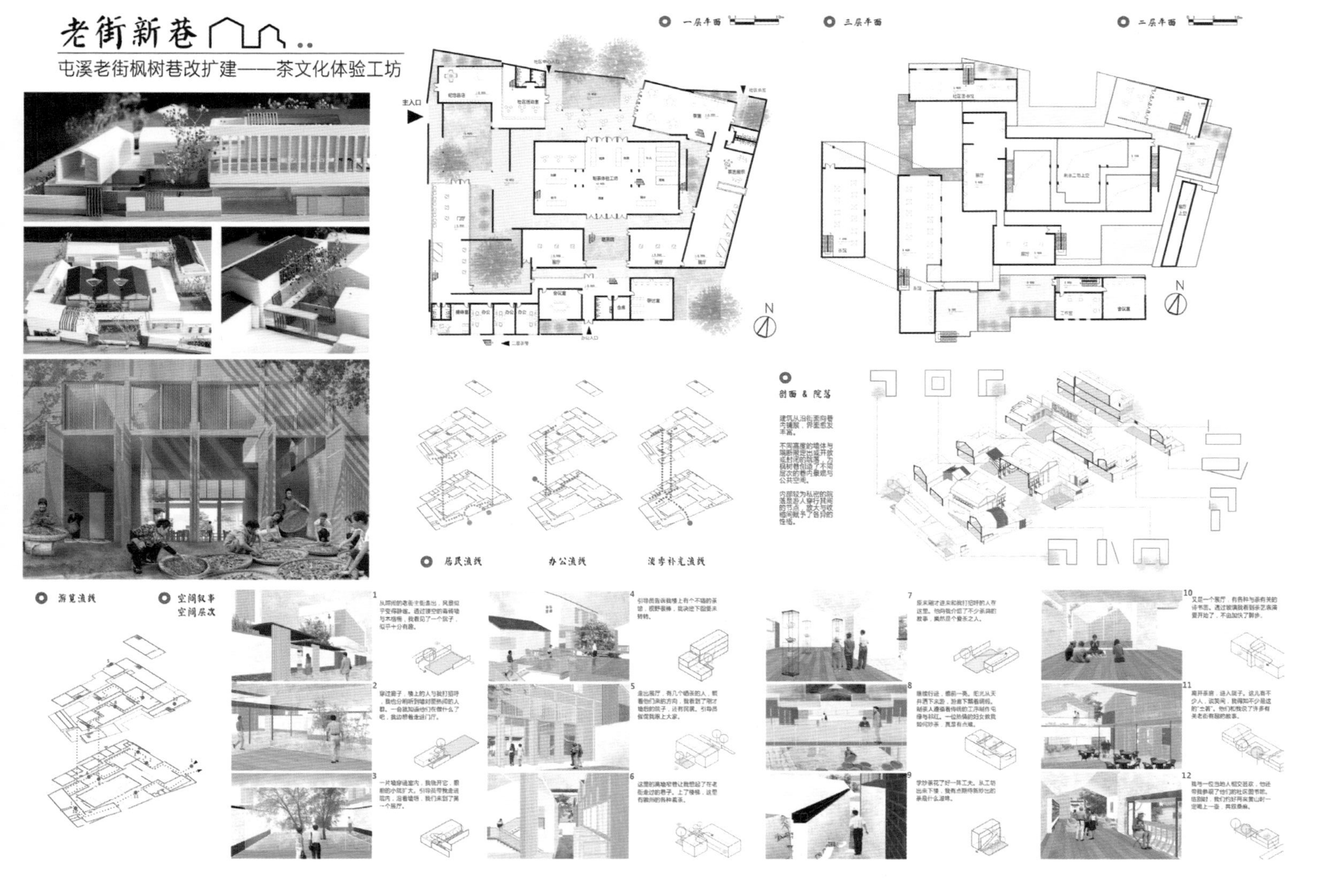
老街新巷
屯溪老街枫树巷改扩建——茶文化体验工坊
一层平面
三层平面
二层平面
主入口
N
剖面 & 院落
居民流线
办公流线
淡季补充流线
游览流线
空间叙事
空间层次
1
2
3
4
5
6
7
8
9
10
11
12

城市特殊历史地段与限定环境相结合的四年级综合设计教案

沈阳建筑大学建筑与规划学院建筑系　四年级

四年级的建筑设计教学在整个教学训练体系中所处的位置是综合提高阶段，在"城市与建筑"这一教学主题下，整个学年共设置以下四个设计题目，即：城市设计、居住区设计、城市设计以及专题设计。前三个专项设计分别针对该教学主题下的不同拓展方向，在完成城市设计、建筑技术等专项训练后，学生将要面对的最后一个设计训练内容为"专题设计"课题，在特定的城市背景下，从整体社会、人文、空间环境入手，综合应用建筑物理、建筑技术等学科知识，突显历史文脉保护、生态节能以及可持续发展等主题，完成特定城市地段中的建筑组群或建筑单体设计，为即将从业的建筑学专业人才培养应该具备的人文情怀与整体城市观。本学期我们在"专题设计"课题中设置了两个题目，分别对应不同文化背景、不同城市发展阶段下的具体设计目标,两个题目在"城市与建筑"这一主题下，训练内容各有侧重，选题采取学生与教师双向选择方式，每组3～5人完成设计任务。

优秀作业 1：新桥旧忆　设计者：曾庆健　邓　捷　刘宇庭

优秀作业 2：铁西理想城—城市基因的再编与活化　设计者：曾庆健　周嘉伦　刘宇庭

作业指导教师：张龙巍　吕列克　刘　鑫　李　绥

教案主持教师：刘　勇　付　瑶　李　绥　汝军红　莫　娜　高德占
侯　静　刘　鑫　张龙巍　吕列克

城市特殊历史地段与限定环境相结合的四年级综合设计教案

一、四年级建筑设计的教学体系与教学内容

基础训练（一年级）	设计入门（二年级）	专项拓展（三年级）	综合提高（四年级）	综合应用（五年级）
空间与形式	环境与行为	社会与人文	城市与建筑	综合与交叉
空间构成 空间认知与体验 建筑构成 空间实体搭建	滨水茶室设计 独立住宅设计 幼儿园设计 名人纪念馆设计	多层住宅设计 海滨旅馆设计 客运中心设计 建筑竞赛	城市设计 限定环境下建筑设计 居住区规划 历史环境下建筑更新	设计院实习 毕业设计
认知 体验 分析	调查 分析 应对	调研 传承 创新	城市 历史 整合	研究 融合 应用

教学内容说明

四年级在整个教学训练体系中所处的位置是综合提高阶段，四年级建筑设计课围绕“城市特殊历史地段与限定环境”这一教学主题，从宏观层面深入掌握城市地段与建筑的关系、形成街区建筑群体的解决方法；从中微观层面以特定环境作为建筑设计的背景做设计提高训练。

二、城市特殊历史地段与限定环境相结合的课程题目设置

城市设计

了解城市设计理论体系和目标价值取向，认知城市形态及城市空间的概念，建立整体设计观，掌握城市设计基本理论以及设计方法。

强调整体和宏观的设计概念，建立建筑的城市观念，拓宽建筑设计视野，学习和掌握城市设计的设计过程、分析方法和设计技巧，理解城市规划、建筑设计、城市设计三者的差异和联系，了解城市设计的概念，城市设计对城市形态、城市风貌的控制作用。

限定环境下的建筑设计

针对现时代下大都市不断的蔓延，各种功能新生建筑的出现占用越来越多的都市居民生存之土地和空间，然而，城市的升级并不应当简单以扩张的方式持续膨胀。基于这种思考，何种城市建筑在限定环境中能够是划时代的，即便是“破坏性”的建筑同样可以改善城市空间。

具有保护价值的历史环境下建筑更新

在城市更新中，选取具有一定历史保护建筑的特殊地段，地段内有既有值得保护的建筑，但整体环境有待提升；结合环境分析和既有保护建筑的修缮与加建，提升学生的历史风貌区环境分析能力和建筑类型多样化的设计能力。

课次	题目一：城市设计（城市核心区更新设计） 教学目标与阶段要求	题目二：限定环境下建筑设计（限定环境单体建筑设计） 教学目标与阶段要求	题目三：历史环境下建筑更新（既有建筑复原与加建设计） 教学目标与阶段要求
第一周	介绍城市设计题目的背景与任务，引导学生将关注点从单一建筑或建筑群扩展至整个城市。	集中讲述限定环境的重要性，并以此为出发点布置地域文化差异、建筑形制、空间特征的调研任务。	理论讲授，介绍既有建筑更新方法。布置实地调研任务以及调研要点。
第二周	安排学生调研，通过社会问卷、实地调研等形式了解题目设置的地段历史背景、空间特征、建筑形象、既有建筑保留价值等主要问题。	对调研报告进行总结汇报，加深限定环境特征与建筑的关系认知，强化设计中特色的公共空间环境。	学生讲述调研报告，进行总结汇报实地与资料调研情况，强化周边环境的理解，确立保留与加建的关系及运用的建筑风格。
第三周	根据对调研资料的梳理与分析，提出城市设计中的关键问题以及对问题的解决途径，提炼设计理念，初步提出城市设计的概念性方案。	分析基地的区位条件，是建筑能够够形成与整体结构相适应的良好关系，采用草图或模型等方式完成建筑外部空间的设计。	在确定保留建筑的基础上，进行实地测绘，记录数据。并对测绘建筑进行复原设计。
第四周	分析基地的区位特征，根据调研分析结果，确定该地段目前需要满足的人口数量与空间容量，及其需要满足的社会功能需求，对设计地段进行新的改造定位。	从建筑功能角度出发，了解建筑空间特征的分布情况，并以此为设计的模型条件来比对新建建筑的空间特性是否符合限定地段特征。	确定新建建筑与复原建筑内部功能联系和外部交通联系的方案，运用计算机模型或手工模型推敲群体关系。
第五周	在选定的空间区域范围内，对现有场地的历史风貌、建筑肌理、空间密度等要素进行分析。找出现状与周边城市环境的冲突点所在。提出改造设计的空间层次关系。	确定主要功能分区，合理组织内外交通，对几条主要流线进行梳理，形成各层平面图。通过计算机建模或手工切割工作模型，探讨各种形体关系组合的多种可能性，对建筑的体量、形态、空间构成进行深化。	新建建筑与复原建筑风格统一性的研究，搭接处连接方式的研究，形成新的群体空间后功能区域的互补关系研究，深化平面空间设计。
第六周	提出保留原有城市意象的关键性要素，在梳理场地后确定重点优化的空间节点与廊道，对重点区域、主要界面、标志性建筑进行深化设计。	形成初步设计方案，对结构形式、空间形式等问题做出明确的解决方案，请建筑历史专项的教师进行指导答疑，是设计达到一定的深度。	建筑细部研究
第七周	深化局部重点建筑组群，提出改造中应该重点关注的采光、通风、结构、视线、流线等问题的解决方案形成整体建筑群的立面风格意象提整体色彩的控制方案。	各个单体建筑深化设计，完善功能流线，注意几栋群体建筑之间的联系关系，完善建筑表皮、建筑色彩等内容，初步完成单体的模型。	整体模型细化
第八周	结合提出的改造方法进行特定区域内建筑空间的细化设计，形成整体感强、色彩特征鲜明、历史感厚重的整体群体建筑；同时对建筑外部空间特点进行提炼升级，重拾体现工业文化情怀的景观环境。	明确各个单体建筑外部形象设计，完善建筑围合、周边的室外景观设计，使设计在满足广度的同时有一定的深度。	整体提高、局部修改
第九周	完成图纸，整理文本，汇报PPT，作为图纸的辅助。	完成制图，年级组织集中答辩评图。	完成设计，集中评图。

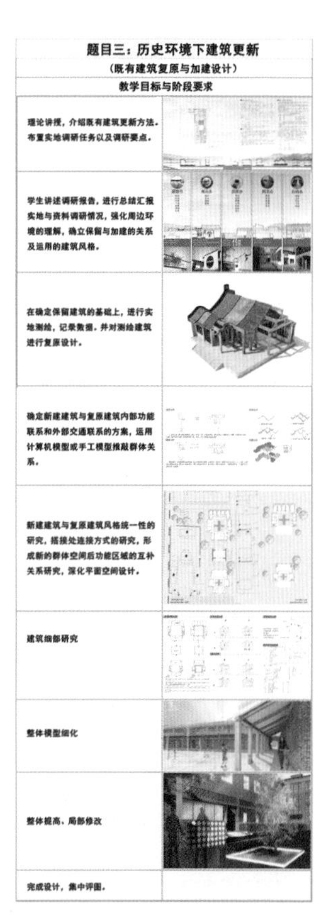

城市特殊历史地段与限定环境相结合的四年级综合设计教案

三、课程体系关系

根据四年级教学框架，定位为“城市特殊历史地段与限定环境相结合的训练”，城市设计和历史地段公共建筑对于培养学生理解城市的复杂性、建筑的多系统结合性、应用的合理性起着关键的作用。教学旨在指导学生在城市环境、历史地段的限定下关注城市与建筑设计创新，并处理好“限定与创新”、“传统与艺术”、“个体与环境”、“现实与未来”等多组矛盾，为学生专业知识、设计理念的提升打下坚实基础。

四年级建筑设计课程体系

相关专题的开展方式：

- 建筑技术深化：寒冷地区节能技术；大空间结构选型；太阳能建筑；钢结构细部构造与节点；观演建筑视线与音响设计
- 开设具体专题讲座 + 参与教师科研课题 + 结合设计院新技术实际项目
- 城市空间与环境研究：工业遗产保护；地域性建筑研究；生态安全格局；低碳城市规划；城市交通专项；城市防灾减灾

四年级设计课程设置：

- 城市设计；限定环境下建筑设计 → 城市与建筑综合提高设计 ← 城市特殊历史地段建筑设计

基础知识构架：

- 技术类课程基础：建筑构造；建筑物理；建筑力学；建筑材料与设备；计算机制图
- 设计主干课程 + 相关专题设计 + 基础理论课程
- 人文类课程基础：城乡规划；风景园林；哲学美学；建筑历史；建筑评论；环境心理学

四、作业点评

题目一：城市设计

题目二：限定环境下建筑设计

题目三：城市特殊历史地段建筑更新

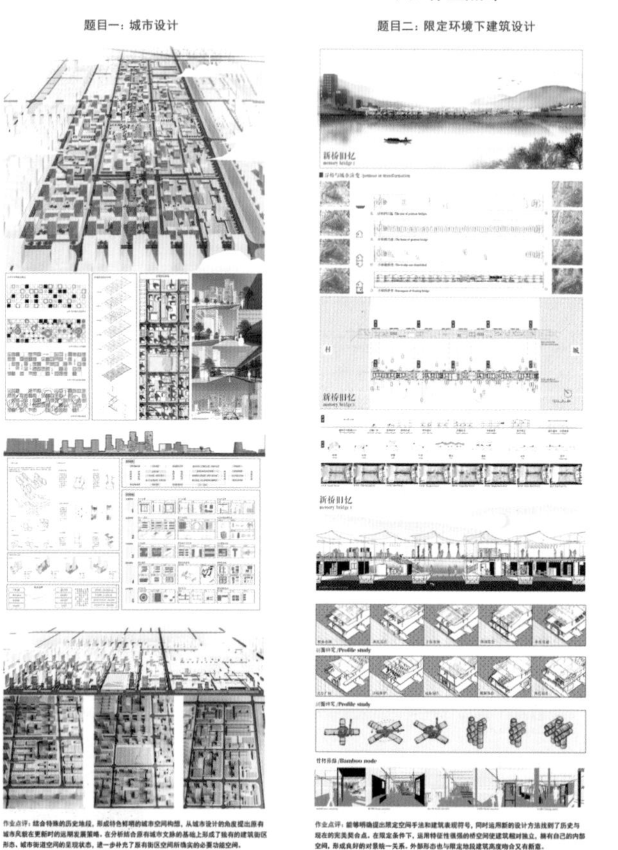

作业点评：结合特殊的历史地段，形成特色鲜明的城市空间构想，从城市设计的角度提出原有城市风貌在更新时的远期发展策略。在分析结合原有城市文脉的基础上形成了独有的建筑街区形态、城市街道空间的呈现状态，进一步补充了原有街区空间所确实的必要功能空间。

作业点评：能够明确提出限定空间手法和建筑表现符号，同时运用新的设计方法找到了历史与现在的完美契合点。在限定条件下，运用特征性很强的桥空间使建筑相对独立，拥有自己的内部空间，形成良好的对景统一关系。外部形态也与限定地段建筑高度吻合又有新意。

作业点评：在结合既有建筑的基础上提出了新的建筑空间形式，在增建时尽量去保证建筑风格的同一性，保留了对建筑的记忆，延续了城市空间内特定文化特征建筑风格，再次激发了地区的活力，使得原有与新建融为一体，在宏观区域开发保护层面提出了未来的发展策略。

新桥旧忆

memory bridge 1

基于浮桥的空间重塑/Space reconquest based on pontoon bridge

■ 基地 /background

■ 历史照片/historical photos

■ 改变与重塑 /reconquest

基地位江西赣州西侧，城市与乡村的边缘处。浮桥，作为赣州当地特有的水上交通，也是渔村与城市的连接，承载着当地人的活动与场所记忆。

随着城市车行系统的发展，城市不断扩张，城市西侧的渔村被城市不断侵占，西河浮桥被拆毁，落后的渔村模式需要重塑。

方案通过对拆毁的浮桥重塑，使之重新成为城市与乡村的连接，而渔村也在新的时代背景下被重塑。浮桥不仅作为其中的交通空间，更是城市与乡村公共空间的延伸。新的浮桥承载着渔村的生活，也延续着城市的记忆。

Base on the west side of Jiangxi Ganzhou, the edge of the city and the village. pontoon,As Ganzhou local unique water traffic, but also the fishing village and the city evenThen, carrying the activities of the locals and places of memory.

With the development of urban car dealers system, the city continues to expand, the west side of the cityOf the fishing village by the city continue to encroach on the West River pontoon was demolished, backward fishing Village model needs to be remodeled.

The program is remodeled by demolishing the pontoon to make it a city and townshipThe village is connected, and the fishing village is also remodeled in the new era background. pontoonNot only as one of the traffic space, but also urban and rural public spaceThe extension. The new pontoon carrying the fishing village life, also continued the city The memory.

■ 浮桥与城市演变 /pontoon in transformation

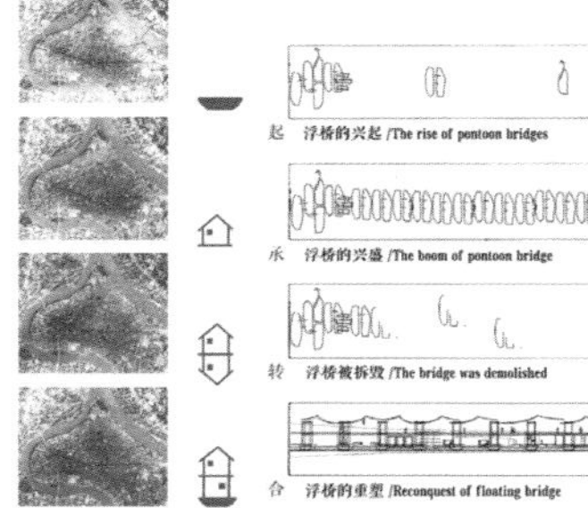

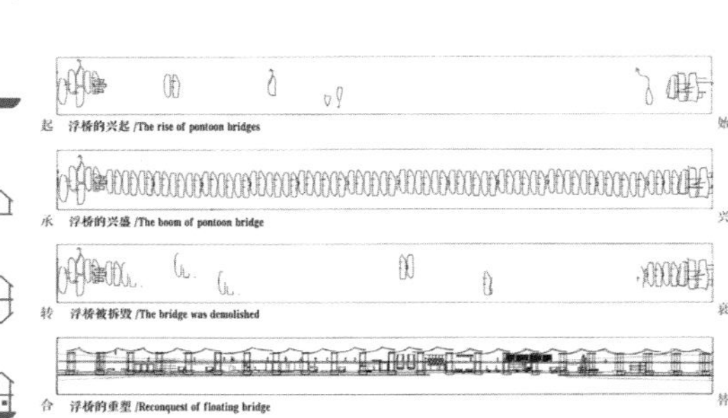

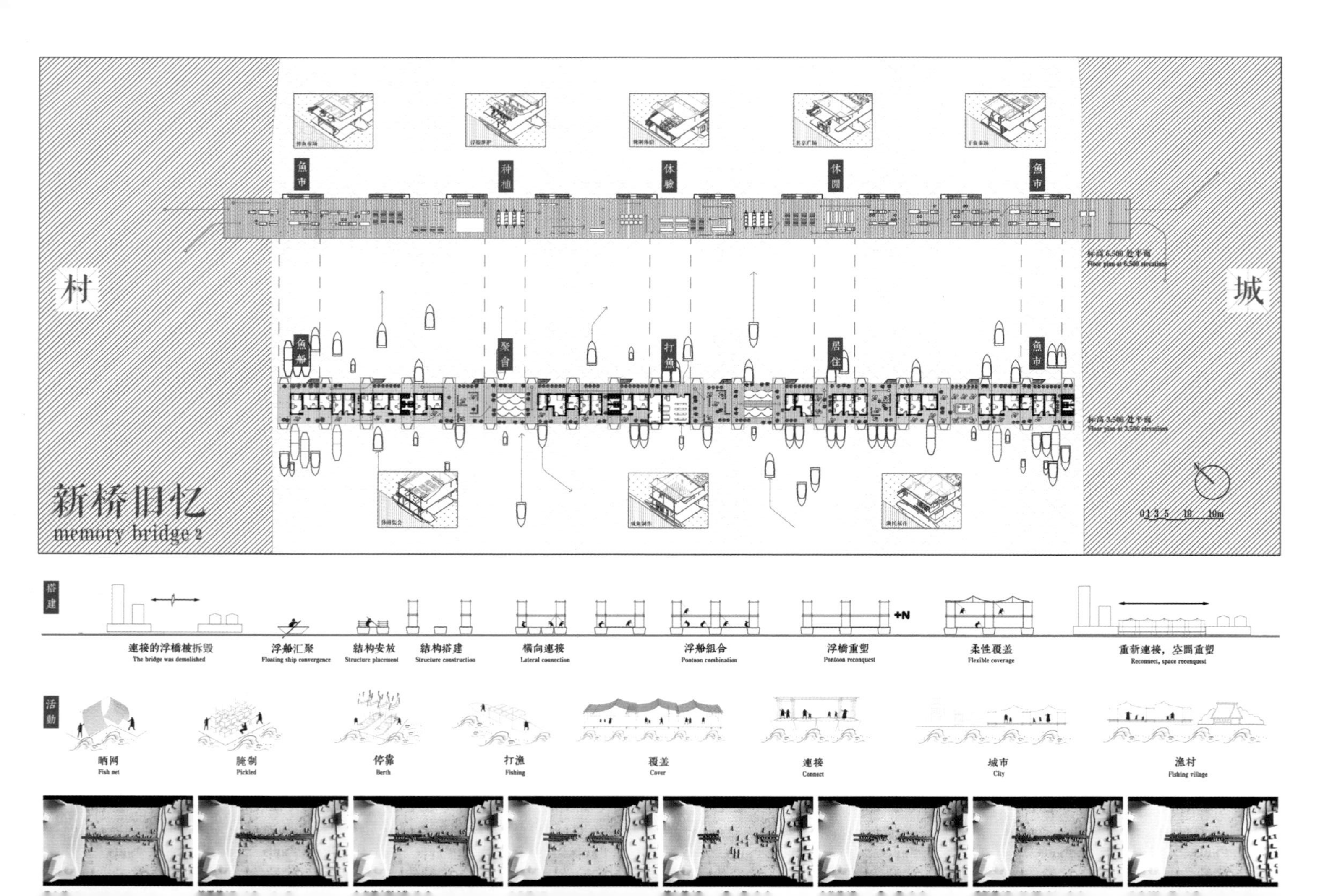
新桥旧忆
memory bridge 2
村
城
魚市
种植
休驗
休閒
魚市
魚船
聚會
打魚
居住
魚市
标高 6.500 处平面
Floor plan at 6.500 elevations
标高 3.500 处平面
Floor plan at 3.500 elevations
0 1 3 5 10 10m
搭建
連接的浮橋被拆毀
The bridge was demolished
浮船汇聚
Floating ship convergence
結构安放
Structure placement
結构搭建
Structure construction
橫向連接
Lateral connection
浮船組合
Pontoon combination
浮橋重塑
Pontoon reconquest
+N
柔性覆盖
Flexible coverage
重新連接，空間重塑
Reconnect, space reconquest
活動
晒网
Fish net
腌制
Pickled
停靠
Berth
打漁
Fishing
覆盖
Cover
連接
Connect
城市
City
漁村
Fishing village

建筑学五年级绿色建筑专题设计教案——大学生活动中心绿色改造设计

大连理工大学建筑与艺术学院建筑学系　五年级

建筑学专业本科教学的核心内容是建筑设计教学，在于培养和提升学生的建筑设计能力。同时，在本专业的教学中，还有多类相关课对建筑设计核心课给予支撑。

其中绿色建筑在促进节能减排和改善人居环境方面的重要意义使得将绿色建筑纳入传统建筑学教学体系中，可以有效地培养和提升建筑学专业学生在绿色建筑方向的综合设计能力，并成为建筑学专业教学研究与实践的一个重要方向。但目前绿色建筑和建筑设计的互动性和锚固性并不强。以建筑设计为主线的教学模式强调建筑设计的核心建设，对围绕核心设计展开的相关绿色建筑课程的重视与建设不足，绿色建筑相关课程对核心设计课的支撑力度不够。绿色建筑相关训练多为专项理论学习和动手为主的实验课程，缺少设计环节的结合，学习到的知识不能够有效地转化为设计能力。虽然部分学生在课程设计中或在参加绿色建筑相关竞赛中对建筑设计进行一定的绿色建筑设计元素应用，但教学体系仍缺少绿色建筑设计策略综合应用的方法以及相应评价准则。

对应现存问题，作为大连理工大学建筑系“1+N：以建筑设计为主线，加强多领域支线协同关联”教学体系中“生态与可持续建筑”课程支线的特色课程和重要环节，我们提出在五年级秋季学期设立4周/72学时的绿色建筑专题设计课程。经过四年的建筑学专业学习和半年的设计院实习训练，五年级学生对建筑有一定的理解能力，有建筑设计基础，同时也对绿色建筑基础知识有体系化的培训认知。在五年级的建筑设计教学中对学生进行绿色建筑设计专题训练，将为毕业设计以及进一步学习相关专业知识和从事建筑设计工作打下坚实的理论与实践基础。

优秀作业1：Nature.Exchange 学生文化实践中心节能改造设计
　　设计者：刘章悦　刘乃菲　徐佳臻

优秀作业2：基于海绵城市与栖居理念的可持续建筑改造
　　设计者：姜天泽　曹忻怡　付　玮

作业指导教师：祝培生　郭　飞　张险峰　李国鹏

教案主持教师：李国鹏　张险峰　祝培生　郭　飞

建筑学·五年级·绿色建筑专题设计教案 1

建筑设计教学中的绿色建筑设计策略综合应用：大学生活动中心绿色改造设计

专业：建筑学 年级：五年级 学期：秋季 课时：3周/72学时

1.绿色建筑专题设计与建筑学课程体系

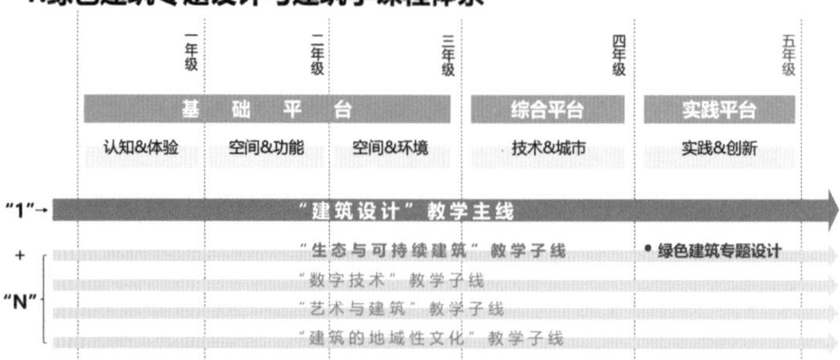

绿色建筑专题设计是建筑系"**1+N：以建筑设计为主线，加强多领域支线协同关联**"教学体系中"生态与可持续建筑"课程支线的特色课程和重要环节。

我们提出在五年级秋季学期设立3周/72学时的课程，将绿色建筑设计纳入传统建筑设计教学体系，有效地培养和提升建筑学专业学生在绿色建筑方向的综合设计能力。

经过四年的建筑学专业学习和半年的设计院实习训练，五年级学生对建筑有一定的理解能力，有建筑设计基础，同时也对绿色建筑基础知识有体系化的培训认知。在五年级的建筑设计教学中对学生进行绿色建筑设计专题训练，将为毕业设计以及进一步学习相关专业知识和从事建筑设计工作打下坚实的理论与实践基础。

2.绿色建筑专题设计"大学生活动中心绿色改造设计"任务书

题目设置

绿色建筑专题设计课程题目为"大学生活动中心绿色改造设计"。设计题目融合绿色建筑策略与建筑改造设计，选取拟建的大学生活动中心设计方案作为改造设计载体，对学生进行绿色建筑设计的专题训练。训练以绿色建筑理念为基础，在已有方案的基础上，对其平面、立面、剖面、节点进行优化改进和深入设计，完成相应的技术分析图、模拟图、技术说明、技术计算书等。

大学生活动中心：学生比较熟悉这类综合性文化建筑，且此课程选题在建筑类型、建筑规模、建筑功能以及周边环境上都比较适合技术专题设计。

改造设计：以改造为设计手段有设计周期短、对应知识点全面、应用性强、针对性强、体现了专题设计的性质和特点。

大学生活动中心设计方案选址区位与周边

教学目的

扩充完善建筑学中建筑设计的科学性；推行绿色建筑设计理念

- 使学生掌握建筑生态与节能设计、建筑采光设计、建筑声学设计等专业相关知识与技能；
- 使学生熟悉绿色建筑节能设计、建筑声学评价原理、设计方法及相关规范；
- 使学生掌握相应的设计应用软件，能够综合运用绿色建筑评估软件对设计进行优化和定量评估；
- 拓展学生思路、丰富设计手段、帮助其建立科学理性的绿色建筑设计思维体系与工作方法。

认识改造价值：设计不是一成不变，即使是建成建筑也可以在一定条件下进行改造达到绿色目的，使其功能品质提升，延续其使用价值

技术模块1：大学生活动中心基

设计内容

根据绿色建筑设计策略要点及本课程设计题目，设计内容分为6个技术模块，其中技术模块1-4为课程必选模块，技术模块5、6可以根据能力和时间安排自愿选择。

技术模块1：绿色建筑总体策略分析，包括基地气候与微环境分析，原有建筑设计问题以及确定总体设计策略；

技术模块2：被动式太阳能利用，包括建筑朝向、形态，夏天自然通风与遮阳，冬天太阳能获取和蓄热材料应用；

技术模块3：天然采光与绿色照明，包括光环境分析，采光有效进深，采光策略选取等；

技术模块4：厅堂音质设计，包括场地的噪声源以及对建筑布局影响分析；找出现有设计对声学不利内容，对厅堂的平、剖面体型给出具体的声学优化改进；按声学需求，结合混响时间的计算推敲室内装饰设计，给出具体装饰节点构造；

技术模块5：围护结构节能构造，包括但不限于传统墙体保温隔热构造，门窗应用，双层幕墙、屋顶绿化、其他等；

技术模块6：其他绿色建筑策略应用，包括但不限于雨水收集，主动式太阳能策略，绿色建筑生产模式，绿色建材的选用等。

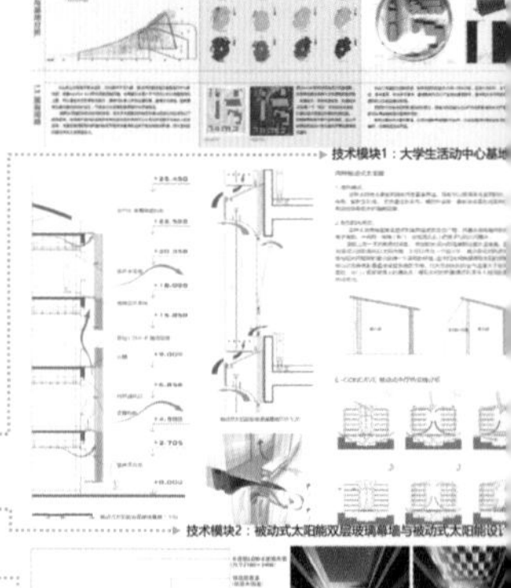

技术模块2：被动式太阳能双层玻璃幕墙与被动式太阳能设计

技术模块3：天窗节点设计及采光优化

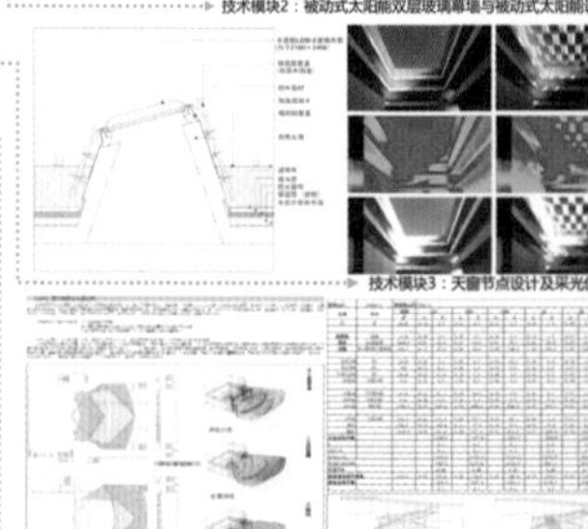

成果要求

设计内容：要注重空间、建构、环境与技术设计的融合。

图纸规格：A1（4张），2000字设计说明。

图纸深度：技术模块1、2、3（5、6）要求1：50剖面、1：20构造节点、若干1：200剖面分析和模拟分析，以及必要的透视图、三维表现图、优化后的各层平面、立面等。绿色建筑策略的综合表达将以1：50的细部构造为中心，完成绿色建筑的技术设计最终方案。该剖面应当充分体现设计者的创新思维和绿色建筑理念，内容包括但不限于地面、墙体节能构造、双层表皮、外窗、遮阳构件、天然采光、通风设计、双层幕墙、屋顶绿化等；
技术模块4：场地分析图；平、剖面声学问题分析图；厅堂平、剖面声学优化改进图；装饰节点构造详图；厅堂三维剖面图；混响时间计算书等。

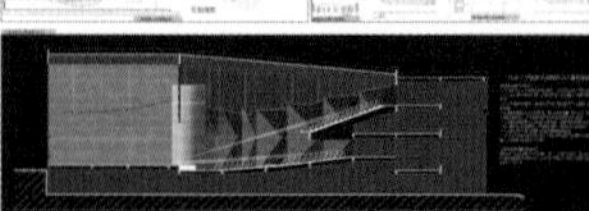

技术模块4：厅堂音质声学优化设计及混响时间

建筑学·五年级·绿色建筑专题设计教案 2

建筑设计教学中的绿色建筑设计策略综合应用：大学生活动中心绿色改造设计

专业：建筑学 年级：五年级 学期：秋季 课时：3周/72学时

3.绿色建筑专题设计教学组织

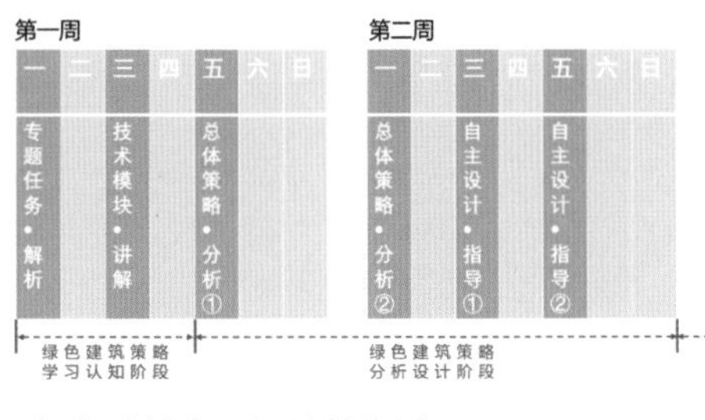

为体现绿色建筑的设计特点并达到专题训练目的，课程体系共设**3周/72课时，分4个阶段 6个步骤 9次课，每次授课8学时。**专题设计的教学组织循序渐进地推行认知、设计、深化、表达这四个环节，并在每个环节设置明确的教学内容与教学目标，强调绿色建筑设计方法的学习与掌握过程，体现了课上集中时间讲授指导、课下自主学习设计的建筑学学习规律。同时专题设计的教学安排注重师生交流，设计反馈与成果的展示与评价。

4.绿色建筑专题设计教学过程

绿色建筑策略学习认知阶段

·解析 专题任务

这一阶段通过任务书解析与专题讲解，使学生对绿色建筑有系统性的认识。

课上：任务书解析包括开题分析、设计任务布置、改造设计要求讲解、基地分析、以及原有方案分析。专题讲解环节包括绿色建筑概念、发展与规范，绿色建筑设计策略，和绿色建筑案例分析三个方面。

课下：学生对绿色建筑进一步认识：了解绿色建筑的技术体系、熟悉绿色建筑相关软件工具的操作、设计评价方法及流程。

绿色建筑设计概念及意义，与绿色建筑评价标准、体系

·讲解 技术模块

这一阶段课程系统性地讲授绿色建筑设计策略性要点。

课上：集中讲授绿色建筑设计策略性要点。要点的提出主要参考了绿色建筑技术要点、绿色建筑评价标准建筑设计相关项、以及国内外常用绿色建筑设计策略。该阶段课程总结归纳策略性设计要点，并推出6个技术模块作为设计内容。

课下：学生对绿色建筑设计策略性要点有充分认识，并对建筑基地进行初步踏勘分析。

绿色建筑设计策略性要点与设计技术模块

绿色建筑策略分析设计阶段

·分析 总体策略

该阶段通过基地踏勘分析、气候分析，结合场地的实际情况，再综合考虑建筑功能等情况，对大学生活动中心建筑设计方案进行评价，初步选取绿色建筑总体设计策略。

课上：结合基地气候特点、场地条件及建筑设计方案，对6大技术模块进行有针对性地气候适应性梳理。

课下：学生需要根据建筑区域，功能，周边环境等找出设计缺陷以及不符合绿色建筑设计评价标准的设计问题，选取技术模块中适当的策略进行初步设计。做到指明需要改造的部分，现存的缺陷，以及预期改造效果。

大学生活动中心整体改造策略选取与初步设计

·指导 自主设计

课上：对Phoenicse, Optivent, Ecotect/Weather Tool/Radiance/Winair等模拟软件进行简单介绍，交流反馈设计理念及为实现绿色改造采用的技术手段可行性进行评价。

课下：自主学习绿色建筑相关软件并熟练操作，绿色建筑设计策略的回顾与理解，方案构思的初步设计及根据绿色建筑评价标准对方案设计进行计算机模拟评估。

计算机模拟评估验证绿色建筑设计科学性

绿色建筑策略深化发展阶段

·评估 深入设计

课上：设计反馈并进行阶段性设计汇报、评估。教师进行主观评价并结合软件客观数值模拟，为分析设计提供有效的支撑。

课下：学生逐步推进设计，对建筑空间、构件构造及技术细节进一步深化，对不同的季节时间点和多种功能使用情况进行分析。对在设计中使用的设计策略和技术手段进行专题说明，逐步形成最终方案。

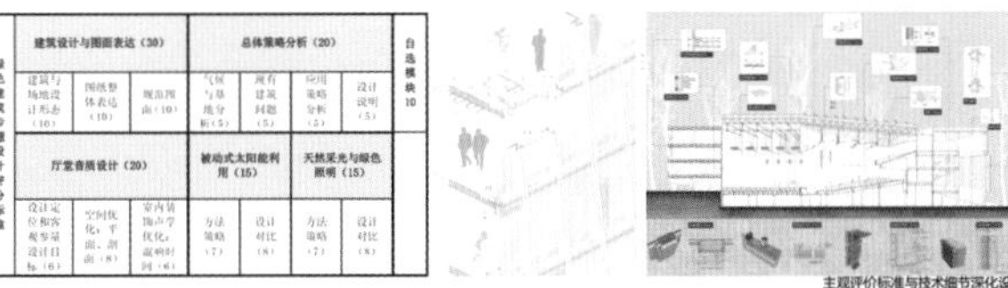

绿色建筑专题设计评分标准	建筑设计与图面表达（30）			总体策略分析（20）				自选模块10
	建筑与场地设计形态（10）	图纸整体表达（10）	规范图面（10）	气候与基地分析（5）	现有建筑问题（5）	应用策略分析（5）	设计说明（5）	
	厅堂音质设计（20）			被动式太阳能利用（15）		天然采光与绿色照明（15）		
	设计定位和客观参量设计目标（6）	空间优化，平面、剖面（8）	室内装饰声学优化，混响时间（6）	方法策略（7）	设计对比（8）	方法策略（7）	设计对比（8）	

主观评价标准与技术细节深化设计

·汇报 成果表达

课上：成果汇报，教师根据改造设计模块和选取策略特点,提供意见及多种可能途径供学生参考。专题设计要求在设计中不仅要体现最终的设计方案，还应该通过图表说明方案逐步分析深化的过程。

课下：成果展示，进行公开布展。提供更广泛的交流反馈平台，提升绿色建筑设计氛围，对下一年级起到的传、帮、带作用。

成果汇报与最终成果展示

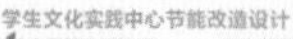

学生文化实践中心节能改造设计

(NATURE · EXCHANGE)

1.总体策略

1.1 设计说明

[illegible]

121.4E
38.9N

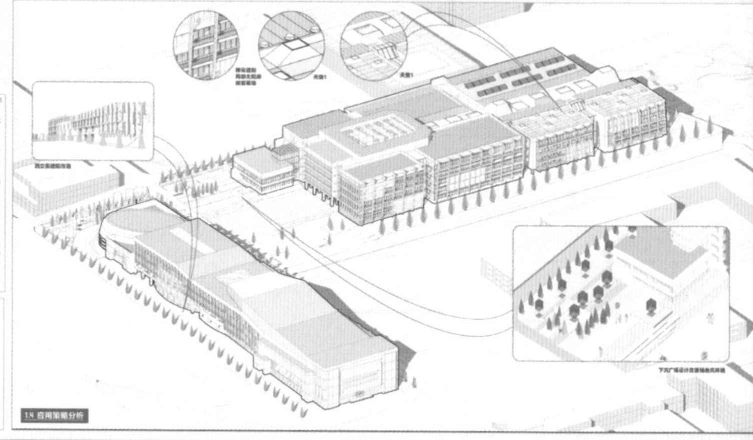

西立面遮阳改造
天窗1
下沉广场设计改善场地风环境

1.4 应用策略分析

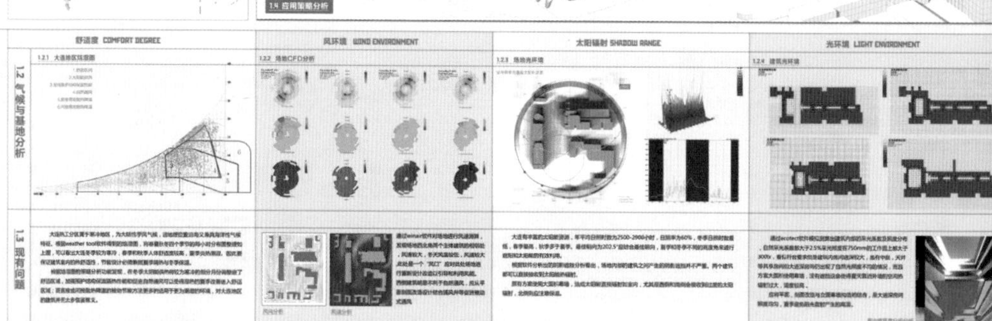

舒适度 COMFORT DEGREE
风环境 WIND ENVIRONMENT
太阳辐射 SHADOW RANGE
光环境 LIGHT ENVIRONMENT
1.2 气候与基地分析
1.2.1 大连地区焓湿图
1.2.2 场地CFD分析
1.2.3 场地光环境
1.2.4 建筑光环境
1.3 现有问题

2.场地设计及被动式太阳能利用

2.1下沉广场设计

CFD对比分析

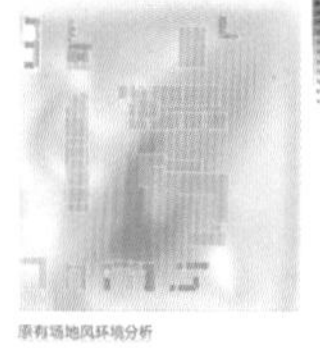

原有场地风环境分析

设计下沉广场后风环境分析1

下沉广场地坪高度

设计下沉广场后风环境分析2

周边道路地坪高度

2.4 天窗剖面示意图

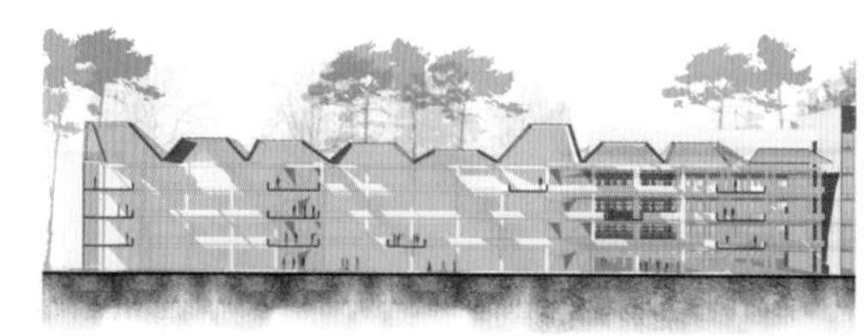

模型示意图

屋顶绿化详图 1:25

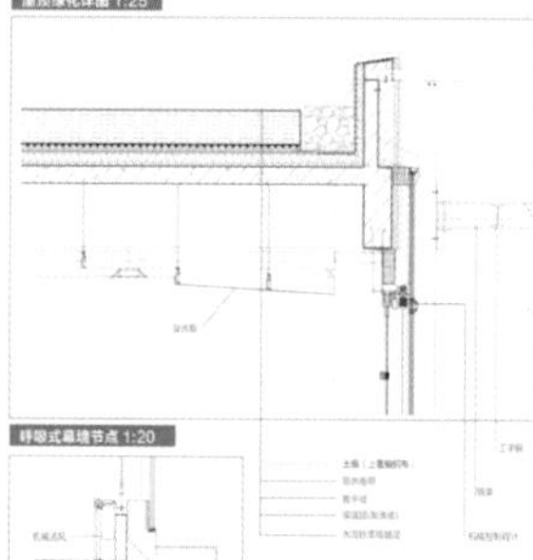

呼吸式幕墙节点 1:20

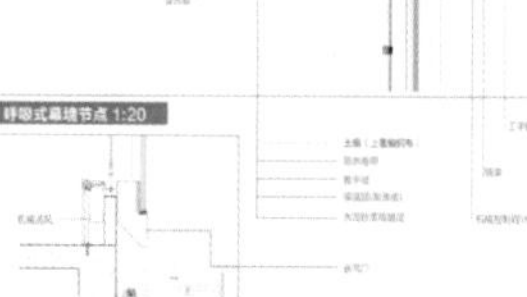

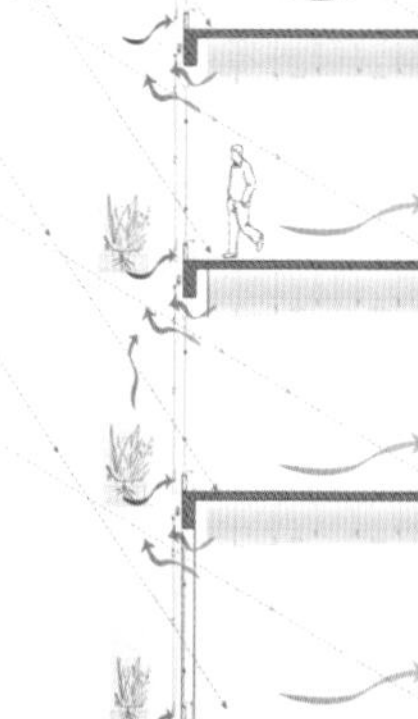

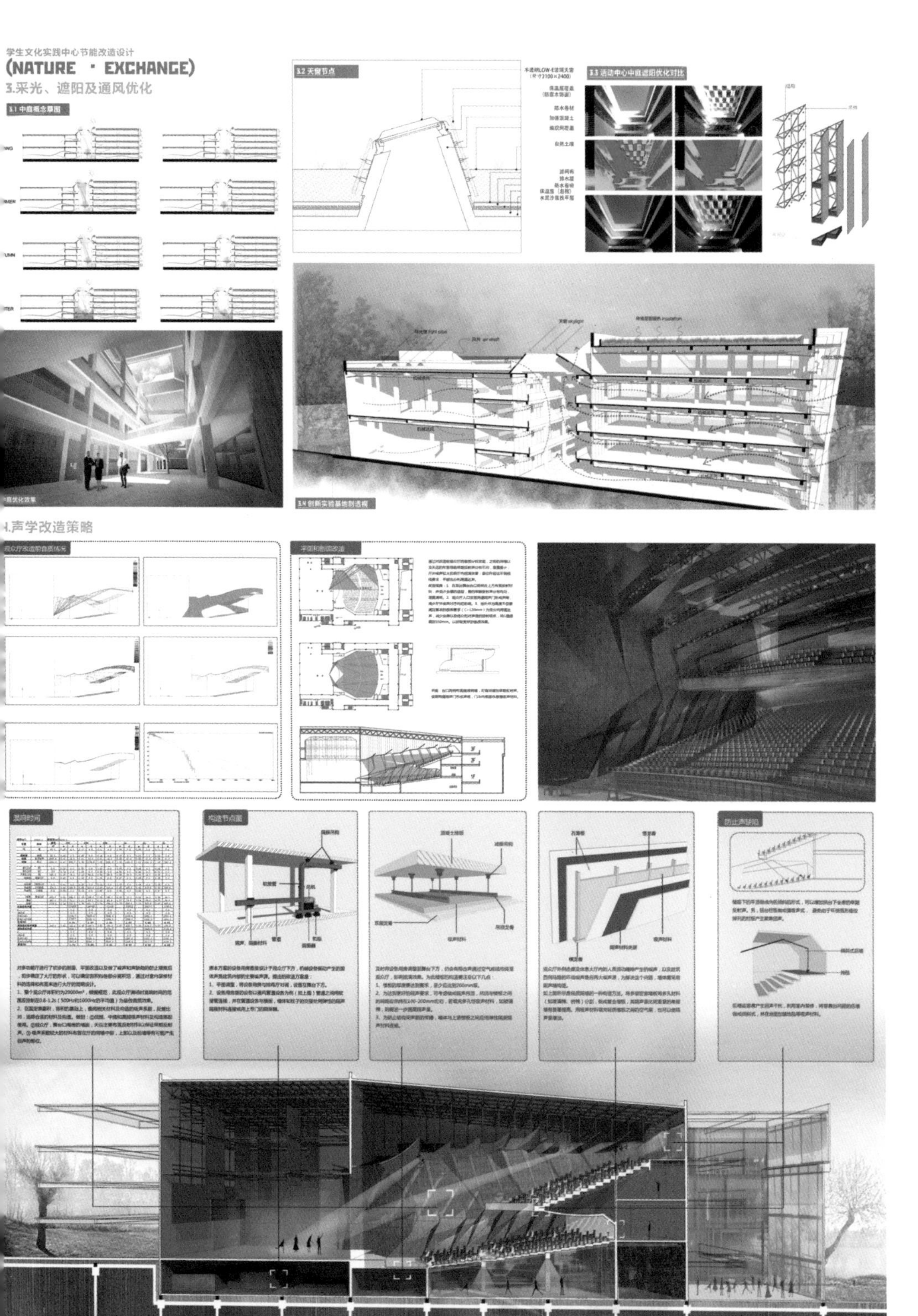

学生文化实践中心节能改造设计
(NATURE · EXCHANGE)
3.采光、遮阳及通风优化
3.1 中庭概念草图
3.2 天窗节点
防水卷材
自然土壤
排水层
水泥砂浆找平层
3.3 活动中心中庭遮阳优化对比
3.4 创新实验基地剖透视
天窗 skylight
风井 air shaft
声学改造策略
平面和剖面改造
混响时间
构造节点图
防止声缺陷

城市视野下的研究型建筑设计教学

苏州大学金螳螂建筑学院建筑规划系　四年级

本课程为四年级最后一个设计作业，课程定位为城市设计，鼓励指导教师自由组题。近年来，面向建筑学专业的设计竞赛越来越多。由于竞赛主题紧扣时代发展、关注社会焦点、反映当今建筑设计的发展趋势，本校今年将全国高等学校建筑学学科专业指导委员会主办的谷雨杯全国大学生可持续建筑设计竞赛与设计课程结合，以建立与教学相关的实践训练，为课程教学提供更好的导向。

中加联合设计工作坊是本校引入与海外高校交流的特色教学环节，于每年春季学期中举办，为期两周。今年我系将中加联合设计工作坊与大四课程教学相融合，形成 2+8 周的设计，前两周中加学生混合编组，就设计题目充分展开头脑风暴并合作完成概念设计，后八周本系学生继续深入设计并完成成果。实践证明，该组织方式有利于中外师生深入交流、有助于通过多元文化的碰撞和融合探索解决城市问题的新理念和新方法，有助于拓展学生的思考方式和思维层面，打破课程体系的封闭性，同时还有助于学生外语水平的提高。

1. 教学目标

（1）知识目标

设计知识：城市分析；城市设计理论与方法；城市历史文化与城市环境；城市空间组织与人的行为组织；城市公共空间塑造；地域建筑理论；环境行为学；城市设计过程及成果编制。

技术知识：结构选型；构造节点；城市色彩、光等物理环境控制；建筑材料；城市安全。

职业知识：熟悉建筑师在建筑工程设计各阶段中的作用和责任；熟悉目前与工程建设有关的管理机构与制度。

（2）能力目标

处理复杂基础信息：善于分析和研究城市的公共空间与人的行为场所的关系、城市形态、肌理、城市交通结构、景观结构等要素，研究基地主要矛盾，善于把握设计主要方向。

创造性地分析研究：针对设计面临主要矛盾，创造性地提出解决问题的视角，以研究的态度试用新的视角切入城市空间，完成独具特色的项目策划。

团队合作与综合表达：解决团队合作中人员组织及人际关系的处理问题，综合运用各种教学组织形式，包括实地调研、头脑风暴、分组讨论、方案汇报等，提高学生的（英语）口语表达、图纸、模型及计算机软件应用等能力。

2. 教学特色

（1）教学内容：以业界热点问题为导向

城市设计课程要求学生掌握城市调研

及设计方法，能够创造性地解决当下城市发展面临的现实问题。设计竞赛主题多紧扣时代发展、关注社会焦点、反映当今建筑设计的发展趋势，因此选择适合的竞赛题目较之以往一成不变的封闭性设计题目更有现实意义，有助于鼓励学生从多角度思考城市与建筑设计面对的现实问题。

（2）设计过程：注重生成逻辑的研究型设计

通过观察记录、现场访谈、统计分析等方法，深入调研和了解基地现存问题及需求，基于城市分析提出适应当地的设计构思和方案。培养和鼓励学生通过研究图表、概念图解和形体空间图解，以图解的方式完成建筑设计与技术优化的逻辑推演，推进方案构思与深化。

（3）教学组织：中加联合设计工作坊融入课程

随着职业化、国际化、创新型设计类人才的培养目标的提出，中外院校间的联合教学已成为设计类专业一种重要的教学手段并逐渐融入教学体系。这种“多学校、多语种、多地域、多思维、多文化”的联合教学模式，有助于通过多元文化的碰撞和融合探索解决城市问题的新理念和新方法，有助于拓展学生的思考方式和思维层面，打破课程体系的封闭性。

（4）教学方法：多学科领域介入的团队教学

在充分发挥教师专业特长的同时，强调多学科多专业领域的介入，通过邀请建筑设计、结构、材料、绿色建筑、建筑策划以及计算机软件等方面的专家进行专题讲座，为学生建构起从概念到设计、到实践的全过程方法指导，鼓励学生发展设计的多种可能。

优秀作业 1：明月湾升　设计者：李斓珺　凌　泽　李嘉康　姜哲惠
优秀作业 2：蜀道　设计者：唐伟豪　赵俊琛　方　洁　贾清雯

作业指导教师：张　靓　Bereder Frederick（法）
教案主持教师：张　靓　Bereder Frederick（法）　赵秀玲　申绍杰　廖再毅（加）

四年级
课程设计教案
01

城市视野下的研究型建筑设计教学

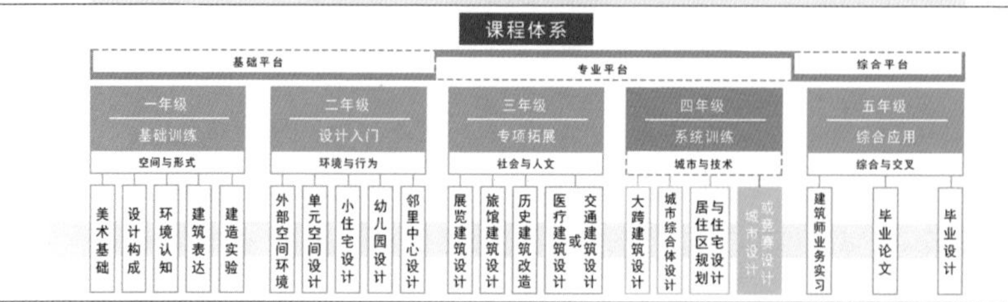

课程介绍

城市视野与研究型设计

◆四年级的训练重点是基于城市与技术的系统性综合训练，研究型建筑设计教学有利于帮助学生应对职业化挑战、促进国际合作交流、为未来科研深造奠定基础。

竞赛设计与课程设计结合

◆本课程为四年级最后一个设计作业，课程定位为城市设计，鼓励指导教师自由组题。近年来，面向建筑学专业的设计竞赛越来越多。由于竞赛主题紧扣时代发展、关注社会焦点、反映当今建筑设计的发展趋势，本校今年将全国高等学校建筑学学科专业指导委员会主办的谷雨杯全国大学生可持续建筑设计竞赛与设计课程结合，以建立与教学相关的实践训练，为课程教学提供更好的导向。

中加联合设计工作坊

◆是本校引入与海外高校的交流的特色教学环节，于每年春季学期中举办，为期两周。今年我校将中加联合设计工作坊与大四课程教学相融合，中加学生混合编组，两周内就竞赛题目充分展开头脑风暴并合作完成概念设计，作为本校学生课程设计的前奏，有利于拓展思路、深入解读并挖掘题目信息。

教学目标

知识目标

设计知识：城市分析；城市设计理论与方法；城市历史文化与城市环境；城市空间组织与人的行为组织；城市公共空间塑造；地域建筑理论；环境行为学；城市设计过程及成果编制

技术知识：结构选型；构造节点；城市色彩；光等物理环境控制；建筑材料；城市安全

职业知识：熟悉建筑师在建筑工程设计各阶段中的作用和责任；熟悉目前与工程建设有关的管理机构与制度

能力目标

处理复杂信息：善于分析和研究城市的公共空间与人的行为场所的关系、城市形态、肌理、城市交通结构、景观结构等要素，研究基地主要矛盾、善于把握设计主要'方向'

创造性分析研究：针对设计面临主要矛盾，创造性地提出解决问题的视角，以研究的态度使用新视角切入城市空间，完成独具特色的项目策划

团队合作与综合表达：解决团队合作中人员组织及人际关系的处理问题，综合运用各种教学组织形式，包括实地调研、头脑风暴、分组讨论、方案汇报等，提高学生的（英语）口语表达能力、图纸、模型及计算机软件应用等能力

教学特色

教学内容：以业界热点问题为导向

◆城市设计课程要求学生掌握城市调研及设计方法，能够创造性地解决当下城市发展面临的现实问题。设计竞赛主题多紧扣时代发展、关注社会焦点、反映当今建筑设计的发展趋势，因此选择适合的竞赛题目较之以往一成不变的封闭性设计题目更有现实意义，有助于鼓励学生从多角度思考城市与建筑设计面对的现实问题。

教学组织：中加联合设计工作坊融入课程

◆随着职业化、国际化、创新型设计类人才的培养目标的提出，中外校际间的联合教学已成为设计类专业一种重要的教学手段并逐渐融入教学体系。这种“多学校、多语言、多地域、多思维、多文化”的联合教学模式，有助于通过多元文化的碰撞和融合探索解决城市问题的新理念和新方法，有助于拓展学生的思考方式和思维层面，打破课程体系的封闭性。

设计过程：注重生成逻辑的研究型设计

◆通过观察记录、现场访谈、统计分析等方法，深入调研和了解基地现存问题及使用者需求，基于城市分析提出适应当地的设计构思和方案。培养和鼓励学生通过研究图表、概念图解和形体空间图解，以图解的方式完成建筑设计与技术优化的逻辑推演，推进翻案构思与深化。

教学方法：多学科领域介入的团队教学

◆在充分发挥教师专业特长的同时，强调多学科多专业领域的介入，通过邀请建筑设计、结构、材料、绿色建筑、建筑策划以及计算机软件等方面的专家进行专题讲座，为学生建构起从概念到设计、到实践的全过程方法指导，鼓励学生发展设计的多种可能。

四年级
课程设计教案
02

城市视野下的研究型建筑设计教学

教学过程

中加联合设计（2周）

教学阶段		教学要点	教学方法	成果与点评要求
基地调研	任务讲解 前期调研 头脑风暴	讲解城市设计的一般原则、方法、内容，解读专题设计任务书。外国教师开设专题讲座，讲解城市调研的基本方法和步骤，并分析点评相关国外城市设计案例。	集中授课 城市调研 专题讲座	成果：ppt 汇报与调研记录 1. 调研是否深入细致、数据详实； 2. 调研是否得出令人信服的结论 3. 是否对设计有指导性意义； 4. 图面表达是否清晰 5. 调研汇报是否流利得体描述清楚
概念构思	解读城市 概念生成	介绍城市的历史文化、气候环境、肌理、建筑特色、空间特点、景观绿化等城市设计的制约因素，引导学生寻找设计切入点，讨论设计思路，建立能够体现设计目标和策略的物质空间关系，落定总体概念方案。	辅导讨论 方案点评	成果：概念草图和形体模型 1. 是否提出多个方案进行比较； 2. 能够熟练运用多个草模进行形体 关系推敲和比较； 3. 能否熟练绘制草图、表达设计
	中期评图			

教学成果

评价与反馈

占总成绩的 30%
由各评委打分平均所得。

评价标准：
基础调研、逻辑性、创造性

中外联合设计有利于双方教师和学生互相学习，文化背景的不同有利于激发学生的创造性思维和设计潜力。两周时间工作语言为全程英文，中国学生在获取专业知识的同时英语口语表达能力明显提高。

查阅相关资料，展开文 献研读。确定基地，分组完成第一次调研、踏勘基地，整理并分析基地基础资料，绘制全套现状图和分析图，收集案例。
中外学生混合编组在前期调研工作基础上展开头脑风暴，聚焦地段问题，形成并深化设计构思，完善概念设计阶段成果。

课程设计（8周）

教学阶段		教学要点	教学方法	成果与点评要求
方案生成	空间布局 建筑形态	强调制约因素下，设计概念具体深入，强化学生发现问题、解决问题的能力训练。依据概念方案，进行基地功能布局、交通系统规划、景观绿化等具体设计。借助模型、草图、数字化模型进行方案的推敲，强调城市空间环境意识的培养。	辅导讨论 方案点评 专题讲座	成果：草图、体块模型、分析图 1. 能否顺延前期构思、继续深化 2. 能否合理解决基地功能、流线、景观等基本问题。 3. 能否按进度完成完整的草图
方案深化	深化设计 材料选择 构造节点	邀请相关专业教师讲授建筑结构、材料、构造等知识，强化技术概念，引导学生在考虑基本功能问题的同时重视方案的可实施性。组织学生参加 Revit 软件集中培训，帮助学生在短时间内掌握软件的基本原理和使用方法。	辅导讨论 方案点评 专题讲座	成果：草图、电脑模型、分析图 1. 方案表达是否清晰、全面，是否有效表达设计意图 2. 计算机模型是否按设计完成，细部节点是否合理可行，材料选用是否恰当 3. 能否准确再现建筑环境及空间体量关系

教学成果

评价与反馈

占总成绩的 20%
由任课老师打分所得。

评价标准：
课堂考勤、按时交图、方案交流

中间过程由任课老师根据各位同学课堂表现及学习态度分别打分，强化对设计过程的控制，实现过程导向的教育目标。

落实各层平面、立面和总体剖面图。根据任务书要求，细化各层平面功能布局及流线组织，基本满足相关建筑设计规范的要求。
强化相关结构、构造、材料知识并运用于设计，完成结构选型、材料遴选、构造细部节点设计，开始运用 Revit 软件建模。

教学阶段		教学要点	教学方法	成果与点评要求
深入表达	完善方案 绿色设计	邀请相关专业教师讲授绿色建筑设计，及建筑性能模拟与分析软件的使用方法和技巧。指导学生全方位完善设计方案，学会运用 Ecotect 软件对建筑进行性能模拟，以促进绿色设计方案的运用。	辅导讨论 方案点评 专题讲座	成果：草图、电脑模型、分析图 1. 方案设计是否合理、深入，能否满足当地的材料与建造要求 2. 能否合理运用绿色建筑策略 3. 能否通过 Ecotect 软件准确模拟建筑性能，并以此为依据对建筑方案进行合理化调整
成果展示	设计表达 成果制作	指导各类图纸（平、立、剖、分析、表现）的完成，纠正不规范制图，启发多元的表现方法，如如何制作视频、剪辑短片等，指导成果汇报思路及方法。	辅导讨论 方案点评 示范教学	成果：图纸、模型、视频、ppt 1. 是否熟练绘制技术图纸、是否表达清晰无误 2. 是否借助分析图、表现图、模型、视频等手段突出设计特点 3. 是否有逻辑地组织汇报方案、是否重点突出
	终期评图			

教学成果

评价与反馈

占总成绩的 50%
由各评委打分平均所得。

评价标准：
概念延续性、合理性、设计深度

邀请业界在城市设计方面具有丰富研究和实践经验的学者与建筑师作为客座评审参加评图。专家学者对城市问题有深入的研究，一线建筑师有丰富的实践经验丰富，他们的加入有利于带给学生更多专业建议。

结合基地气候及环境特征深化绿色设计策略，学习现有被动式和主动式绿色节能技术，有针对性地运用到设计方案，并用 Ecotect 软件进行建筑性能模拟，以此为依据调整优化方案。
图纸绘制、渲染与表现图、排版设计、模型制作、视频制作

作业点评

方案一

基于对沙尔乡的深入调研发现问题：村庄中部存在一个高约 50m 的山崖，高差将村庄分为上下两个部分，山路蜿蜒曲折、危险漫长，导致村民们上山下山集会活动十分不便。本应该是中心核心区域的部分由于山崖的阻隔，使上下村民活动被隔绝，缺乏交流与互动。
该方案充分利用地形，从垂直方向组织功能与流线，乡村客厅成为村民和游客公共活动空间的同时，还作为解决乡村山崖交通不便问题的基础设施，并与乡村特色的自然景观相结合，成为一个集合多种使用功能的景观交通建筑。该设计为化不利为有利，使原本的交通障碍变成村庄的核心公共空间，既方便了当地村民的生活，又满足了外来游客使用需求。
在建造实施层面，该设计选用当地材料竹子与钢材结合，以确保对基地的影响降至最低，而且是可逆和可再生的，同时应对当地多地震的天然条件。建筑采用模数制，以人体尺度和运输货车尺寸为依据形成合理模数，以便运输和材料的二次利用。针对当地水资源短缺的现状，利用高差设计水体净化系统，并与景观结合，设计中水利用系统，体现学生对于绿色设计策略的主动性思维。

方案二

苏州西山一明月湾村是苏州保留完善的清代古村落，村内有保留完整的民居、宗祠、巷道等旅游资源，吸引大量游客前往观光。
小组成员通过问卷、访谈、注记、图谱分析等手段，对明月湾村的人口结构、基础设施数量和布点、活动类型及时间、机动车停车位数量、旅游资源等做了详细的田野调查，由此总结出焦点问题：传统水路进村空间体验和赏月文化的缺失，以及停车空间的不足。
方案设计扎根于当地文脉，紧密结合周围环境特征，保留原有城市与建筑空间特色，复原旧时水路入口序列，凸显当地赏月文化，并合理规划停车空间以满足现代出行方式的需求。建筑空间采用散点式布局，注重空间体验，借鉴传统园林一步一景的的空间组织方式。建筑功能满足农旅共用的需要，激活古村落公共空间活力，打造有吸引力的乡村客厅。
能够熟练应用建筑性能模拟与分析软件对建筑及周围环境进行模拟并借此优化设计。
技术层面，深入研究传统建筑材料特性及施工方式，并加以创造性的应用，对细部节点构造的设计到位，方案可实施性较强，体现出该组学生扎实的基本功。

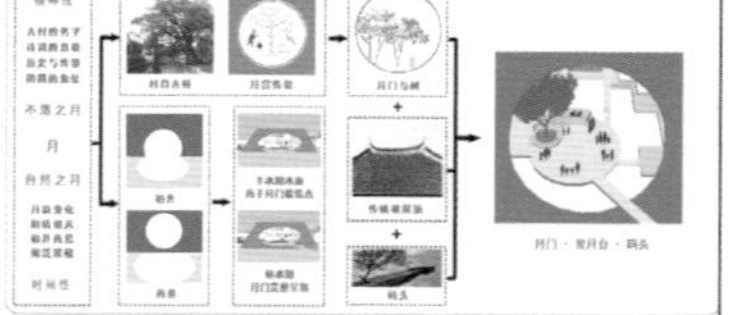

背景介绍：

苏州西山-明月湾村是苏州保留完善的传统古村落。

村内有江南传统村落所包含的民居、宗祠、巷道等元素，这些也是设计方案所扎根的文化与建筑土壤。

我们选择这片具有江南村落特点且地理位置优越的区域进行乡村客厅的设计，力求满足农旅共用的需要。

背景介绍

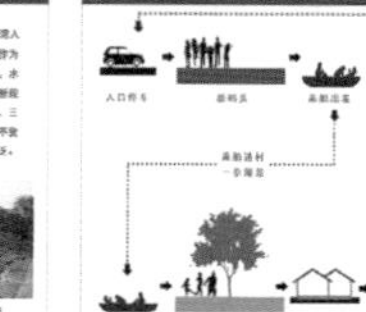

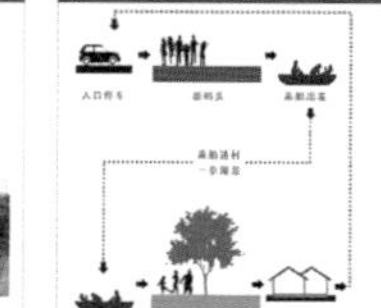

方案定位

功能组织

形态生成

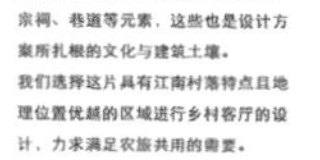

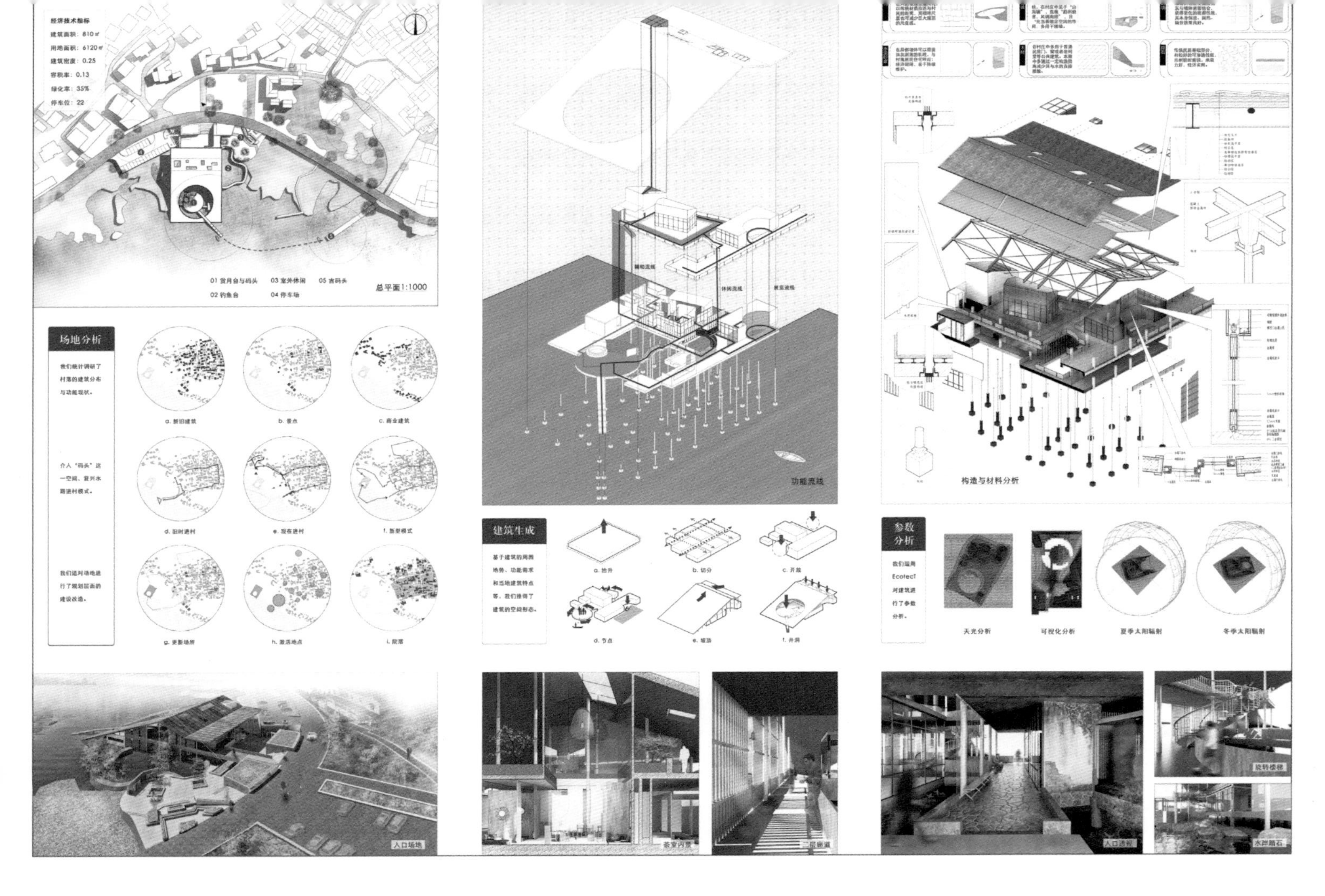

经济技术指标
建筑面积：810㎡
用地面积：6120㎡
建筑密度：0.25
容积率：0.13
绿化率：35%
停车位：22
01 赏月台与码头
02 钓鱼台
03 室外休闲
04 停车场
05 古码头
总平面1:1000
场地分析
我们统计调研了村落的建筑分布与功能现状。
介入"码头"这一空间，复兴水路进村模式。
我们适对场地进行了规划层面的建设改造。
a. 新旧建筑
b. 景点
c. 商业建筑
d. 旧时进村
e. 现在进村
f. 新型模式
g. 更新场所
h. 激活地点
i. 院落
辅助流线
休闲流线
展览流线
功能流线
建筑生成
基于建筑的周围地势、功能需求和当地建筑特点等，我们推得了建筑的空间形态。
a. 抬升
b. 切分
c. 开放
d. 节点
e. 坡道
f. 开洞
构造与材料分析
参数分析
我们运用Ecotect对建筑进行了参数分析。
天光分析
可视化分析
夏季太阳辐射
冬季太阳辐射
入口场地
茶室内景
二层廊道
入口透视
旋转楼梯
水岸踏石

绿色建筑专门化（本科四年级）设计教案

华南理工大学建筑学院　四年级

教案简要说明

教学周期：四年级一学年

教学内容：绿色建筑设计、绿色建筑理论，绿色建筑数字模拟方法、绿色建筑评价方法

教学手段：设计课程、理论研讨课，学术及行业交流，设计竞赛

教学目标：

1. 响应国家关于“适用、经济、绿色、美观”的政策，传承华南建筑教育的科学研究传统，培养问题导向下具备创新实践能力的建筑师；

2. 以绿色理念构建建筑设计专业价值观；

3. 以国际视野思考绿色建筑发展问题；

4. 以扎实专业能力因对行业变化和职业挑战；

5. 以设计思维协同创新绿色建筑技术应用。

优秀作业 1：番禺平民大书房　设计者：张锦玉　温舒婷　吴嗣铭　胡沁欢
优秀作业 2：绿色中国馆　设计者：余　韬　许哲嘉　彭天奕　廖岳骏　邓绍斌

作业指导教师：肖毅强　王　静
教案主持教师：肖毅强　王　静　徐好好　赵立华　张宇峰　张　磊

绿色建筑专门化方向简介

课程总体概况

在前三年建筑设计基本能力、设计方法和专业素养的训练基础上，要求学生通过课程学习，从城市层面上获得建筑的广度认知和思考，并在设计深化中得到能力的提升。

课程教学目标：

1，在正确的城市观念和设计价值取向基础上，思考城市的现象与问题，寻找基地的独特性，并通过认真的调研，严谨的分析和富有创造性的切入点，确定地块设计内容。

2，在认真理解设计规范、标准及功能要求等客观限制条件的基础上，寻求设计目标最有效实现的设计成果与表达。

3，要求在设计中，充分认识地域性气候特征，运用气候适应性理念和低技设计手段，实现建筑的绿色节能，并以建筑技术分析手段加以落实。

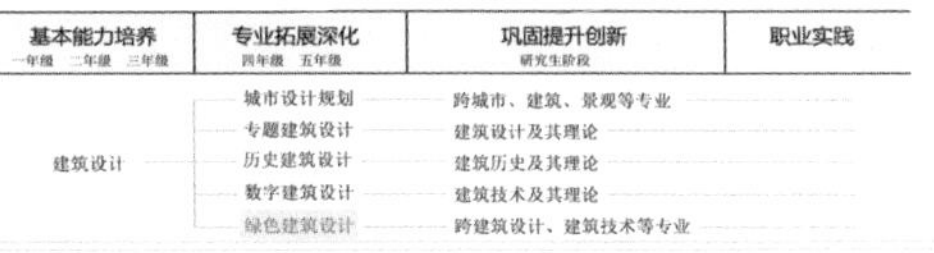

教学周期：四年级一学年

教学内容：绿色建筑设计、绿色建筑理论，绿色建筑数字模拟方法、绿色建筑评价方法

教学手段：设计课程、理论研讨课，学术及行业交流，设计竞赛

教学目标：1，响应国家关于“适用、经济、绿色、美观”的政策，传承华南建筑教育的科学研究传统，培养问题导向下具备创新实践能力的建筑师。

2，以绿色理念构建建筑设计专业价值观；

3，以国际视野思考绿色建筑发展问题；

4，以扎实专业能力因对行业变化和职业挑战；

5，以设计思维协同创新绿色建筑技术应用。

低年级 专业基本能力培养 建筑设计

高年级 专业拓展与深化 绿色建筑专门化 绿色建筑与技术 建筑数字设计

毕业设计 专业理论与实践 建筑设计与研究应用

绿色建筑专门化特色课程体系

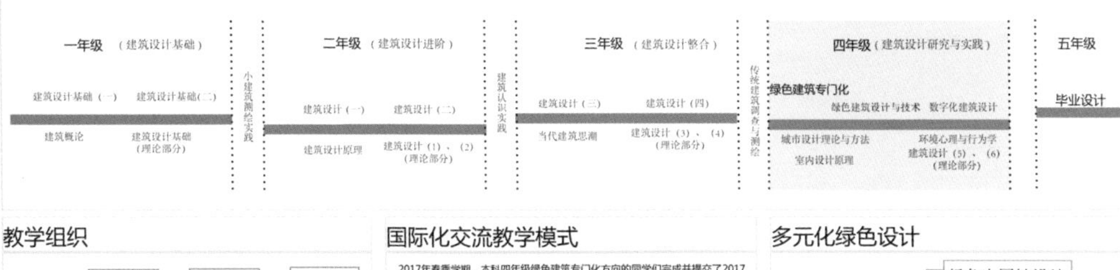

教学组织

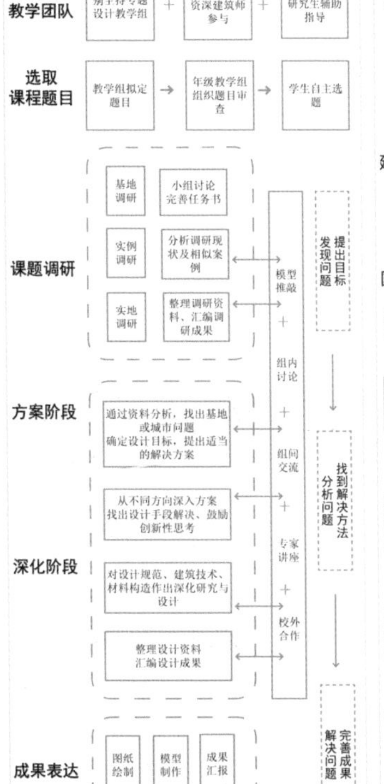

国际化交流教学模式

2017年春季学期，本科四年级绿色建筑专门化方向的同学们完成并提交了2017年亚洲弹性设计竞赛的成果，在新加坡国立大学进行了竞赛的最终汇报和圆桌论坛。

全球十所建筑类高校的参赛师生合照　学生汇报中

建筑考察

国际化交流教学成效

国际联合设计教学模式给学生创造了国际化的平台，进一步完善我院对外交流平台，通过多元的交流方式开阔学生的学术视野，了解国际前沿教育理念与设计方法，逐步提高师生的国际化交流能力，也有助于推动我院与世界一流院校间的深入合作交流。

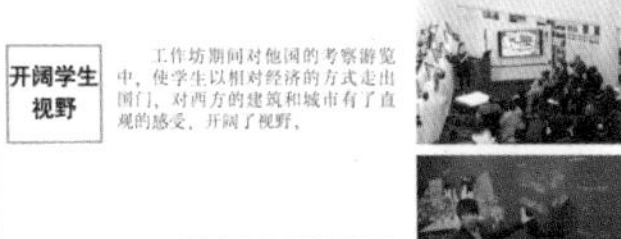

开阔学生视野　工作坊期间对他国的考察游览中，使学生以相对经济的方式走出国门，对西方的建筑和城市有了直观的感受，开阔了视野。

锻炼学生沟通合作能力　工作坊的教学模式能锻炼学生的合作能力、沟通能力，协商能力与表达能力。区别于常规设计课师生一对一教学的特点，工作坊更注重小组开放的讨论，使学生的语言表达水平与协作能力得到了提高。

有助提高教学水平　工作坊对教师借鉴国外的设计教学理念、提高教学水平很有帮助。在工作坊过程中，通过双方教师对学生阶段性成果的点评和讨论，容易体会西方教师的教学技巧和过程要求，有利于提高我院的设计教学质量，培养高素质教师队伍。

UIA竞赛成果

多元化绿色设计

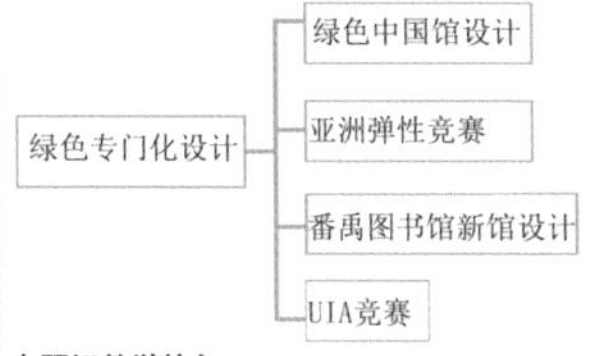

专题组教学特色

多样化的互动教学
组内讨论
组内的学习讨论以草图、模型以及PPT汇报作为设计研究和交流的手段，提高学生设计表达与口头表达能力。
组间交流
年级组在课程中组织公开中期评图及最终评图；邀请其他专题组教师参与评图，以促进交流和教学质量管理。
专家讲座
由教学组教师主讲或外聘专家主讲，举行若干次学术讲座，开阔学生思路并帮助学生解答设计过程中遇到的难题。
校外合作
加入校外合作的教学模式，有助于学生更全面的学习。

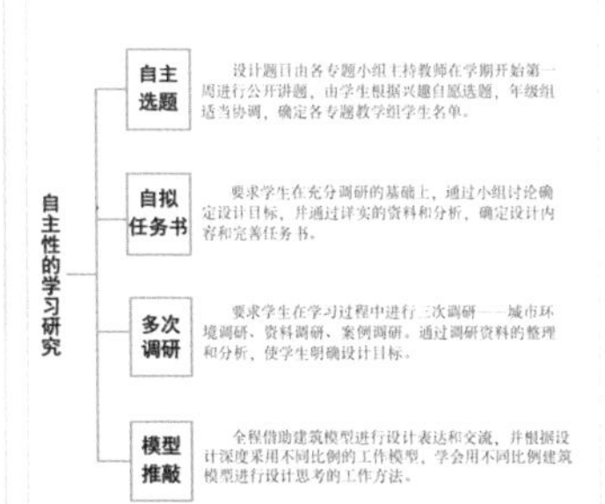

自主性的学习研究
自主选题
设计题目由各专题小组主持教师在学期开始第一周进行公开讲题，由学生根据兴趣自愿选题，年级组适当协调，确定各专题教学组学生名单。
自拟任务书
要求学生在充分调研的基础上，通过小组讨论确定设计目标，并通过详实的资料和分析，确定设计内容和完善任务书。
多次调研
要求学生在学习过程中进行三次调研——城市环境调研、资料调研、案例调研。通过调研资料的整理和分析，使学生明确设计目标。
模型推敲
全程借助建筑模型进行设计表达和交流，并根据设计深度采用不同比例的工作模型，学会用不同比例建筑模型进行设计思考的工作方法。

绿色建筑专门化（本科四年级）设计教案 2

绿色建筑竞赛案例 以 2016.09-2017.02 学年四年级上学期某教学组为例

设计组题目 前海自贸 绿色中国馆设计

设计要求 要求学生在已有建筑设计基本能力、设计方法和专业素养的训练基础上，基于对绿色建筑的全面理解和科学认识基础上，对建筑设计工作从环境理解、设计目标和技术实现等不同层面进行深入理解。在全面提升建筑设计能力的同时，培养技术逻辑的思维方法，和具科学精神的研究分析能力。

1，在正确建筑环境观念及设计价值取向基础上，思考设计出发点，寻找基地的独特性，通过认真的调研，严谨的分析及富有创造性的切入点，提出绿色设计策略。

2，在理解绿色建筑价值基础上，寻求富有创意地实现设计目标的设计成果与表达。

3，初步掌握绿色建筑常用的数字模拟技术和基本研究方法，通过技术研究实现良好的建筑细节设计；

4，运用气候适应性理念和低技设计手段，实现建筑绿色节能，并以材料构造技术手段加以落实。

5，学习运用绿色建筑评价手段，对建筑设计的成果进行客观评价。

实地调研

对地块周边的城市环境进行综合认识，包括：交通组织、空间结构、城市密度、容积率、人口密度、城市功能、公共配套等；并将信息整理与图表化

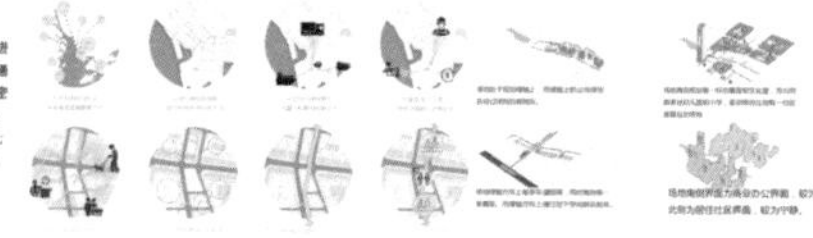

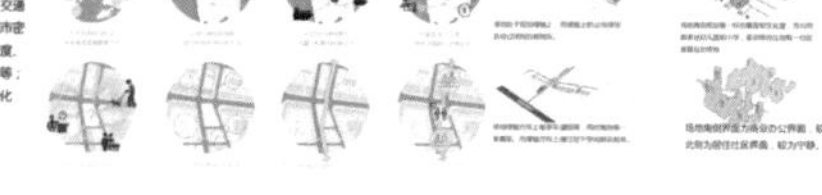

场地气候研究

要求学生充分研究场地的所在区域的气候条件，包括气候分区、主导风向、温度变化、湿度变化、自然通风，使设计的建筑充分适应环境气候要求。

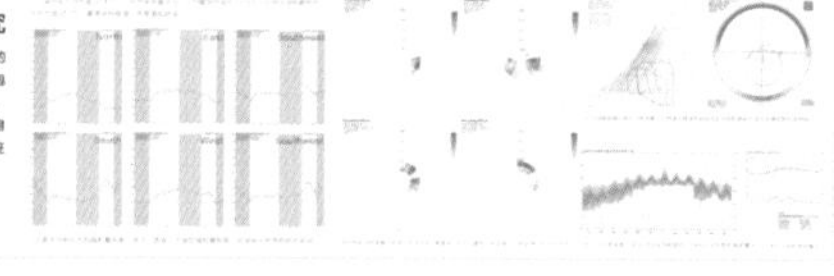

概念生成

要求学生在研究场地气候条件和实地调研、案例调研后，结合设计要求，充分考虑自己设计的出发点和概念，形成有价值的有研究性发展性的概念出发点。

方案生成

要求学生在充分的场地调研、文献资料搜集、实地考察的基础上，通过小组讨论确定设计目标和问题，并通过详实的资料和分析，确定设计内容。并以此为展开始绿色建筑设计，使用足够说明设计概念的图纸和工作模型作为设计讨论基础。

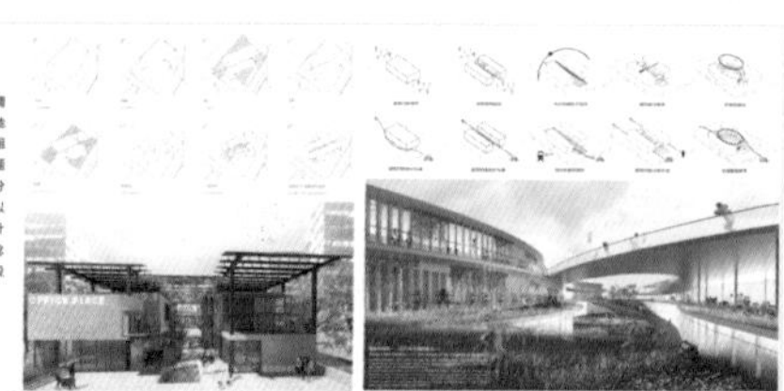

方案深化

要求每个学生在方案设计基础上，确定深入各自工作重点，对设计方案进行优化完善，部分内容（细部设计）达到施工图实施深度。

针对技术规范、建筑技术、材料构造等设计表达，最终以大比例精度的设计成果作为深化设计目标。

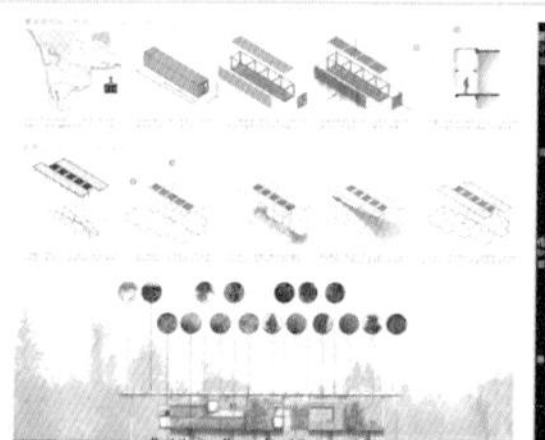

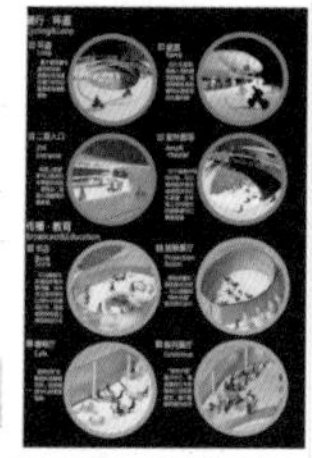

绿色技术应用

要求学生在自己设计方案上，从构造、作法、形式上出发来满足绿色建筑设计要求，从主动式绿色建筑出发，实现建筑的节能、节水、节电、环保的要求。

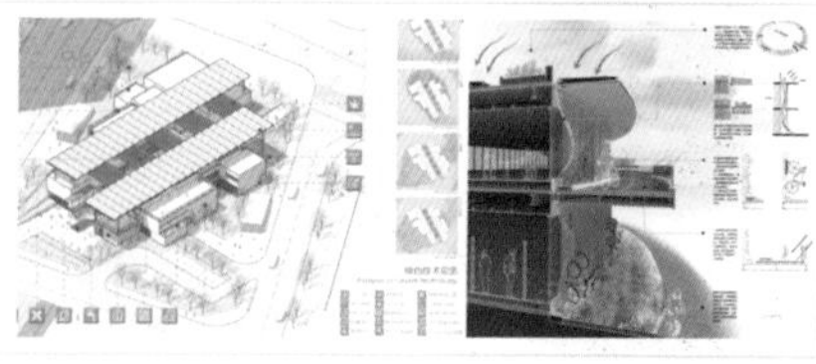

评图展览

各个教学组在课程结束时进行综合评图，综合评图可以提供更为全面的知识，避免个人局限形成的教学盲区。

成果汇编

在课程结束时组织学生进行成果统一汇编。通过汇编对整个教学过程加以总结和反思。

公开展览

在每学期设计结束后，将最终成果以展板和模型的形式在学院展厅进行公开展览。更好的促进高低年级之间、校内校外之间的交流。

亚洲弹性设计竞赛案例 以 2017.03-2017.07 学年四年级下学期某教学组为例

设计组题目 亚洲弹性设计竞赛

设计要求 在过去十多年来，由于气候变化的影响，我们目睹了大量的自然灾害和极端天气事件侵害了各大洲人类的住区。地震，飓风和台风到极端温度，导致的干旱，沉陷和洪水，对城市地区造成严重破坏；破坏了社区，牺牲生命。

通过DRIA国际公开竞赛，我们希望通过气候变化的影响，促进和培育关于预测、预防、减缓和适应性设计解决方案、思想和建议，以实现弹性城市的实质性讨论。我们希望提供一个平台，在提高城市和社区的韧性方面，突出规划、景观、城市和建筑设计以及建筑和工业设计技术的作用。

2017年DRIA国际公开赛鼓励参与者，从城市规划，城市设计，建筑设计的方面提出创新的水处理解决方案，利用建筑技术或工业设计应对我们的城市，街道和社区所面临的挑战——“旱涝与水资源短缺”。在国家，地点，社区，规划或规模方面没有限制。项目可以选择世界上任何城市，特定的城市地点，也可以是没有特定地点的一般概念或设计。提交的作品应该是原创的，在以前不能被授予或发布。

建议将设计与技术相结合，将社区的物质和社会方面联系起来，以应对气候变化影响下的干旱和水资源短缺，提升其应对能力。

实地调研

对地块周边的城市环境进行综合认识，包括：交通组织、空间结构、城市密度、容积率、人口密度、城市功能、公共配套等；并将信息整理与图表化针对各专题组的设计需要，及学生认知能力的提升需要，设置实地参观考察活动。

概念生成

要求学生在研究场地气候条件和实地调研、案例调研后，结合设计要求，充分考虑自己设计的出发点和概念，形成有价值的有研究性发展性的概念出发点。

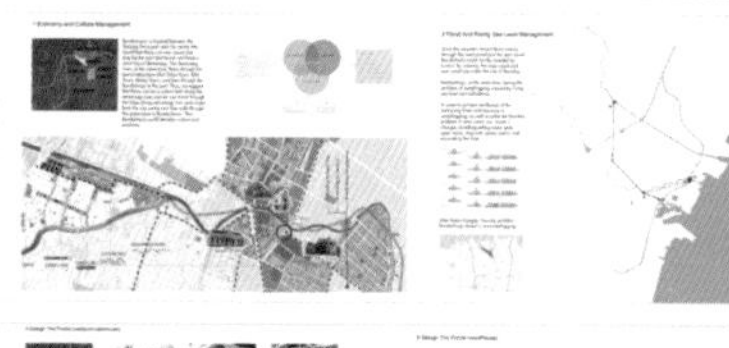

方案生成

要求学生在充分的场地调研、文献资料搜集、实地考察的基础上，通过小组讨论确定设计目标和问题，并通过详实的资料和分析，确定设计内容。并以此为展开始设计。使用足够说明设计概念的图纸和工作模型作为设计讨论基础。

要求每个学生在绿色建筑设计基础上，各自寻求深入方案的方向，提出要解决的问题，并找出设计手段加以解决。在此基础上对方案进行优化完善

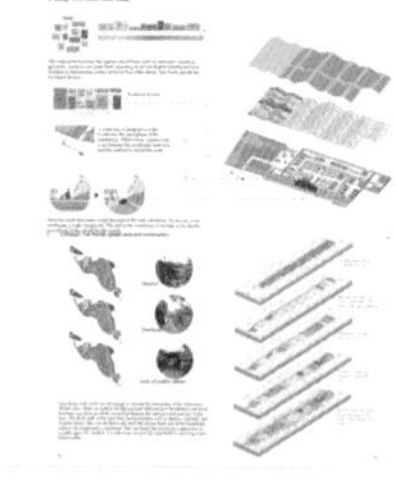

番禺图书馆新馆设计 以 2016.09学年四年级上学期某教学组为例

设计组题目 番禺图书馆新馆设计

设计要求

1、概况：番禺区图书馆是综合性公共图书馆，番禺区图书馆新馆的管理定位是广州市的区域总馆，项目拟建地点为番禺区广场东路以西，东兴路以南，柏园花园以北的东桂园地块，该地块用地总面积为13892平方米，场地四周均有已建成的城市主干道，公交线路完善。

2、建设规模

新馆拟建面积43296平方米，其中：计容面积32800平方米，地下停车位不少于262个（负二层），设置阅览坐席1500个，藏书能力达到160万册，日均接待读者5000人次，地上不超过七层，地下不超过两层。

3、设计要求

以人为本、读者至上的理念，在综合设计上遵循环境优美舒适、布局合理、设备先进、环保生态的原则，并充分体现岭南文化特色和番禺文化历史底蕴，建成后将成为番禺的地标性建筑。

概念生成

要求学生在研究场地气候条件和实地调研、案例调研后，结合设计要求，充分考虑自己设计的出发点和概念，形成有价值的有研究性发展性的概念出发点。

方案生成

要求学生在充分的场地调研、文献资料搜集、实地考察的基础上，通过小组讨论确定设计目标和问题，并通过详实的资料和分析，确定设计内容。并以此为展开始图书馆设计。使用足够说明设计概念的图纸和工作模型作为设计讨论基础。

方案深化

要求每个学生在方案设计基础上，确定深入各自工作重点，对设计方案进行优化完善，部分内容（细部设计）达到施工图实施深度。

针对技术规范、建筑技术、材料构造等设计表达，最终以大比例精度的设计成果作为深化设计目标。

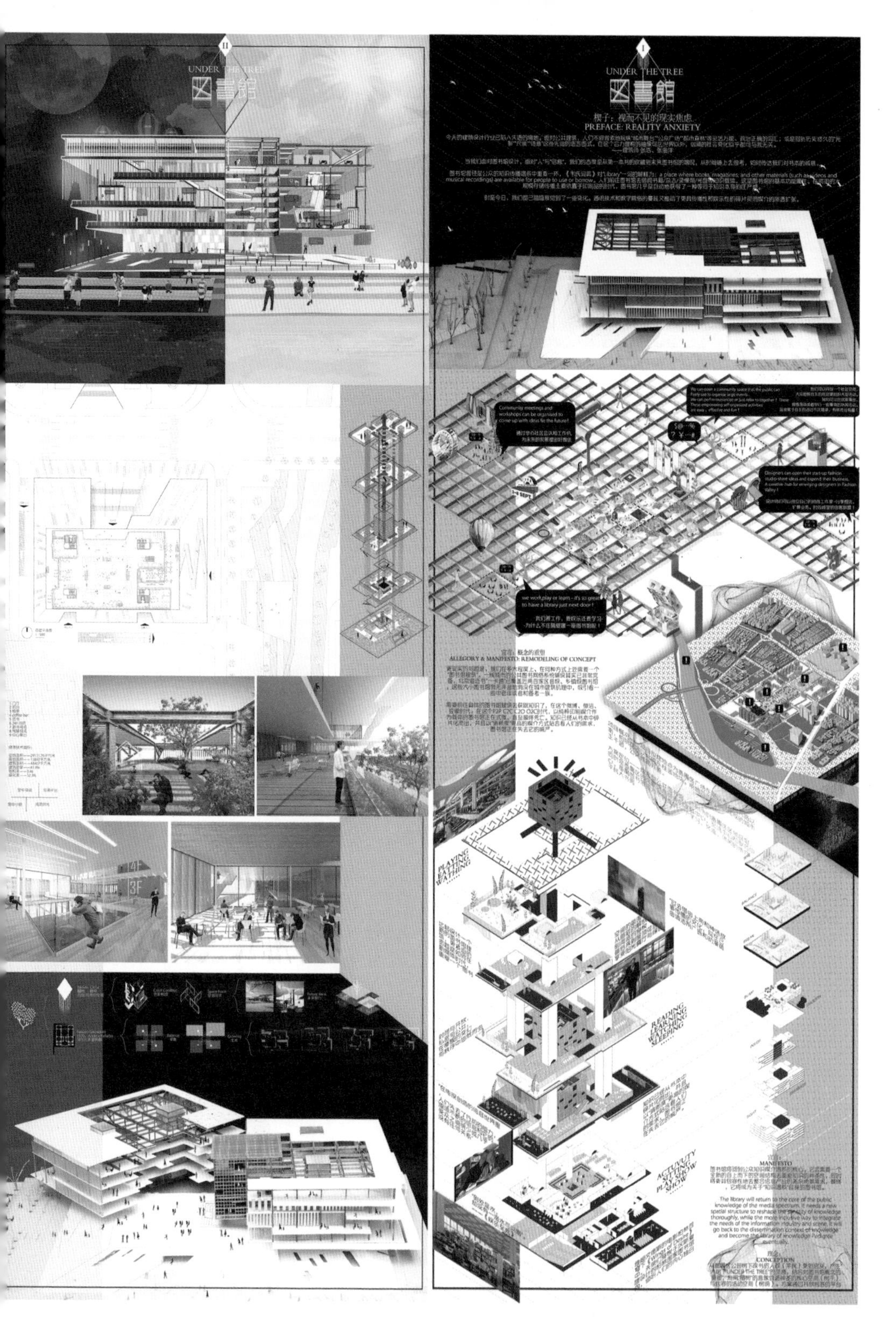
UNDER THE TREE
图書館
楔子：视而不见的现实焦虑
PREFACE: REALITY ANXIETY
we work,play or learn - it's so great to have a library just next door!
ALLEGORY & MANIFESTO: REMODELING OF CONCEPT
PLAYING
EATTING
WATHING
READING
LEARNING
WATCHING
SLEEPING
ACTUVUTY
SITTING
PLAY SHOW
SHOW
MANIFESTO
The library will return to the core of the public knowledge of the media spectrum. It needs a new spatial structure to reshape the ... of knowledge thoroughly, while the more inclusive way to integrate the needs of the information industry and scene. It will go back to the dissemination context of knowledge and become the library of knowledge Pedigree eventually.
CONCEPTION
3F
4F

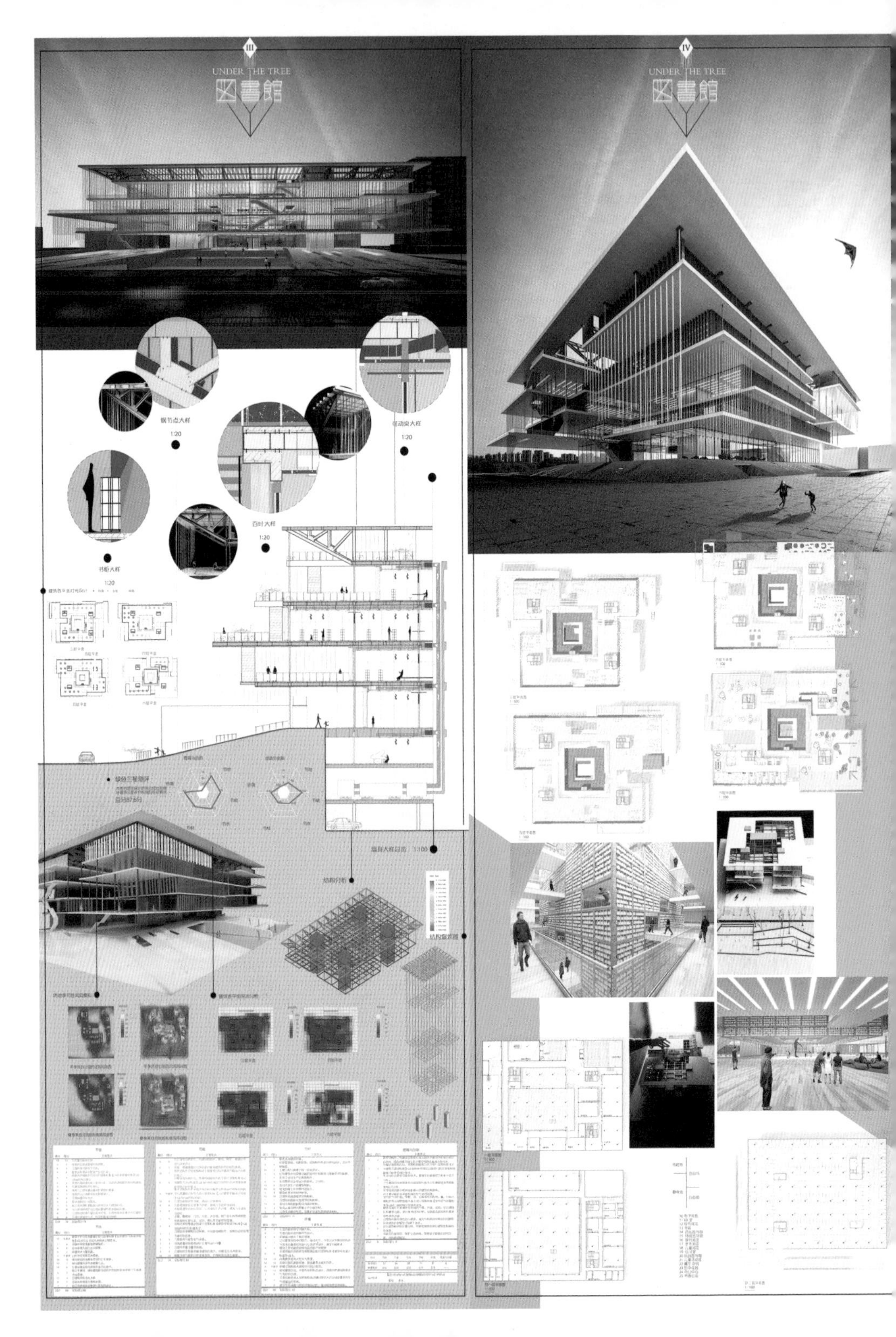

III
UNDER THE TREE
图書館
IV
UNDER THE TREE
图書館
钢节点大样
1:20
百叶大样
1:20
书架大样
1:20
结构分析

重塑人性尺度的空间——基于数据空间分析的研究型设计

北京交通大学建筑与艺术学院　四年级

随着我国建筑市场的降温、城市发展进入存量规划时代，城市开发和建筑设计环节中对理性量化分析和研究的要求与日俱增。本学院近年来将本科高年级的设计课教学将“数据化设计”作为主要的特色方向，以空间句法模型为技术方法结合大规模的实地调研和网络数据挖掘进行研究型设计训练。此外，该课程也尝试了本科生与研究生相结合的教学方法，使新的研究方法和成果能够迅速转化为设计工具，而课程收集到的大量数据又能够成为推进基础研究，开发新工具的基础资料。

每年的设计基地和题目都会根据相关领域基础研究的需求和城市发展的热点问题有所调整，为回应近年来城市设计中对人本主义街道理念和共享单车等新出行方式的影响，2017 年的题目选定为“重塑人性尺度的空间——北京清河高铁站周边城市设计”。研究方面的训练重点为空间句法基础实证研究的相关调研方法，网络大数据收集分析方法和以实地访谈为基础的叙事建筑的概念生成方法。设计内容清河站周边区域的城市设计，具体地块位置及功能策划基于城市设计阶段的成果自行确定。

优秀作业 1：“双城”之间——清河站周边城市设计　设计者：吕守拓　耿思雨
优秀作业 2：信息都市——清河高铁站周边城市设计　设计者：郑新然　邵　安

作业指导教师：高　杰　张育南　孙　伟　曾忠忠
教案主持教师：盛　强　孙　伟　高　杰　曾忠忠　张育南

重塑人性尺度的空间 基于数据空间分析的研究型设计

壹

背景 BACKGROUND

教学背景

随着我国城市发展进入存量规划阶段和大数据分析技术的飞速发展，**"研究型设计"**和**"教研结合"**成为建筑学专业教改的重要方向。然而，以设计课为平台的教研结合尝试往往面临以下**挑战**：

"空间句法+数据"对研究型设计有什么用？

- 设计课程周期较短，基础研究周期较长 —— 时间难匹配
- 设计需要解决多种问题，研究则往往聚焦特定问题 —— 目标难匹配
- 设计成果需落实为形式，研究结果往往为规律 —— 成果难匹配

将空间句法基础实证研究嵌入城市设计课程，少量研究生与大量本科生结组进行**数据化城市设计**课程是本学院多年来的教学实践。本次教改突出的特点为充分利用近年来基础研究的成果经验（**数据游骑兵**实用战术），兼顾设计课程的效率与科研的数据积累需求，结合**共享单车**等新现象和**人本主义街道**等新趋势进行城市设计课程教学。

科研背景

网络信息时代开启了**行为科学革命**，但目前对大数据的应用往往局限于"数据可视化"和特定的"城市现象识别"层面，缺乏具有**预测能力**，特别是理性量化评测空间形态对交通和功能分布影响的**数据化设计工具**。**空间句法**作为一种积累了30年实证研究经验的模型，在大数据时代对革新设计行业工作方式具有重要的意义，为实现数据辅助设计提供了诸多的**机遇**：

- 方便快捷 —— 软件操作简单，自带数据分析功能。
- 聚焦空间 —— 以街道空间形态为核心，聚焦空间对其他设计问题的影响。
- 服务设计 —— 结合设计需求充分利用多源数据（网络数据+调研数据）。

多年来结合设计课程本科生收集的大量截面流量、功能分布和网络点评数据，我们摸索总结出了一套完全依赖网络开放数据的城市街道形态设计方法，这种以数据为基础，以空间句法为关键技术的教学方法被称为"数据游骑兵"，相关的实用技术研发与完善需要基于嵌入设计课程的研究来检验其效果。特别是近年新出现的大量**共享单车**也为相关的基础研究与设计应用提出了新的需求。

教学关键词

城市设计 | 人本街道 | 本硕一体化 | 教研结合 | 联合工作营 | 数据游骑兵

研究关键词

空间句法 | 共享单车 | 网络开放数据 | 城市活力 | 慢行系统

衔接 CONNECTION

本科生课程体系

数据化城市设计是建筑学"一轴两翼"（以设计课为主干，理论与技术课程为辅助）教学体系的一部分，四年级突出的主题为"专业和拓展"，为进一步突出数据分析技术对设计的作用，充分利用不同课程之间的联系，本次教学实践的四年级学生在二年级时便在"计算机辅助设计"课程内接受过空间句法理论和软件技术的培训。在四年级下学期城市设计+大型公共设计共计20周的长题中，以城市设计为先导，进行数据化教学实践。

与研究生课程的关联

数据化城市设计课程作为研究生"综合设计"的内容设置在下学期，时间上与本科生的设计课程同步。为了更为有效的突出少量研究生在理论和分析方法上的优势，本课程的前序课程为"数据时代的空间分析与设计"，系统学习空间句法的理论与数据分析方法，而为了充分利用本次设计课程的基础数据成果，其后续课程"环境行为学"为深入分析数据，研发新工具提供了可能。

长短循环，本硕结合 解决研究型设计的时间差问题

目标 AIM

教学目标

- 了解人本主义街道的基本理念及设计要点。—— 基本理念
- 学习如何利用网络开放数据进行街区案例分析并指导城市设计概念生成。—— 概念策划

空间形态是否有意义？又如何评价？

- 掌握交通截面流量分析、百度POI和点评数据分析及多方案比较评测等实用数据化设计方法。—— 综合交通
- 掌握轨道交通、机动车、自行车交通和步行等复合交通综合影响下空间句法分析指标与方法。—— 方案优化
- 训练研究和设计阶段的不同规模团队配合能力。—— 团队合作

科研目标

- 研究成果检验
  - 测试站点周边步行流量分布模型在城市设计中的应用。
  - 测试基于街景地图与航拍图的流量挖掘与分析方法。
- 基础研究拓展
  - 以手机视频为基础数据的大片区高密度测点的流量分析。
  - 收集共享单车的分布及截面流量数据并结合POI数据分析。
- 设计方法总结
  - 测试《数据化设计操作手册》的使用效果。

全面强化设计应用 在设计中发现新的研究问题

问题 QUESTION

设计问题

本次设计课选择北京上地拟建的高铁清河站周边地区。该地区严格的居住-工作分区及道路设计导致了城市空间为机动车交通占据，极度缺乏街道活力。学生将基于对基地周边各类交通的调研，量化分析流量与路网结构的关系，并充分利用高铁和轻轨换乘站带来的发展机遇和步行人流，并将该规律应用于本区域的更新设计中。

Let'S Design for the Scale of Human

设计

研究问题

对各类流量与功能数据的空间分析技术已经成熟，本次设计在研究层面的主要挑战在于研究自行车（共享单车；具体包括摩拜和ofo）的行为规律和及其对城市街道空间的需求。

研究

重塑人性尺度的空间 基于数据空间分析的研究型设计

教学内容

SHARP DATA

小大 数据 数据

小数据与大数据结合的“精准”（尖）数据分析，旨在聚焦街道形式对交通和功能的影响。

在教学组织上，本课程设置了 **数据化城市研究**（2周）和 **数据化城市设计**（4周）两个主要阶段，并根据这两个阶段的工作方式特点进行了不同的分组。研究阶段分为6个**研究组**（每组7-8人）。设计阶段重新结为**设计组**（每组2人）。

数据化城市研究阶段以调研和数据分析为主，下设全年级集中参加的**实地调研截面流量**数据（小数据）和以各研究组为单位完全依赖**网络开放数据**（大数据）的**中心案例样本研究**。为突出研究对设计的支持，这个阶段结尾要求学生对基地周边宏观道路结构进行设计，并利用数据建立的空间句法模型评测本组设计的三个方案对机动车交通量和中心等级分布的影响。

数据化设计阶段以城市设计为主，学生在学习**人本主义街道**设计理念的前提下进行空间设计，通过参与**国际联合工作营**拓展视野，学习不同国家的设计理念与方法。在深化方案中，采用对**共享单车/自行车**的最新研究成果，进行慢行系统设计。基于对高铁周边步行量的研究进行高铁站内外部主要流线和形体的设计。

研究内容

截面流量调研测点分布

全域计划实测280个测点
每组负责46-47个测点
平均每人负责5-7个测点

A B C D E F

实获得有效手机视频1792个（每个测点8个）
总共538G的视频数据。

? 3平方公里的设计基地，为啥调研这么大？

01 数据化城市研究阶段 WEEK1 - WEEK2

对软件及数据分析方法的指导通过**讲座**与工作营培训，短时间内实现高强度的知识拓展训练。

空间句法讲座

- 数据化设计案例 1小时
- 流量数据调研与分析 1小时
- 网络数据的分析应用 1小时

讲座加上机操作，集中训练对网络数据的获取，对调研数据的录入和分析过程。

参考资料

- 《数据化设计操作手册》

将空间句法软件操作与数据录入分析建立预测模型的方法整理为简明的操作手册，结合讲座提升教学效果。

该地区城市总规方案

以数为据的设计方式要求学生**批判的对待总体规划**，严格的功能分区恰恰是导致本地区缺乏活力的原因之一。

对设计的意义

- 交通流量预测
- 交通条件评估
- 功能分布预测
- 盈利能力预测

实地调研：实拍视频 步行流量 自行车流量 机动车流量

网络调研

- 交通系指标：航拍图车流量 街景人流量 道路截面设计
- 形态系指标：路网肌理 功能分布 出入口
- 行为系指标：详细业态分布 点评数 人均消费

规划结构【城市尺度】

应用研究结果进行初步空间格局设计

- 基于空间分析预测不同等级中心分布
- 提出大、中尺度道路网络形态方案
- 量化评测高铁轻轨换乘站选址

训练基于数据空间模型平台的空间设计能力 **数据化设计方法**

全年级调研

截面流量调研需全年级统一行动，使用手机在固定的测点拍摄一个工作日和一个休息日中每天四个时间点5分钟的双向交通量。
时段：8:30-9:30，11:00-12:00，
13:30-14:30，16:00-17:00。

分组数据分析 本科生完成

确定流量分布与空间通达性的量化关系
- 各组步行、自行车、机动车交通实测流量分析
- 案例中心区的航拍图车流量分析
- 案例中心区的街景人流量分析
- 案例中心区的道路截面设计统计

研究各级别中心所需的空间支持
- 案例中心区街道网格尺度比
- 案例中心区活跃功能分布空间格局

高级别与低级别中心不同级别业态分布分析
- 餐饮业点评数分布空间逻辑（中高档商业）
- 餐饮业百度POI分布空间逻辑（低档商业）

国际已有研究的经验

本课程的调研方式和数据分析方式基于国际空间句法学界30年来探索的对截面流量、功能分布等方向的常用实证研究方法，此系“空间句法套路”。

出入口类型数量

? 现状数据的分析如何用于对未来的预测？

三个成熟技术模块
一个最新成果模块
连接研究与设计

前期课程研究成果积累

本课程的研究内容变革同样源于近年来结合前几次数据化城市设计课程和研究生课程积累的最新研究成果。形成了以战养战“不断更新的套路”。

大量对中国城市的实证研究表明特定尺度的空间句法指标与实测人车流量有很高的相关度，验证了空间句法的解释力。

近两年通过嵌入课程收集到北京内城 条街道截面的各类交通流量数据。基础研究拓展需要 的数据覆盖。

北京内城流量数据

02 数据化城市设计阶段 WEEK3 - WEEK6

城市设计讲座

- 日本轨交站设计案例 2小时
- 俄罗斯城市设计案例 1小时

概念设计阶段采用国际联合设计工作营方式，通过与国外学生集中工作，短期高强度提出多样化的概念方案。

参考资料

- 《上海街道设计导则》

减小转弯半径，机动车降速，缩短过街距离。

以自行车为内置减缓汽车启动速度保护行人。

新技术培训工作营

- 自行车分布模拟 1小时

学习视频数据+百度POI数据建立的共享单车分布预测模型应用。

培养以人为本的城市空间设计理念与手法 **人本主义街道情怀**

空间句法讲座

- 出站人流分布模拟 1小时

城市设计【街道尺度】

概念设计 概念设计纠偏
- 提出开发策划与设计概念愿景
- 基于案例测基地潜力
- 推敲道路空间结构方案

功能交通组织 街道方案比选
- 基于交通预测评价比选方案
- 确定基地内外道路系统等级
- 确定各类空间用地功能分布

景观公共空间 功能落位细化
- 建立景观文化系统的空间结构
- 主要公共空间节点的空间设计

慢行系统设计 单车路网深化
- 基于预测单车流量设计道路截面
- 结合共享单车使用规划功能设施

高铁站空间设计 步行流线设计
- 基于出站步行模型优化高铁内空间
- 基于出站步行模型优化周边街道

模块一 地面交通流量与空间形态的一元回归方程 —— 本科生完成

基于**本次课程实测流量**锁定适合的空间参数，该参数应用于对设计方案的流量分布预测。

模块二 功能与点评量与空间形态的多元回归方程 —— 本科生完成

基于**现状功能分布**锁定适合的空间参数组合，该参数应用于对设计方案的功能分布预测。

模块三 与空间形态的多元回归方程 —— 本科生完成

基于**近期研究积累**的大量京津两城多站地铁出站轨迹跟踪数据建立距离衰减与拓扑衰减的回归方程进行步行流量分布预测。

模块四 共享单车流量与复合算法的一元回归方程 —— 研究生完成

基于**本次课程实测流量**详细分离出共享单车数据后，以百度POI为权重计算选择度指标分析结果为依据进行方案评测。

? 这么多套路啦！咋体现研究的创新性啊!?

共享单车/自行车空间分布研究 研究生完成

从本课程获取的大量视频中提取拍摄清晰的52条道路截面对自行车流量进行细分，结合百度POI功能数据建立以功能为权重的选择度复合算法，提升模型的精度和指向性，应用于预测自行车的道路需求。

设计任务书（城市设计阶段）

本科生2人一组，4周完成

- 总平面图比例1:1000（可根据方案具体选地情况浮动）。
- 功能用地、高度控制、景观绿化结构、建筑体块等分析图比例自定。
- 公共空间环境设计、街道家具与停车设计、慢行系统等相关图纸，比例自定。
- 设计过程图解分析（需含多方案对比分析的内容，主要针对道路空间结构进行各个尺度范围穿行度的对比分析，基于其他地区或城市案例的相应参数进行本方案的评价）。
- 方案中道路系统的车流量分布预测及道路剖面。
- 鸟瞰图和其他人视透视图，需表现建筑大效的体块设计。
- 建筑立面处理与建筑或广场、道路铺装材料意向参考图。

研究任务书（数据分析阶段）

本科生8人一组，2周完成

- 各组责任区内各类截面流量分析
- 各组责任区内功能分布分析
- 中心案例分析（不少于6个）
- 高铁/轻轨换乘站位置对比分析（不少于3个备选位置）
- 城市尺度规划结构方案对比分析（不少于3个方案）

研究

重塑人性尺度的空间 基于数据空间分析的研究型设计

成果 OUTPUT

01 数据化城市研究阶段 WEEK1 - WEEK2

数据化城市设计并不排斥常规的调研与问题分析方式，本设计中学生被要求在调研流量的间歇感知基地存在的问题，并通过传统的地图分析方式将各类用地性质及对问题的原因罗列出来，形成初步的设计概念。

网络调研结合现场测流量，超越了对“非人性尺度空间”的视觉感受。

数据化设计与模型化设计有什么区别？

基于既有的很多研究经验，空间句法模型足以用于进行方案比较和优化，并量化的指出各个方案之间的区别，这可以称之为**模型化设计**。但这对于没有实证研究经验的学生来说并不直观，无法理解为什么选择这些参数，这些参数有有什么含义。对推进基础研究（教研结合）也没有促进意义。

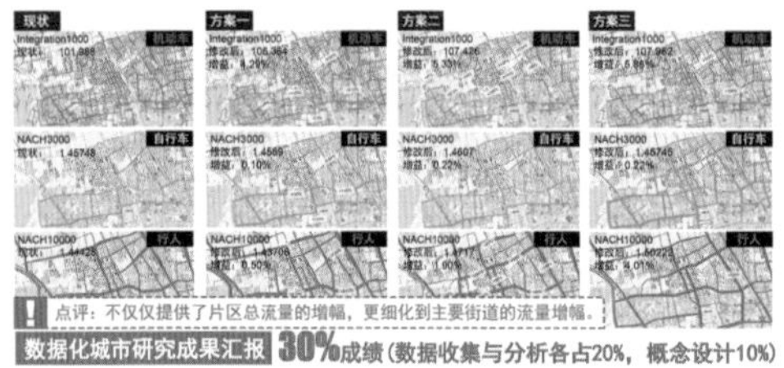

数据驱动的空间句法模型让参数选择更为精确，也让方案对比更为直观。应用数据分析获得的一组组回归方程，可以将模型中体现的参数变化值反推为设计师更敏感的具体变量：如人车流量，活跃功能分布的数量甚至是其虚拟盈利能力（评论数与人均消费的乘数）。

点评：不仅仅提供了片区总流量的增幅，更细化到主要街道的流量增幅。

数据化城市研究成果汇报 30%成绩（数据收集与分析各占20%，概念设计10%）

中心案例采样 各研究组收集国内外共36个案例街区【本科生】

观察各个中心的形态，可以获得路网肌理、建筑体量、空间宽度和活跃功能分布的直观印象。

基于街景与航拍图获取步行者与机动车数量 [数据游骑兵实用战术]

基于街景和航拍图数人数车是数据化城市设计课程一年前的成果（数据游骑兵实用战术之1），该方法被认为在很大程度上可以替代车流量实测，本次设计课的研究意义在于大量测试该方法的有效性，并探索它对学生理解**“中心是如何炼成的”**这个问题，帮助学生从对“物体”的关注转向对“流”的关注，**实现从“物中心”到“流中心”的思维方式转变。**

截面流量分析 将视频上获取的三类截面流量录入空间句法模型进行一元回归分析
结合本地数据分析锁定的空间句法参数可以更加精确直观的描述各个方案路网形态对各类交通流量的影响。

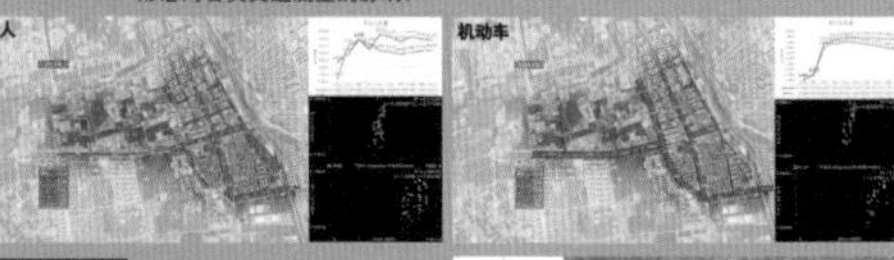

站点选址比较

基于站点周边住宅区、办公与商业路网可达范围，和机动车交通、自行车、步行三类空间通达性共计6项指标综合评价站点周边选址，在三个备选方案中选定适合位置进行下一阶段的深入城市设计。

点评：将各类抽象的空间联系指标转换成直观的图解，区位差异一目了然

对共享单车的基础调研（本科生完成）

租赁点间距：200-500m，平均间距300m左右；
服务半径：100-250m，平均服务半径150m左右；
租赁点密度：4-25个/km²，平均密度11个/km²；
一般情况下，各租赁点公共自行车的数量为存车位60%-80%；

一天中各时段共享单车分布叠加

点评：阅读论文与巧妙利用摩拜手机界面，经验与数据结合对设计提出建议

02 数据化城市设计阶段 WEEK3 - WEEK6

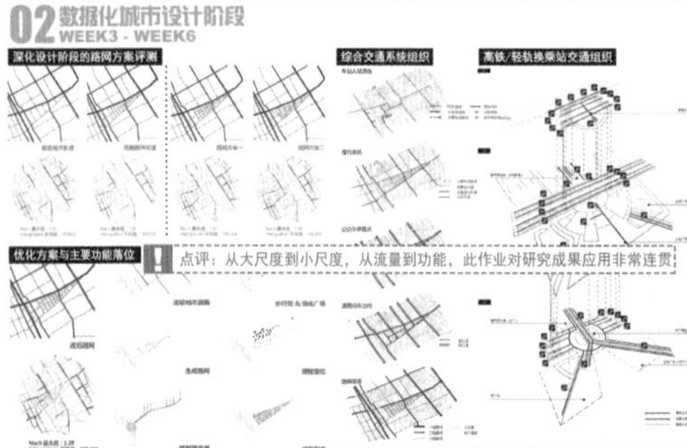

点评：从大尺度到小尺度，从流量到功能，此作业对研究成果应用非常连贯

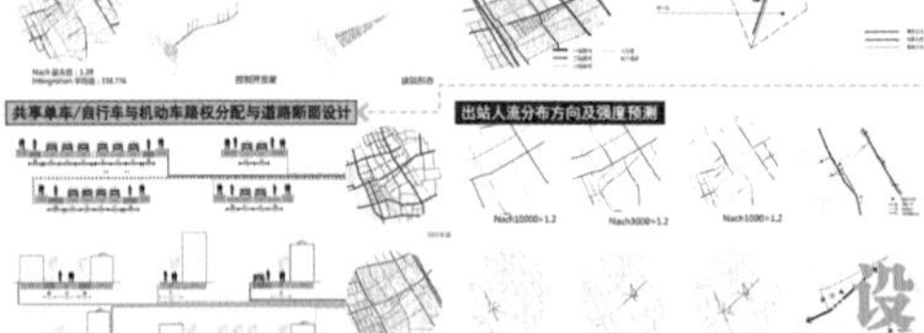

数据化城市研究成果汇报 70%成绩（研究成果应用20%，完成度50%）

在数据化城市设计阶段，本科生专注于深化设计方案并综合应用前期研究成果进行方案对比和优化。建筑学专业型硕士同样专注于城市设计，而学术型硕士则基于本科生调研获取的数据展开深入的分析，本次课程聚焦的探索性研究课题为　　，其研究成果在课程后期用于本科生的方案深化设计。

共享单车/自行车空间分布研究（研究生完成）

集中于城市中某个大尺度范围密集采样的视频数据可以详细分离各类交通方式的截面流量，结合各类活跃功能POI的分布由研究生完成了对　和ofo两类共享单车和其他单车的分布逻辑研究。其设计应用主要包括两类：1，各功能开发强度与共享单车聚集（停靠点分布）2，单车流量预测（分配路权）。部分本科生在设计阶段将该成果用于深化道路设计方案。

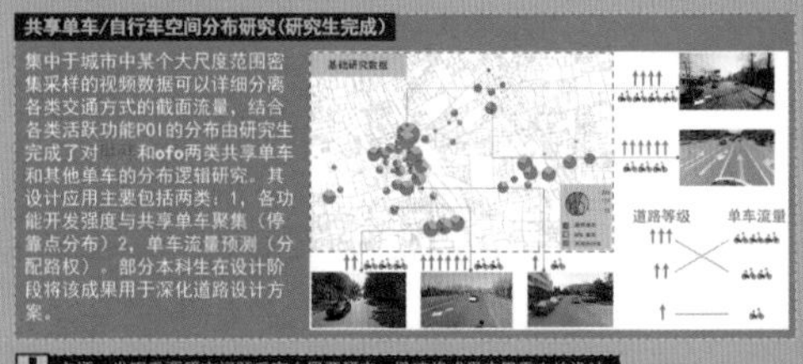

点评：发现重要研究问题后突击展开研究，迅速将成果应用于支持设计

经验总结

经历了三年的教改探索，数据化城市设计摸索出了一套随着基础研究深化不断改进升级的本硕一体化、教研结合的教学方法。在有限的时间内，前期通过高强度的调研与数据分析训练为每个基地寻找适合的空间形态评价方式，并基于城市空间形态量化预测交通与功能，为城市设计教学提供了一条“另类”的教改道路，既实现了研究型设计的教学目标，也推进了基础科研，获得了双赢的效果。

设计 研究

“双城”之间

——清河站周边城市设计 01

场地位于北京西北侧五六环之间，北侧为回龙观居住区，南侧有几所大学以及中关村高新技术产业区。内有清河站，它是针对张家口冬奥会修建的一座高铁站，连接北京及张家口，和北京北站共同作为京张铁路的首发站。本次设计把提高清河站周边城市空间作为主要目标。

对场地进行大尺度分析后，发现在北京市规划的城市景观带在场地区域缺失，因此大尺度设计上，本次设计希望补全这一缺失，在城市和绿化之间寻求一个平衡。

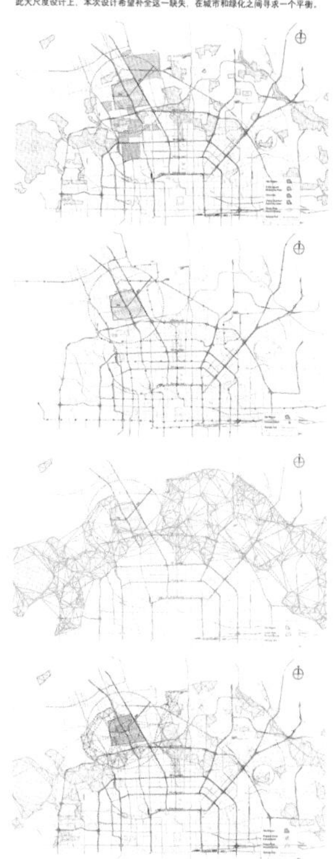

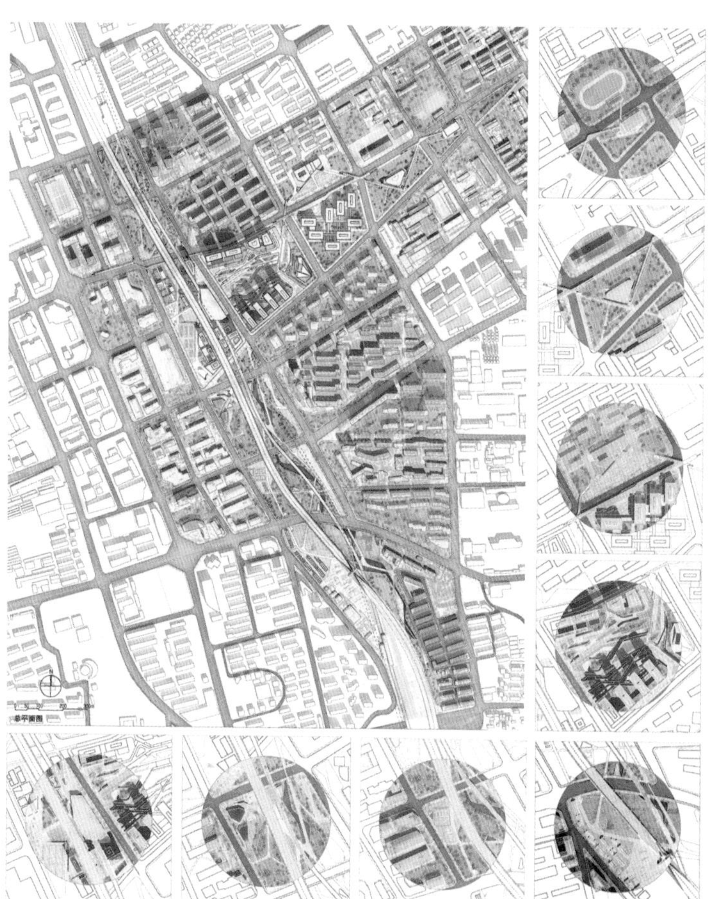

城市割裂是铁路两侧城市空间存在的亘古不变的问题，由它也带来了场地内的一系列其它难题：混乱的交通系统、城市功能的割裂、城市中心的缺失等等。针对这些问题我们的解决方案是，调整城市道路空间使之形成高效道路路网的基础上，分析场地内的功能、人群等需要，植入多种城市功能节点：中心的商业综合体、体育馆、图书馆、创业中心等，用一套慢行步道系统串联成一个积极的城市中心。

修改城市路网的目的是建立高效的穿行网络，因此城市公共建筑间慢行系统的连接主要针对于休闲放松，即在城市满足快速通行的基础需求后，提供漫步休闲的布道系统，同时这个系统和积极的公共空间相配合，给行人提供好的慢行体验，这也是我们对于人性尺度空间的另外一层理解。

场地问题分析

场地问题解决手法

路网修改步骤

根据软件计算的流量及建筑的部计算按照大、中、小三种层次修改路网。

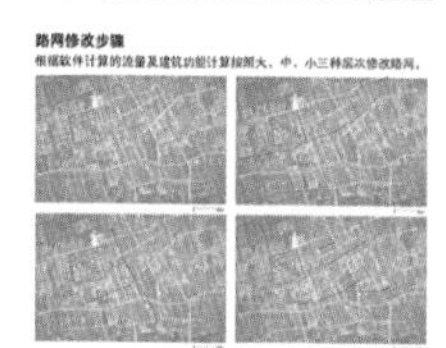

场地人群密度分析

场地内不同的建筑功能造成一天内不同时间人群的分布密度不同，以此看出场地的人群割裂问题。
同时，是修改城市路网、设置城市公共建筑功能的基础。

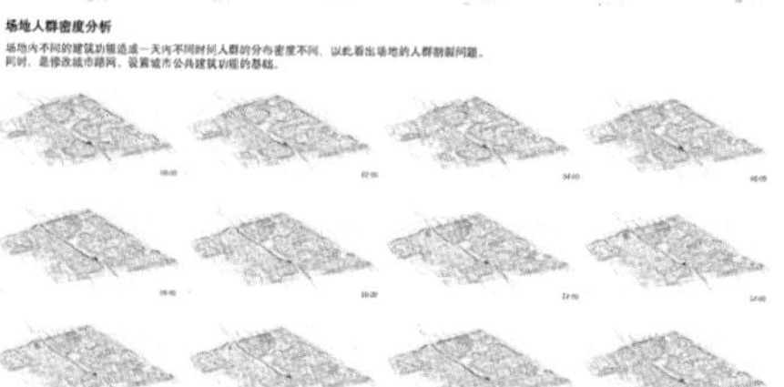

道路修改前后流量对比

车流对比

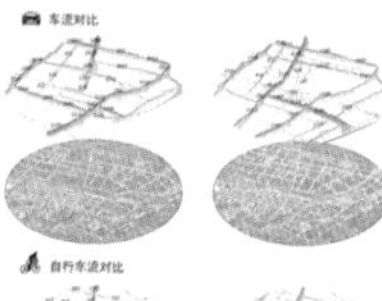

自行车流对比

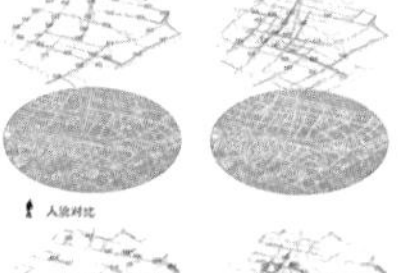

人流对比

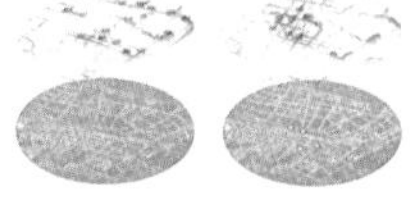

道路剖面修改

修改路网后，根据计算预测的流量，重新设计四条有特点的城市道路，主要包括人行、自行车行道以及车道数量。

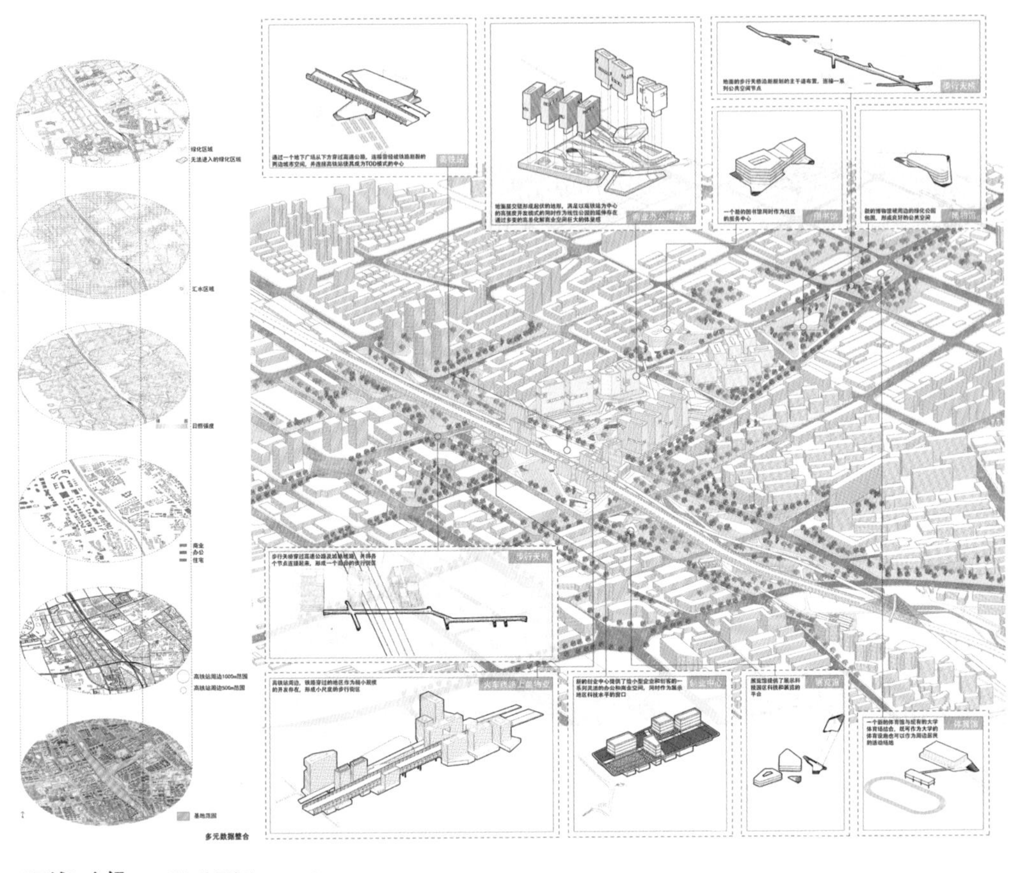

“双城”之间 ——清河站周边城市设计 02

城市绿化的部分，沿高速设置大面积公园绿化转化城市消极空间：首先划分公园内部道路，之后使用depthmap软件计算此道路空间下的人行、自行车行驶的流量及可达性，来确定每个被道路划分地块的“价值”。在这个基础上，加上对周边环境的功能及高架桥下冗余空间的考虑，为这个大面积的慢行公园布置若干功能：展览、表演、咖啡店、运动场、都市农场等等，在激活城市空间的同时，达到其各种功能优势的最大化。

TOD模式开发的中心区部分，分析了高架隔断道路的剖面后，选择把高铁的轨道放到地下二层，在中心区域形成一个自由通行的步行区域。将商业综合体和车站设计为一个整体来强化作为中心区的形象和使用需求。底层的裙房和下沉广场组成一个起伏的地形，并满足不乘坐高铁的人也可以从地下一层通道穿过铁路到达公园的需求。同时，在高铁站地块不大的情况下，形成东西两侧较大的站前广场，为高铁站提供良好的场地条件。

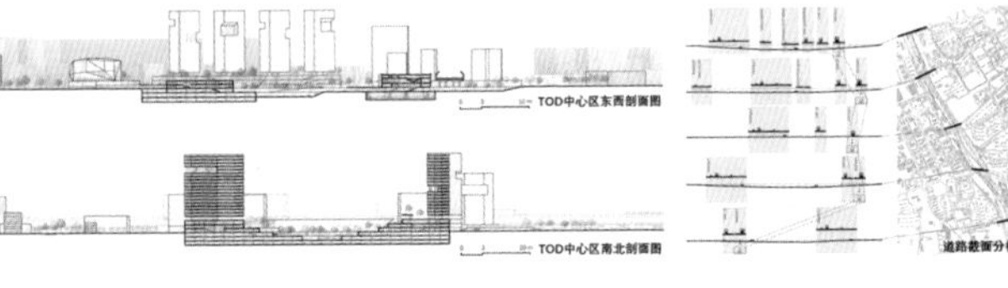

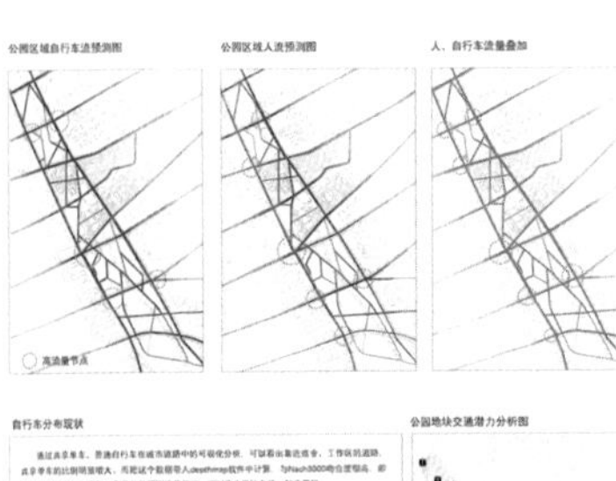

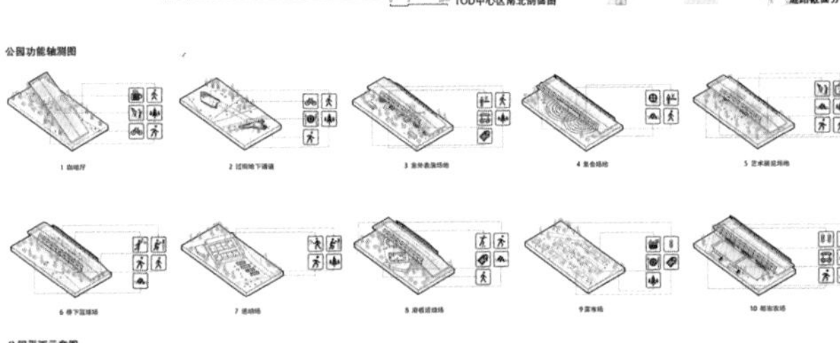

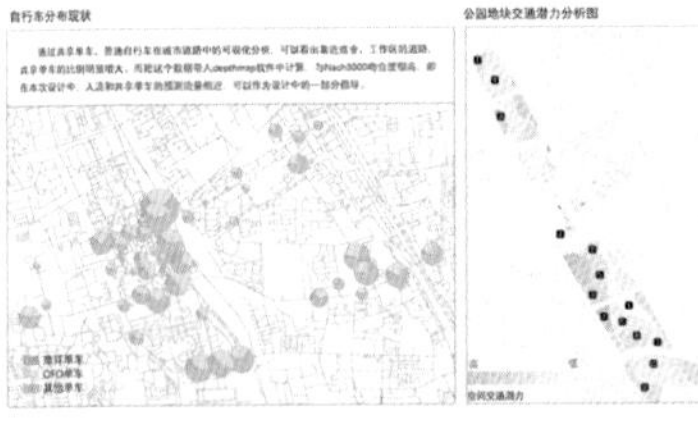

四年级城市设计教案——设计控制优化下的历史街区保护与更新

华侨大学建筑学院建筑系　二年级

设计以泉州古城历史街区新陈代谢与历史风貌保护相互关系中存在的真实问题为研究对象，比较分析不同城市更新机制的特性和价值，学习和体验传统城市整体空间形态的美学特征，分析历史街区空间形态演化规律，分析现行历史街区保护与更新城市设计控制政策及其在实施中存在的问题，研究优化城市设计控制政策并进行设计操作和设计表现。教学中注重城市设计理论学习和现场调研、城市空间体验相结合，注重城市设计的系统逻辑关系，注重城市设计和建筑设计评价方法的比较。

优秀作业 1：古城“院”景——泉州旧馆驿历史街区保护与更新城市设计

设计者：段辰昊　汤佩佩

作业指导教师：郑妙丰

教案主持教师：郑妙丰

四年级城市设计教案

设计控制优化下的历史街区保护与更新

1

四年级设计教学概述

建筑学四年级设计主干课程包括高层办公楼设计、城市居住区规划与住宅设计、城市设计，在相关技术和规范的教学内容之外，四年级教学总体强调城市建筑群体关系及其与单体建筑设计的相互作用，强调城市公共空间价值，强调地域自然与历史环境的影响。在设计题目设置中，高层办公楼设计、城市居住区规划与住宅设计采用规定题目，城市设计采用多样化选题。城市设计既是专项课程设计，又作为重要的设计思想和设计方法贯穿在建筑学四年级所有设计题目中。

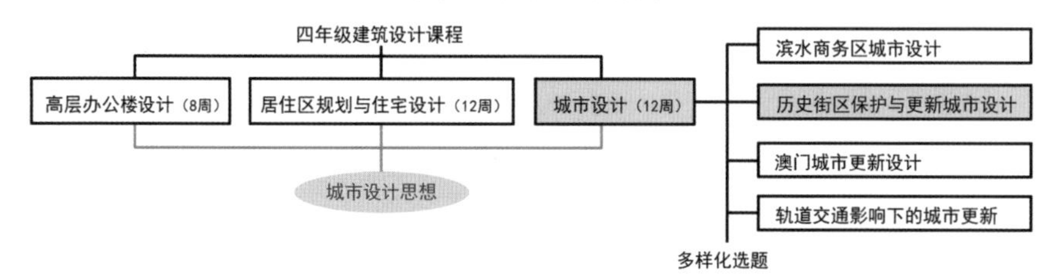

教学目标、内容与方法

城市设计教学目标：通过设计研究对象从建筑到城市的尺度扩展，认识城市综合环境的基本要素和发展规律，学习城市空间形态分析的基本方法，建立城市设计价值观，深化认识城市与建筑的互动作用。

教学内容与方法：历史街区保护与更新城市设计分课题以城市新陈代谢与历史风貌保护相互关系中存在的真实问题为研究对象，比较分析不同城市更新机制的特性和价值，学习和体验传统城市整体空间形态的美学特征，分析历史街区空间形态演化规律，分析现行历史街区保护与更新城市设计控制政策及其在实施中存在的问题，研究优化城市设计控制政策并进行设计操作和设计表现。教学中注重城市设计理论学习和现场调研、城市空间体验相结合，注重城市设计的系统逻辑关系，注重城市设计和建筑设计评价方法的比较。

设计题目描述

选题背景

城市设计教学以首批国家级历史文化名城泉州古城历史街区保护与更新为题。泉州深厚的历史文化积淀、古朴秀丽的城市风貌、古城保护与更新实践中的尖锐问题，为教学中的基地调研、文献阅读、空间体验、实践比较、形态分析、政策研究、设计发展提供了非常丰富、典型的素材，有助于城市设计教学过程的理性推进。

基地介绍

研究范围选取“西街-井亭巷-古榕巷-三朝巷”之间的地方传统居住性街区，位于泉州古城“开元寺——西街”重点保护区内，由学生调研后确定各自小组的基地边界。街区内小尺度的传统天井式院落民居群和大型院落式寺院庙堂同构了古城统一的空间形态，两者相得益彰。相对于大规模改造的冲击，日渐失控的私房改建逐渐侵蚀着古城的空间肌理，日益逼仄的街区环境亟待城市设计合理的引导和控制。

学习重点

1. 以社会调研、空间体验、逻辑分析推进设计研究，深化理解城市设计基本理论知识（城市设计的含义、作用、类型、内容等）。
2. 以城市形态研究比较大规模改造开发和小规模民宅翻建两种城市更新方式的利弊，分析现行城市设计控制政策并进行优化，并以街区设计操作为检验。
3. 初步建立正确的城市设计价值观。

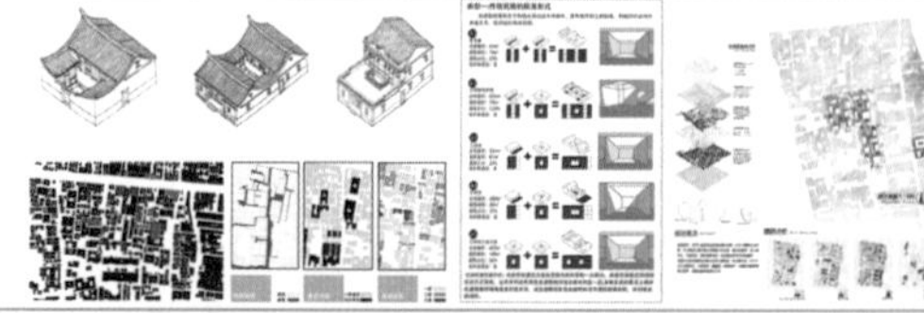

任务要求

1. 调研报告：了解社会人文背景，研究历史街区风貌特征、空间形态、产权地块构成、居民生活方式、保护与更新现状。
2. 设计图纸：包括现状与设计分析图类（建筑类型、院落空间、形态演化、街区功能、城市设计控制图则）、技术图类（总平面图、平面图、立面图、剖面图等）、表现图类（表现整体和局部设计控制意向）。
3. 成果模型：整体、直观地表达城市设计意向和尺度感。

四年级城市设计教案

设计控制优化下的历史街区保护与更新

2

教学组织

调研分析

· 第 1-2 周
· 讲授： 命题讲述；调研方法、调研大纲，文献指引；
城市形态分析方法。
· 调研： 基地考察、文献查阅、城市“阅读”；
· 辅导： 城市设计现状分析图绘制；
调研报告制作、汇报、修改完善。

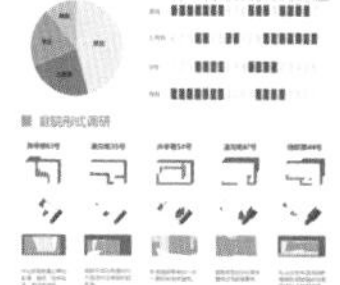

思路建构

· 第 3-4 周
· 讲授： 城市设计的目标与价值；
历史街区保护与更新案例解析。
· 辅导： 以“发现问题—分析问题—解决问题”的线索建构设计研究思路，制定工作计划。

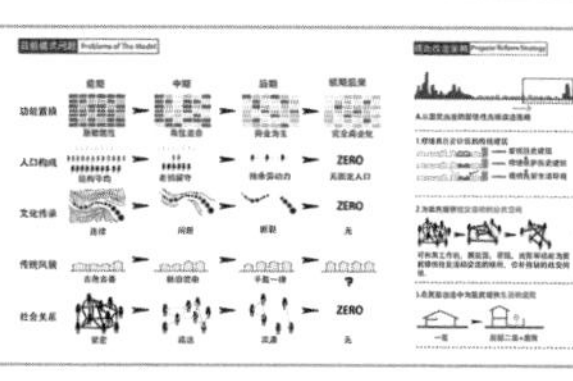

导则优化

· 第 5-6 周
· 讲授： 城市设计控制概念与方法。
· 辅导： 泉州历史街区城市设计控制导则解读与导则控制下的产权地块考查与建筑形态分析；
泉州历史街区城市设计控制导则优化。
· 中期答辩。

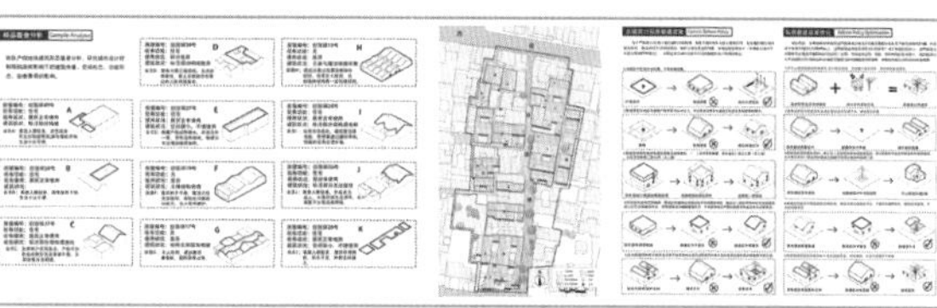

方案设计

· 第 7-12 周
· 讲授： 城市设计价值观；城市设计的逻辑生成和表现方法。
· 辅导： 总图设计，以设计控制导则优化展开设计；
以设计检验并再次调整优化导则，深化设计。
成图绘制、成果模型制作。
· 设计答辩。

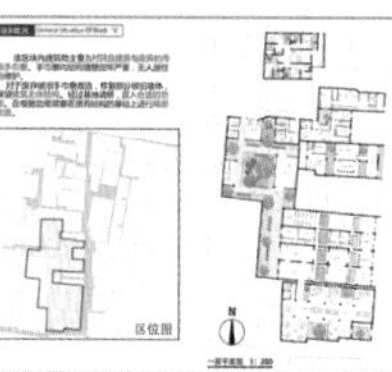

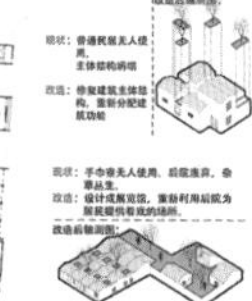

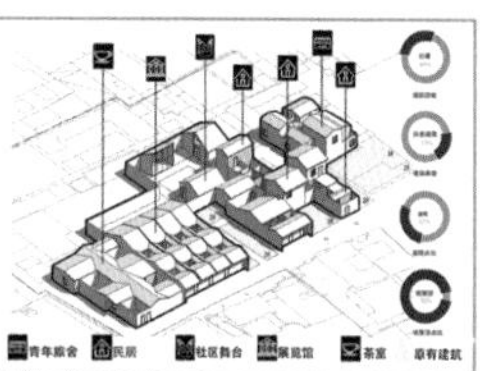

作业一：共享邻里

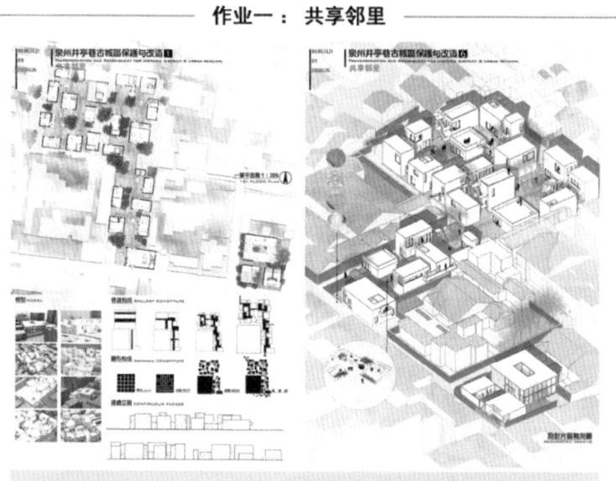

作业点评：

历史街区空间形态和功能形态经常出现戏剧化的背离，设计者观察到建于“前历史保护时期”国有产权地块上的多层集合住宅生机勃勃。城市设计顺应传统城市空间肌理，将较大的集合住宅体量分解为数量平衡的低层、分散的居住空间，以庭院空间、生活设施组成一个开放的共享社区，富有时代感，尺度、空间与历史街区关系和谐。方案构思大胆、超前，却基于理性的城市设计控制分析和社会思考。成果图纸与模型质量良好，表达较为清晰。

作业二：古城“院”景

作业点评：

从“传统城市空间肌理的分异”入手，分析城市设计控制机制与街区空间形态演化、街区功能平衡关系中存在的问题，以“宅-院”关系优化设计控制导则，并以此为中心进行历史街区保护与更新设计。设计方案聚焦居民产权地块的有序更新和传统民居的保护利用，并设立合理的城市设计目标和价值。城市设计推进过程逻辑性强，思路清晰。设计成果图纸绘制与模型制作质量精良，完整、深入地表达了城市设计的理性过程和生动愿景。

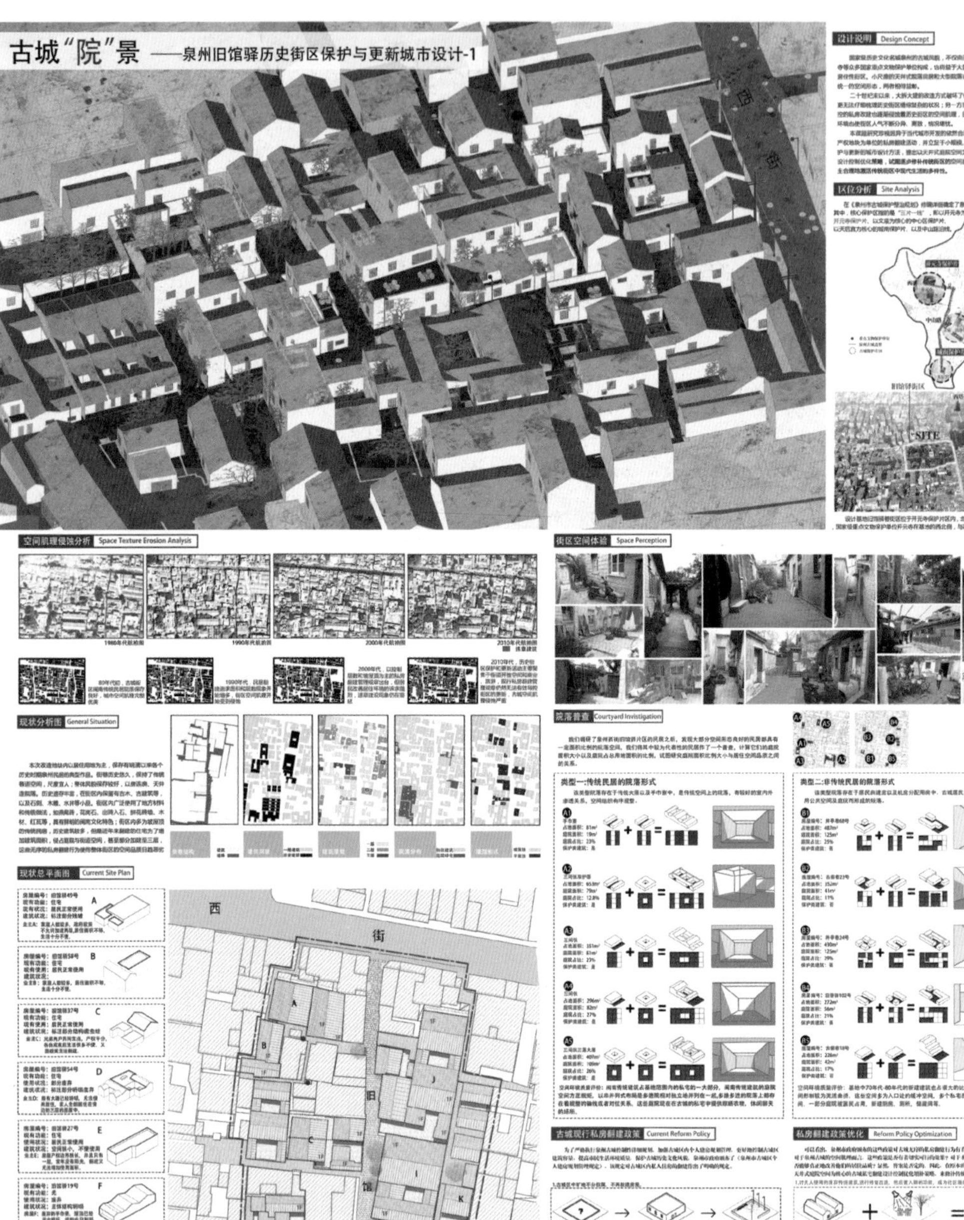

古城"院"景 ——泉州旧馆驿历史街区保护与更新城市设计-1
西街
设计说明 Design Concept
区位分析 Site Analysis
中山路
旧馆驿街区
开元寺
SITE
空间肌理侵蚀分析 Space Texture Erosion Analysis
1980年代航拍图
1990年代航拍图
2000年代航拍图
2010年代航拍图
街区空间体验 Space Perception
现状分析图 General Situation
院落普查 Courtyard Invistigation
类型一:传统民居的院落形式
类型二:非传统民居的院落形式
现状总平面图 Current Site Plan
西
街
旧
馆
驿
古城现行私房翻建政策 Current Reform Policy
私房翻建政策优化 Reform Policy Optimization

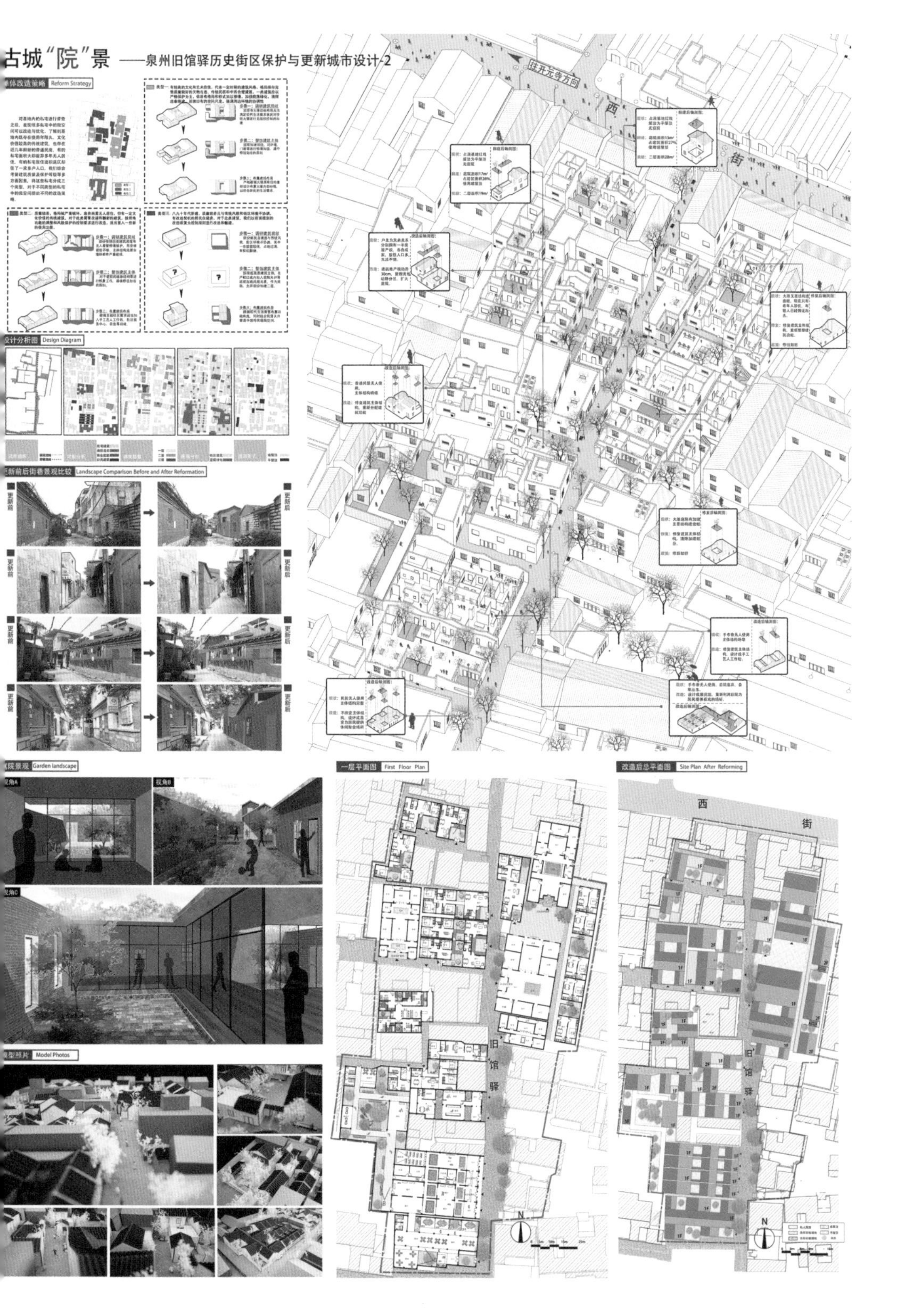

古城"院"景 ——泉州旧馆驿历史街区保护与更新城市设计-2
体改造策略 Reform Strategy
设计分析图 Design Diagram
新前后街巷景观比较 Landscape Comparison Before and After Reformation
更新前
更新后
院景观 Garden landscape
视角A
视角B
视角C
型照片 Model Photos
往开元寺方向
西
街
一层平面图 First Floor Plan
改造后总平面图 Site Plan After Reforming
旧
馆
驿
N

北京“国家大剧院”西片区城市设计与建筑保护更新

山东建筑大学建筑城规学院　毕业设计

1. 教学任务与目标

本次毕业设计研究和设计两个阶段教学任务，必要达到城市设计和建筑保护更新两个设计目标。其中研究阶段是指对片区建筑、空间、遗产、人文、历史等方面的深度调研，其中物质人文环境及建筑遗产深度调研包括 A：街区演变历史研究；B：建筑风貌及质量调研记录；C：重点建筑遗产调研测绘；D：民俗文化、人群结构及产权调查四部分内容。城市设计及业态规划研究包括 A：空间尺度记录整理；B：街区风貌调查；C：交通、绿化及附属设施统计；D：产业及城市功能定位研究四部分内容。在设计阶段主要是指以现有院落或街巷公共空间为对象，进行结构、技术、形象、业态等方面的策略研究，选取其中典型建筑及城市空间进行改造和更新设计。其中城市空间的更新与活化策略及设计要求基于前期研究的信息，结合上位城市规划和远期发展，对街区进行重点空间建设、更新策略、支撑技术、业态构成等方面的综合设计规划，形成城市设计成果。传统建筑改造策略及设计的成果要求针对重要的建筑遗产、一般历史建筑以及近代民居，提出各自不同的针对性处理策略。引入绿色技术进行改造应用设计实验，完成单体设计。

2. 教学方法

多媒体授课与课堂一对一辅导相结合；

现场调研与课堂分析、汇报、评价相结合；

城市设计和遗产保护两次专题授课；

三校联合成果答辩与分项量化评价模式相结合。

3. 设计过程的分阶段控制方法

第一阶段：三校联合毕设开题 + 混编成组现场调研

第二阶段：继续深化调研成果，形成完整的调研报告

第三阶段：价值评估 + 设计策略，完成城市设计成果，中期答辩

第四阶段：功能再生 + 设计策略 + 技术引进，完成院落或建筑单体改造

优秀作业 1：大剧院西片区城市设计与建筑保护更新　设计者：庞　靓
优秀作业 2：北京国家大剧院西片区城市设计与建筑保护更新　设计者：李京奇

作业指导教师：郑恒祥　赵斌慕　启　鹏　江海涛
教案主持教师：慕启鹏　江海涛　赵　斌　郑恒祥

五 · 年 · 级
教 · 案

北京“国家大剧院”西片区城市设计与建筑保护更新
遗产保护方向三校联合毕业设计

1、总体框架与课程设置

2、设计缘起

本课题是与北京建筑大学和同济大学三校一起共同开设的本科遗产保护方向联合毕业设计。同济大学建筑系于 2003 年创立了中国国建筑院系中首个历史建筑保护工程”本科专业，北京建筑大学在 2012 年也开设了全国第二个历史建筑保护工程”本科专业，两所高校一南一北是我国历史建筑保护教育领域内的排头兵。2015 年学院建筑学专业正式开设历史建筑遗产保护设计培养方向，是省内第一所开设该方向的建筑学院系。今年也是遗产保护方向第一届毕业设计。

改革开放以来，在伴随中国经济建设和城市化进程取得巨大成就的同时，大量的文化遗产也遭到了严重的破坏。无论是城市还是乡村，不经审视的随意拆建和潦草的旧城改造，使我们丢失了传统价值和历史记忆的空间载体的同时，也是我们丢失了建立在本土环境特征基础上的归属感，使城市失去特征，使地域文化和文化多样性、丰富性等逐渐成为一个个历史名词，并常常因为利益和情感问题引发触目惊心的社会冲突。北京“国家大剧院”西片区范围是东至石碑胡同、兵部洼胡同，南至前门西大街，西至北新华街，北至东安福胡同。占地约 22 公顷。此区域位于长安街以南，离我国政治中心咫尺之遥，西侧为我国重要演艺演出地，区域内有前细瓦厂、兵部洼等明清老胡同及重要历史建筑。区位极为重要，价值突出，但多年以来，但私搭乱建非常普遍，居民居住条件和环境亟待改善。现国家大剧院西侧居民住房和环境改善工程已经启动，多处平房区涉及腾退，其未来发展也需要进行精细化研究。本毕设课题以此区域为研究范围，针对真实的城市问题及保护要求，进行建设性的城市设计研究工作，并对其中有价值的建筑进行保护和更新设计。

基地选址

国家大剧院西片区范围是东至石碑胡同、兵部洼胡同，南至前门西大街，西至北新华街，北至东安福胡同。占地约 22 公顷。此区域位于长安街以南，离我国政治中心咫尺之遥，西侧为我国重要演艺演出地。区域内有前细瓦厂、兵部洼等明清老胡同及重要历史建筑。

3、设计内容

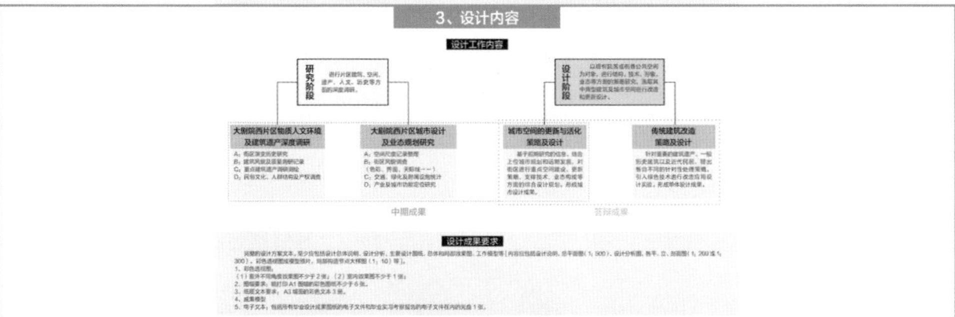

完整的设计方案文本，至少包括设计总体说明、设计分析、主要设计图纸、总体和局部效果图、工作模型等（内容应包括设计说明、总平面图（1：500）、设计分析图、各平、立、剖面图（1：200 或 1：300）、彩色透视图或模型照片，局部构造节点大样图（1：10）等）。

1、彩色透视图。

（1）室外不同角度效果图不少于 2 张；（2）室内效果图不少于 1 张。

2、图幅要求：统计为 A1 图幅的彩色图纸不少于 6 张。

3、说明文本要求：A3 幅面的彩色文本 3 册。

4、成果模型

5、电子文本：包括所有毕业设计成果图纸的电子文件和毕业实习考察报告的电子文件在内的光盘 1 张。

4、设计成果架构

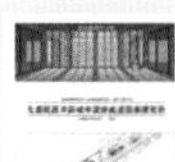

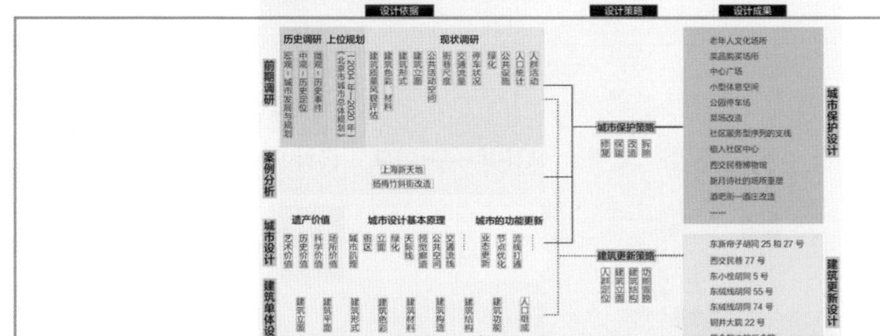

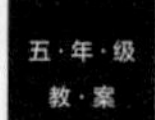
五·年·级
教·案

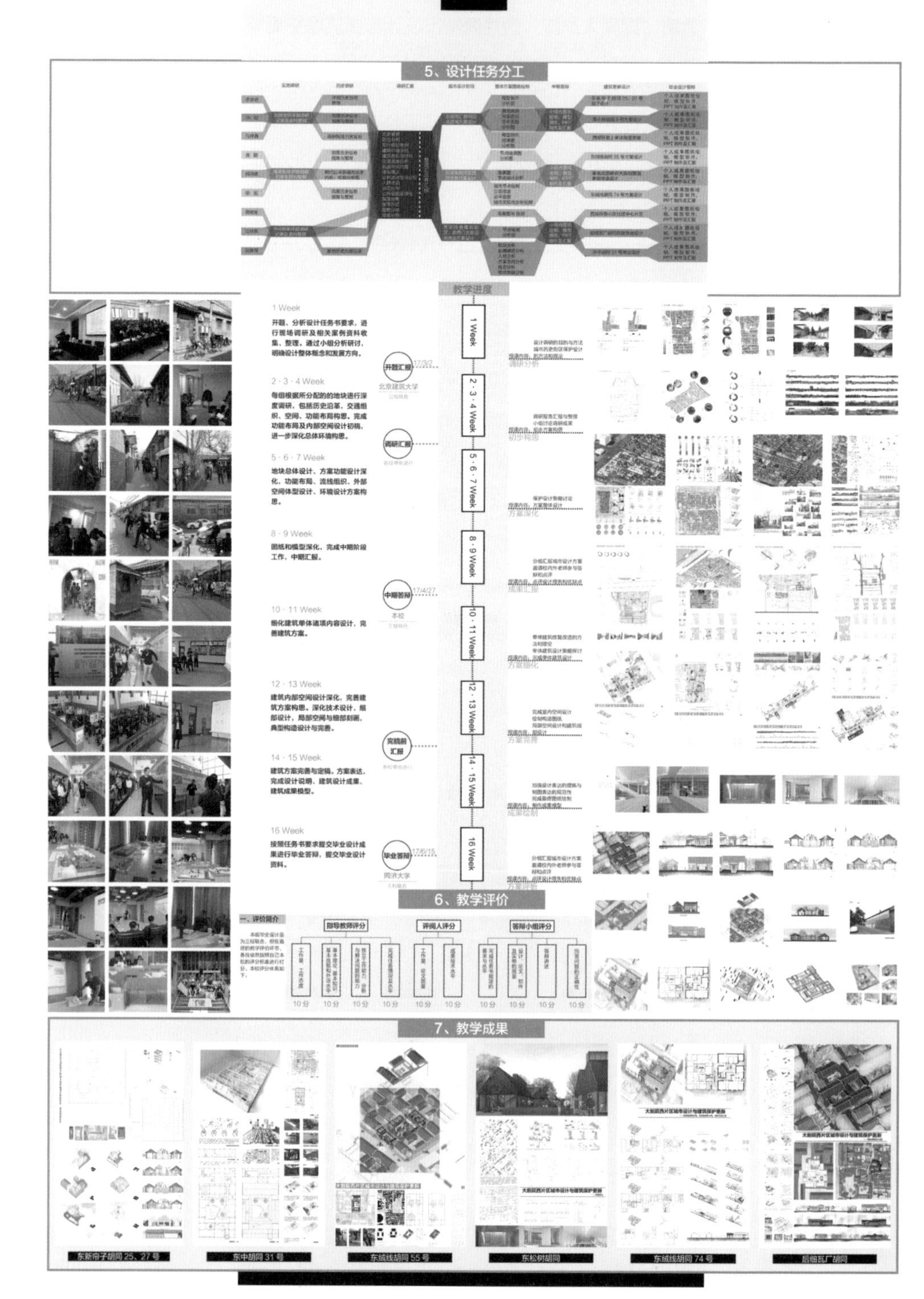
5、设计任务分工
教学进度
1 Week
开题、分析设计任务书要求，进行现场调研及相关案例资料收集、整理。通过小组分析研讨，明确设计整体概念和发展方向。
2 · 3 · 4 Week
每组根据所分配的的地块进行深度调研，包括历史沿革，交通组织、空间、功能布局构思。完成功能布局及内部空间设计初稿，进一步深化总体环境构思。
5 · 6 · 7 Week
地块总体设计、方案功能设计深化，功能布局、流线组织、外部空间体型设计、环境设计方案构思。
8 · 9 Week
图纸和模型深化，完成中期阶段工作，中期汇报。
10 · 11 Week
细化建筑单体诸项内容设计，完善建筑方案。
12 · 13 Week
建筑内部空间设计深化，完善建筑方案构思。深化技术设计、细部设计，局部空间与细部刻画，典型构造设计与完善。
14 · 15 Week
建筑方案完善与定稿。方案表达，完成设计说明、建筑设计成果、建筑成果模型。
16 Week
按照任务书要求提交毕业设计成果进行毕业答辩，提交毕业设计资料。
开题汇报
17/3/2
北京建筑大学
调研汇报
中期答辩
17/4/27
本校
完稿前汇报
毕业答辩
17/6/15
同济大学
1 Week
2 · 3 · 4 Week
5 · 6 · 7 Week
8 · 9 Week
10 · 11 Week
12 · 13 Week
14 · 15 Week
16 Week
6、教学评价
一、评价简介
本组毕业设计虽为三校联合，但在最终的教学评价环节，各校依然按照自己本校的评分标准进行打分，本校评分体系如下：
指导教师评分
工作量、工作态度
基本理论、基本知识、基本技能和外语水平
独立工作能力、分析与解决问题的能力
完成任务情况及水平
评阅人评分
工作量、论文质量
成果技术水平
答辩小组评分
完成任务书规定的要求与水平
设计、论文、软件及实物的质量
答辩讲述
回答问题的正确性
10分
10分
10分
10分
10分
10分
10分
10分
10分
10分
7、教学成果
东新帘子胡同25、27号
东中胡同31号
东绒线胡同55号
东松树胡同
东绒线胡同74号
后细瓦厂胡同

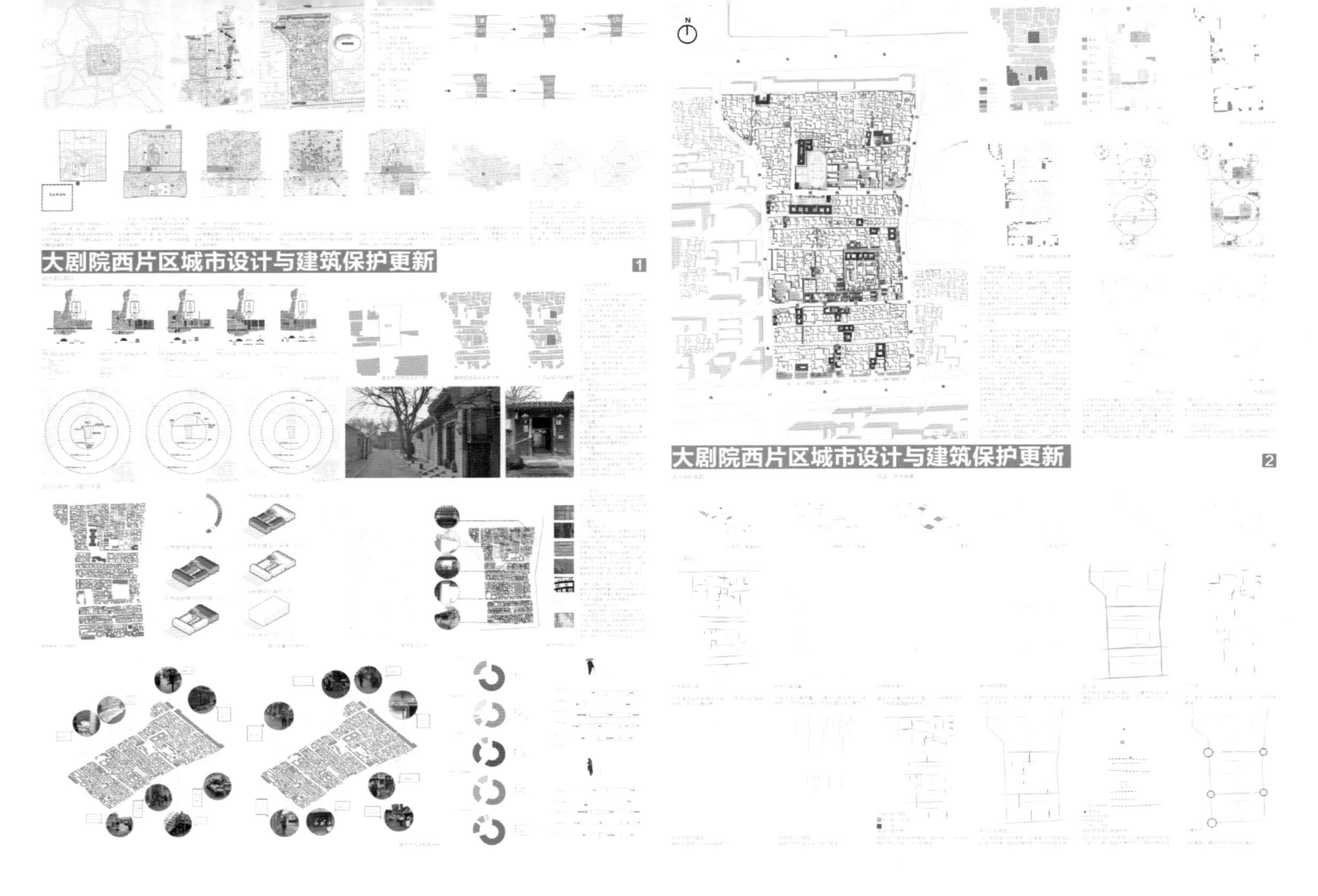
大剧院西片区城市设计与建筑保护更新
1
大剧院西片区城市设计与建筑保护更新
2

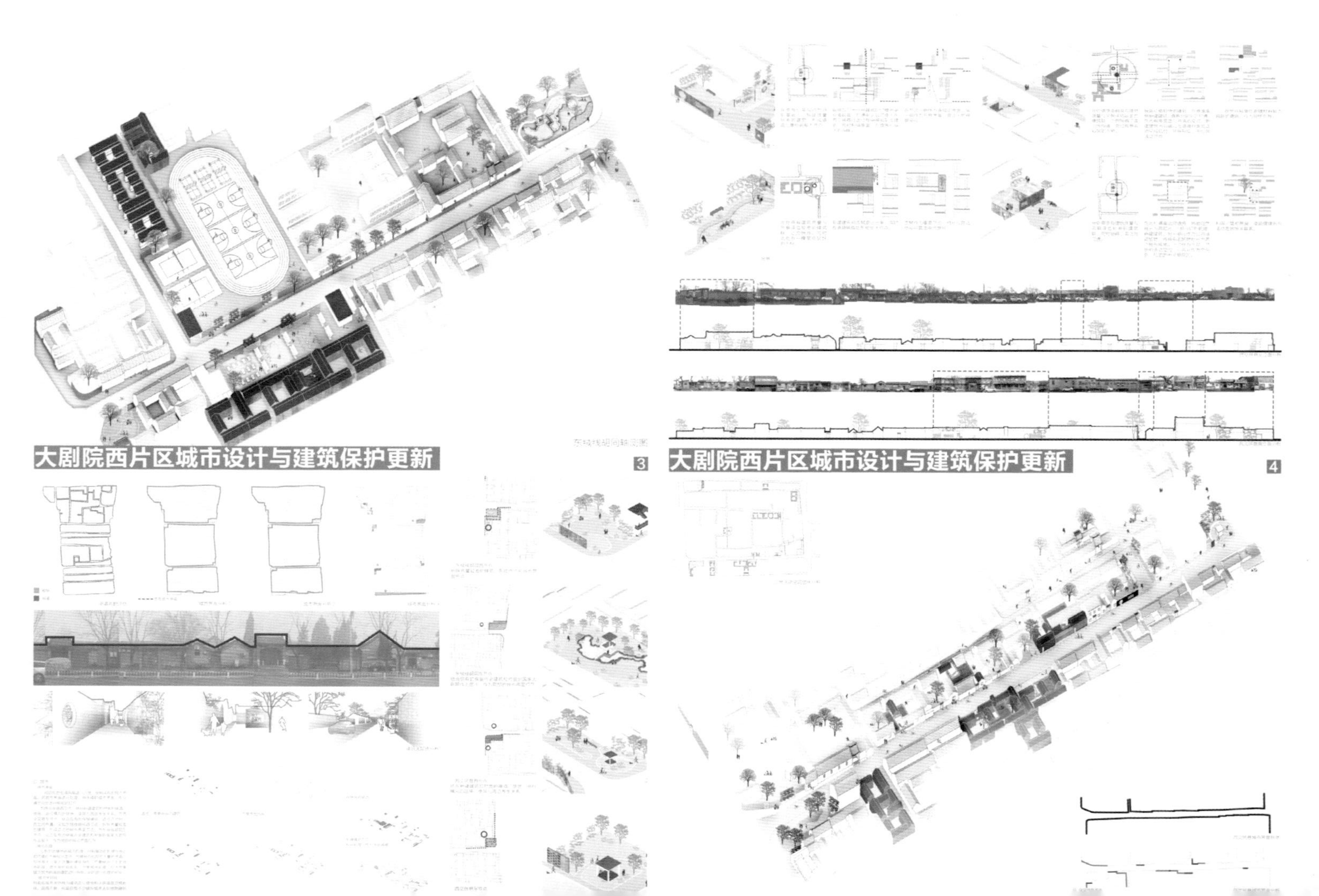
大剧院西片区城市设计与建筑保护更新
3
大剧院西片区城市设计与建筑保护更新
4

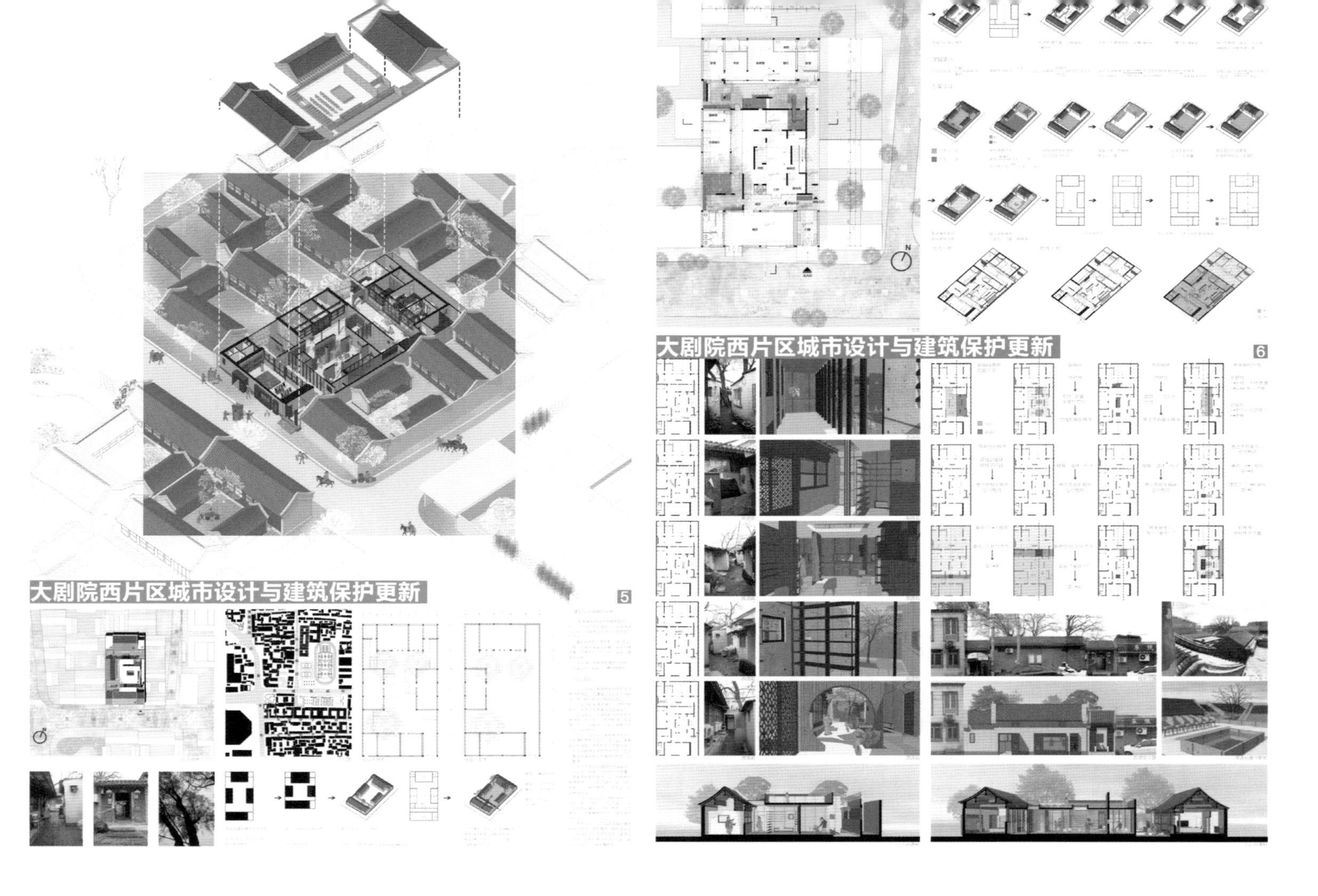
大剧院西片区城市设计与建筑保护更新
5
大剧院西片区城市设计与建筑保护更新
6

“从综合性到研究性——毕业设计课程教案”

郑州大学建筑学院建筑系　毕业设计

“从综合性到研究性”的毕业设计改革

本次设置两组课题类型：一类为与往年毕业设计课题类似的大型综合性建筑设计题目，一类为具有一定研究性与专业拓展性的建筑设计与城市设计课题。

以往的毕业设计教学注重对学生的全面检查与总结，与职业实训；设计还是具有较高的重复性，教学成果不理想。教改中，引导学生在分析设计条件的基础上，分析与寻找设计中需要解决的关键问题，探讨与修正关键问题的可行性，并研究如何在设计概念、设计方案以及设计深化等阶段将关键问题一步一步落实。通过关键问题的找寻与研究，激发学生的兴趣，提高学生的学习主动性；推进学生在设计深度与广度上拓展设计，并促进设计创新。

学生总体达到了设计要求。大部分设计成果设计视角、设计深度以及原创性都得到了较好的提升。

优秀作业 1：高校国际交流中心设计——叠・林　设计者：谷源鑫　王雨薇

优秀作业 2：历史街区保护与更新——隔墙有“尔”

设计者：王志明　郭培建　胡岳峰　黄　果

作业指导教师：张建涛　黄　晶　刘文佳

教案主持教师：黄　晶　张建涛　张东辉　韦　峰　刘　兴　陈芬霞　刘文佳

从综合性到研究性

毕业设计课程教案

1 总体框架与课程设置

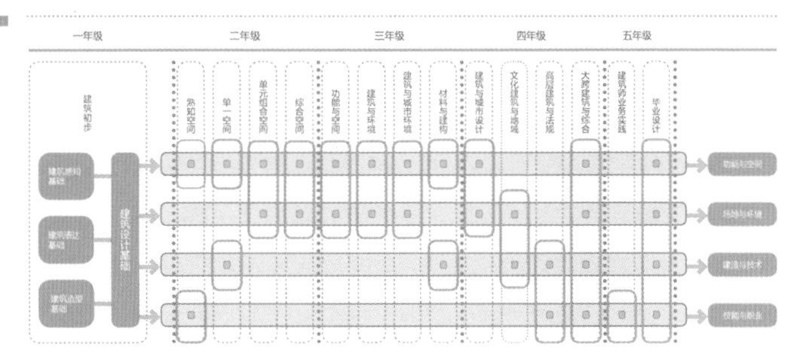

2 教学改革

本次设置两组课题类型：一类为与往年毕业设计课题类似的大型综合性建筑设计题目，一类为具有一定研究性与专业拓展性的建筑设计与城市设计课题。

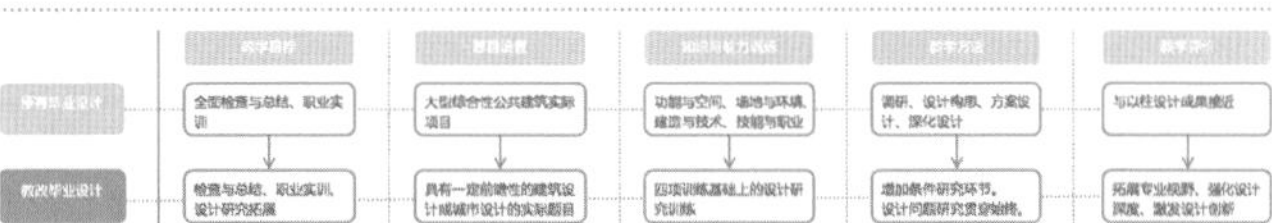

3 教学问题与课题设置

3.1 以往毕业设计存在的问题

3.1.1 以往的毕业设计教学注重对学生综合设计能力及相关各项专业知识掌握情况的全面检查与总结，为学生走向工作岗位进行一次实际设计训练。

3.1.2 题目虽然在规模上与综合性上较1-4年级的题目有所提高。但是，设计上的还是具有较高的重复性，加之受找工作、留学、考研等事项的干扰，很多学生对毕业设计丧失兴趣，整个教学过程较难控制，教学成果不理想。

3.2 "从综合性到研究性"的毕业设计改革：

3.2.1 以之前的毕业设计教学要求为基础。

3.2.1 在毕业设计过程中，引导学生在分析设计条件的基础上，分析与寻找设计中需要解决的关键问题，探讨与修正关键问题的可行性，并研究如何在设计概念、设计方案以及设计深化等阶段将关键问题一步一步落实。

3.2.3 通过关键问题的找寻与研究，激发学生的兴趣，提高学生的学习主动性；推进学生在设计深度与广度上拓展设计，并促进设计创新；促进学生对专业以及相关的城市、社会问题进行深入思考，鼓励他们通过设计来解决问题，从而培养学生通过科学的方法研究问题的能力，提高学生的设计与研究能力，并唤醒学生的社会责任感。

	教改课题			常规课题		
课题名称	[illegible]	历史街区保护与更新	铁路文化公园粘土矿站场规划与设计	[illegible]	产业孵化中心生产研发实验楼设计	大学中医药文化博物馆
关键词	地形环境 坡地建筑 木结构	城市环境 历史建筑 复杂生活 适度更新	工业建筑 功能置换 建筑改造	老年人 行为、心理需求 生活空间	节能技术 研发实验空间	中医药文化 展示空间 流线
设计任务	□ 高校公共建筑 □ 用地面积：0.75万m2 □ 建筑面积：4500m2	□ 城市既有街区更新改造 □ 用地面积：5.08万m2 □ 容积率依据周边城市条件确定	□ 废弃黏土矿站场改造为文化公园 □ 用地面积：5.20万m2 □ 建筑面积不小于500m2	□ 为特殊人群服务建筑设计 □ 用地面积：1.50万m2 □ 建筑面积：16000-17000m2	□ 节能环保型实验楼设计 □ 用地面积：1.00万m2 □ 建筑面积：12000-14000m2	□ 特殊类型博物馆设计 □ 用地面积：2.00万m2 □ 建筑面积：12000-13000m2
教学要求	□ 建筑学院教学与学术交流使用的校园公共建筑。 □ 充分利用基地所在地形环境。 □ 报告厅为木结构。 □ 与校园环境相协调。	□ 能够保证城市生活持续性更新的街区总体改造设计。 □ 历史建筑以及具有再使用价值建筑的更新改造。 □ 新建筑的置入。	□ 利用站场原有设施与景观，创造展示粘土矿冶文化和当地戏曲文化的游乐设施。 □ 站场空间改造。 □ 旧工业建筑改造。	□ 能够满足老年人各项需求的养老建筑。 □ 关注适合老年人的活动的设施与空间的设计。 □ 与东侧中医院建立恰当联系。	□ 体现"节能、环保"的实验建筑设计。 □ 满足生产研发实验功能，符合国家规范。 □ 与所在园区相协调。	□ 功能完备、能够体现中医药文化特征的展示性建筑。 □ 不同类型的展馆的设计。 □ 与周边环境在各个层面的契合。
研究侧重	□ 对特殊地形的利用； □ 木结构大跨空间的设计。	□ 复杂城市环境下的日常生活； □ 结合历史建筑保护与城市生活延续的既有街区改造。	□ 废弃工业建筑的再利用分析评价； □ 废弃工业场站的民用转化设计。			
设计成果						

4 教学方法

4.1 教学阶段划分

将毕业设计周期（十六周），划分为六个阶段。。

4.2 教学秩序控制

明确每阶段的时长、训练内容与成果要求，有利于整个教学过程的控制与教学秩序的管理。

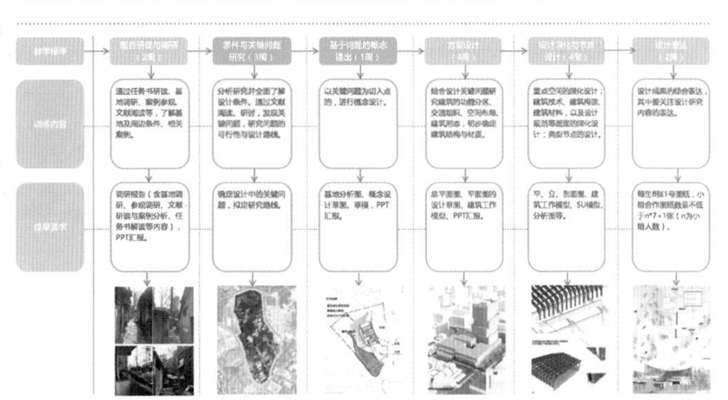

从综合性到研究性

毕业设计课程教案

1 设计题目综述

用地位于一校园内坡地公园之上。建筑用地面积约 7500 平方米，建筑面积 4500 平方米。题目要求全面认识地形，对国际交流活动中心进行选址规划，对各功能空间进行具体深入的设计；结构体系要求框架结构与木结构相结合，其中报告厅为木结构，其他部分结构形式自选。该题目为南京工业大学、中国矿业大学与郑州大学联合毕业设计题目。两人一组，合作完成。

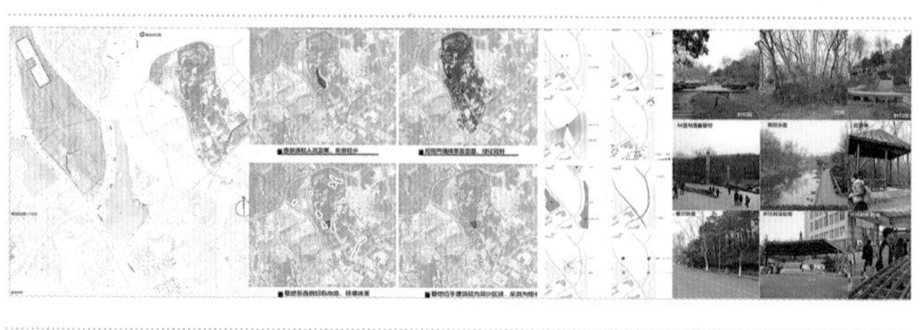

2 设计研究框架

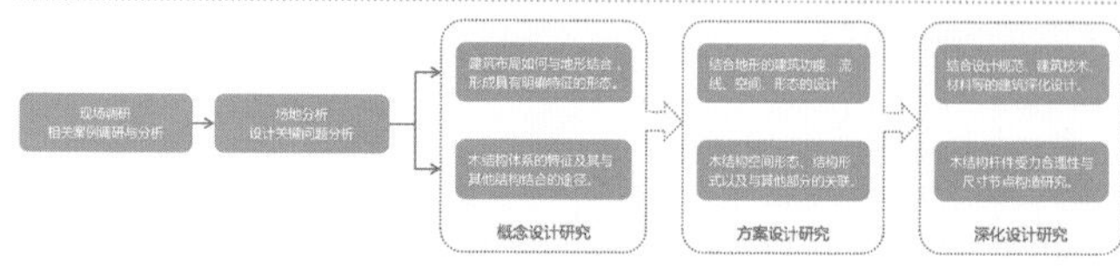

3 设计研究主要环节

3.1 设计分析与关键问题的确定：

3.1.1 设计条件分析

3.1.2 关键问题一：建筑适应复杂地形。

3.1.3 关键问题二：木结构体系的设计以及与建筑其他部分结构体系的结合。

3.2 建筑设计构想与方案设计：

3.2.1 适应地形的建筑布局研究

□ 适应地形的建筑功能布局研究

研究建筑的各个功能空间在不同标高的排布，以及它们之间的关系。

□ 适应地形的流线设置研究

主要研究不同标高空间之间的交通联系，以及如何设计能够到达建筑入口空间的车行系统。

□ 适应地形的建筑形式设计研究

研究适宜坡地环境的建筑形态与空间。

□ 各部分的深化设计

3.2.2 木结构的建构方式研究

□ 木结构节点设计研究

研究木质杆件的连接方式、受力的合理性。

□ 结构体系设计研究

研究木结构体系的建构，以及其与建筑其他部分结构体系的衔接，形成完整、受力合理的建筑结构体系。

□ 形态与表皮设计研究

结合木结构建构，研究建筑形态、建筑表皮与建筑结构体系，尤其是木结构体系的关系，研究结合结构体系特征的建筑形态与材质的塑造方法。

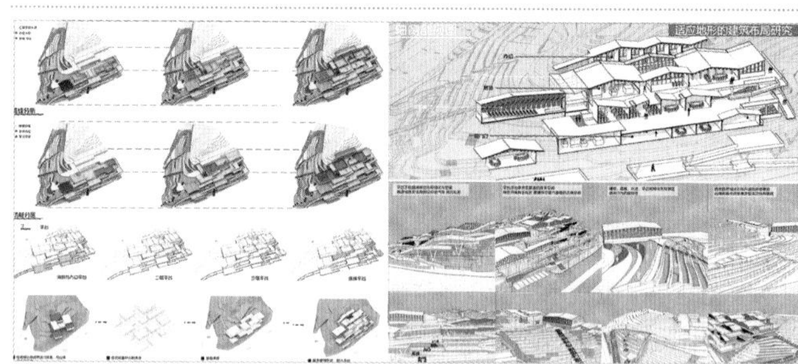

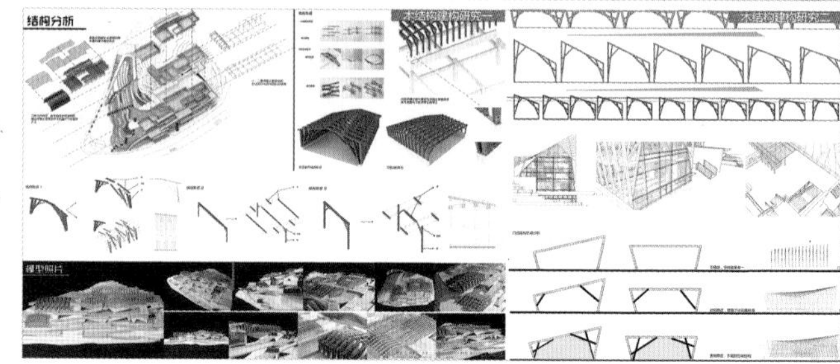

4 设计成果分析

4.1 优势：

学生总体达到了设计要求。在满足设计任务书各项要求的基础上，大部分学生在建筑适应复杂地形以及大跨木结构空间设计方面都做了系统的研究，并较好地反应在最终的设计成果中。设计成果能够很好地满足各项要求，具有一定的原创性。

4.2 待改进：

在大跨木结构报告厅的设计中，部分学生虽然完成了受力合理的木结构框架的设计，但是该部分建筑形态的设计还有待提高。

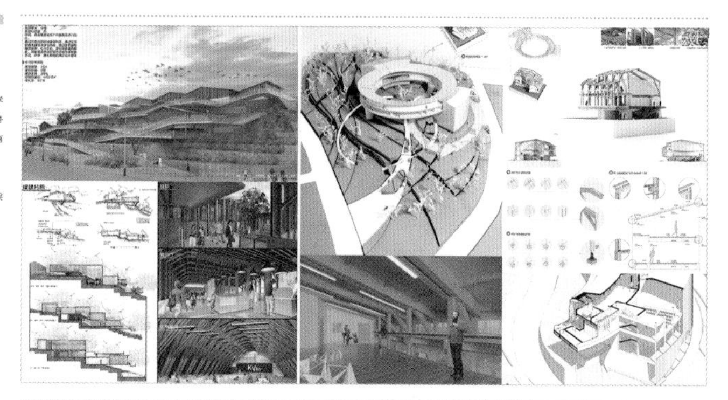

高校国际会议中心设计教案 B

从综合性到研究性

毕业设计课程教案

1 设计题目综述

基地位于中山北路东侧。街区内含商业、居住、教育、办公等功能。地块中有大量居住人口，各个时期建筑混杂，存在诸多问题。题目要求对街区进行改造，对历史建筑的保护与再利用设计，对区域内进行功能策划与景观改造。该题目为南京工业大学、中国矿业大学与郑州大学联合毕业设计题目。3-4 人一组，合作完成。

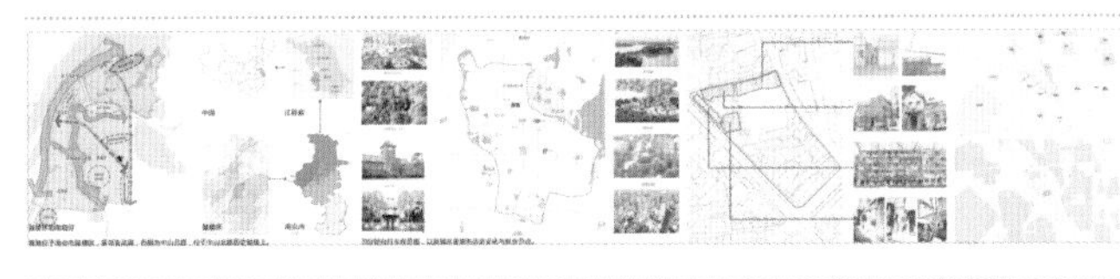

2 设计研究框架

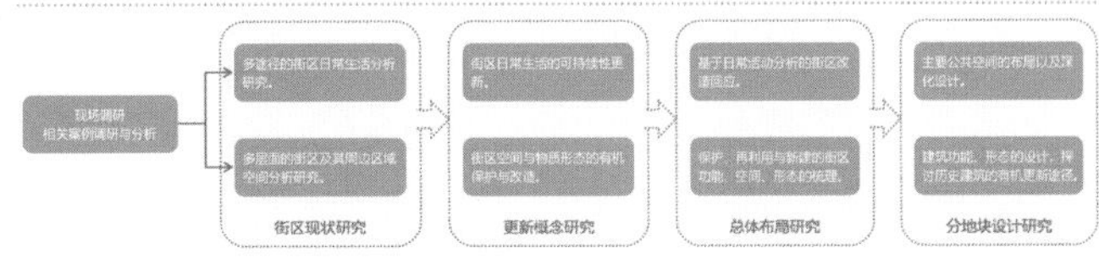

3 设计研究主要环节

3.1 设计分析与关键问题的确定

3.1.1 设计条件分析

3.1.2 关键问题一 如何促进街区日常生活的可持续更新。

3.1.3 关键问题二：如何有机地对街区物质形态与空间进行的保护与更新，尤其是对街区中历史建筑的保护与更新。

3.2 多途径的街区空间分析与街区日常生活研究

3.2.1 街区日常生活研究：通过现场调研、百度热力图以及空间句法等量化工具，了解街区及其周边日常生活，通过分析数据后隐藏的生活规律与现象。

3.2.2 街区空间关系研究：从用地性质、道路格局、建筑分布、建筑风格、绿化、商业分布等方面对街区空间及其周边空间进行分析研究，发现街区空间特色以及与周边城市环境的关系。

3.3 基于分析的街区总体布局研究：

3.3.1 在空间组织、功能布置、街区交通、公共空间布局等方面对分析发现的日常生活规律与现象做出回应，研究在不同层面的总图设计上如何促进街区日常生活的可持续更新。

3.3.2 在物质空间上研究如何对原有街区在功能、交通、空间形态等方面的梳理，塑造具有特色、适度、恰当的新街区。协调原有建筑的保护、改造以及新植入建筑的关系。

3.4 基于分析的街区分地块设计研究

3.4.1 城市公共空间以及重要公共建筑的设计中，关注居民日常生活需求，塑造能够为不同层次居民服务的生活场所。

3.4.2 基于总体布局的分地块建筑、绿地、交通、空间形态等设计。关注对对不同历史时期建筑的有机更新途径。

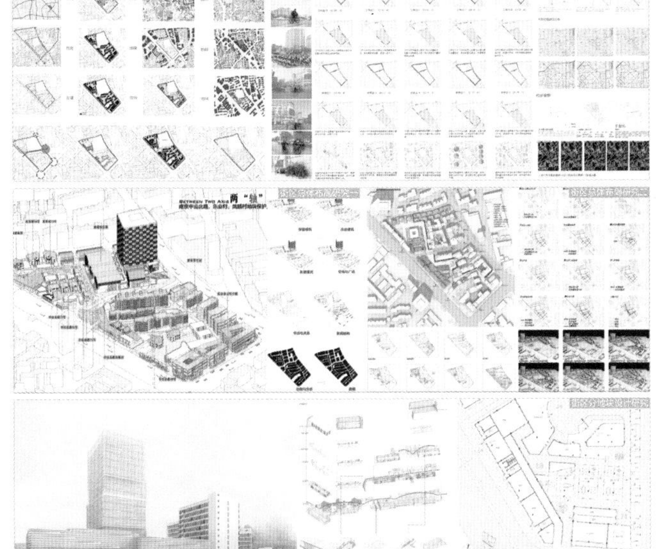

4 设计成果分析

4.1 优势：

4.1.1 学生通过对街区生活以及物质形态的多层面分析（其中对日常生活的分析结合了现场分时段定点调研与百度热力图、交通流量图），能够多角度、全面、深入地了解城市街区物质形态与日常生活状态，并以此为基础展开概念设计、总体布局、分区块设计等工作，形成相对完整的设计研究链条。

4.1.2 各组学生基本都能够在深入研究街区现状的基础之上，对街区改造更新提出适宜的并具有一定独创性的设计概念。并在概念的基础上，一步步进行系统设计研究，使设计概念在街区改造的不同层面得到落实。

4.1.3 这次尝试，培养了学生的科学研究能力，拓展学生的专业视野，增强了社会责任感。

4.2 待改进：

个别组出现了对基地分析研究耗时偏长，使之后的工作略显仓促。

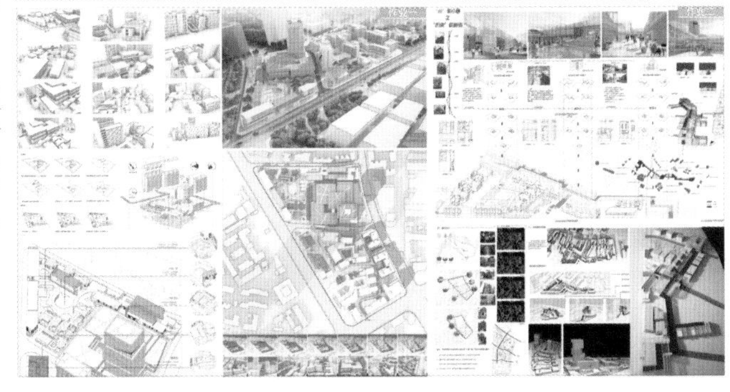

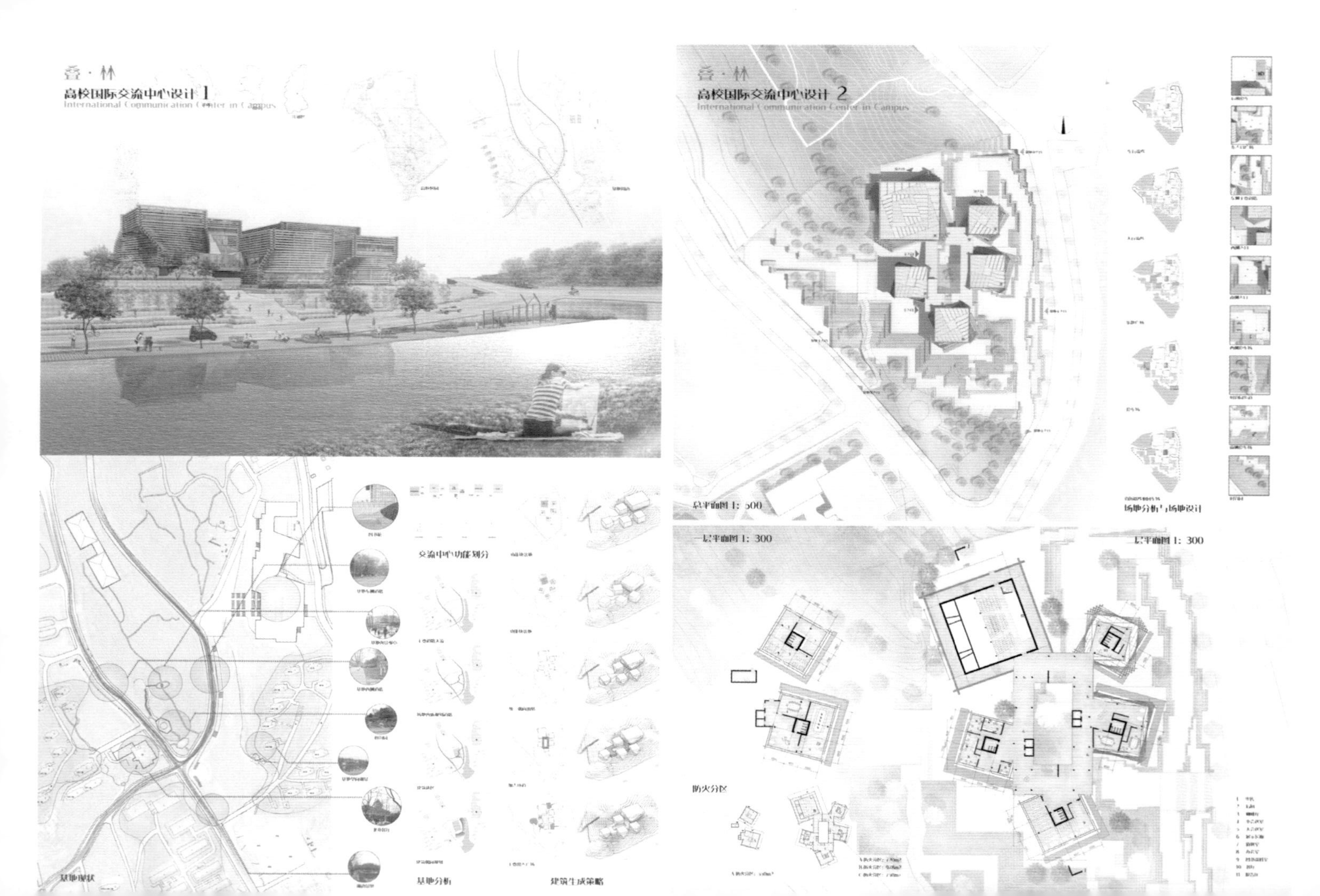
叠·林
高校国际交流中心设计 1
International Communication Center in Campus
基地现状
基地分析
交流中心功能划分
建筑生成策略
叠·林
高校国际交流中心设计 2
International Communication Center in Campus
总平面图 1：500
场地分析与场地设计
一层平面图 1：300
二层平面图 1：300
防火分区

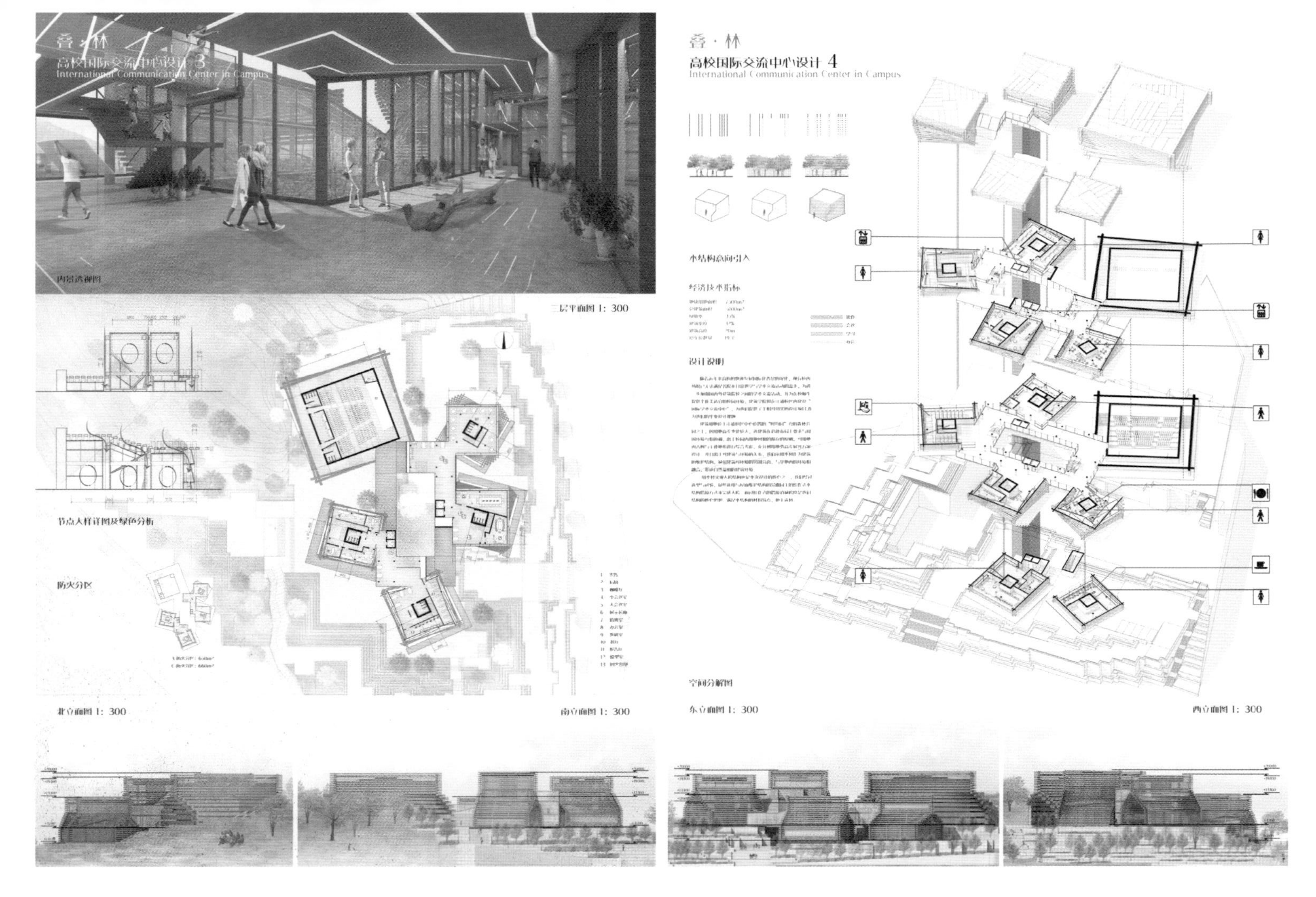

叠·林
高校国际交流中心设计 3
International Communication Center in Campus
内景透视图
二层平面图 1：300
节点大样详图及绿色分析
防火分区
北立面图 1：300
南立面图 1：300
叠·林
高校国际交流中心设计 4
International Communication Center in Campus
木结构意向引入
经济技术指标
设计说明
空间分解图
东立面图 1：300
西立面图 1：300

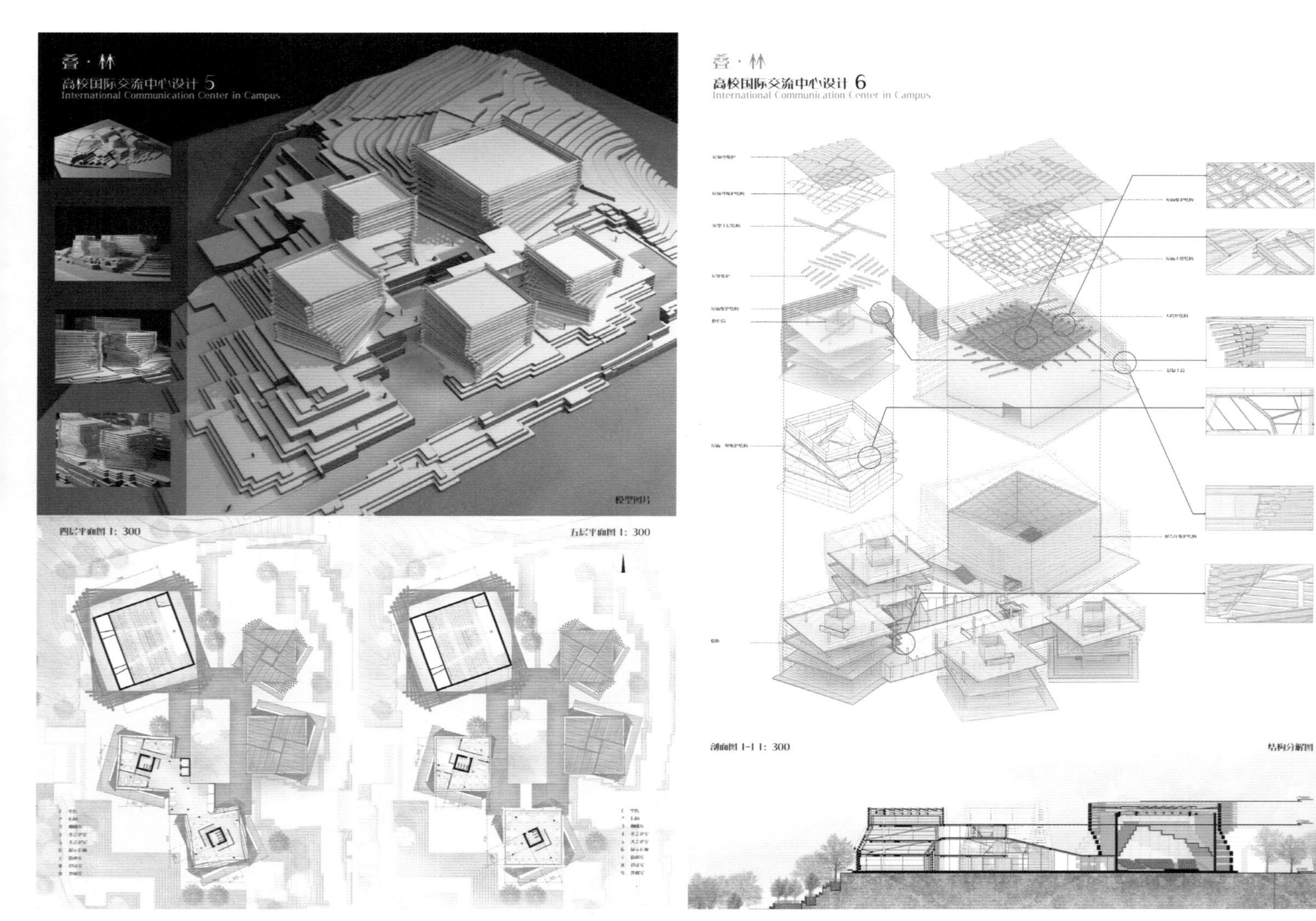
叠·林
高校国际交流中心设计 5
International Communication Center in Campus
模型图片
四层平面图 1：300
五层平面图 1：300
叠·林
高校国际交流中心设计 6
International Communication Center in Campus
剖面图 1-1 1：300
结构分解图

建筑设计基础 2

浙江大学建筑工程学院建筑系　一年级

总体教学目标：作为一年级大类课程，此教案在完成建筑设计入门教学任务的同时，需照顾城规、土木、水工三个大类专业的适宜性，并能帮助学生和教师进行专业确认的引导和筛选。

总体教学方法：这门课的师生比为1：20，因此不能完全延用以往设计课一对一或者小组讨论的教学方式，而是要争取让学生通过严谨的练习设定进行自我评价。另一方面强调动手做及抽象思维的教学，在充分调动学生积极性的同时突出了建工大类的特色，为接下来的专业培养奠定了基础。

此教案部分内容参考借鉴了由顾大庆教授主持的香港中文大学的建筑设计基础课程，在本教案的实施过程中也得到了顾大庆教授的指导，特此说明并致以感谢！

・任务书——建筑设计基础 2：

E1.1 形态秩序：练习中要发现并利用 LEGO 积木基本规则中隐含的逻辑，结合本阶段的练习要求和自己的构思，形成表达清晰的整体形态秩序。要求用给定的 LEGO 积木组合成基本块。将基本块两两组合（组合类型详见附图）。将 8 组基本块组合（只能采用同一种组合方式，但可以旋转、镜像）布置在规定大小的底板上。上述练习至少进行两次，得到两个方案。 对于积木的形态秩序，要求能够以简洁的语言进行描述。

E1.2 空间逻辑：LEGO 块不仅形成了实体的秩序，事实上也组织了实体间的空间。练习中不仅要关注实体之间的关系，更要把眼光放在由实体界定的外部空间上，尝试组织一系列逻辑与趣味并存的外部空间。要求在遵守第一阶段练习规则的基础上，结合调研中对外部空间的认知，调整积木布局，并加入一块 8 点 ×10 点的形体体块。从鸟瞰和平视的角度对模型进行观察，注意同时把握整体序列和局部特征。

E1.3 环境线索：场地的环境条件会给设计带来一定的限制，但也会引出一些线索，给设计带来积极的影响。要求面对给定的场地环境条件，给出相应的设计应答，对设计作进一步的调整。要求在第二阶段练习的两个方案中选择一个进行深化调整。根据场地周边道路确定场地出入口，并由此对场地内的外部空间结构进行调整。根据场地所在地域的气候条件，结合日照、通风等基本要求，对实体单元的位置关系、间距等进行调整。在进行上述调整的同时，应尽可能保持原有的形态秩序和空间逻辑。

E1.x 外部空间调研：选择校内或校外的一片区域，通过行走体验、观察记录、抽象模拟、分析概括等方式，研究其外部空间的界定方式及整体序列。要求现场行走体验外部空间，拍照并绘制草图记录，可采用步测、目测等方式进行粗略的测量。根据资料和现场体验对调研对象进行抽象概括。绘制整个调研区域的总平面简图，适当运用辅助线对整个空间序列作分析和说明。在空间序列中选择典型的外部空间实例绘制分析图。

E4.1 外部空间组织：利用建筑实体模型和外部空间模型，从三维的视角，探讨整个园区外部空间的基本组织结构，厘清组织秩序和空间层级。要求根据前两个课题的设计成果，在 LEGO 模型上进行必要的调整；制作比例为 1∶100 的外部空间模型，探讨外部空间的组织秩序和空间层级，结合功能对外部空间的整体几何形态进行多种可能的划分，进而确定其基本结构；再次制作外部空间模型，注意在空间单元之间离缝或以高低区别，以清晰表达外部空间的组织结构。

E4.2 入口节点设计：在场地入口处，道路与水岸之间的用地上，将一个集装箱改造成为构筑物，使其具有以下功能：作为场地入口的形象标识、方便人流进出并按设定的路线穿行、提供信息发布的场所。要求场地入口为单层构筑物，设计中需要考虑几个问题：正确的比例和尺度、清晰一致的设计语言、板片与空间的关系等。集装箱的框架及底面应予以保留且不得更改。对集装箱的顶面及四个垂直面，可进行移动、旋转、裁切、折叠等操作。

E4.3 空间界面设计：评判和审视第一阶段的模型，在已确定组织秩序和空间层级的基础上，进行外部空间界面设计。外部空间界面包括基面、顶面和垂直要素。要求评判反思第一阶段的外部空间模型，进一步明确场地的组织逻辑和外部空间的功能。利用给定的界面要素，结合已有建筑，在建筑实体模型上进行外部空间界面设计。设计中应重点考虑：界面设计是否达到了形成、组织外部空间的目的，是否与外部空间的组织秩序及空间层级相吻合。同时需考虑在非夏令营期间，居住单元移除后，场地的空间状态。

E4.x 场地组织的实例调研：场地中，建筑实体与外部空间往往相互依存。建筑实体围合界定了外部空间，而外部空间则将各个建筑单体联系成一个整体。通过实例调研进一步研究场地中建筑实体与外部空间的组织方式及两者之间的互动关系。要求现场调研时根据拟定的线路体验场地中建筑实体与外部空间的组织方式。分析调研对象的场地组织方式，研究重点为外部空间。外部空间的组织结构包括但不限于：街巷式、簇群式、中心式。绘制总平面分析图，清晰表达场地中外部空间的组织结构；绘制一系列透视图，连续表达行进过程中的空间体验。

优秀作业 1：建筑设计基础 2　设计者：吴梦思
优秀作业 2：建筑设计基础 2　设计者：叶　柠

作业指导教师：曹震宇
教案主持教师：曹震宇　吴　璟　王　卡　张　涛　孙炜玮　王嘉琪　夏　冰

建筑设计基础 2

秩序·人居·建构·场所

在本校目前实施的培养计划中，建筑设计基础 2 安排在建筑学本科一年级的下半学年（春夏学期），教学时长 16 周。在本课程之前的建筑设计基础 1 中，通过“设计 + 实现”（8 周）和“空间 + 界面”（8 周）两个主题的练习，学生已初步形成了对设计的正确理解，练习了抽象空间的基本操作方法。

本课程的教学是在前置课程抽象空间训练的基础上，提取秩序（形式逻辑）、人居（实用功能）、建构（建筑技术）、场所（外部空间）这四个建筑设计的基本要点，设置了主题鲜明，环环相扣的系列练习，使学生在感受建筑设计完整过程的同时，逐步掌握建筑设计的基本方法，并同时培养自己的设计意识和理念。课程的教学特点主要体现在四个方面：

1、四个主题，两条线索。秩序、人居、建构、场所四个主题以渐进累积的方式设置，并通过两条线索展开。设计主线中的设计对象从群体（秩序），到单体（人居、建构），再回到群体（场所），模拟职业建筑师面对实际工程时普遍采用的设计过程；而调研副线中的四个练习则与设计课题一一对应，培养学生解析先例、关注生活的意识。

2、教案设计强调严谨性、逻辑性和系统性。结合一年级学生的特点，将知识点分解到各个阶段，并注意节奏的把控任务书精确到每次课甚至每个小时，在每个时间段让教师知道该讲什么，学生知道该做什么，从而降低对辅导教师个人能力的完全依赖。

3、由易到难，针对性地训练学生的设计表达能力。设计表达训练包括模型制作（框架模型、概念模型、局部模型、最终模型）、制图表达（平立剖、总平面、轴测图、详图、分析图）、渲染表现（铅笔素描、墨线淡彩、照片表现）。

4、提高与平行课程的关联度。与本科程平行设置的专业课程包括设计美术、建筑制图、结构力学等，在本课程教案设计中充分融入相关课程的内容，让学生在相关课程中习得的知识和技能可以立即运用在设计中，从而强化了以设计课为主干构建相互促进的课程群的教学思路。

培养模式	大类培养	专业培养			
	一年级	二年级	三年级	四年级	五年级
秋学期	建筑设计基础 1	建筑设计 1	建筑设计 3	场地设计 室内设计 城市规划与设计	建筑综合设计
冬学期					
春学期	**建筑设计基础 2**	建筑设计 2	建筑设计 4	专题化设计	毕业设计
夏学期					
授课对象	建筑、城规	建筑			

四个主题，两条线索

1.1 形态秩序	2.1 功能布局	3.1 空间与结构体系	4.1 外部空间组织
1.2 空间逻辑	2.2 空间组织	3.2 构造与围护结构	4.2 入口节点设计
1.3 环境线索	2.3 界面围合	3.3 制图与设计模型	4.3 空间界面设计

设计

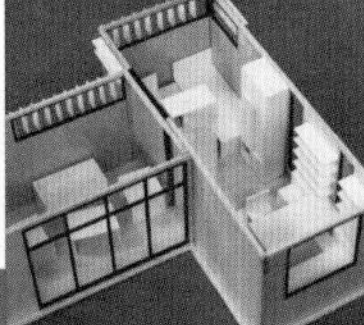

空间 ······ 1. 秩序（2周）······ 2. 人居（4周）······ 3. 建构（5周）······ 4. 场所（5周）······

调研

1.x 外部空间　2.x 空间、物件与人体尺度　3.x 小型建筑物　4.x 场地组织

E1 秩序 ORDER

· 教案　· 作业　· 评语

1.1 形态秩序

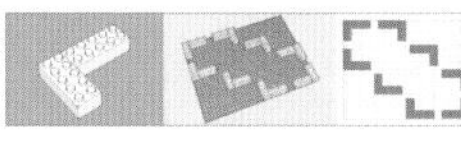

教学任务

练习中要发现并利用 LEGO 积木基本规则中隐含的逻辑，结合本阶段的练习要求和自己的构思，形成表达清晰的整体形态秩序。

过程要求

用给定的 LEGO 积木组合成基本块。将基本块两两组合（组合类型详见附图）。将 8 组基本块组合（只能采用同一种组合方式，但可以旋转、镜像）布置在规定大小的底板上。上述练习至少进行两次，得到两个方案。
对于积木的形态秩序，要求能够以简洁的语言进行描述。

评语：根据练习要求，选择了 L 形的基本块组合。形态结构为中心对称的风车形，每个翼由两个 L 形构成。整个形态的秩序清晰明了，并强调了实体体块间明确的对位关系，只是图形与底板之间的关联度不够强。

1.2 空间逻辑

教学任务

LEGO 块不仅形成了实体的秩序，事实上也组织了实体间的空间。练习中不仅要关注实体之间的关系，更要把眼光放在由实体界定的外部空间上，尝试组织一系列逻辑与趣味并存的外部空间。

过程要求

在遵守第一阶段练习规则的基础上，结合调研中对外部空间的认知，调整积木布局，并加入一块 8 点 X 10 点的形体体块。
从鸟瞰和平视的角度对模型进行观察，注意同时把握整体序列和局部特征。

评语：根据练习要求增加一个较大的体量后，对原有的形态会有较大的冲击。作业将原来风车形的四个翼向四周移动，加大中心空间，以容纳增加的体块。形态有较大变化，但原有的秩序依然存在。空间素描未能选择最佳视点。

1.3 环境线索

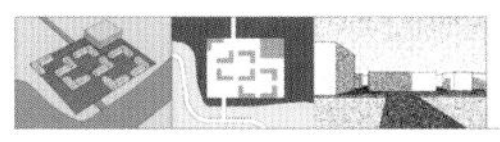

教学任务

场地的环境条件给设计带来一定限制的同时引出线索，给设计带来积极的影响。要求面对给定的场地环境条件，给出相应的设计应答，对设计作进一步的调整。

过程要求

在第二阶段练习的两个方案中选择一个进行深化调整。根据场地周边道路确定场地出入口，并由此对场地内的外部空间结构进行调整。根据场地所在地域的气候条件，结合日照、通风等基本要求，对实体单元的位置关系、间距等进行调整。在进行上述调整的同时，应尽可能保持原有的形态秩序和空间逻辑。

评语：根据原有的形态秩序和空间逻辑，结合环境线索设置了出入口的位置，形成了贯穿场地的中轴线，进一步加强了原有的形态和空间特征。

1.x 外部空间调研

教学任务

选择校内或校外的一片区域，通过行走体验、观察记录、抽象模拟、分析概括等方式，研究其外部空间的界定方式及整体序列。

过程要求

现场行走体验外部空间，拍照并绘制草图记录，可采用步测、目测等方式进行粗略的测量。根据资料和现场体验对调研对象进行抽象概括。
绘制整个调研区域的总平面简图，适当运用辅助线对整个空间序列作分析和说明。在空间序列中选择典型的外部空间实例绘制分析图。

评语：根据调研要求，选择了校区内的农生组团作为外部空间调研对象。从分析图来看，从围合强度和空间路径两方面对较为复杂的对象进行了解读，所选取的三个节点是该空间系统中较为典型、特征明显的部位。

秩序・人居・建构・场所

E2 人居 HABITATION

2.1 功能布局

・教案

教学任务

关注由外部形体所决定的内部空间，在其中根据特定对象生活行为的要求划分、组织不同的功能区块，并通过家俱的合理布置确立与特定功能对应的空间领域。

过程要求

制作比例为 1: 20 的轮廓模型和家具。轮廓模型的作用在于界定室内空间的边界，便于家具布置和观察研究。尝试在轮廓模型中布置家具，以达到功能布局的目的，这一过程基于个人的生活经验和直觉。居住单元的基本功能要求包括：学习、会客、休憩、盥洗、储藏等。将家具固定在轮廓模型内。

・作业

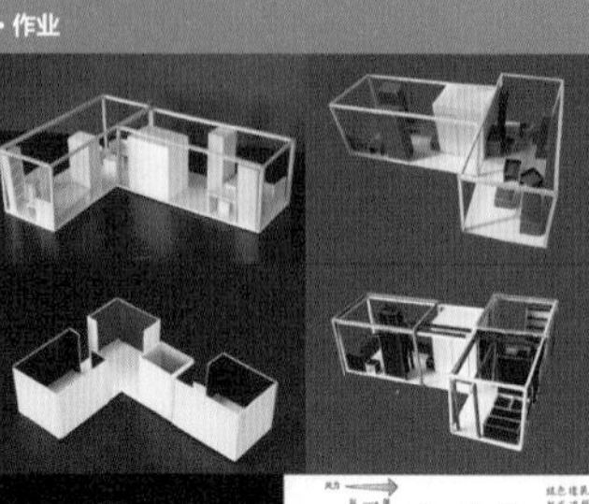

・评语

本阶段要求根据自己的生活经验初步尝试安排居住单元的内部空间，两个练习成果出发点不同，一个考虑了休息、学习和会客三大功能区，一个则从私密——公共的角度出发，均给出了合理的答案。

2.2 空间组织

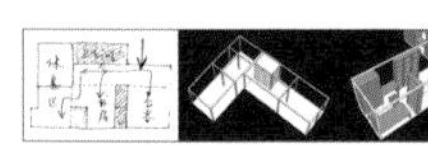

教学任务

评判上一阶段模型研究中对于设计任务的初步回应。设计推进中最为关键的是在保证功能合理的前提下，着重梳理空间关系，进而形成明确的空间组织结构。

过程要求

几个问题：不同行为是否有特定的空间领域来支持？是否有清晰的功能分区及空间划分？行为及相应的空间之间，是否存在清晰的组织结构？ 在轮廓模型的基础上，制作领域模型：尝试用不同颜色的细杆件框定不同空间领域的几何边界；选择一种空间领域组织形态，以功能需求为基础，确定界面的开合状态。

两个作业运用了两种方式回应练习要求，一个用较为抽象的方式，以板片的围合结合色彩变化表达居住单元的空间关系；一个则在框架模型的基础上，以不同颜色的线框表达各个空间的边界和相互关系。

2.3 界面围合

教学任务

制作界面模型，研究外界面的开闭状态对于室内空间的影响。考虑门窗洞口与采光、通风以及视线之间的关系。初步建立绿色技术的概念，并运用到设计中。

过程要求

用白卡纸制作界面模型。决定外界面开合状态的首要依据是内部空间在尺度感、方向性、围合度等方面的需要；同时，应关注适度采光、通风、视野以及私密性的要求；最后，考虑整个外立面的统一协调。选用基本的绿色建筑技术措施，如导风、遮阳、隔热等，深化外围护结构设计。

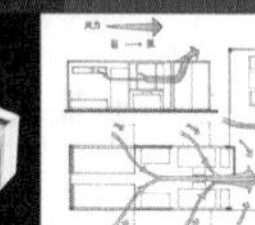

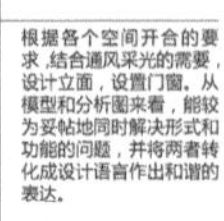

根据各个空间开合的要求，结合通风采光的需要，设计立面，设置门窗。从模型和分析图来看，能较为妥帖地同时解决形式和功能的问题，并将两者转化成设计语言作出和谐的表达。

2.x 空间、物件与人体尺度的实例调研

教学任务

调研自己的宿舍或家，探寻物件尺寸、空间尺度与人的行为之间的相互关系，从人居的角度来关注日常生活并运用到设计中。

过程要求

调研选定的建筑空间，注意：使用者的行为，包括各种行为的顺序，身体的动作和姿态，行为所涉及的物件的尺寸；与行为对应的空间领域，包括领域的大小、边界，领域在整个空间中的位置，容纳不同行为的空间领域之间的关系。观察记录一个或多个日常典型系列行为的全过程，进行测量和拍照记录。

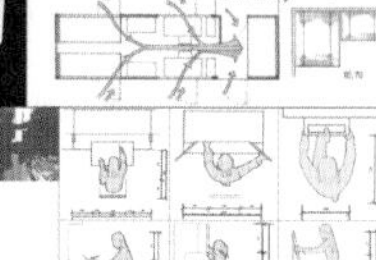

以生活中最为熟悉的空间——宿舍作为调研对象，选取画图、取物、上床三个动作，对人体尺度、物件尺寸和空间大小进行了测量，这些数据都可以运用到居住单元的设计中去。

E3 建构 TECTONIC

・教案　**・作业**　**・评语**

3.1 空间与结构体系

教学任务

练习的目的是寻求一种符合设计任务要求的空间与结构体系。多功能厅的平面尺寸为 9.6x12.0m，要求至少能适用于四种活动：夏令营期间的讲课与陆上训练、非夏令营期间的茶座与临时展览，参加活动的人数为 30 人。

过程要求

首先，凭借直觉进行快速尝试，在“尝试 - 发现问题 - 修正 - 再次尝试”的循环中，关注并平衡结构方式和空间特征这两个方面；然后，通过小组讨论对初步成果做出评判；最后，制作能清晰表达结构与空间概念的模型。

通过快速尝试和多次修正后建立了多功能厅的基本结构体系。从结构模型来看，结构体系较为清晰合理，并在右下角有意识地在室内外空间之间形成了一处灰空间作为过渡，结构同时界定空间，达到了练习的要求。

3.2 构造与围护结构

教学任务

上阶段练习在组织层面提出了解答：一个可以容纳各类活动的空间与结构体系。本阶段研究概念如何实现的问题，即怎样在构造的层面来进一步建构多功能厅。

过程要求

选取最能反映设计要点的部位，制作 1: 20 局部模型。

可以通过选用不同规格（截面形状、尺寸）杆件的方式，来表达结构的层级关系。可以使用杆件和板片（透明或不透明）形成界面，区分建筑内外。同时研究建筑各个构件之间的组合方式 - 构造。

练习要求建筑围护部位的板片材料不得大于 1.2mX2.4m，这就要求在结构构件的基础上增设构造构件。模型中，在原有的结构体系上，合理增设构造构件，在满足围护要求的同时亦保持了结构的清晰性。

3.3 制图与设计模型

教学任务

通过制图，进一步明确各个空间单元和建筑构件的具体尺寸。制图不仅仅是设计的记录，同时也是一种重要的设计方式。

制作 1: 20 最终设计模型，并拍摄能表现厅的室内场景的照片。

过程要求

绘制平立剖图，其中平面图通过不同的家具布置表达多种功能的使用状态。绘制局部轴测图，表达构造原则和方式。利用设计模型拍摄室内场景照片。掌握模型照片拍摄的技巧，如：控制适当的景深、保持竖向线条垂直等。

在完成最终模型的同时，根据功能要求合理布置室内家具，并用黑白照片的形式呈现室内空间效果。通过作业，体验并体会建筑形式和空间效果一致性的重要性。

3.x 小型建筑物的实例调研

教学任务

以小组的形式，调研紫金港校区中（或校区附近）的一栋小型建（构）筑物，如：候车亭、花架等。将焦点集中到材料类型、结构形式和建构方式上。

过程要求

测量调研对象，包括宽度、进深、高度等建筑基本尺寸。汇总整理现场调研的数据和信息，绘制图纸。重点分析调研对象的力的承载方式与传递路径以及建筑构件联接组合的方式，并选择恰当的表现方法（如分解轴测）表达结构、构造、围护、构件等建构信息。

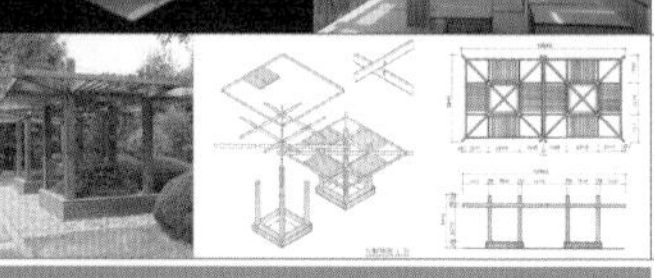

通过对调研对象的解析，了解并学习建构的知识。作业中的调研对象为一木制景观构筑物，首先通过测绘了解各个构件的真实尺寸，然后通过分解轴测的绘制，了解构件之间的组合方式。

E4 场所 PLACE

・教案　**・作业**　**・评语**

4.1 外部空间组织

教学任务

利用建筑实体模型和外部空间模型，从三维的视角，探讨整个园区外部空间的基本组织结构，厘清组织秩序和空间层级。

过程要求

根据前两个课题的设计成果，在 LEGO 模型上进行调整；制作比例为 1:100 的外部空间模型，探讨外部空间的组织秩序和空间层级，结合功能对外部空间的整体几何形态进行多种可能的划分，进而确定其基本结构；再次制作外部空间模型，在空间单元之间离缝或以高低区别，以清晰表达外部空间的组织结构。

制作空间模型的目的是希望学生意识到空间与实体一样具有体积感，并可以加以设计。空间模型中通过不同的高度来区分外部空间的层级，并有助于使各个空间之间的关系更为明晰。

4.2 入口节点设计

教学任务

在场地入口处，道路与水岸之间的用地上，将一个集装箱改造成为构筑物，使其具有以下功能：作为场地入口的形象标识、方便人流进出并按设定的路线穿行、提供信息发布的场所。

过程要求

场地入口为单层构筑物，设计中需要考虑几个问题：正确的比例和尺度、清晰一致的设计语言、板片与空间的关系等。集装箱的框架及底面应予以保留且不得更改。对集装箱的顶面及四个垂直面，可进行移动、旋转、裁切、折叠等操作。

入口节点的设计是一个“小插曲”，也是加强场所感和领域感认知的小练习。同时入口节点也不是一个孤立存在，而是要服务于整个场地，作为整体空间体系中重要的一环。

4.3 空间界面设计

教学任务

评判和审视第一阶段的模型，在已确定组织秩序和空间层级的基础上，进行外部空间界面设计。外部空间界面包括基面、顶面和垂直要素。

过程要求

进一步明确场地组织逻辑和外部空间功能。利用给定的界面要素，结合已有建筑，在建筑实体模型上进行外部空间界面设计。设计中应重点考虑：界面设计是否达到了形成、组织外部空间的目的，是否与外部空间的组织秩序及空间层级相吻合。同时需考虑在非夏令营期间，居住单元移除后，场地的空间状态。

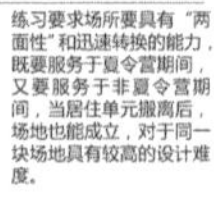

练习要求场所要具有“两面性”和迅速转换的能力，既要服务于夏令营期间，又要服务于非夏令营期间，当居住单元撤离后，场地也能成立，对于同一块场地具有较高的设计难度。

4.x 场地组织的实例调研

教学任务

场地中，建筑实体与外部空间往往相互依存。建筑实体围合界定了外部空间，而外部空间则将各个建筑单体联系成一个整体。通过实例调研进一步研究场地中建筑实体与外部空间的组织方式及两者之间的互动关系。

过程要求

现场调研时根据拟定的线路体验场地中建筑实体与外部空间的组织方式。分析调研对象的场地组织方式，研究重点为外部空间。绘制总平面分析图，表达外部空间的组织结构；绘制一系列透视图，连续表达行进过程中的空间体验。

郭庄、四季酒店和胡雪岩故居是尺度上与练习相近的案例，而三者在场地组织上又各具特点。该作业通过总平面分析和系列透视的绘制，基本表达了对调研对象在场地组织方面的理解。

1.1 形态秩序

1.x 外部空间调研

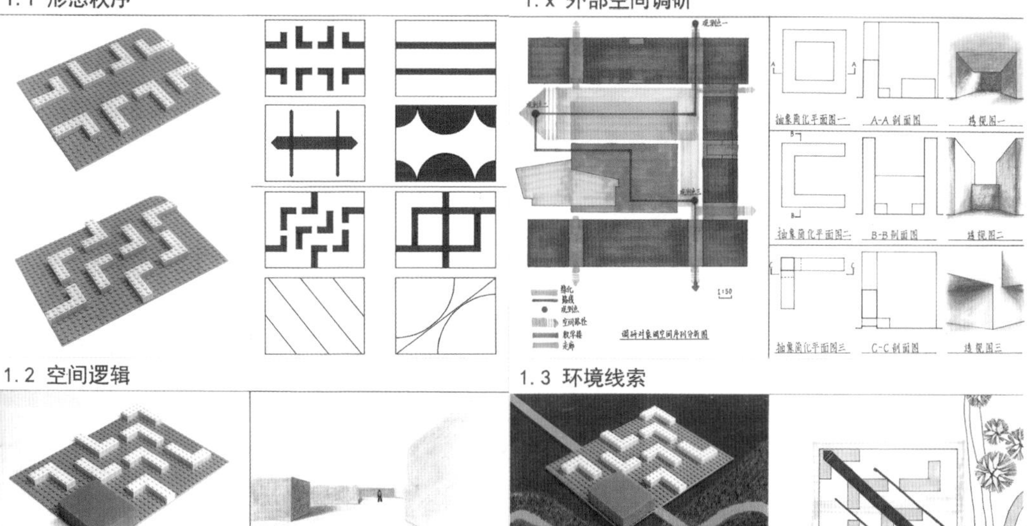

1.2 空间逻辑

1.3 环境线索

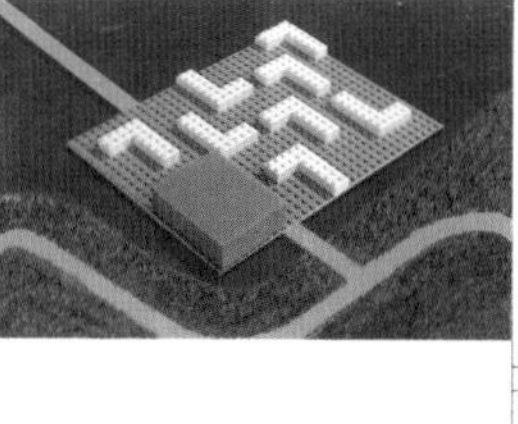

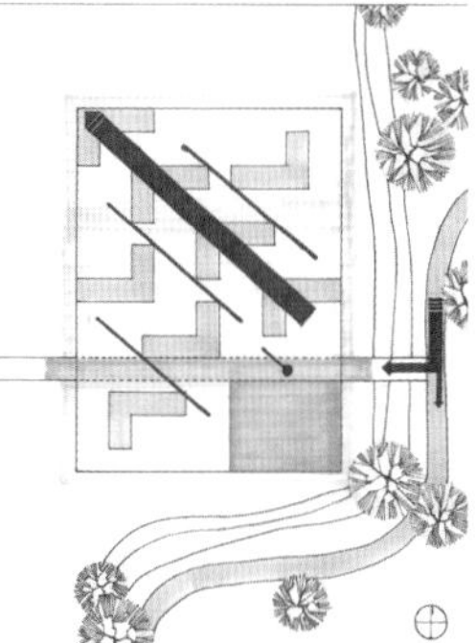

2. 人居

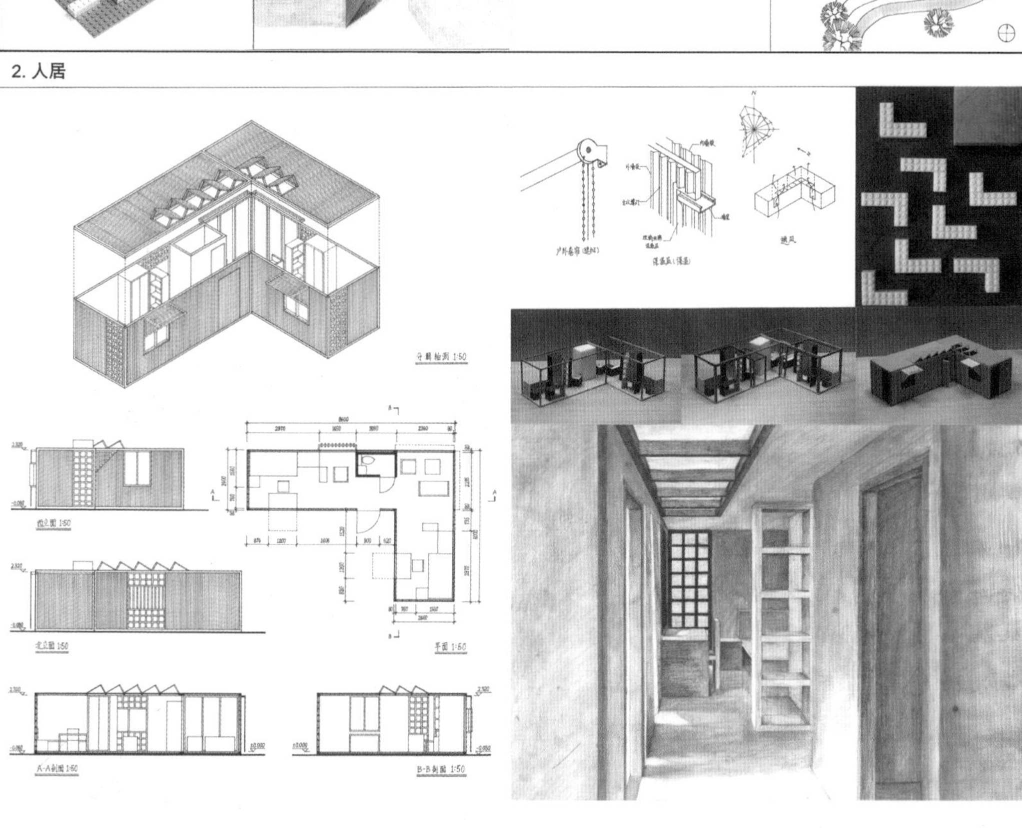

3. 建构

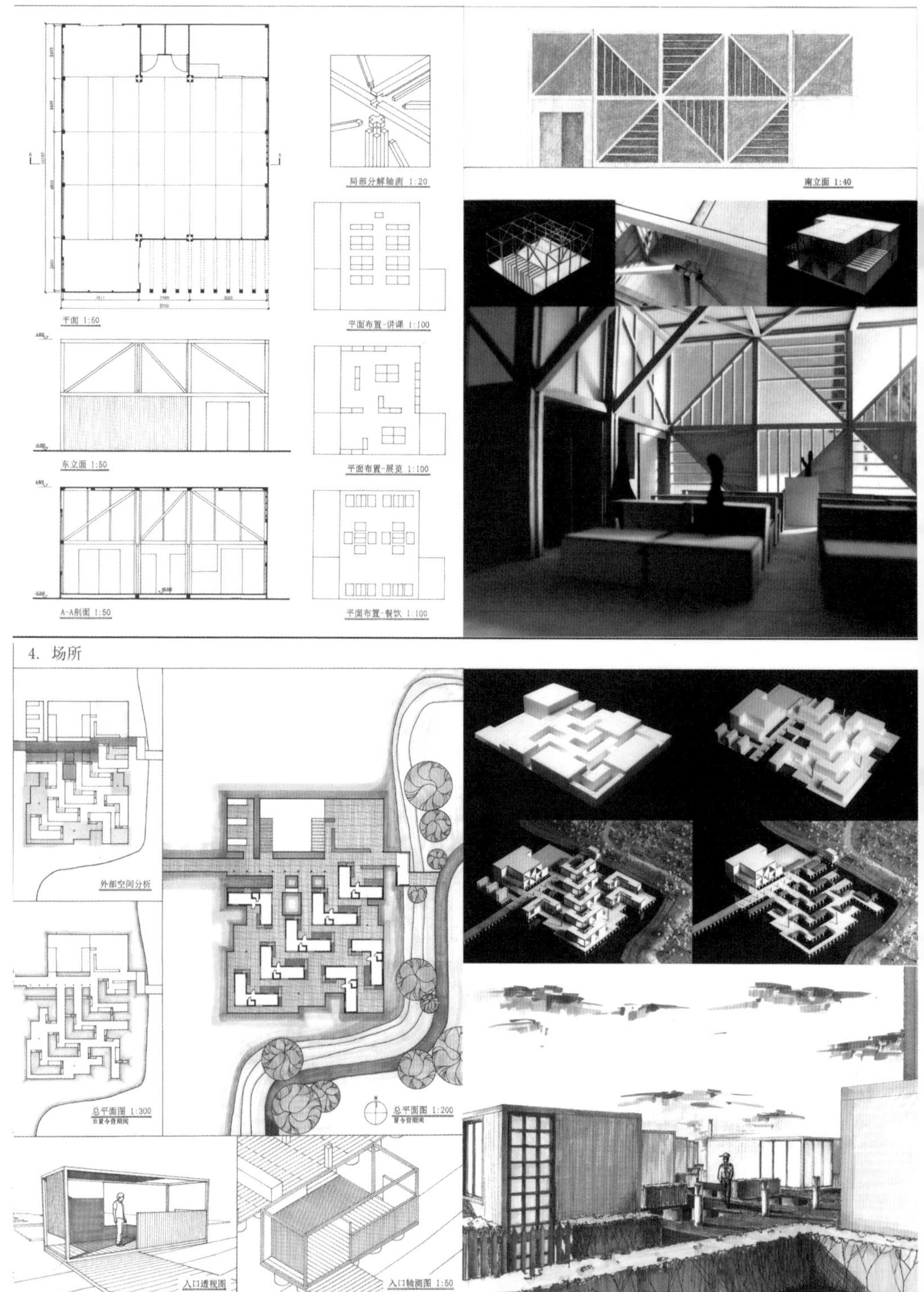

平面 1:50
局部分解轴测 1:20
南立面 1:40
平面布置-讲课 1:100
东立面 1:50
平面布置-展览 1:100
A-A剖面 1:50
平面布置-餐饮 1:100
4. 场所
外部空间分析
总平面图 1:300
非夏令营期间
总平面图 1:200
夏令营期间
入口透视图
入口轴测图 1:50

场景建构——集装箱手工艺研习所

苏州科技大学建筑与城市规划学院建筑系　二年级

本课题为二年级第二个设计，重点引导学生建立以人为本的空间概念。拟建立手工艺研习所，提高乡村手工艺技术水平，推动城市与乡村的文化交流。从经济和可持续发展角度考虑，建筑选择标准集装箱进行组合。设计要求理解建筑空间与人的真实生活的关系。对特色场地与普适性的装配式体系之间的冲突与解决方式进行思考。

在实现建筑的过程中，通过特色空间的表达，和材料选择和表达。进一步提高集装箱建筑的“生活性”，赋予所设计的空间场景的真实内涵。

教学主要阶段重点如下：

1. 考察实例

通过实地学习，认识集装箱建筑的生产、构造和装配方式，提高学生对集装箱建筑的体验认知。

2. 概念构思

选择场地，理解场地所在乡村特征和居民生活。对使用者的活动进行设定，空间与人的行为的形成关联。

3. 空间组织

尝试多种空间组织方法，空间构成方式、手法、特点。提炼场地空间典型特征，并进行空间布局。

4. 整合建造

探讨建筑设计中功能、结构与形式的统一限定关系，考虑地方材料质感，整合建造并保持构思的清晰性。

优秀作业 1：茶山下·田野上——集装箱手工艺研习所　设计者：冯超越　温　皓
优秀作业 2：集装箱手工艺研习所——晒秋　设计者：徐　程　徐　洁

作业指导教师：张　芳　王孟永　罗朝阳　徐　忠
教案主持教师：申　青　罗朝阳　徐　忠　张　芳　王孟永　孙晓鹏　楚超超

建筑学二年级教案

1 场景建构—集装箱手工艺研习所

教学体系

	一年级	二年级	三年级	四年级	五年级
阶段定位	设计启蒙	设计入门	设计深入	设计拓展	设计综合
教学定位	建筑设计基础	以空间为主导的建筑设计	以要素为主导的建筑设计	融入城市理念的建筑与城市设计	建筑设计综合实践与毕业设计

二年级教学内容

	操作方法	空间特性	空间功能	空间结构	空间场景
课题一	空间转译	限定	简单	给定框架	江南园林场景
课题二	空间组合	关联	两种	半给定框架	乡村生活场景
课题三	空间连续	引导	多种	简单框架设计	城市艺术场景
课题四	空间复合	综合	复杂	简单框架设计	校园活动场景

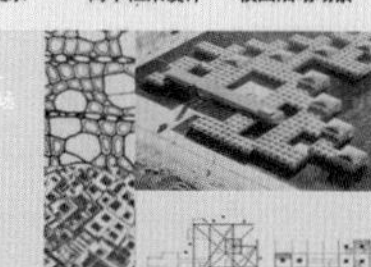

教学重点

设计要求理解建筑空间与人的真实生活的关系。对特色场地与普适性的装配式体系之间的冲突与解决方式进行思考。要求在设计过程中，通过研究单元组合，完成特色空间场景的营造，进一步提高集装箱建筑的"生活性"，赋予所设计的空间场景的真实内涵。

1、尝试不同的箱体布局方式和组合方式，讨论单元组合的空间构成方式、手法、特点。
2、建立整体设计概念，结合功能、环境、空间组织，确定建筑与环境的大分区。
3、确立场地活动与空间的关系，结合功能、环境、空间组织，确定场地功能配置方式。
4、分析给定单元空间的使用及功能设计，进行适当的空间布置。

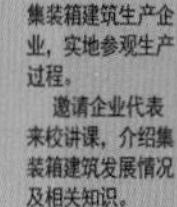

教学特色

一、校企联合教学

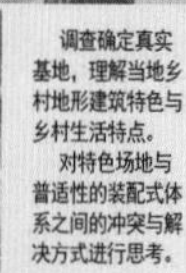

联系雅致专业集装箱建筑生产企业，实地参观生产过程。

邀请企业代表来校讲课，介绍集装箱建筑发展情况及相关知识。

二、乡村场地调研

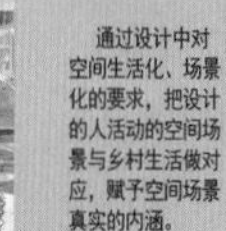

调查确定真实基地，理解当地乡村地形建筑特色与乡村生活特点。

对特色场地与普适性的装配式体系之间的冲突与解决方式进行思考。

三、生活场景设定

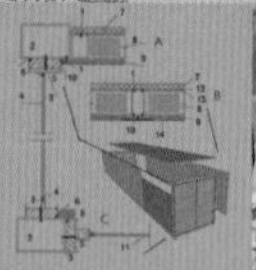

通过设计中对空间生活化、场景化的要求，把设计的人活动的空间场景与乡村生活做对应，赋予空间场景真实的内涵。

四、多重材料建构

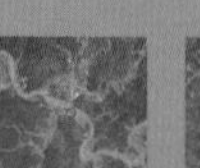

在实现建筑的过程中，通过特色材料选择和构造。赋予集装箱新的特点，进一步提高集装箱建筑的"生活性"特征。

教学任务书

城市 — 工艺下乡 / 集装箱 — 乡村

艺术战胜贫困　教育开阔视野

基地

选择自然村落周边作为自己的场地，基地为自然地貌，根据实际情况，可有坡度、水体、树木等地形要素，占地面积为3000平方米

学生自选基地举例

云南城子古村　常熟虞山村　泽雅唐宅村　上饶篁岭村

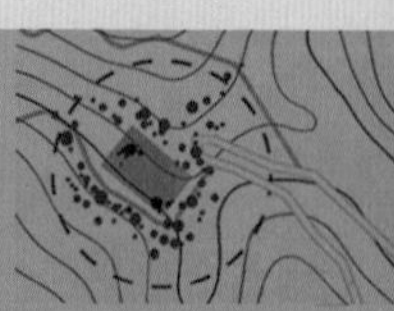

本课题为二年级第二个设计，重点引导学生建立以人为本的空间概念，拟建立手工艺研习所，提高乡村手工艺技术水平，推动城市与乡村的文化交流。从经济和可持续发展角度考虑，建筑选择标准集装箱进行建造。

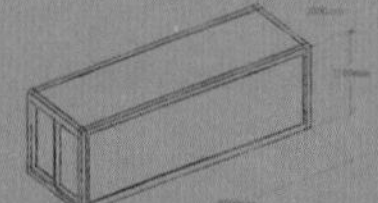

设计内容

设计选用长宽高9000x3000x3100mm集装箱为单元模块，由30-32个集装箱单元组装而成。
集装箱单元可通过在水平或垂直方向进行串联、并联、叠加、错位、对角、直立、架空等组装方式界定形成内外空间。
分析单元组装方式并构成建筑空间形态。

公共部分：8-10个箱体　入口空间、餐饮空间（含自助厨房）
研习部分：12-14个箱体　公共交流区、展示区、学习区
辅助部分：8-10个箱体　客房6个、公共卫生间（含公用洗浴、自助洗衣）、储藏室
走道、楼梯根据需要面积自定（总建筑面积控制在1500m²，可浮动5%）

成果要求

1、基地及集装箱调研图文，图纸内容中鼓励使用分析或推导等的图解对思路进行表达。
2、总平面图：1:500　要求：画出准确的屋顶平面并注明层数，注明各建筑出入口的性质和位置；布置室外环境。
3、各层平面图：1:150　要求：注明房间名称。
4、立面图：1:150　要求：3~4个，至少一个应看到主入口，制图要求区分粗细线来表达建筑立面各部分的关系。
5、剖面图：1:150　要求：1~2个注明室内外、各楼地面及檐口标高，要求表达通高空间和楼梯间。
6、透视图：选择有表现力的主透视角度，其他小透视若干。
7、集装箱建筑构造局部大样。
8、其他：设计构思说明、技术经济指标、模型照片等。

建筑学二年级教案

场景建构——集装箱手工艺研习所 2

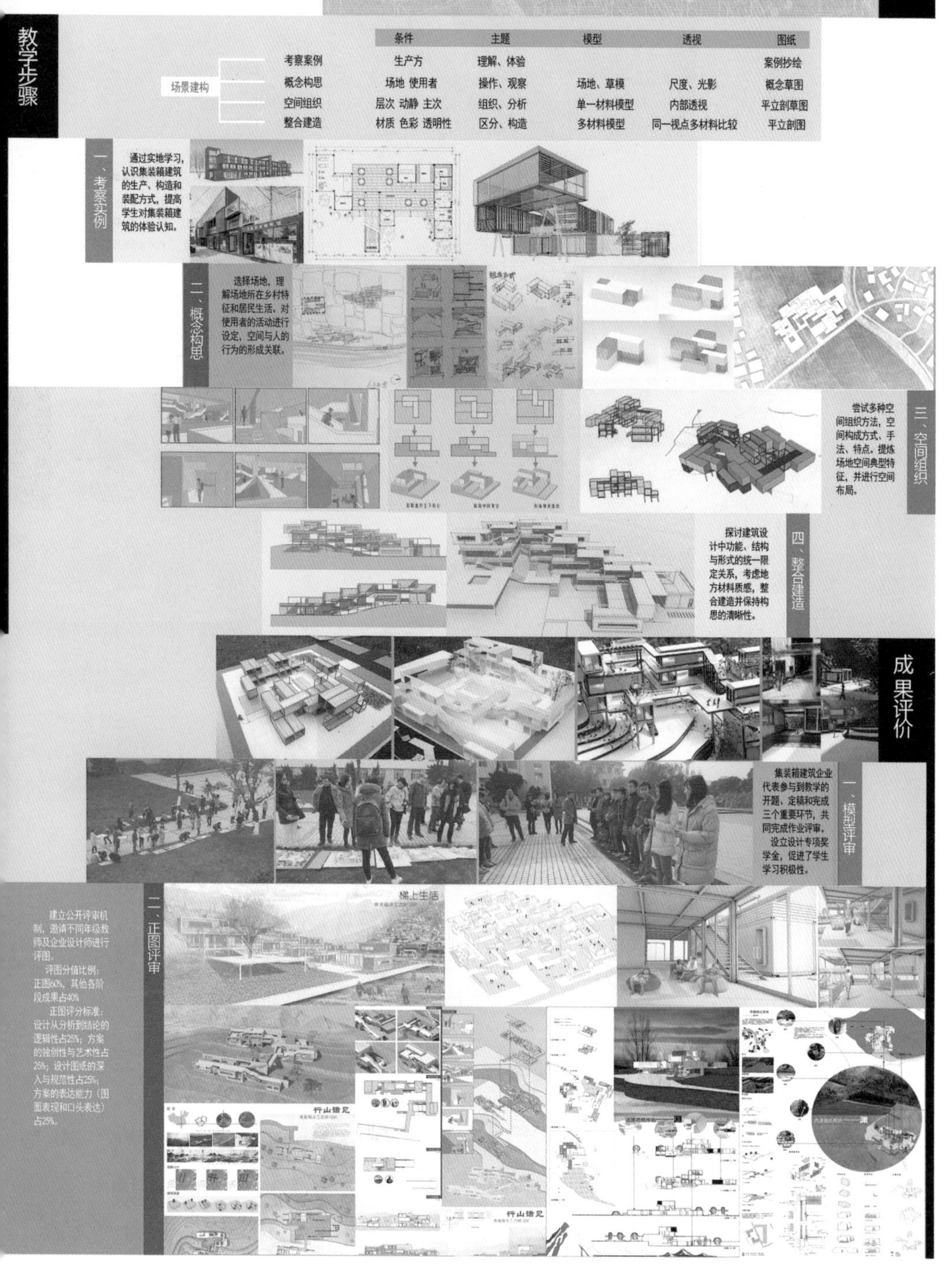

教学步骤
		条件	主题	模型	透视	图纸
场景建构	考察案例	生产方	理解、体验			案例抄绘
	概念构思	场地 使用者	操作、观察	场地、草模	尺度、光影	概念草图
	空间组织	层次 动静 主次	组织、分析	单一材料模型	内部透视	平立剖草图
	整合建造	材质 色彩 透明性	区分、构造	多材料模型	同一视点多材料比较	平立剖图
一、考察实例
通过实地学习，认识集装箱建筑的生产、构造和装配方式，提高学生对集装箱建筑的体验认知。
二、概念构思
选择场地，理解场地所在乡村特征和居民生活。对使用者的活动进行设定，空间与人的行为的形成关联。
三、空间组织
尝试多种空间组织方法，空间构成方式、手法、特点。提炼场地空间典型特征，并进行空间布局。
四、整合建造
探讨建筑设计中功能、结构与形式的统一限定关系，考虑地方材料质感，整合建造并保持构思的清晰性。
成果评价
一、模型评审
集装箱建筑企业代表参与到教学的开题、定稿和完成三个重要环节，共同完成作业评审。
设立设计专项奖学金，促进了学生学习积极性。
二、正图评审
建立公开评审机制，邀请不同年级教师及企业设计师进行评图。
评图分值比例：正图60%，其他各阶段成果占40%
正图评分标准：设计从分析到结论的逻辑性占25%；方案的独创性与艺术性占25%；设计图纸的深入与规范性占25%；方案的表达能力（图面表现和口头表达）占25%。
梯上生活
衎山猎见

茶山下·田野上——集装箱手工艺研习所

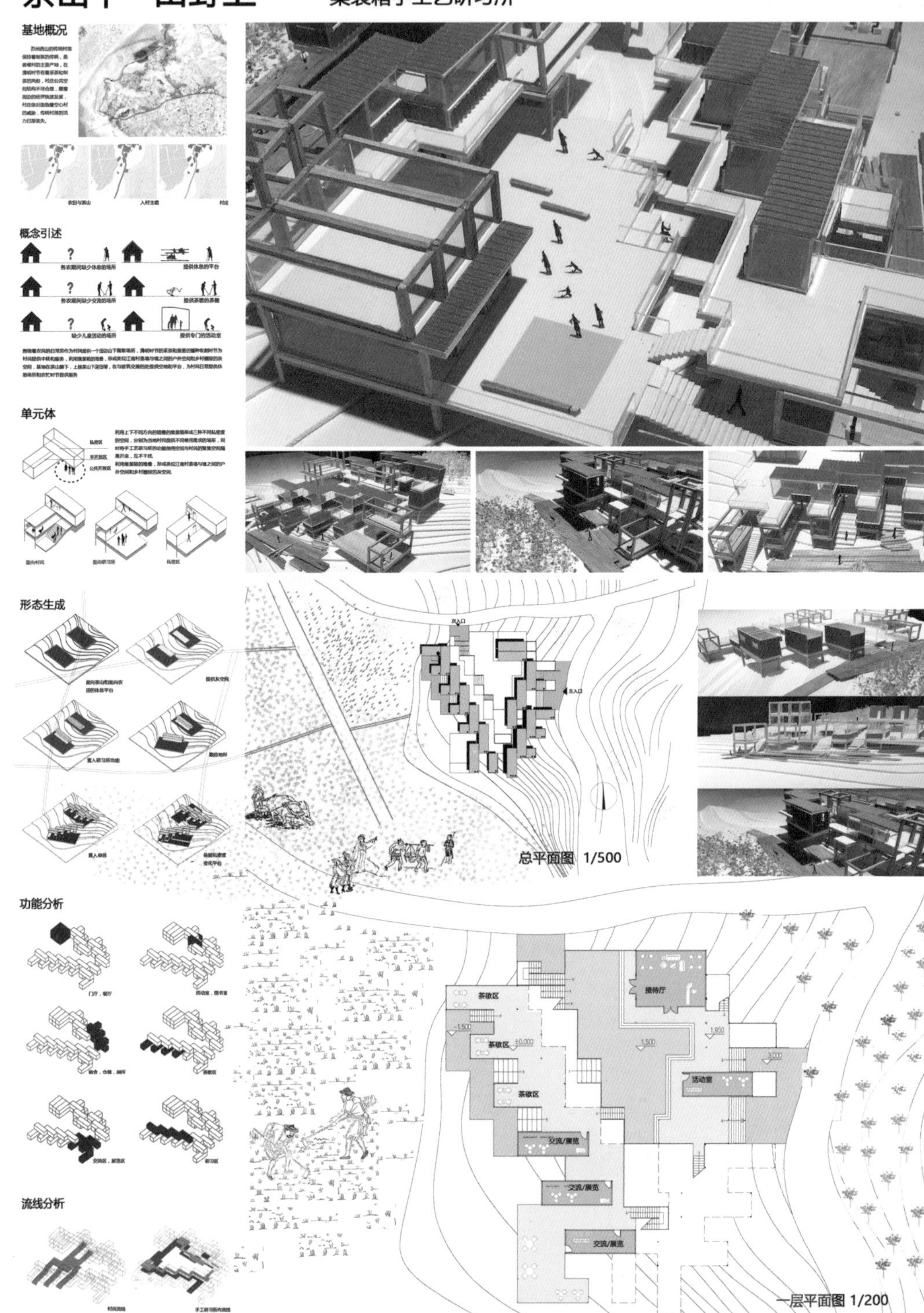

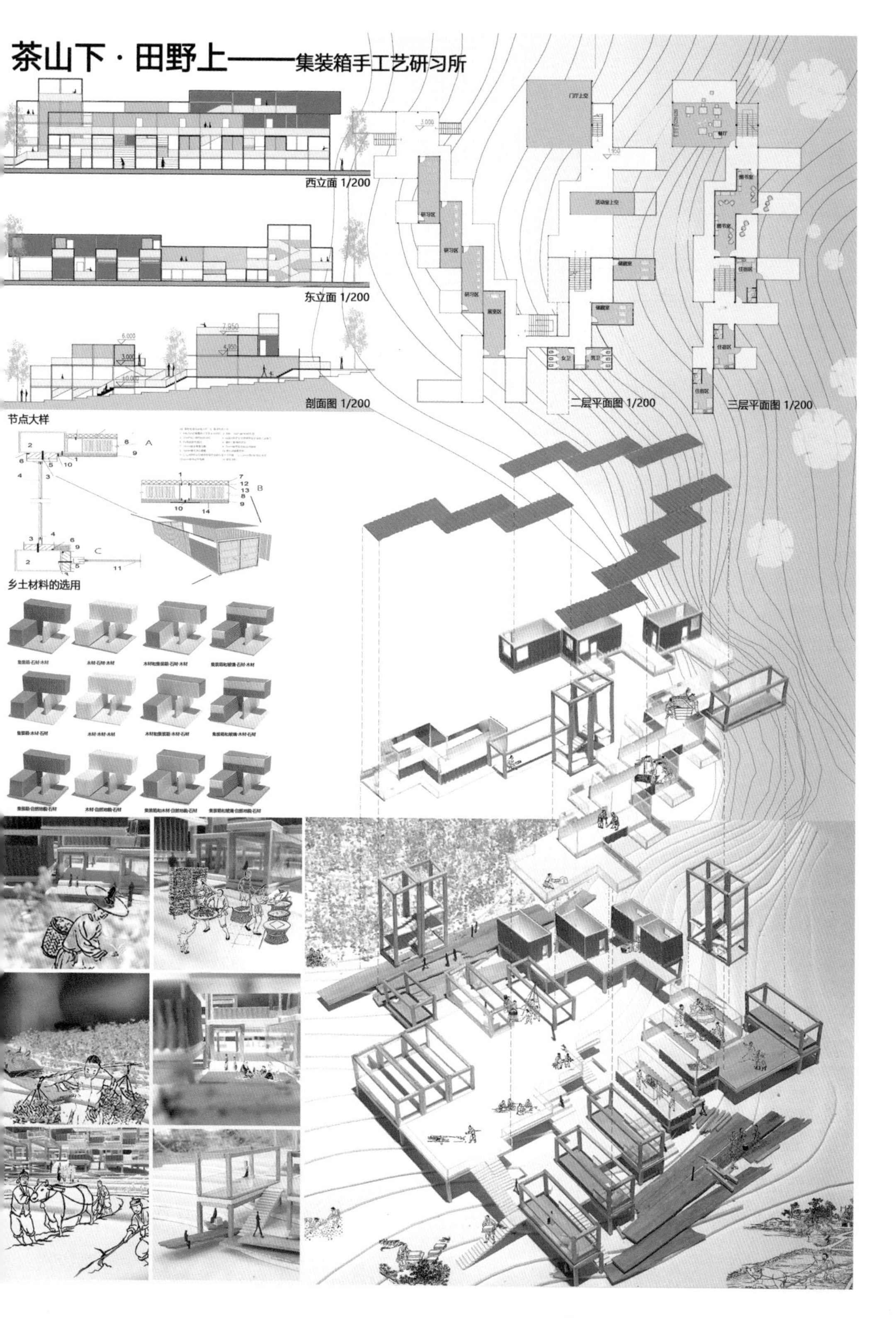

茶山下·田野上——集装箱手工艺研习所
西立面 1/200
东立面 1/200
剖面图 1/200
二层平面图 1/200
三层平面图 1/200
节点大样
乡土材料的选用

基于环节教育的研究型教学 城市博物馆设计教案

北京工业大学建筑与城市规划学院建筑系 三年级

题目：北京前门地区城市主题博物馆设计建筑面积：6000m²，设计时长：9 周。

1. 课程解读与教学思路

本课题是三年级下学期的第二个设计，是环节教育的重要节点。

本课程运用环节教育的方法，分为 6 个部分：主题与命题、环境与形体、功能与空间、建构与实体、塑构与造型、表达与表现。共分 9 周完成，期间运用数字建筑的理论和技术（数据分析、算法生形、数控建造、数字找形、VR）使学生能够全面深刻的分析基地、设计建筑。

2. 课程任务设置

（1）博物馆任务书需求：

拟建城市主题博物馆，建筑面积 6000 m² 左右（上下浮动 10%）。

陈列区 2800 ~ 3300m²

包括各种展厅（陈列室）、临时展室、室外展场、陈列装具储藏室、进厅、一个 200 人报告厅、观众休息处、厕所、管理办公室、接待室等

藏品库区 800 ~ 1000m²

藏品库房、藏品暂存库房、保管设备储藏室、制作室、管理办公室等。

技术及办公用房 600 ~ 1000m²

包括鉴定编目室、摄影室、消毒室、实验室、修复工场、文物复制室、管理办公室及行政库房等

观众服务设施自定

包括纪念品销售部、小卖部、小件寄存所、售票房、停车场及厕所等。

（2）设计要求：

按照环节教育的 6 个阶段的要求，运用数字建筑的技术，完成复杂的中大型公共建筑设计。

优秀作业 1：街市的记忆城市博物馆设计 设计者：李 璇

优秀作业 2：纸语 1 份 设计者：李欣睿

作业指导教师：李翔宇 李 宁

教案主持教师：李 宁 戴 俭 廖含文 胡 斌 李翔宇 赵之枫 段智君

01 教学体系

- 建筑学专业依培养目标的不同主要分为两个阶段。
- 第一阶段，1-3年级，重点是基础知识的教育。学生通过学习能够初步掌握建筑设计的基本方法及相关基础知识的运用，具有建筑设计的基本能力。
- 第二阶段，4-5年级，着重专业化、综合性、研究性及实践能力的培养。5年级设置设计院实习和毕业设计环节。从一年级至五年级，利用第二课堂和跨专业选修课作为辅线，依学生个人爱好与个性发展需要，丰富德、智、体、美等方面的知识与能力，着重培养学生的综合素质。

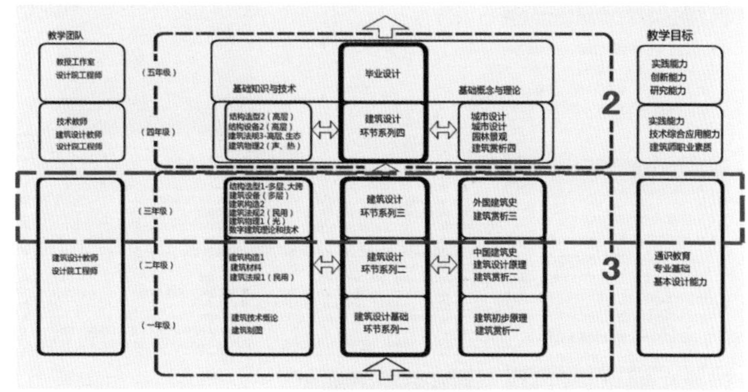

"3+2"教学体系

02 环节教育

- 按照建筑设计的主要内容，可以将其划分为6个主要环节，即主题与命题、环境与形体、功能与空间、建构与实体、塑构与造型、表达与表现。
- 通过结合不同的设计题目，从六个环节加以分解训练，引导学生有意识、有目的的带着问题去进行设计。

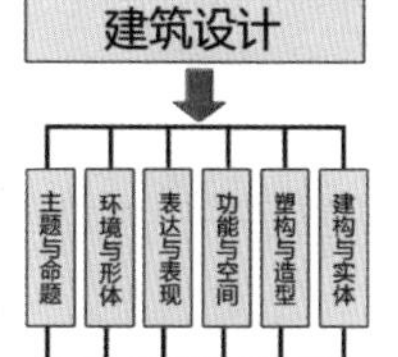

03 基地选择

- 基地位于北京崇文区前门地区。用地西侧临前门大街（步行街），北侧为规划社区道路，南侧为城市主干道（珠市口大街），东侧为规划城市次干道。北侧建筑群为旧城住宅，东侧为公建。

04 设计任务

- 设计题目：北京城市博物馆
- 1．根据北京的历史文化背景，城市特点等相关因素，完善设计任务书的详细内容。
  2．设计方案充分考虑建筑所处地段的环境特点，包括交通环境，建筑环境，历史人文环境等。(利用数字建筑技术分析)
  3．设计充分考虑博物馆的流线设计。
  4．设计考虑博物馆的光环境设计。

一.设计内容

- 总建筑面积：6000平米（可上下浮动10%）
- 陈列区（2800-3300平米）
  包括各种展厅（陈列室）、临时展室、室外展场、陈列装具储藏室、进厅、一个200人报告厅、观众休息处、厕所、管理办公室、接待室等。
- 藏品库区（800-1000平米）
  包括藏品库房、藏品暂存库房、保管设备储藏室、制作室、管理办公室等。
- 技术及办公用房（600-1000平米）
  包括鉴定编目室、摄影室、消毒室、实验室、修复工场、文物复制室、标本制作室、管理办公室及行政库房等。
- 观众服务设施（自定）
  包括纪念品销售部、小件寄存所、售票房等。

二、学习目的与重点

- 学习目的：掌握中型公共建筑设计的方法。
  理解中型公共建筑设计原理及相关知识。了解建筑师工作的内容和特点。
- 学习重点：

1.如何根据项目特点深化前期策划内容（任务书）
2.特定环境（历史、人文）环境下的建筑设计
3.相对复杂的流线设计和技术（光环境）设计。

三、图纸要求

- 设计说明及经济技术指标
- 构思分析图
  总平面图
  表示清周围环境（建筑、道路、绿带等）与建筑的关系。对用地红线内的室外广场、庭院、停车场等进行设计。标明各出入口。标明建筑层数。
- 各层平面图
  对各主要空间及卫生间进行布置。一层平面可结合室外环境绘制，表示出道路、绿化、踏步、坡道、停车场等标出各房间名称。
- 立面图（不少于2个）
  对立面材料有所考虑。画出配景
- 剖面图（1—2个）
  标出标高,剖面图剖切位置及观看方向的选择应以最大限度地表现建筑物的空间组织、结构体系以及构造细节为前提。允许剖面切割线有必要的位移，但必须在平面图中表达清楚。
- 外观透视图（表现手法不限，有色彩）

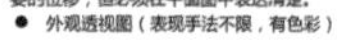

05 场地调查

- 前往实地调查之前需做好测绘准备和资料收集；
- 收集拟调查博物馆的书面资料，包括图纸等；
- 查阅相关设计规范和设计资料集绘制分析图，制作基地模型。

现状调研

肌理原状分析　肌理现状分析

图底关系分析　建筑高度分析

06 案例研究

- 按照五个环节挑选国内外知名设计案例，有差异和特点博物馆设计案例
- 针对每个环节，简要图解，分析其设计手法;
- 针对每一环节提出自己的构思，绘制草图。

纽约古根海姆博物馆

纽约古根海姆博物馆

加拿大加丁纳博物馆

首都博物馆

济州艺术博物馆

宁波博物馆

07 方案构思

- 通过手绘草图、分析图和制作模型推敲方案，完成初步方案
（部分作业利用数字建筑技术算法生形）

绘制分析图

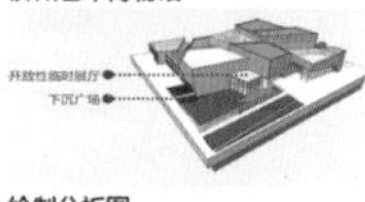

绘制分析图

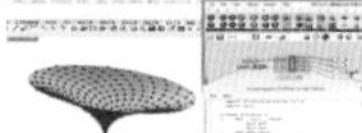

绘制分析图(利用数字建筑技术)

制作模型

制作模型

制作模型

08 设计表达

- 完成模型、透视图以及最终图纸
（部分实体模型利用数控建造技术、VR技术）

效果图

效果图

效果图

09 答辩讲评

- 由本校教师与外请专家共同参与各阶段评图与答辩

教师评图

教师评图

专家评图

10 学生作业

基于城市功能需求的功能拓展

- 该设计以“前门后花园”为主题，从城市功能需求出发，针对前门地区游客和周围居民生活需求，提供驻足、休憩、漫步的场所。
- 方案以“苔痕上阶绿、草色入帘青”为设计意向，与博物馆内部展陈空间相结合，突出层层向上的阶梯感。
- 建筑由两个U型体块嵌套而成，通过缓坡和阶梯形成三维绿化，游客穿梭于室内外空间感受这一具有包容性与开放性的舒适场所，脱离喧嚣，留连忘返。

前门的后花园

基于胡同生活延续的肌理新生

- 该设计引入“传统与现代对话”的概念。通过多个层次突出胡同肌理的延续与新生。
胡同形态/现代广场：将胡同空间、生活场景
- 结合现代广场空间糅合在建筑内部，形成现代社会生活与胡同情节的对比。
- 胡同街区/现代都市：以简洁体块展现现代城市的缩影，在体块之间围合胡同空间，尺度近人。
- 传统场景/现代场景：展厅成组布局，再现传统商业店铺和现代商业店铺的场景。

城踪•新语

基于市民生活延续的空间再造

- 该设计抓住“北京”“市民”“生活”三个关键词，结合所处旧城中心的基地特质，提炼出“旧生活、新态度”的主题，再现北京传统胡同生活形成的人与人之间的亲近生活方式。
- 方案以融入城市肌理为出发点，将胡同脉络以室内通廊的方式引入建筑，建立旧城脉络的延续，表达对旧城生活的尊重。
- 方案还通过桥式入口和下沉广场将市民活动引入到建筑环境中，通过小尺度营造亲民性和老北京生活氛围。

旧生活•新态度

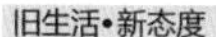

基于城市印象延续的体量转换

- 该设计以“片檐窄巷”为主题，方案通过建筑自身片片错落的屋檐及尺度适宜的胡同窄巷来表现北京传统文化中的胡同与四合院，延续传统的城市印象。
- 体量设计强调东西向城市肌理，横向排布体块，高低错落的屋檐和体块之间的玻璃胡同，使博物馆本身成为一种展品，延续城市记忆。
- 空间设计注重民俗带给人的亲切感，流线设计给人自由的、“逛街式”的感受，游客在其中体验如同胡同与四合院之旅。

片檐窄巷

街市的记忆 城市博物馆设计

■ 街市区位

项目基地位于北京市前门大街南部。北京市前门大街是体现北京市井风貌的最后一块遗存这里聚集了北京所有的老字号商铺。设计应通过对人们精神和心理上尺度的关注，挖掘与继承传统街区的场所感，塑造独具一格的空间品质。

■ 场地描述

"珠市当正阳门之冲，前后左右计二三里，皆殷商巨贾，前门大街设市开。凡金银珠宝以及食货如山积，酒榭歌楼，欢呼酣饮，恒日暮不休。"

■ 记忆伊始

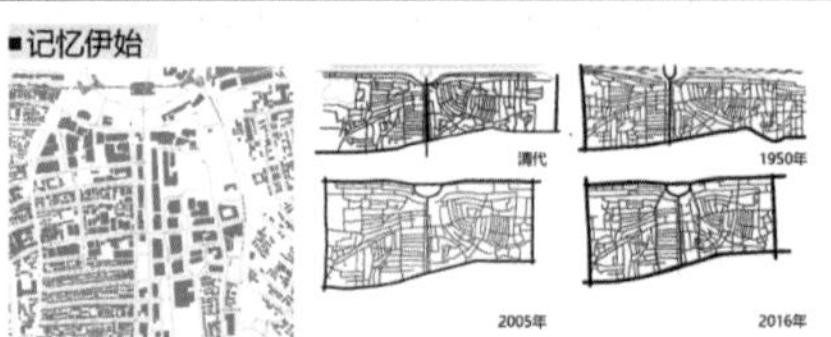

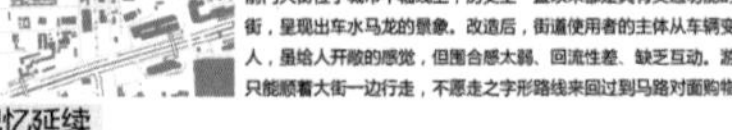

前门大街位于城市中轴线上，历史上一直以来都是具有交通功能的大街，呈现出车水马龙的景象。改造后，街道使用者的主体从车辆变为人，虽给人开敞的感觉，但围合感太弱、回流性差、缺乏互动。游客只能顺着大街一边行走，不愿走之字形路线来回过到马路对面购物。

■ 城市变奏

传统　国际　精神　符号

■ 熙来攘往

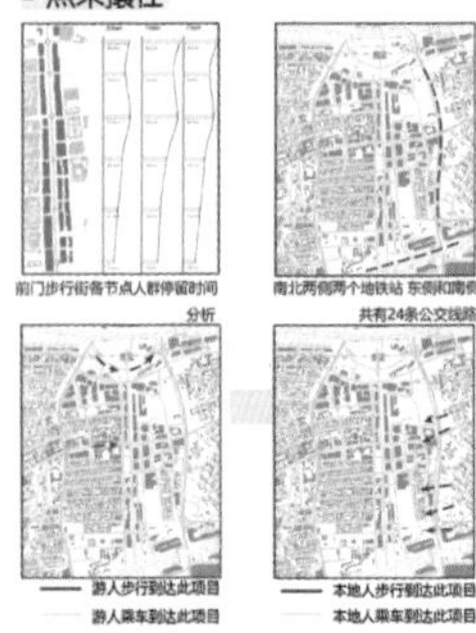

前门步行街各节点人群停留时间分析　南北两侧两个地铁站 东侧和南侧共有24条公交线路

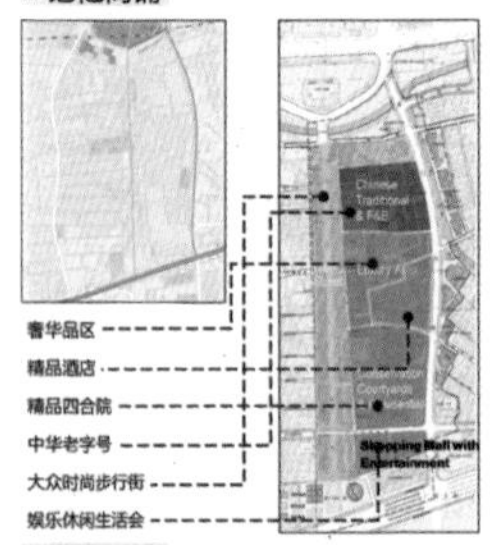

■ 记忆延续

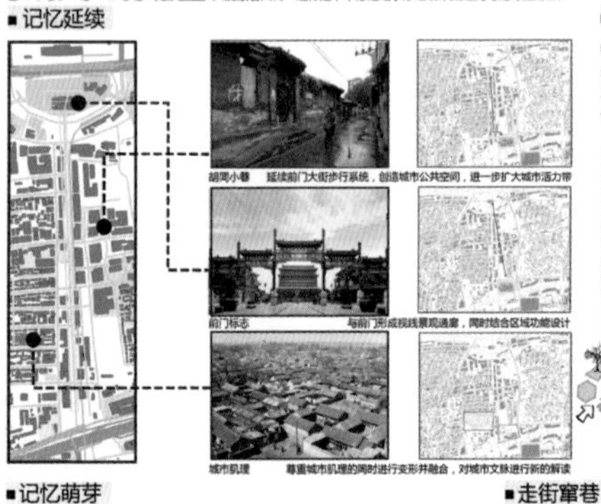

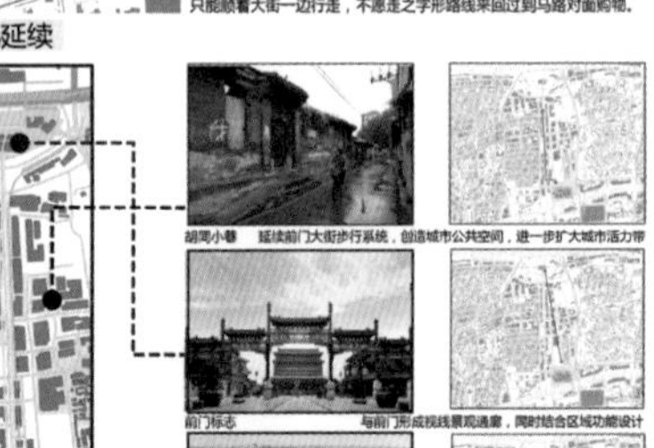

胡同小巷　延续前门大街步行系统，创造城市公共空间，进一步扩大城市活力带

前门标志　与前门形成视线景观通廊，同时结合区域功能设计

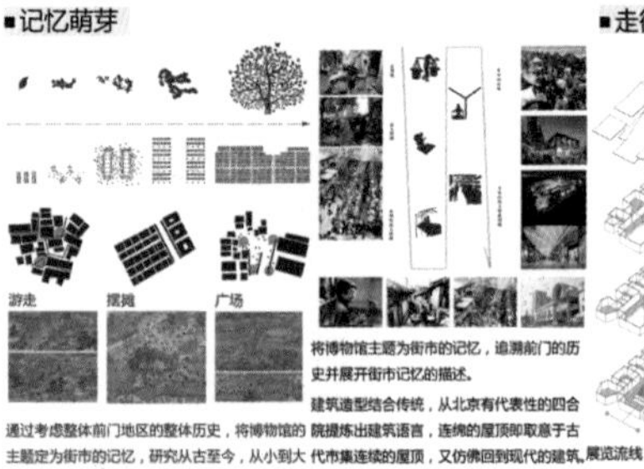

城市肌理　尊重城市机理的同时进行变形并融合，对城市文脉进行新的解读

■ 街市思考

我们是要一个现代的建筑面对这样一个有文化底蕴的城市历史基地，还是采用一些缺乏创新的仿古建筑或者借用传统建筑符号来完成？或许可以在二者中找到一个平衡点？立于本土的思考，拒绝纯粹国际化的方式，和对传统建筑符号的生拉硬套，立足于传统文化与历史的写意表达。

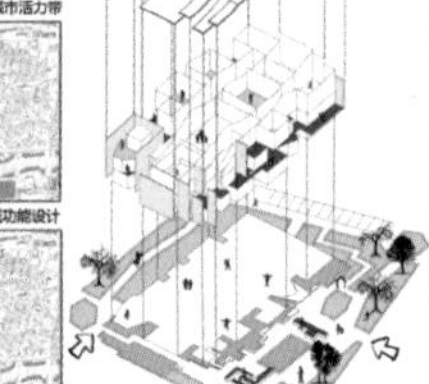

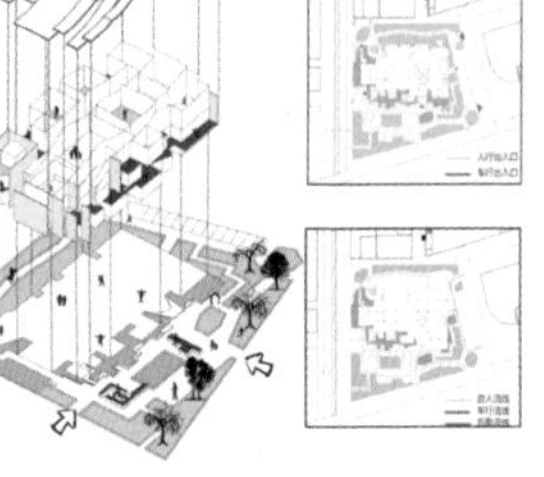

■ 记忆商铺

奢华品区
精品酒店
精品四合院
中华老字号
大众时尚步行街
娱乐休闲生活会

■ 记忆萌芽

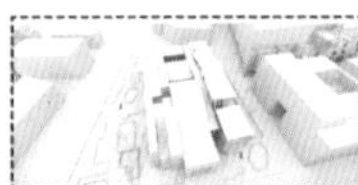

游走　摆摊　广场

将博物馆主题为街市的记忆，追溯前门的历史并展开街市记忆的描述。

通过考虑整体前门地区的整体历史，将博物馆的主题定为街市的记忆，研究从古至今，从小到大的商贸发展过程，以此来更新博物馆主题内涵。

建筑造型结合传统，从北京有代表性的四合院提炼出建筑语言，连绵的屋顶即取意于古代市集连续的屋顶，又仿佛回到现代的建筑，象征着包容与并进。

■ 走街窜巷

展览流线　公共流线　后勤流线　疏散楼梯

■ 街市一景

街市的记忆 城市博物馆设计

记忆重现—功能与空间

展陈设计—基本展厅

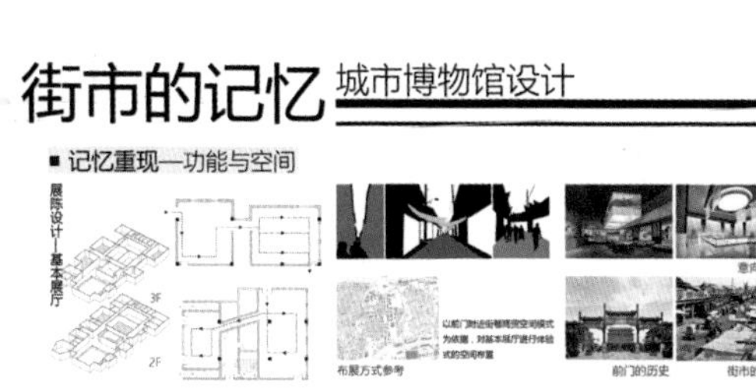

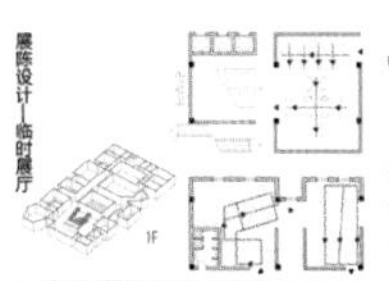
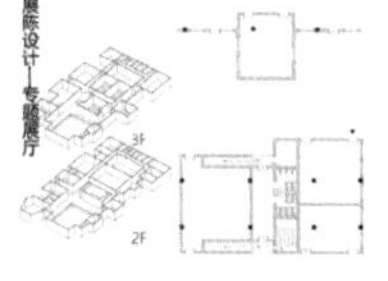

意向效果

以前门鲜活街巷聚落的空间模式为依据，对基本展厅进行体验式的空间布置

布展方式参考 前门的历史 街市的诞生

展陈设计—专题展厅

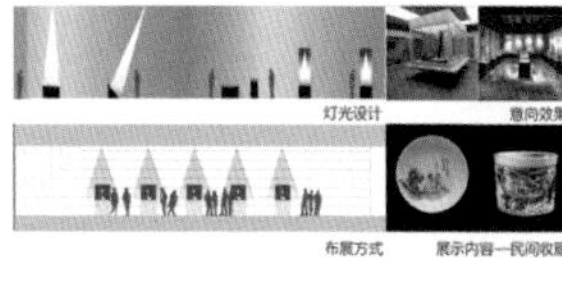
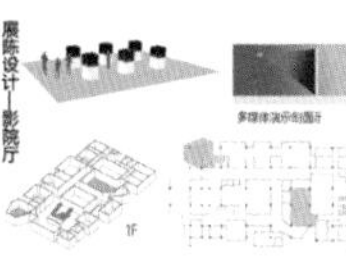

灯光设计 意向效果

布展方式 展示内容—民间收藏

展陈设计—临时展厅

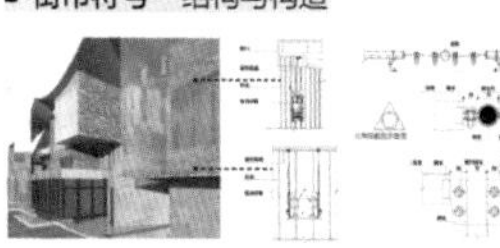

打墙间游走 拼凑间观展 广场集中观展

布展方式参考 意向效果

展陈设计—影院厅

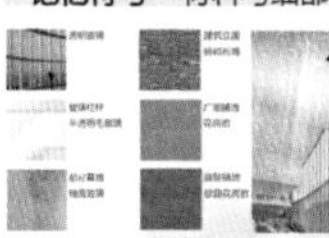

多媒体演示剖面图

以多媒体为主的视频、音频媒介形式可以有效的充分利用布展空间，结合墙面投影，令观众更直接的去了解展示物件

展示内容—历史影像

展示内容—文化宣传

街市符号—结构与构造

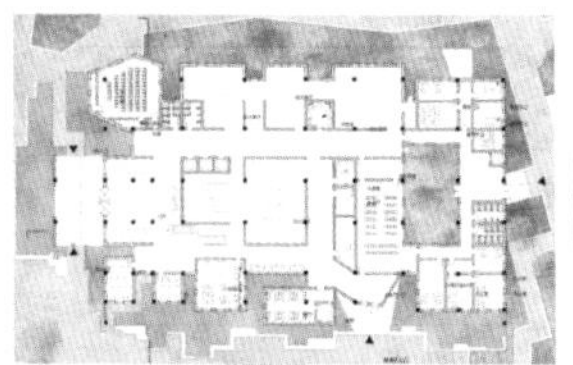

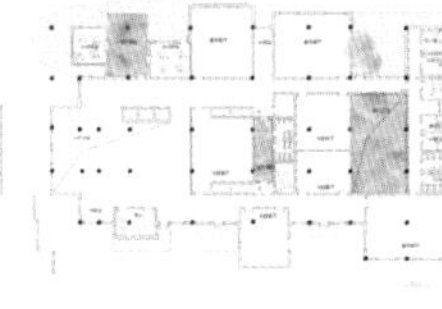

记忆符号—材料与细部

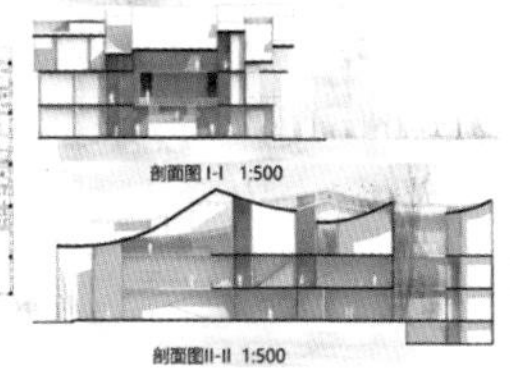

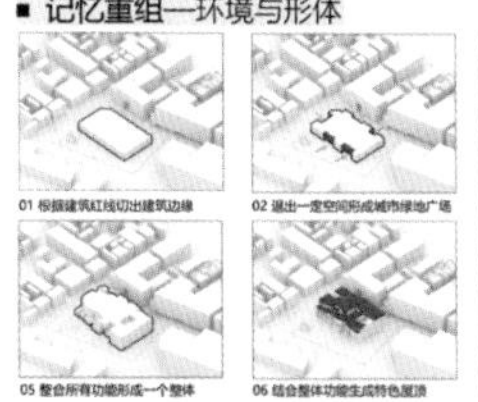

首层平面图 1:500

二层平面图 1:500

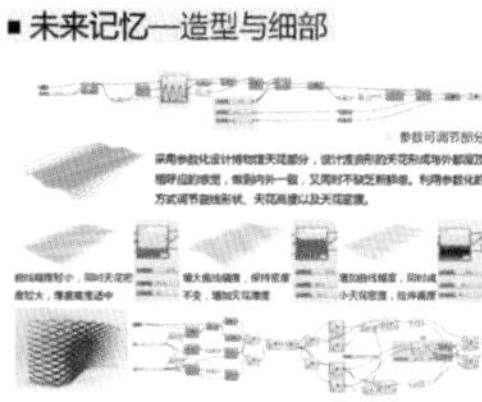

三层平面图 1:500

剖面图I-I 1:500

剖面图II-II 1:500

记忆重组—环境与形体

01 根据建筑红线切出建筑边线
02 退出一变空间形成城市绿地广场
03 将展厅、商业及办公分成三个部分
04 将展厅主体切成方格提供景观
05 整合所有功能形成一个整体
06 结合整体功能生成特色屋顶
07 根据整体生成立面造型
08 具体划分出场地的各种功能

未来记忆—造型与细部

参数可调节部分

采用参数化设计博物馆天花部分，设计曲面形的天花形成与外部屋面相呼应的感觉，使到内外一致，又同时不缺乏新鲜感。利用参数化的方式调节曲线形状、天花高度以及天花密度。

街市内景—表达与表现

建筑改造——锅炉房更新改造设计研究

中国矿业大学建筑与设计学院建筑学系　三年级

中国矿业大学文昌校区锅炉房位于校区内文昌山西路，距矿大西门约200m。东侧、南侧紧邻自然山体，由挡土墙分隔；西侧为校内主要交通道路；北侧距原后勤楼约为65m，主体2层，高17.7m，建筑面积约为2220m^2，排架结构。

锅炉房建成于20世纪80年代初，主要用于学校冬季供暖。2002年，被废弃。2010年开始，由中国矿业大学建筑设计咨询研究院有限公司对其进行检测、加固、更新设计等。

现拟对中国矿业大学文昌校区老锅炉房建筑进行更新改造为“科创体验中心”，建筑用地可在原用地范围内，根据调研、新功能要求、所关注的议题等进行适当调整。

教学目的及要求

1. 掌握旧建筑改造的基本方法，明确旧建筑“更新改造”概念、意义、作用。了解旧建筑为适应新时期新功能如何进行调整，发现旧建筑存在的意义，在其更新改造过程中能适度地保留该建筑的特点，使新旧建筑能有机的协调与共生。

2. 强化整体设计的观念，明确建筑环境要素，从结构、功能等多方面认识新旧建筑空间关系，适度把握功能单元分区和联系。

3. 秉承创新理念，开拓创作思路，在建筑形式上应展现时代特色。

4. 了解建筑师职责，参与任务书拟订和细化。根据调研情况和业态分析，每班按小组细化和完善任务书。要求确定建筑类型、用地面积、总建筑面积、分类建筑面积、房间种类和数量。

5. 能够比较熟练运用建筑模型分析、计算机辅助设计及表现。

优秀作业1：重生——基于参数化设计下的绿色生态锅炉房更新改造
设计者：陈艺莹　陈金梅

优秀作业2：锅炉房更新改造·创新创业体验中心　设计者：许靖金　周　涛

作业指导教师：顾贤光　马全明　林祖锐　刘志超

教案主持教师：顾贤光　韩大庆　林祖锐　马全明　朱冬冬　刘志超

2017年·全国高等学校建筑设计教案学成果评选

建筑设计系列课程体系

认知入门	设计基础	深化提高	拓展创新	综合应用
（一年级）	（二年级）	（三年级）	（四年级）	（五年级）
小品建筑	小型建筑	中型建筑	建筑专题设计	综合应用
立体生活空间 建筑小品 场地设计 茶室	别墅设计 幼儿园设计 社区图书馆设计 山地旅馆设计	社区活动中心 建筑系馆 汉文化艺术馆	城市设计 住宅与住区设计 高层建筑设计 建筑设计综合	实习 毕业设计

建筑改造--锅炉房更新改造设计研究

1. 教学目的

原理讲授

• 了解建筑全寿命周期发展过程，关注建筑与社会的关系。

• 从建筑绿色技术创新、再生利用以及设计方法来体现绿色建筑的可持续性和可实施性。

• 从技术进步、产业发展、历史文脉、生态环境等方面综合分析，探索建筑空间塑造的可能性。

功能置换 ↕ 空间重塑 ↕ 绿色技术

1

2. 教学方法

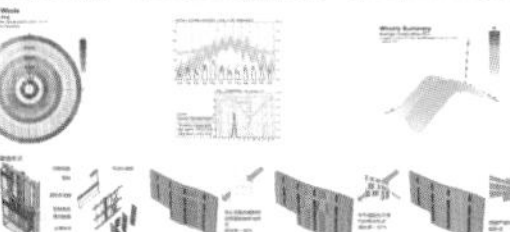

场地调研 ↓ 空间解析 ↓ 模型推敲 ↓ 数字优化

• 对老校区的废弃锅炉房进行调研，探究建筑改造的可能性，以及历史与文脉的延续和创新。

• 以“重塑空间，工业记忆”为核心，从功能、空间、形式、技术等方面对旧建筑进行改造。

• 前期要求以手工模型 推敲为主，数字模型为辅，成果表达必须包括模型。

• 用分析软件对初步成型的方案进行深一层次的分析和优化。

2

3. 教学要点

基础理论	设计过程	重点难点
行为感受	空间计划	路径安排
生态技术	结构构造	综合运用
文化传承	形式形态	环境融合

空间组织 ↕ 绿色技术 ↕ 造型形态

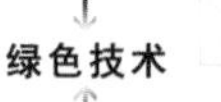

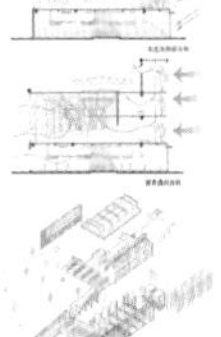

3

4. 教学要求

基地选址 ↓ 性质定位 ↓ 训练目的 ↓ 设计内容

中国矿业大学文昌校区锅炉房位于校区内文昌山西路，距离矿大西门约200米。东侧、南侧紧邻自然山体，由挡土墙分割；西侧为校内主要交通道路；北侧距原后勤楼约65米，主体2层，高17.7米，建筑面积约为2200㎡，属排架结构。

拟对中国矿业大学文昌校区老锅炉房建筑进行更新改造，以“科创体验中心”为主题，建筑用地可在原用地范围内，根据调研、新功能要求、所关注的议题等进行适当的调整。需熟悉基地环境，并根据关注的议题对基地展开调研，并以调研为基础展开设计。

本设计要求在现存建筑的基础上进行更新设计，总建筑面积约为3600㎡。各组成部分可参考如下面积分配，在使用功能合理的情况下，亦可根据设计适当的调配，但总建筑面积增减不大于5%。

4

step 1

准备阶段

空间获得 旧建取舍

原理讲授

讲授关于建筑改造的几类基本方式和原理。

实地调研

锅炉设备已拆除，结构形式为混凝土排架结构且保存良好。

第①周 第②周

场地模型

通过手工模型还原场地和现有建筑，保证方案和场地的契合度。

资料收集

通过资料和调研提高同学们的认知能力。

step 2

构思阶段

功能优化 建筑生成

模型推敲

通过草模制作加强学生对空间的认知，并快速地表现自己想法。

草图分析

我们坚信草图是表达设计思想最直观的方式。

第③周 第④周

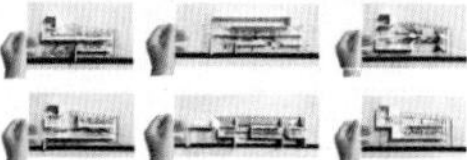

理念构思

建筑理念是建筑的灵魂，怎样让学生脑海中的理念落实到建筑中去是设计教学中的难点和重点。

方案形成

经过多轮草图和模型制作，大部分概念和想法能够落实。

中期汇报

中期答辩

模型成果

草图表达

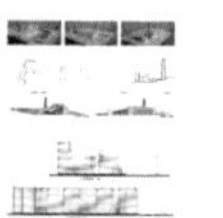

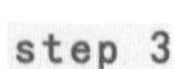

step 3

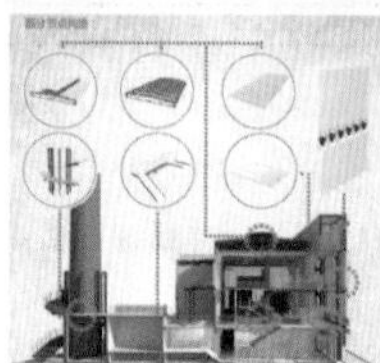

深化阶段

尺度宜人 融入环境

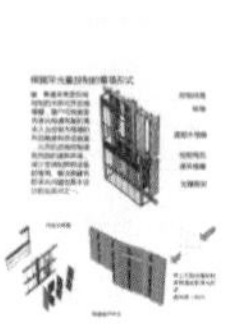

细部设计

培养学生对细节的把握能力，通过人体尺度来把握细部的设计。

尺度宜人

怎样将高大的厂房改造为是一人使用的办公空间是本次设计的重要要求之一。

第⑤周 第⑥周

融入环境

本次设计主要是建筑与原有特色构件（如烟囱）的融合。

生态可持续

设计中要求学生对设计方案中具有代表性的构造进行节点大样详图的表达。

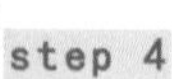

step 4

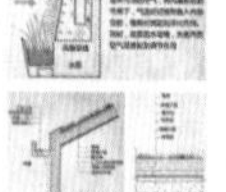

表达阶段

技术介入 表达技法

结构优化

作为改造项目，优化加建结构和原有排架结构之间的关系是改造设计中的重点。

材料与构造

通过对材料和构造等细节的改造完善设计成果。

第⑦周 第⑧周

排版布图

正图绘制和排版阶段是学生独立完成的最后阶段，也是设计的最后一个环节。

模型制作

通过正模制作，能使学生对自己设计有一次更深入的了解，并发现残存的问题进行反思。

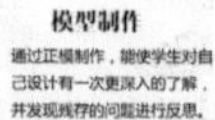

评价

2017年·全国高等学校建筑设计教案学成果评选

教学成果-锅炉房更新改造

1. 自然·生长

设计说明：

本次设计位于中矿大文昌校区内，在上世纪作为矿大师生供暖的锅炉房使用，现今传统功能不复存在。在主体结构保存良好的情况下，将锅炉房改造为创新创业基地成为本次任务内容。

创新从何处来困扰着信息时代的我们，而人们在思考时习惯了远离自然。本方案确立以自然生长规律为核，将历史与自然万物生长的规律抽象引入建筑主体。尝试通过空间的象征，将自然引入建筑，让创新之意在建筑中垂然生长，同时赋予工业建筑自然的新生。

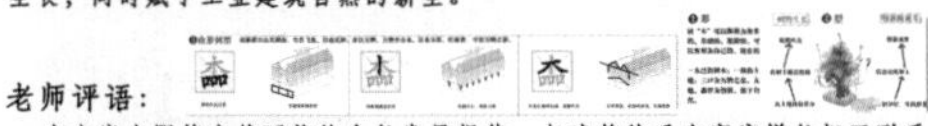

老师评语：

本方案大胆将自然万物的生长发展规律，与建筑的垂直高度增长相互联系。通过空间特征的构建强调，赋予内部空间哲思内涵。让使用者在行进中感知了建筑历史，大胆放飞想象。

在立面处理上以仿生树木的形式强调上部。在立面与屋顶结合各类建筑技术，使陈旧的建筑植入了全新的科技。保留老建筑部分提供创新源动力，向上愈发激进的空间赋予了旧建筑全新的面貌。

2. 破旧·融新

设计说明：

本设计任务是将废弃的锅炉房改造成创新科技中心。一方面，本建筑作为一座工业性质的建筑，空间尺度和室内环境都与普通的公共建筑有差别。另一方面，本建筑作为一座具有一定历史价值的建筑，无论是作为城市发展的遗留物，人们的工作场所，环境活动的标识物，或多或少有一定的文化符号的痕迹，而以何种形式保留这种人文载体是公共需求与办公群体需求的矛盾点，也是我们要解决的问题

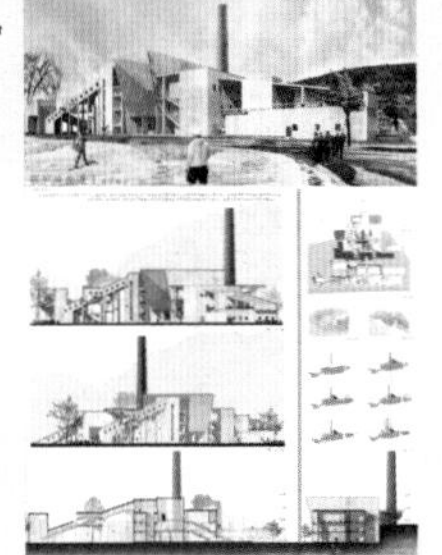

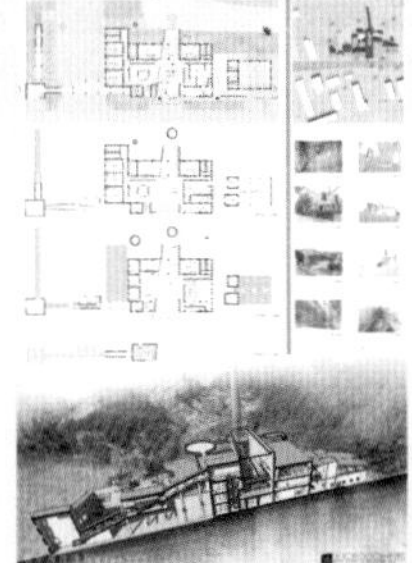

老师评语：

本设计通过改造的手法，打破旧建筑与场地的隔阂，满足建筑的功能要求，适当向公众开放部分空间，在不影响使用者的正常使用的前提，促进不同人群的交流活动，提升了空间的归属感。

对于建筑本身，建筑改造的介入希望与原建筑框架相互贯穿，激发与建筑历史的对话，同时利用地景处理的手法，以维系厂区现存的人为力量和自然环境矛盾关系的思考。

3. 生态·重生

重生
基于参数化设计下的绿色生态锅炉房更新改造 01

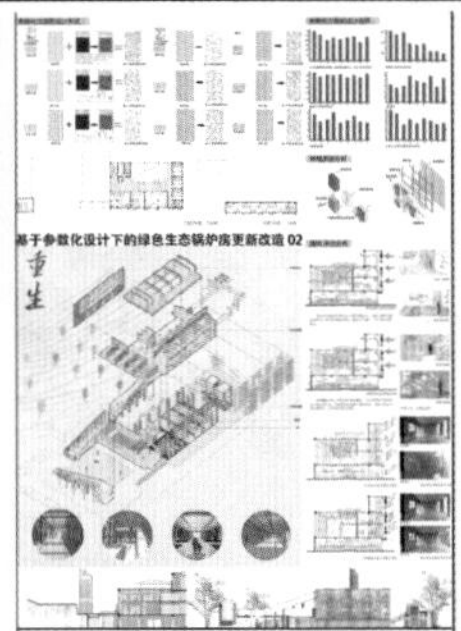

设计说明：

本次设计位于老矿大文昌校区，锅炉房作为上世纪的建筑产物，在功能上已经不能继续使用，但是结构还存在。此次改造的目的是为了更新锅炉房作为新的创新创业使用功能。

现如今人们都长时间在办公室里工作，很少接触大自然，本方案尝试将绿色植物引入建筑，通过人工的方式使人与大自然的关系更加密切，同时给予就工业建筑以重生。

老师评语：

本方案用原有工业建筑的构架元素创造空间，同时利用空间强化这些构建元素，两者相辅相成，塑造令人印象深刻的内部空间。

在立面处理上采用参数化立面与垂直绿化相结合的处理手法，赋予旧建筑以全新的面貌。同时，垂直生态绿植的运用可以一定长度上调节建筑内部微气候，节约资源。

4. 新旧·共生

设计说明：

旧建筑作为一座老工业性质的废弃建筑，在空间尺度和室内环境等方面都与以"科创体验中心"为主题的公共空间不相符合。另外，该建筑作为一个旧时代的锅炉房，有一定的纪念价值，是城市发展的遗留物、个体供暖的标识物、居民记忆的片段之一，几乎可以称得上是某种文化符号。 在该次设计中，希望通过改造的相关手法，满足任务书所要求的功能需求，增加公共开放空间，提高空间舒适度。深入到建筑本身，本人希望放大新、旧建筑的对比，激发新建筑与旧建筑的历史对话；同时，将室内空间引出室外，同建筑东侧的山地相连，加强建筑与周边自然环境的联系。

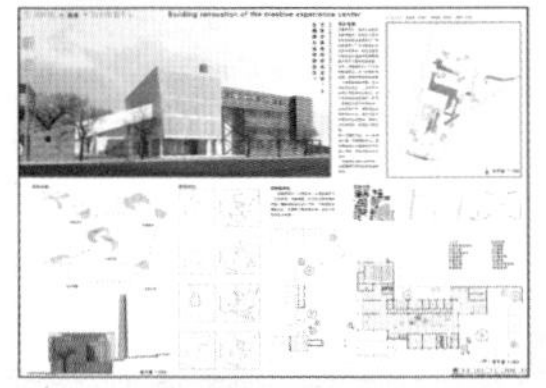

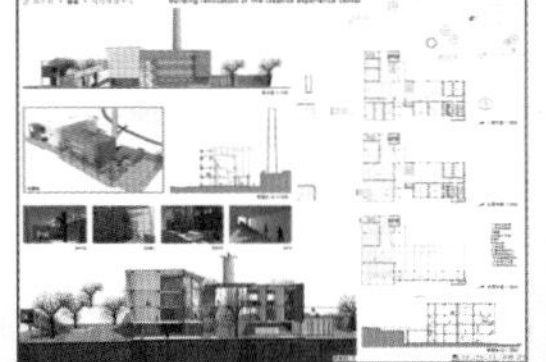

老师评语：

该方案能较充分的考虑到新业态对建筑空间的需求，基于经济性的角度，从旧建筑原有结构和主立面出发，营造新旧对比强烈的空间感受。功能分区合理，流线组织得当，立面处理体现了设计想法，表达清晰制图规范，但在新、旧建筑的体块和材质的交融度上仍需加强，场地的处理上也略显不足。

设计概念：

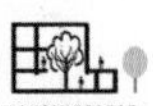

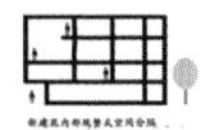

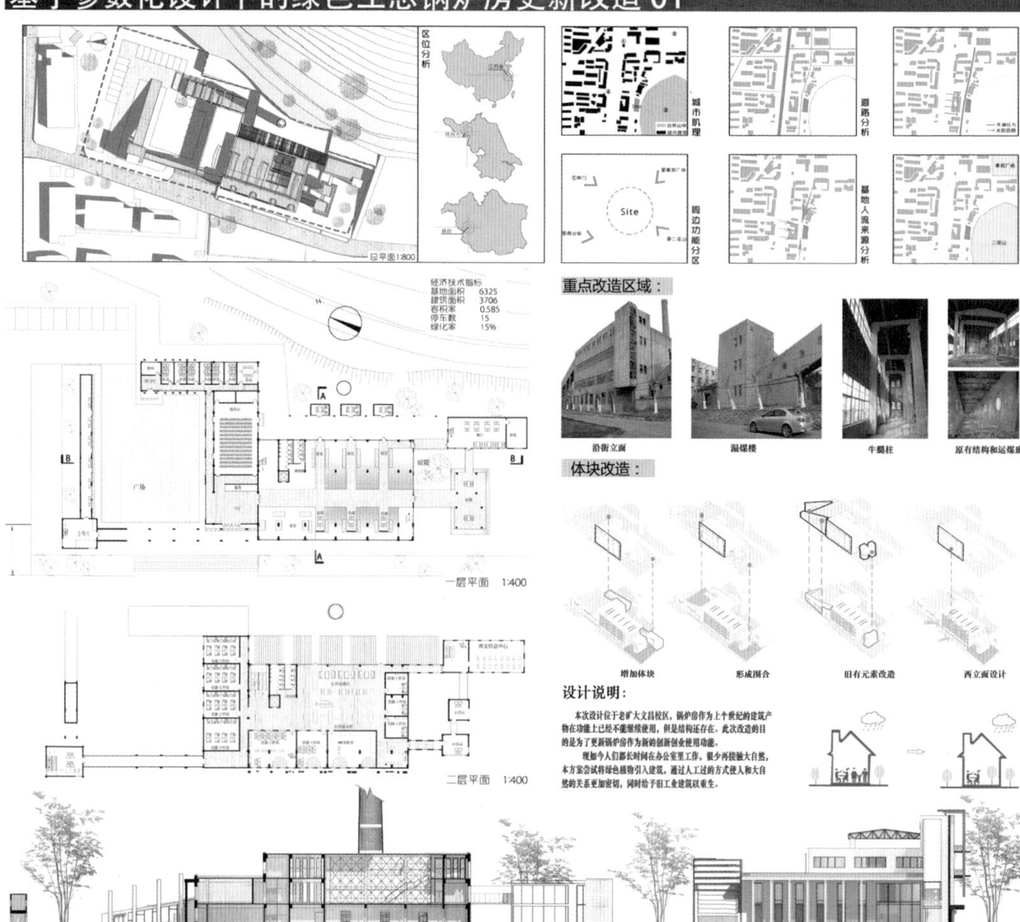

设计说明：

本次设计位于老矿大文昌校区，锅炉房作为上个世纪的建筑产物在功能上已经不能继续使用，但是结构还存在。此次改造的目的是为了更新锅炉房作为新的创新创业使用功能。

现如今人们都长时间在办公室里工作，很少再接触大自然，本方案尝试将绿色植物引入建筑，通过人工过的方式使人和大自然的关系更加密切，同时给予旧工业建筑以重生。

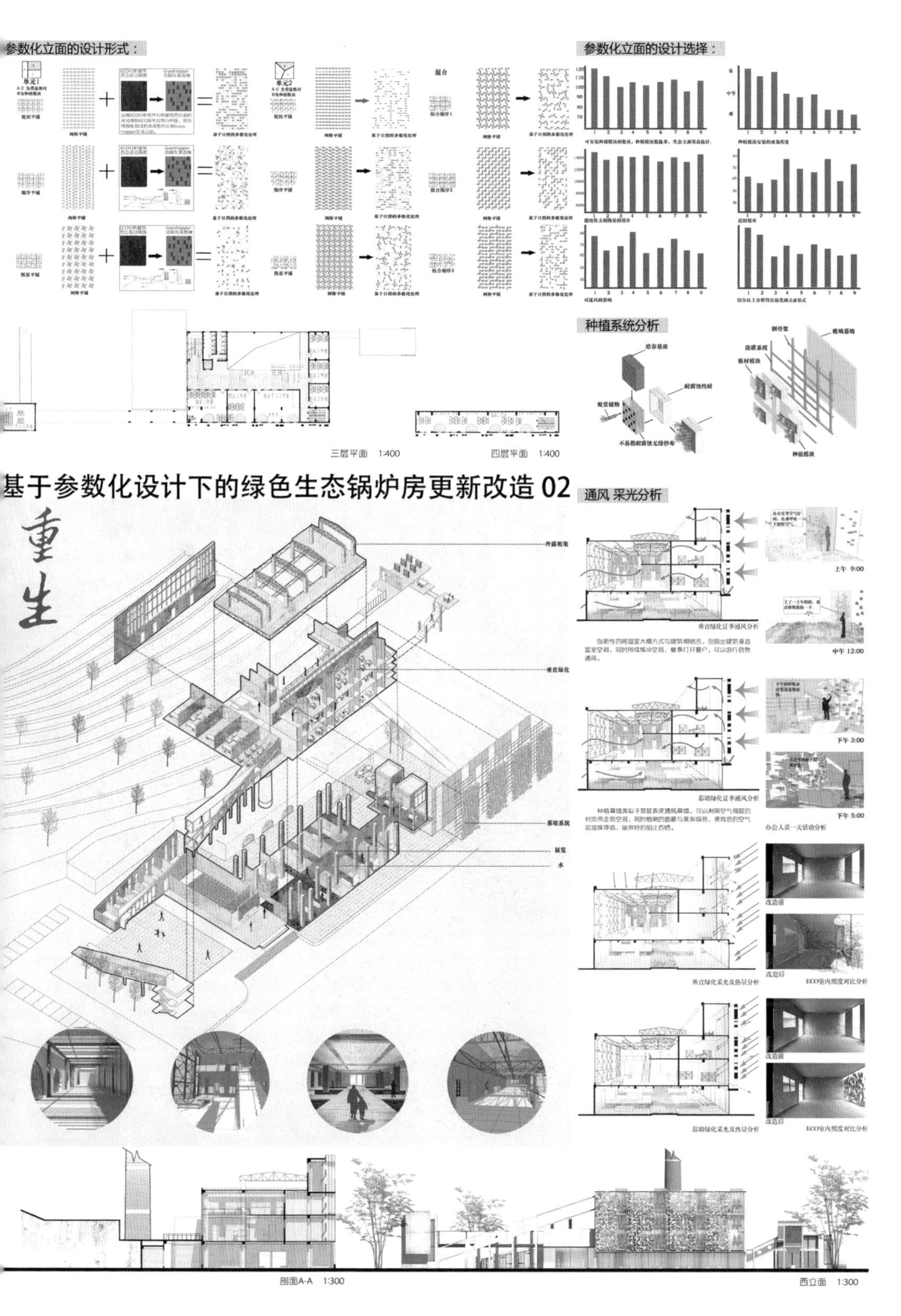

参数化立面的设计形式：
单元1
单元2
网格平铺
基于日照的参数化处理
混合
组合顺序1
组合顺序2
组合顺序3
参数化立面的设计选择：
种植系统分析
培养基质
耐腐蚀性刷
观赏植物
不易腐耐腐蚀无纺纱布
钢骨架
玻璃幕墙
浇灌系统
板材模块
种植模块
三层平面 1:400
四层平面 1:400
基于参数化设计下的绿色生态锅炉房更新改造 02
重生
外露桁架
垂直绿化
幕墙系统
展览
水
通风 采光分析
垂直绿化夏季通风分析
创新性的将温室大棚方式与建筑相结合，创造出建筑垂直温室空间，同时形成缓冲空间，夏季打开窗户，可以进行自然通风。
上午 9:00
中午 12:00
幕墙绿化夏季通风分析
种植幕墙类似于双层表皮通风幕墙，可以利用空气间层的对流带走热空间，同时植物的遮蔽与蒸发吸热，使背后的空气温度降低，能很好的阻止西晒。
下午 3:00
下午 5:00
办公人员一天活动分析
垂直绿化采光及热量分析
幕墙绿化采光及热量分析
改造前
改造后
ECO室内照度对比分析
剖面A-A 1:300
西立面 1:300

以调研为主导的自主命题、自主选址小型公共建筑设计——乌素图小型公共建筑设计

内蒙古工业大学建筑学院建筑系　二年级

本教案设置在二年级下半学期，教案设计在二年级整体教学目标与教学框架的控制下完成，是本学年设计训练的总结与综合，具有以下特色：

1. 选择城市周边具有地域及文化特色的乡村作为设计场所。十一周长题，把实地调研作为发现问题的初始，要求学生在建筑学领域对村落的形态、道路、建筑形制、材料进行详细记录，并在社会、历史、文化层面作粗浅了解。

2. 以问题为导向，根据调研结果在老师指导下自选择场地、自拟任务书，寻找发现问题、解决问题的逻辑关系，认知任务书设置内容与调研的关联。

3. 设计中以模型作为设计手段进行推进，利用二维图纸与三维模型的不断转换，训练学生空间的感知力与空间思考力。设计成果以图纸和模型两种方式呈现，模型制作进行评奖，优秀者给予奖励。

4. 整个设计过程中团队合作与个人设计相结合。在调研及调研汇报阶段以团队合作的形式完成，培养学生团队合作的意识；设计阶段以个人成果呈现。

优秀作业 1：庭韵——文化活动中心设计　设计者：王佳乐
优秀作业 2：小型公共建筑——游客中心设计　设计者：甘宇田

作业指导教师：齐卓彦　王卓男　阿拉腾　胡晓勇　苏晓明　韩　瑛
教案主持教师：齐卓彦　王卓男　苏晓明　阿拉腾　胡晓勇　韩　瑛

建筑学专业课程体系

Curriculum of Architecture —— School of Architecture

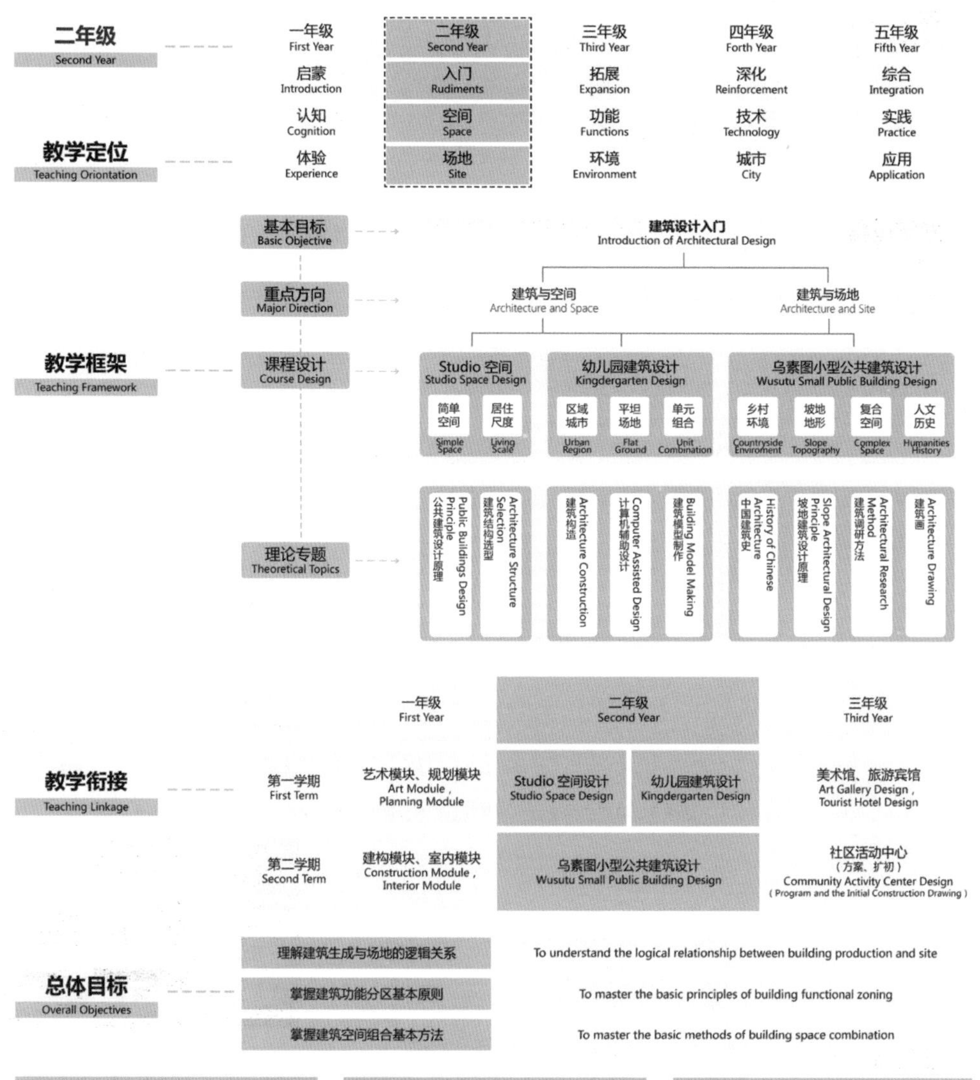

教学重点

1、使学生建立空间与功能的基本概念，树立功能的分区意识、空间意识。

2、以此为主线，强调环境、建筑、使用者三者之间关系的同时，要求学生掌握人体尺度与空间感知，学习空间划分与围透的基本原理，单元空间组合、复合空间组合的基本方法，水平、垂直交通组织的基本方式以及简单形体的塑造方式。

教学方法

1、以调研为设计的切入点，引导学生建立使用者与建筑二者相关联的意识

2、以问题为导向，训练学生理性、逻辑的思考方式。在寻找问题答案中贯穿功能与空间基本设计方法的学习。

3、模型作为主要设计手段进行方案推敲，在设计中利用二维图纸与三维模型的不断转换，训练学生空间的感知力与空间的思考能力。

教学特色

1、二年级上半学期为四个专业的大平台设置，淡化专业间界限，从建筑设计基础出发，利用各专业特点做到虽完成相同题目、利用差异性达到相互学习、相互借鉴的目的。

2、团队合作与个人设计双向进行，在个人自主设计同时，融合团队调研、团队汇报的方式，并在班级与专业混合的基础上进行分组，使学生培养团队合作意识。

课程题目 Course

乌素图小型公共建筑设计
Wusutu Small Public Building Desgin

教学目标 Teaching Objectives

知识目标

1、掌握复合空间的组合方式，掌握功能临近布置所形成的功能分区
2、学习空间的组合方式与交通组织的对应关系
3、学习在乡村环境中建筑设计的方法，学习新建筑与场地周围要素和谐共生的方法
4、学习如何以文脉与地域为出发点完成建筑构思，并在建筑中表达文脉的深层涵义

能力目标

1、通过增加人文要素（社会、历史）或改变环境信息（乡村环境），逐步增加题目的难度及综合度，以提高学生在建筑设计中解决问题的能力
2、熟悉基本调研方法，通过对自然环境及人文环境相对综合的调研，拓宽学生思维，提高学生对调研的内容和方法的掌握。
3、通过自主选择设计场地，自主拟定任务书，训练学生通过调研寻找建筑功能设置及设计场地的能力，了解建筑任务书生成的逻辑关系。

教学过程 Teaching Procedure

阶段 1：调研场地、拟定任务书

1周 1 Week

- 讲解任务书，布置调研任务，对调研的内容和方法做详细讲授。
- 要求学生分组完成调研任务，制作调研 ppt 进行成果汇报，上交调研成果并进行成绩评定。
- The task papers are explained, the research tasks are planned, the detailed explanation of the investigation and research contents and methods are given.
- Students are required to complete the task of group research, make research PPT report, submit the research results and conduct a performance assessment.

2周 2 Weeks

- 在调研基础上自主选取建筑设计场地，并完成任务书得制定。
- On the basis of the investigation and research, the architectural design site is chosen and the task papers are completed.

Phase 1: Investigation and Assignment

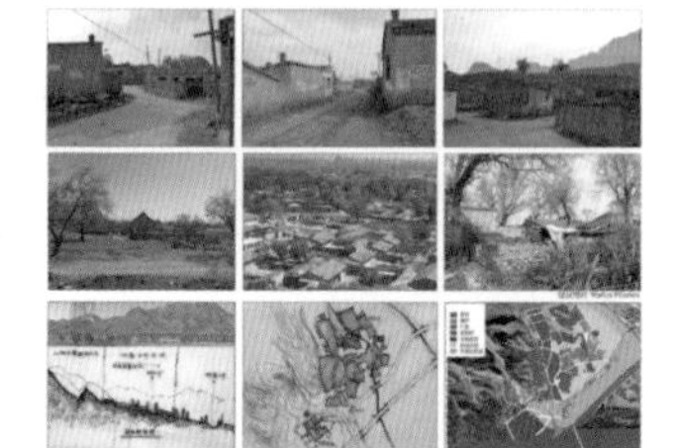

阶段 2：建筑设计阶段

1周 1 Week

- 总平面设计阶段，要求对所选定场地进行再一次深入调研，包括地形、地貌、竖向信息、周围建筑、周围道路、场地植被等，在此基础上完成总平面设计，完成场地模型。
- In the general plane design phase, a further study of the selected site, including terrain, topography, vertical information, surrounding buildings, surrounding roads, site vegetation and so on is to be conducted. On this basis, the total plane design and site model are to be completed.

1周 1 Week

- 完成建筑单体的构思、平面、内部空间、形体、立面及材料设计，中间以草图和草模的方式完成方案推敲，并进行多次 ppt 汇报。
- The single architectural unit' s idea formulation, the plane drawing, the internal space design, the shape, the vertical side and the design of the materials, the drafts are to be improve ed and completed. Several PPT reports are required.

Phase 2: Architectural Design

阶段 3：完成成果阶段、举行模型竞赛及评图

1周 1 Week

- 进行方案整体调整，完成工具草图
- Completion of the project, model competition and evaluation

1周 1 Week

- 完成成图绘制并制作模型
- The final drawing is completed and the model is made.

1周 1 Week

- 进行模型评奖，进行成图的讲评
- The model evaluation is appraised and the comments for the drawing are made.

Phase 3: Layout and Review

成果展示 Projects Exhibition

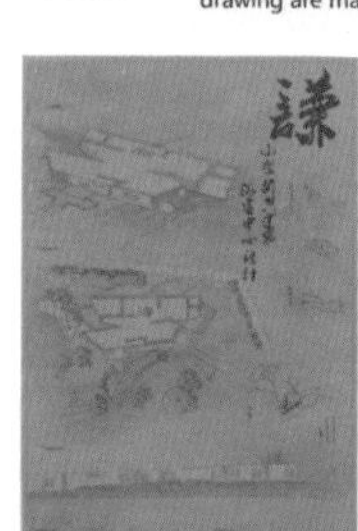

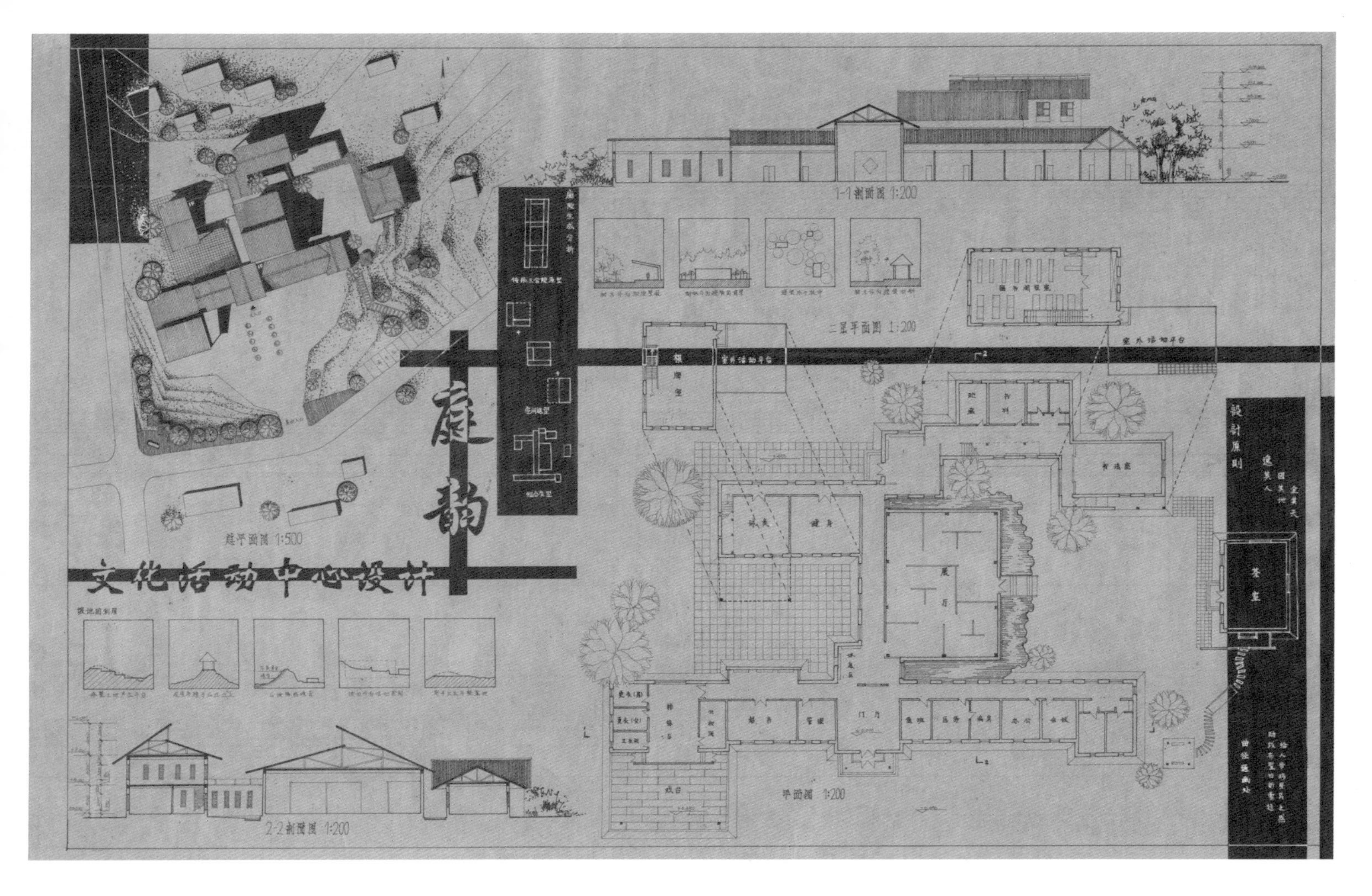

文化活动中心设计
庭韵
总平面图 1:500
1-1剖面图 1:200
二层平面图 1:200
平面图 1:200
2-2剖面图 1:200
坡地的利用
设计原则
室外活动平台
展厅
茶室
门厅
戏台

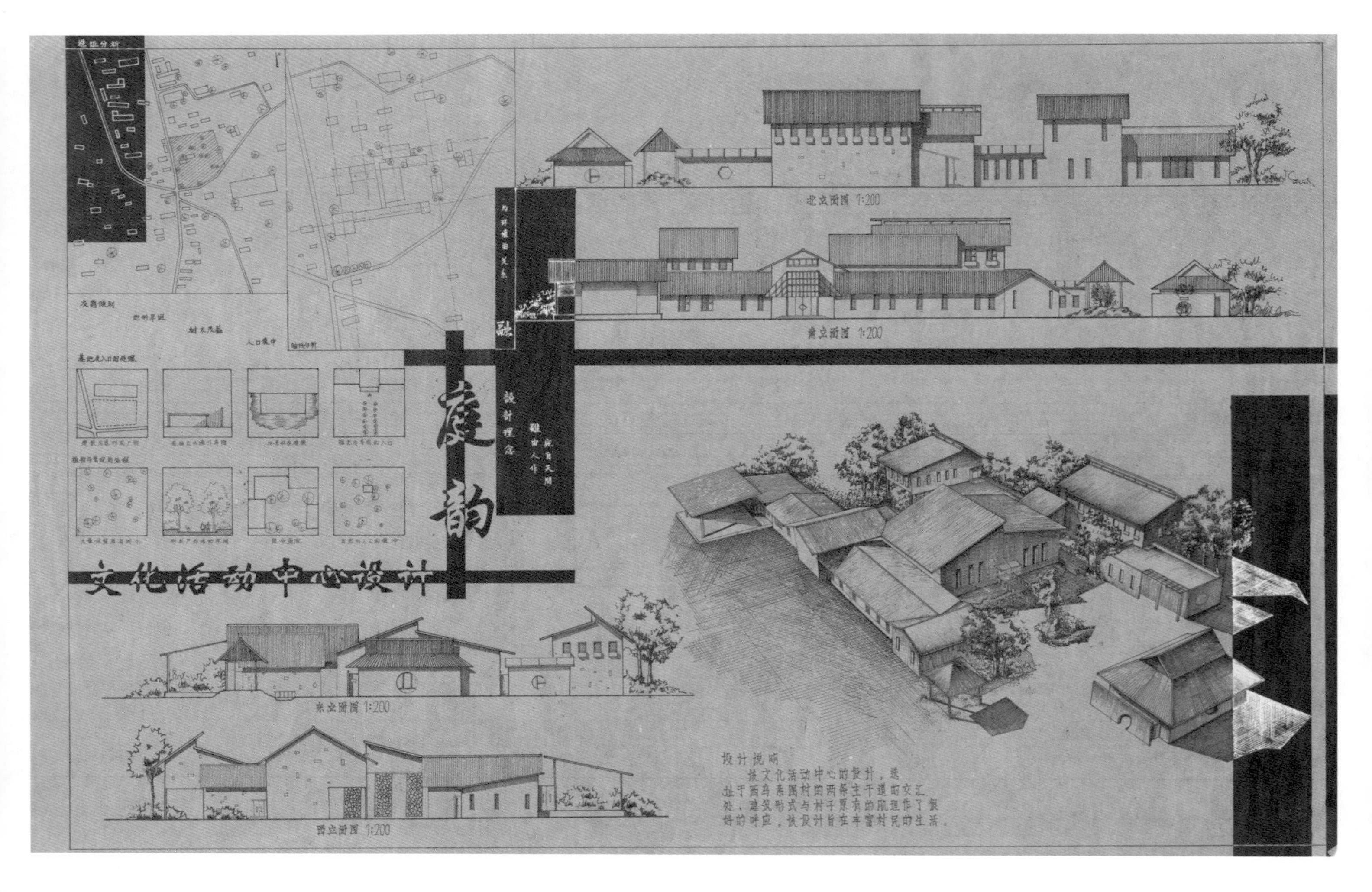
文化活动中心设计
度韵
设计理念
融
虽由人作 宛自天开
与环境的关系
选址分析
北立面图 1:200
南立面图 1:200
东立面图 1:200
西立面图 1:200
设计说明
该文化活动中心的设计，选址于西乌素图村的两条主干道的交汇处，建筑形式与村子原有的肌理作了很好的呼应，该设计旨在丰富村民的生活。

工程实践中心改建——建筑院馆设计

内蒙古科技大学建筑学院建筑学系　三年级

一、教学目的及要求

1. 通过对建筑学院院馆的设计，理解与掌握功能相对复杂又具有特殊使用要求的教育类建筑设计理论与方法。

2. 学习对旧有建筑进行设计改造的一般策略与方法，学习对结构与构造进行设计研究。

3. 培养学生将可持续性发展的建筑理念运用于设计当中。在满足建筑使用要求的前提下，对绿色建筑技术、可再生资源利用等问题进行设计研究。

4. 重视建筑室内外环境的设计，训练营造适应不同行为心理需求空间环境的能力。

5. 学习掌握运用联系实际、调查研究、公众参与的工作方法。

二、设计内容及要求

（一）设计题目：

某大学工程实践中心改建建筑院馆设计

（二）设计内容

1. 建设规模：建筑学院开设建筑学、城乡规划、风景园林三个本科专业，学制五年，每级 4 班（其中建筑学 2 个班），每班 30 位学生，教职工 100 人（其中含行政教辅人员 15 人）。建筑限高为 24m，总建筑面积 12000m^2(±10%)

2. 建设地点：原工程训练中心厂房，详见附图。

3. 设计要求

（1）建筑的总体布局应考虑与周围环境之间的关系，营造适合不同环境行为心理需求的空间领域。

（2）设计应充分考虑原有建筑室内外空间的特质，合理进行空间优化、切割与重组。

（3）建筑造型应强调教育建筑的文化特点以及建筑学院的艺术特点。

（4）鼓励建筑生态技术的使用，加强建筑法规、建筑结构、建筑材料、建筑技术等相关知识在建筑设计中的应用。

优秀作业 1：蒙太奇式空间剪辑——某大学工程实训中心改建　建筑系馆设计
设计者：张　蕊

优秀作业 2：非定向空间营造：某大学工程实践中心改造——建筑院馆设计
设计者：王艳彬

作业指导教师：孙丽平　董铁鑫

教案主持教师：董铁鑫　孙丽平　布音敖其尔　刘思源　马成俊

工程实践中心改建——建筑院馆设计

（建筑设计 Ⅱ）

大三年级
建筑设计
01 课题教案

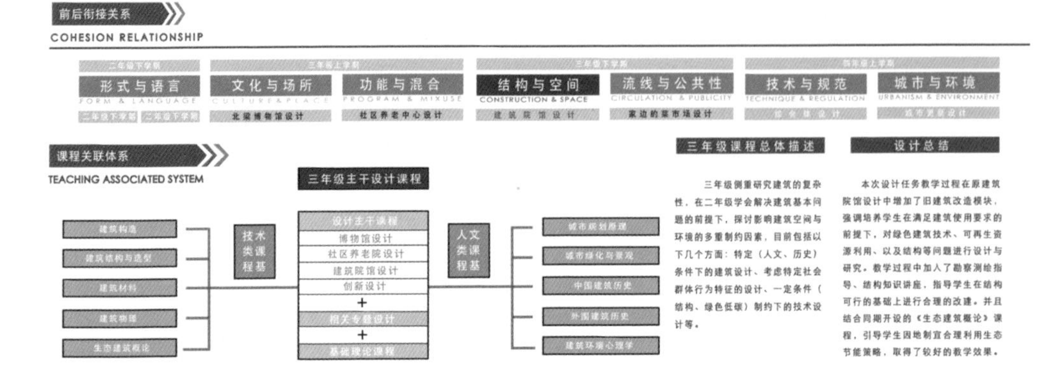

三年级课程总体描述

三年级侧重研究建筑的复杂性，在二年级学会解决建筑基本问题的前提下，探讨影响建筑空间与环境的多重制约因素，目前包括以下几个方面：特定（人文、历史）条件下的建筑设计、考虑特定社会群体行为特征的设计、一定条件（结构、绿色低碳）制约下的技术设计等。

设计总结

本次设计任务教学过程在原建筑院馆设计中增加了旧建筑改造模块，强调培养学生在满足建筑使用要求的前提下，对绿色建筑技术、可再生资源利用、以及结构等问题进行设计与研究。教学过程中加入了勘察测绘指导、结构知识讲座，指导学生在结构可行的基础上进行合理的改建。并且结合同期开设的《生态建筑概论》课程，引导学生因地制宜合理利用生态节能策略，取得了较好的教学效果。

建筑学本科总体教学体系

ARCHITECTURE UNDERGRADUATE TEACHING SYSTEM

设计起步		发展提高		实践综合
建筑设计基础	建筑设计Ⅰ	建筑设计Ⅱ	建筑设计Ⅲ	毕业设计
认识建筑	建筑的基本问题	建筑的复杂性与特殊性	建筑的多样性与综合性	建筑的复杂性

特定环境下的设计	满足特殊人群需求的设计	技术条件制约下的设计	国际化视野下的设计
地域 文脉	养老 疗养	建筑学院馆	创新设计 竞赛设计
博物馆设计	社区养老院	建筑学院馆	创新设计
设计题目 北梁博物馆设计	**设计题目** 包头市某居住区社区养老服务中心设计	**设计题目** 某大学建筑院馆设计	**设计题目** 家边的菜市场 需求与空间 冥想空间
旨在引导学生掌握特定环境（历史、人文、地域）下的建筑设计方法，立足所处区域的自然环境与人文环境，注重当地人群的民族、社会阶层、文化、生活方式等人文因素，考虑建筑与基地环境的协调问题，设计体现文化性、社会性、地域性的建筑。	旨在引导学生对特殊人群建筑需求进行认识与思考，根据调研与分析，研究老年人这一特定群体的生理特点、心理需求、行为习惯、活动特点等，针对性的设计有效的功能布局与空间形式。	一定技术条件制约下的建筑设计。培养学生在满足建筑使用要求的前提下，对绿色建筑技术、可再生资源利用、以及结构等问题进行设计研究。	任务四是一个创新型题目，学生可以有多种选择，旨在培养学生进一步掌握社会调查研究的基本方法，熟悉特定人群的心理需求和行为特征，分析各种空间形成的因素，最终通过建筑语汇进行空间优化或者设计，解决或改善使用中所产生的问题。

教学过程

工程实践中心改建——建筑院馆设计

（建筑设计Ⅱ）

教学环节

TEACHING LINK

课题任务

题目：某大学建筑院馆设计

建设规模：建筑学、城乡规划、风景园林三个本科专业，学制五年，每级4班，每班30位学生，教职工100人。建筑限高为24米，总建筑面积12000㎡（±10%）

建设地点：现校园内工程训练中心厂房进行改建。

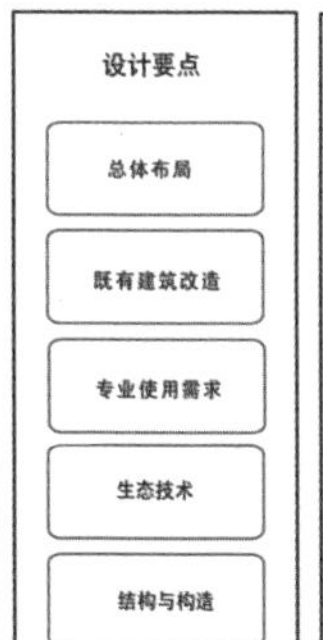

设计要点
总体布局
既有建筑改造
专业使用需求
生态技术
结构与构造
知识模块
建筑与周围环境之间的关系
历史与文脉的延续和创新
适宜尺度的绘图空间
方便交流的室内外公共空间
适宜长时间停留的工作空间
满足舒适愉悦感受的趣味空间
符合院馆特有文化及艺术形象
绿色建筑技术与可再生能源利用
材料与结构分析
细部构造

教学内容

- 国内外建筑系馆典型案例与思路要点分析
- 旧建筑改造的基本方法
- 教学模式与行为模式
- 综合的场地环境设计
- 设计策略及空间组织关系
- 各功能空间设计
- 建筑绿色技术讲解
- 建筑结构、构造讲解

任务描述

TASK DESCRIPTION

（1）教学主要用房包：括设计专用教室、讲课教室（要求具有多媒体功能）、美术教室（应注意教室朝向）、计算机教室、报告厅（满足300人以上使用）、图书资料室、建筑物理实验室（分为声、光、热实验室）、建筑材料与构造实验室、建筑模型实验室、展评空间（形式不限），教学设备用房等。

（2）教学管理用房主要包括：教师办公室、行政办公室、会议室、藏图室、接待室等。

（3）其他空间诸如值班管理室、复印室、储藏等，面积根据需要自定；卫生间、开水间各层设置；公共空间设计自定。要求为师生提供可以交流、评图、课外活动、学术沙龙等活动的开放场所。

教学用房	管理用房	其他
设计专用教室	行政办公室	[illegible]
多媒体讲课教室	教研室	图书资料室
美术教室	会议室	展评空间
计算机教室	接待室	[illegible]
实验室	藏图室	[illegible]

基地及厂房环境情况

ENVIRONMENT OF THE BASE AND PLANT

选址位于内蒙古包头市某高校校园西侧的大学生工程训练中心旧址，基地总面积达12200平米。校园以东西向主干道为主将校园划分为生活区及教学区两部分，校园规划中体育、教学、生活及行政区域组团式分布各区域之间相对独立。基地原有工程实训中心位于学校生活区和教学区的边界，用地周边与校园空间关系较为复杂。基地与学校第二教学楼及学生食堂相近，人流量较大。

原工程训练中心包括，一栋数控加工车间办公楼、一栋信息技术教学楼（均为框架结构，东西朝向）以及三件单层厂房车间（桁架结构）。

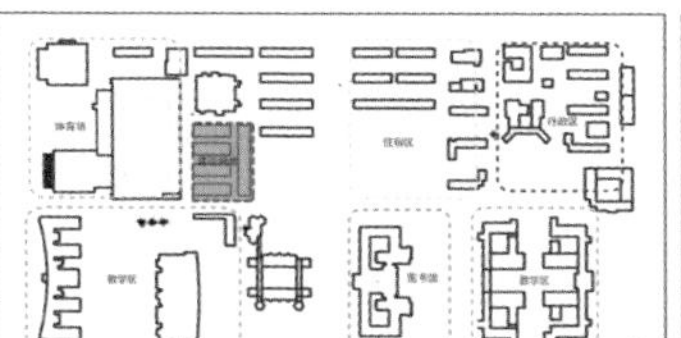

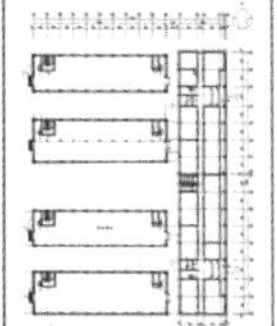

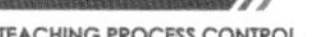

教学过程控制

TEACHING PROCESS CONTROL

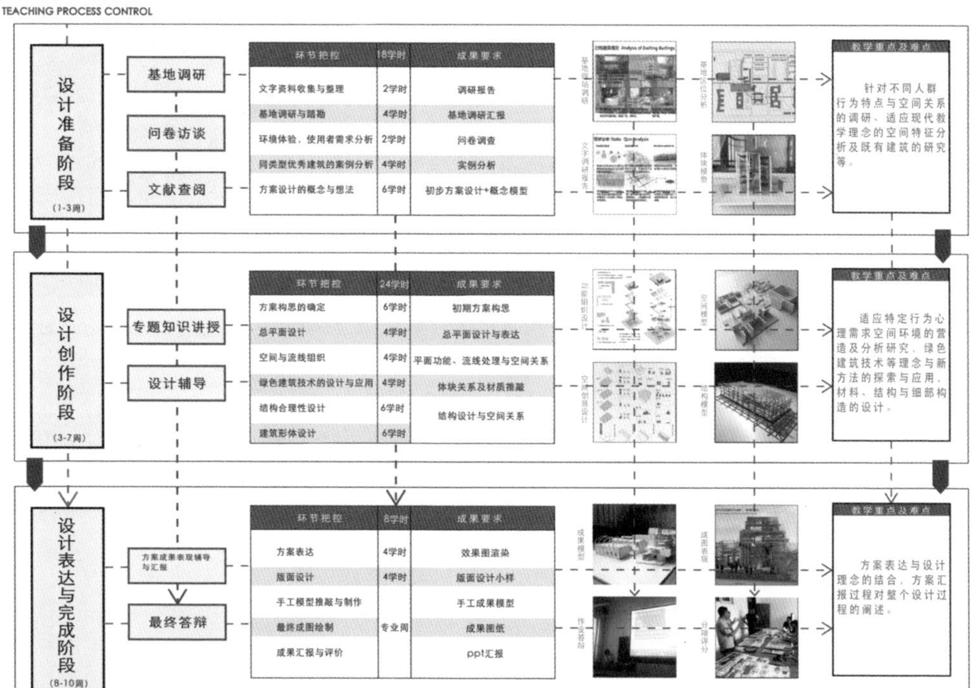

环节把控	18学时	成果要求
文字资料收集与整理	2学时	调研报告
基地调研与踏勘	4学时	基地调研汇报
环境体验，使用者需求分析	2学时	问卷调查
同类型优秀建筑的案例分析	4学时	实例分析
方案设计的概念与想法	6学时	初步方案设计+概念模型

环节把控	24学时	成果要求
方案构思的确定	6学时	初期方案构思
总平面设计	4学时	总平面设计与表达
空间与流线组织	4学时	平面功能、流线处理与空间关系
绿色建筑技术的设计与应用	4学时	体块关系及材质推敲
结构合理性设计	6学时	结构设计与空间关系
建筑形体设计	6学时	

环节把控	8学时	成果要求
方案表达	4学时	效果图渲染
版面设计	4学时	版面设计小样
手工模型推敲与制作	专业周	手工成果模型
最终成图绘制		成果图纸
成果汇报与评价		ppt汇报

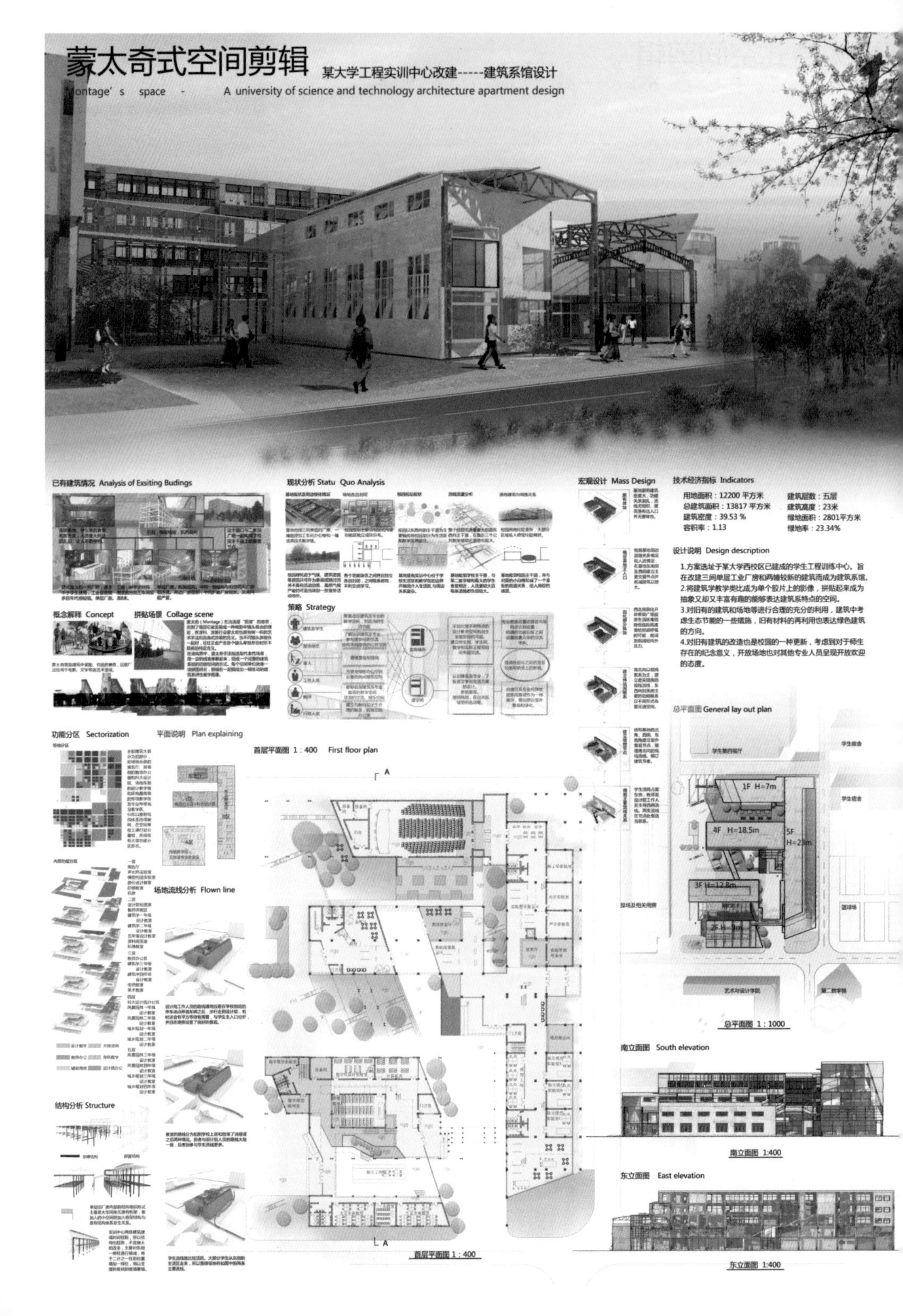

蒙太奇式空间剪辑
某大学工程实训中心改建-----建筑系馆设计
Montage' s space - A university of science and technology architecture apartment design
已有建筑情况 Analysis of Exsiting Budings
现状分析 Statu Quo Analysis
宏观设计 Mass Design
技术经济指标 Indicators
用地面积：12200 平方米
总建筑面积：13817 平方米
建筑密度：39.53 %
容积率：1.13
建筑层数：五层
建筑高度：23米
绿地面积：2801平方米
绿地率：23.34%
设计说明 Design description
1.方案选址于某大学西校区已建成的学生工程训练中心。旨在改建三间单层工业厂房和两幢较新的建筑而成为建筑系馆。
2.将建筑学教学类比成为单个胶片上的影像，拼贴起来成为抽象又却又丰富有趣的能够表达建筑系特点的空间。
3.对旧有的建筑和场地等进行合理的充分的利用，建筑中考虑生态节能的一些措施，旧有材料的再利用也表达绿色建筑的方向。
4.对旧有建筑的改造也是校园的一种更新，考虑到对于师生存在的纪念意义，开放场地也对其他专业人员呈现开放欢迎的态度。
概念解释 Concept
拼贴场景 Collage scene
策略 Strategy
功能分区 Sectorization
平面说明 Plan explaining
场地流线分析 Flown line
结构分析 Structure
首层平面图 1：400 First floor plan
总平面图 General lay out plan
1F H=7m
4F H=18.5m
5F H=23m
3F H=12.8m
2F H=9m
总平面图 1：1000
南立面图 South elevation
南立面图 1:400
东立面图 East elevation
东立面图 1:400
首层平面图 1：400

蒙太奇式空间剪辑

某大学工程实训中心改建-----建筑系馆设计

Montage' s space - A university of science and technology architecture apartment design

2

A区平面图 Block A' s plan

A区二层平面图 1：400

A区三层平面图 1：400

C区平面图 1：400 Block C 's plan

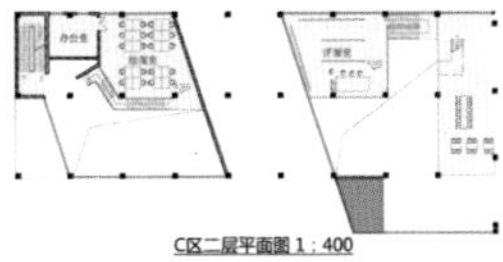

C区二层平面图 1：400

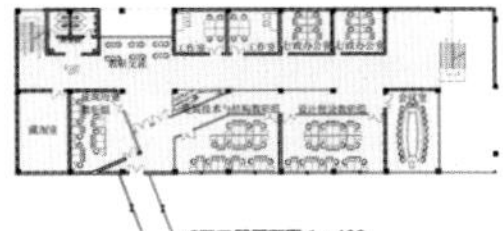

C区三层平面图 1：400

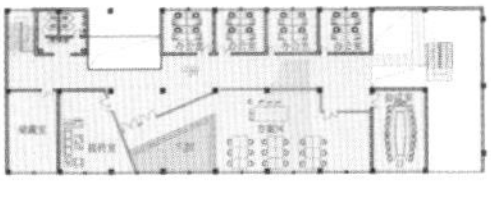

C区四层平面图 1：400

B区平面图 Block B' s plan

B区二层平面图 1：400

B区三层平面图 1：400

B区四层平面图 1：400

B区五层平面图 1：400

节能技术策略 Energy-saving Strategy

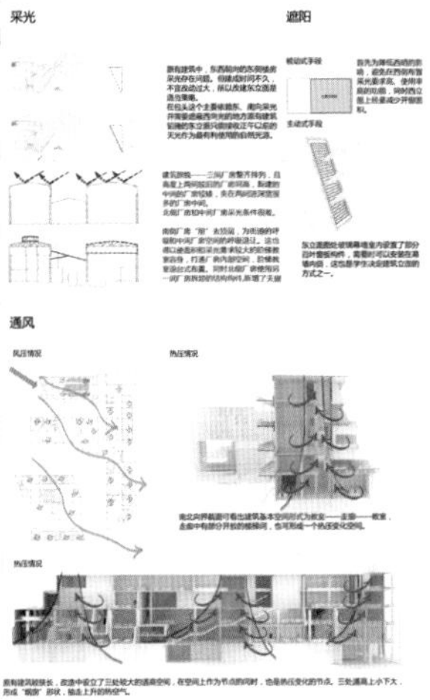

采光

遮阳

通风

A-A 剖面图 1:400 A-A Section

A-A 剖面图 1:400

专业教室设计分析 Specialized classroom analysis

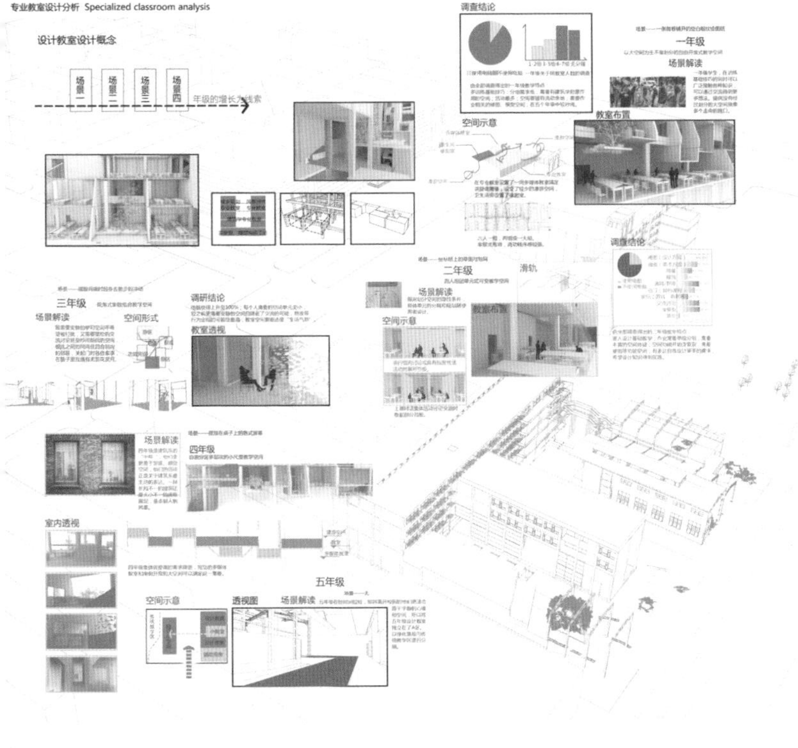

设计教室设计概念

场景一 场景二 场景三 场景四

年级的增长为线索

调查结论

一年级

场景解读

空间示意

教室布置

调查结论

二年级

场景解读

空间示意

教室布置

滑轨

三年级

场景解读

空间形式

调研结论

教室透视

场景解读

四年级

室内透视

五年级

空间示意

透视图

场景解读

漫游空间分析 Roaming space analysis

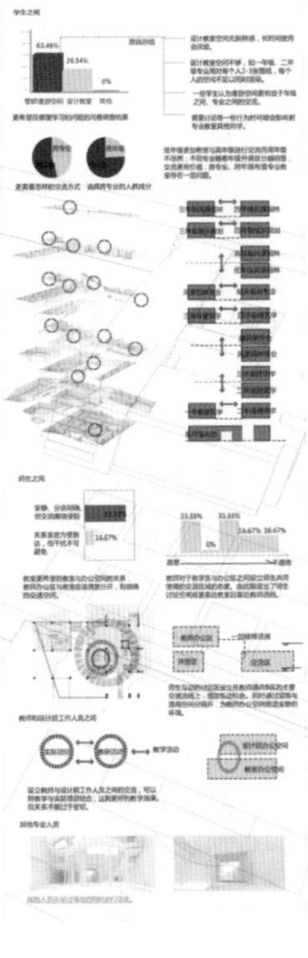

构建不确定性：未来玩乐宫

西交利物浦大学建筑系　毕业设计

“构建不确定性”教案指导学生通过试验性的方法为上海黄浦江西岸距离外滩历史建筑区东南方向约 800m 的一处地点设计一个参与和交互式的新型建筑，总建筑面积约为 3000 ~ 5000m^2。

我们要求学生思考在这种新型建筑中各项活动的顺序，以及参与者的愿望和必要需求，还要考虑到这些愿望和需求只能在一定程度上被指引、预测、控制和设计。一个建筑框架有多开放，是否应该开放？建筑如何响应这些过程中的不可预测性？它在搭建阶段应该发挥什么作用？我们如何构建不确定性？

这些问题和想法是实验和研究初步阶段的指导。学生在讲师的指导下开展研究，为解决复杂建筑任务制定战略。第一学期的重点是通过地图、报告、实地访问的方式了解上海黄浦区的过去和现在，然后通过实验和概念法研究教案的主题。

不确定性、偶然和变化使设计和创造一种新型动态建筑充满了挑战。鉴于建筑界最近的发展和对建筑外形和形象的看重，本教案建议学生重新思考建筑的开放性、参与性和性能，把它们视为建筑设计的基本问题。有一堂课专门探讨了中国传统艺术中的参与性问题，以这堂课为入口重新思考中国背景下的建筑开放性。作为研究这一题目的第一步，学生需要选择一件与题目相关的艺术作品（电影、戏剧、诗、行为艺术或其他），对图画、概念模型和/或其他媒介中的空间概念做一个转换练习。学生可以选择任何他们认为能够体现不确定性原则的艺术作品，没有任何限制。有些学生选择的是西方艺术家的作品或艺术品，有些选择的是来源于中国的艺术品。在转换的过程中，介质也必须改变，学生要在这个过程中发现不确定性原则，然后初步思考这些原则如何才能变成空间性的。他们发明出了新的工具，这些工具使他们可以设计出一个新型开放式建筑。初步试验阶段完成后是设计过程，通过一系列的重新转换最终使其成为建筑。

经过了初步实验研究过程和之后的设计过程，学生再从多个视角思考场地和接合点设计的新可能性，通过某种参与形式将空间转换为场地，让用户变成住户。

优秀作业 1：多角度叙事的城市剧院　设计者：邵富伟
优秀作业 2：老上海重写本　设计者：李少康

作业指导教师：Aleksandra Raonic　Claudia Westermann
教案主持教师：Aleksandra Raonic　Claudia Westermann

Framing Indeterminacy: Fun Palace Futures

构建不确定性：未来玩乐宫

总体框架

“构建不确定性”西交利物浦大学某四年制本科专业第四学年毕业设计工作室的五个平行题目之一。该题目共有13名学生参加，贯穿2016-17学年第二学期的14个教学周，以常规工作室的形式开展，每周授课两次。第一学期的8个教学周为实验和研究阶段，讲师和学生每两周见面一次。这一题目是由西交利物浦大学的两名教师联合设计的，他们是这13个学生的导师。

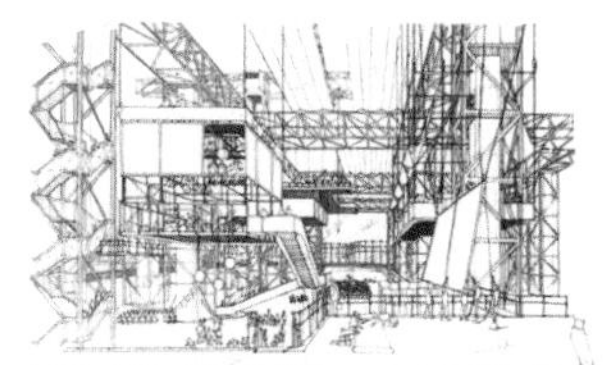

塞德里克·普莱斯：玩乐宫：室内透视图，1964.来源：加拿大建筑中心的塞德里克·普莱斯档案馆

塞德里克·普莱斯：玩乐宫：航拍图，1964.来源：加拿大建筑中心的塞德里克·普莱斯档案馆

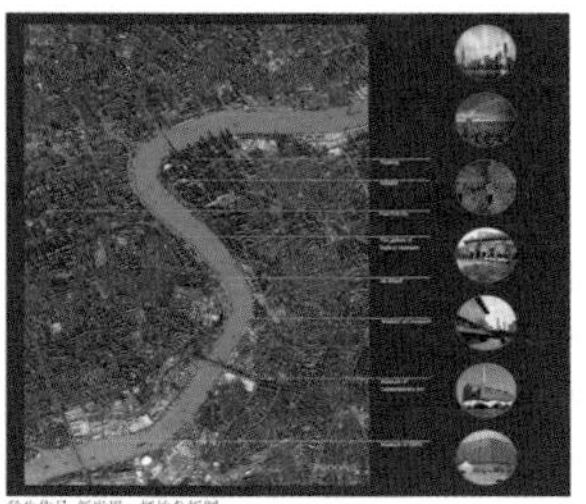

学生作品.新世界：场地分析图

这一题目旨在帮助学生深入了解为纪念建筑家塞德里克·普莱斯(Cedric Price)和艺术家琼·利特尔伍德(Joan Littlewood)而举办的一场名为“未来玩乐宫”(-Fun Palace Futures)的国际活动。在项目的总体框架要求下，每个团队的教师需要编写自己的教案以及研究“未来玩乐宫”这一主题的方法。如何重新阐释和界定“玩乐宫”的开发和设计指导思想是这一项目的核心问题。“玩乐宫”这个项目从未真正建成过，但直到今天，它仍然被称为灵活思维和开放式建筑结构的一个典范。虽然所有团队都有他们的重心，通过他们的方式来诠释这一理念和编写教案，但这项国际活动可以使学生们通过在线交流媒介与其他团队共同探索和交流观点以及问题。这是一次非常宝贵的体验，它可以使学生了解世界其他地区的学生是如何思考和设计的。

教案介绍

“构建不确定性”教案指导学生通过试验性的方法为上海黄浦江西岸距离外滩历史建筑区东南方向约800米的一处地点设计一个参与和交互式的新型建筑，总建筑面积约为3000到5000平方米。

历史上的上海曾是外国人的租界，如今它又汇聚了来自中国各个城市的新移民，所以上海是一个很有吸引力的地点选择。我们以上海为背景，设计一种充满趣味、文化和交流的新型建筑，并以它为参与式建筑的孵化器，重组空间与场地的关系。我们要求学生思考在这种新型建筑中各项活动的顺序，以及参与者的愿望和必要需求，还要考虑到这些愿望和需求只能在一定程度上被指引、预测、控制和设计。一个建筑框架有多开放，是否应该开放？建筑如何响应这些过程中的不可预测性？它在搭建阶段应该发挥什么作用？我们如何构建不确定性？

这些问题和想法是实验和研究初步阶段的指导。学生在讲师的指导下开展研究，为解决复杂建筑任务制定战略。第一学期的重点是通过地图、报告、实地访问的方式了解上海黄浦区的过去和现在，然后通过实验和概念法研究教案的主题。因为学生首先必须了解什么是不确定性，或者可能出现什么不确定性，所以初步研究主要用于“捕捉不确定性。不确定性、偶然和变化使设计和创造一种新型动态建筑充满了挑战。

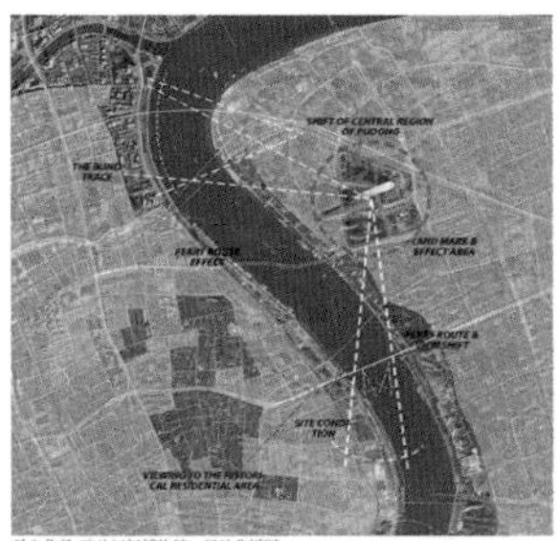

学生作品.碎片记忆博物馆：场地分析图

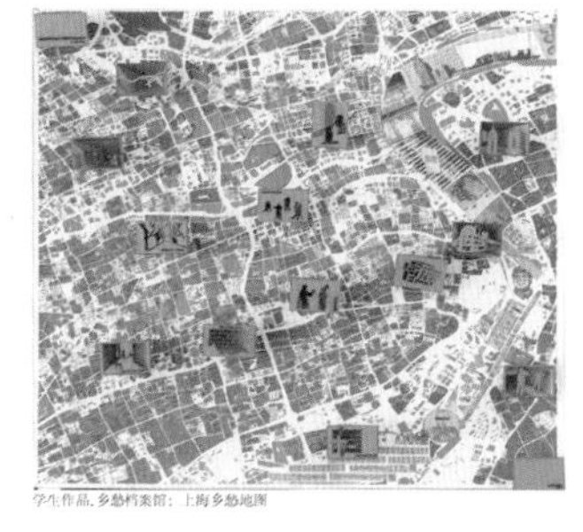

学生作品.乡愁档案馆：上海乡愁地图

学生作品.乡愁档案馆：上海场地

学生作品.乡愁档案馆：上海乡愁地图

鉴于建筑界最近的发展和对建筑外形和形象的看重，本教案建议学生重新思考建筑的开放性、参与性和性能，把它们视为建筑设计的基本问题。有一堂课专门探讨了中国传统艺术中的参与性问题，以这堂课为入口重新思考中国背景下的建筑开放性。

作为研究这一题目的第一步，学生需要选择一件与题目相关的艺术作品（电影、戏剧、诗、行为艺术或其他），对图画、概念模型和/或其他媒介中的空间概念做一个转换练习。学生可以选择任何他们认为能够体现不确定性原则的艺术作品，没有任何限制。有些学生选择的是西方艺术家的作品或艺术品，有些选择的是来源于中国的艺术品。在转换的过程中，介质也必须改变，学生要在这个过程中发现不确定性原则，然后初步思考这些原则如何才能变成空间性的。他们发明出了新的工具，这些工具使他们可以设计出一个新型开放式建筑。初步试验阶段完成后是设计过程，通过一系列的重新转换最终使其成为建筑。

学生作品.城市骑行中心：资源流动图

Framing Indeterminacy: Fun Palace Futures

构建不确定性：未来玩乐宫

地点详细信息

建筑地点位于上海黄浦江西岸距离外滩历史建筑区东南方向约800米处，沿着黄浦江延伸40米，跨越陆地和水面约50米，位于目前正在建设的计划开发项目的终点，向外滩东南方向延伸。学生可以在这个区域的任何地方为他们的建筑选址。建筑可以在水上，或陆地上，也可以连接水陆。

学生作品. 歆望的景观：声音的描绘（测试模型）

学生作品. 乡愁档案馆：空间体验模型

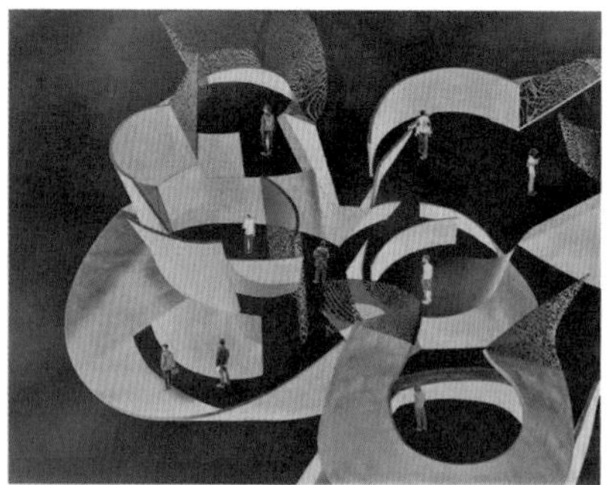

学生作品. 歆望的景观：3D概念图

项目详细要求

项目建筑总面积限制在3000到5000平方米之间。学生所设计的建筑必须反映开放性和不确定性的问题，重新思考黄浦江西岸，把它看作一个交流和参与的场所。不确定性是项目的核心设计原则，学生必须把项目看作流动的，为多元和不断变化的公共活动留出发展空间。这可能将成为一种新型公共空间，充满了表演性和互动的理念，将上海公共空间的利用特征与其临近区域和道路上的生活和活动结合起来，形成一个文化万花筒，使人们在体验整体性的同时，也能作为活跃的参与者表现个性，自我发现。

教案建议在设计的新建筑中，空间和时间的关系以及不确定的氛围应该是可以被研究、创造、表现和展示的。学生可以按照自己的方式阐释和设计建筑，可以是一个或以一组建筑/结构，但要求学生在设计中融入参与和交流的理念，同时也鼓励学生在设计中融入一个移动的元素，例如设计建筑的一个组成部分（或一组组成部分），这一部分是可以被运送的，升到水上或者空中，或者以其他方式转移到另一个场所中。

学生作品. 声音实验室：分析图

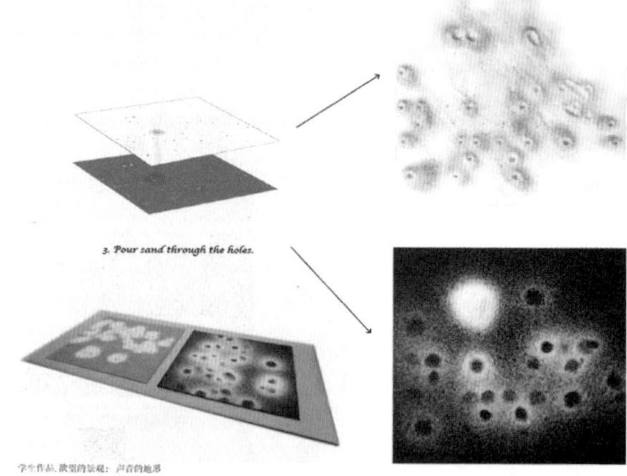
3. Pour sand through the holes.

学生作品. 歆望的景观：声音的地形

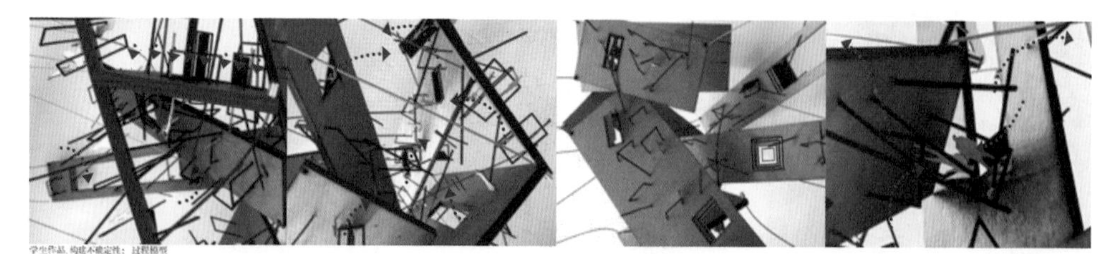

学生作品. 构建不确定性：过程模型

Framing Indeterminacy: Fun Palace Futures

构建不确定性：未来玩乐宫

评审顺序和一般提交要求

指导课旨在促进学生的交流，在工作室中形成研究和创作的氛围。开始时指导的重心是研究和设计过程，在第二学期重心将变成技术性问题、建设、材料和演示上。

在第一次中期评审上，学生展示了他们的试验性分析以及捕捉不确定性的概念性方法。学生可以选择任何他们觉得适合展示的媒介，在老师的指导下探索各种不同媒介，从而有效地展示项目，用合理的叙述将研究和设计结合起来。第二次中期评审在第二学期开始时进行，其中包括关于建筑提案的初步想法。在第三次中期评审中，项目的设计比例确定为1：100，大部分学生都是从这时候开始与材料和建筑深度接触。

学生作品. 一个新世界：爆炸轴测图

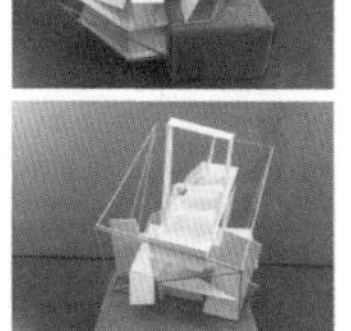

学生作品. 一个新世界：设计发展模型

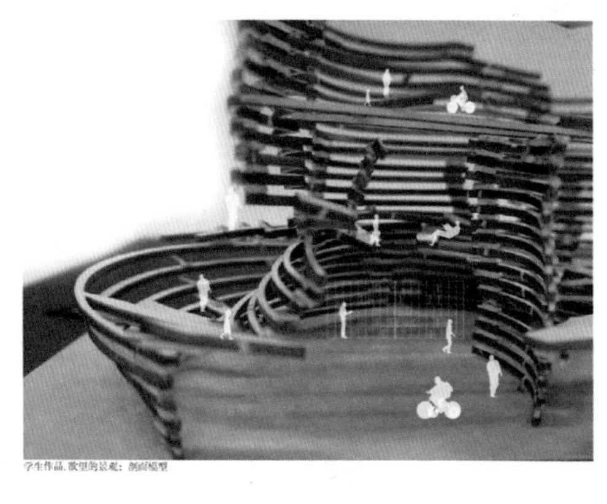

学生作品. 欲望的景观：剖面模型

评审顺序和一般提交要求

在最终评审上，学生要求通过图纸、图表、模型和其他媒介恰当地展示他们的项目。最后的展示必须包含从课程开始时的所有相关作品。楼层平面图、外立面和各个部分都必须按照1：200到1：100的比例展示，信封部分按照1：50到1：10的比例展示。所有演示必须包括一个分解轴测图，展示建筑的材料和结构，以及一个比例为1：10或1：20的相关构造模型。在最终评审中，学生必须展示出他们对空间、功能、结构和材料方面的人类需求的考量，并把这些考量作为设计提案中不可分割的一部分。学生必须清晰地阐释设计过程，以及在设计中对文化、历史、技术和其他背景问题的一系列相关研究。

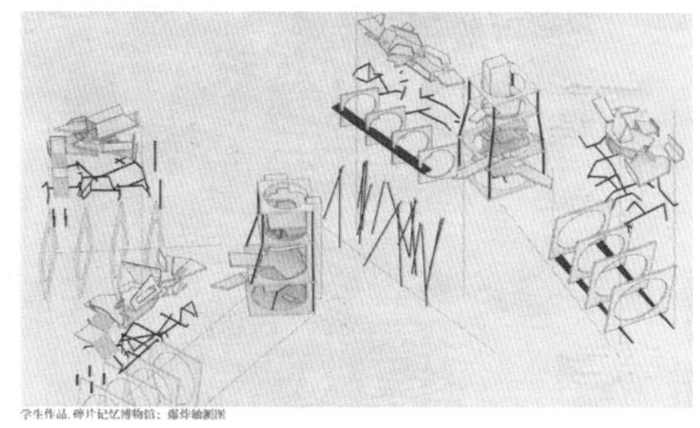

学生作品. 碎片记忆博物馆：爆炸轴测图

毕业设计工作室的总体学习成果

成功完成毕业设计工作室课程的学生应具备下列能力：

A. 以概念化和批判性的方法进行建筑设计，在合理的设计过程的基础上，对相关研究资源、论点以及假设进行评估并提供例证

B. 了解风险文化和设计创新实验的价值。

C. 能够得出合理且具有新意的建筑方案，了解建筑设计中人类需求的中心性，了解社会和文化背景、监管框架、职业价值、健康和安全因素、统一设计原则，以及建筑、结构、材料、环境、经济和功能方面的需求。

D. 掌握根据惯例习俗表现建筑的高级知识。

E. 清晰有效地陈述和论证设计提案，应用一系列沟通方法和媒介，包括数字工具。

学生作品. 文化交流中心：概念模型

学生作品. 乡愁档案馆：空间体验模型

学生作品. 构建不确定性：过程模型

多角度叙事的城市剧院

一份有关建筑不确定性研究的提案

建筑师设计的空间往往以确定的形式、样式、材料而成拥那个。组合式的手法设计出来的建筑往往限制了建筑的意义，削减了建筑空间的活力与未来发展的可能性。虽然我们作为建筑师可以尝试地歧这种对于空间的控制，然而这种抵制也已然是一种设定的程式。我们似乎无法摆脱这种建筑空间控制的概念，假如抵制控制不能带来建筑的开放性，我们该如何设计建筑？我们该如何在这个不断更新变化的社会和文化环境中激活交流和互动？进而，我们如何设计拥有不确定性的建筑？

我们可以说建筑到头来还是根据他的使用者的经历创造的产物。只要人们在空间内互动，那么他们的经历便塑造了所在的空间。传统的空间叙述人们的活动，建筑的开放性和不确定性来自于他对于内部使用者的最大开放性。

多角度叙事的城市剧院提供了一份有关建筑不确定性研究的提案，它创造了不同的层次和等级，框架成了视角变化的前提，同时也成了城市中典型活动的舞台。因为我们总在舞台上并且不断地"表演"，空间内的活动就永远无法定义。我们也许在一个图书馆里读着书，或者在理发店剪着头发，但是我们可能永远不知道，或许我们正在书架前表演罗密欧与朱丽叶，亦或是用着理发师的道具在表演。在这个城市剧院里，我们都是表演者，不断地更新着自我和包容着我们的空间。

场地分析

基于建筑师塞德里克·普莱斯(Cedric Price)对于玩乐宫(fun palace)的畅想，玩乐宫能够成为一个文化和社会交流的空间。它不局限于传统的建筑或领域，而是一个能与不断转变更新的城市文化与社会活动高度融合和适应的交换机器。

场地分析便是从城市活动出发，寻找场地周边的存在的互动关系。地处上海中心地带，场地周围存在丰富的文化活动，然而一个明显的问题在于人与人之间的活动关系缺乏互动。如何转变与应用玩乐宫的理念将分散的活动与不活跃的互动关系联结个调动起来是这次项目的主要研究方向。

对场地现状的空间观察的映射

概念发展-艺术作品转译

为突破建筑构思与发展，以建筑之外作品的研究作为出发点有助于转变视角。

当我们作为观众品读这两个作品是，一种对于他们形式和目的强烈的联系和相似性的感受油然而生。然而，他们却又各自呈现出独特的分类，孤立于他们独立的设定之中。

The Stanford University Experiment (1971) -Professor Philip G. Zimbardo

Marina Abramović on Rhythm 0 (1974)

那么，是否艺术作品就是艺术作品？或者科学实验就是科学实验？
或者，艺术作品成为科学实验或者科学实验成为艺术作品？

艺术作品与科学实验的关系探索

概念模型-短篇人物关系

概念模型-短篇人物关系-拼贴图

一个关于艺术作品与科学实验的关系探索的短篇

3列截屏来自于影片中同时发生的3个场景。我并整部短篇，我，作为创作者的目的在于使用一台相机持续的摄录一个女孩在镜头前的情绪变化，显然，这段场景可以定义为一个科学实验。接着，在第二个场景，另一个人拍摄着我和这个女孩所进行的实验，这让我产生了对先前实验的定义产生了质疑。同样的，当第四个人拍着我们三个人的时候，我却认为这不再是一个实验，而可能是一种艺术表演。

视野的不断转变结合着事物属性的不断变化使得不同领域的事物产生联系

概念发展-诗歌转译（卞之琳《断章》）

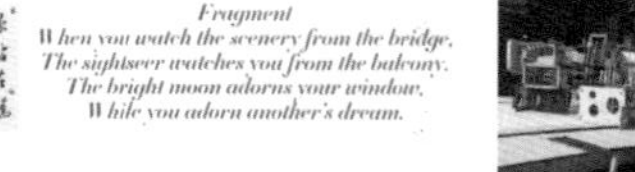

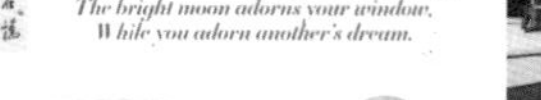

Fragment

When you watch the scenery from the bridge,
The sightseer watches you from the balcony.
The bright moon adorns your window,
While you adorn another's dream.

场景的流动
主客体的转化
三维的空间结构
奇妙的潜意识感受
韵味无穷

场地周围活动

两个表面没有联系的事物可以通过对艺术和实验的视角转变而被联结起来。这种下意识的联系存在于世界上每一个独立的个体。尽管城市中的人们因为年龄、身份、阶级的不同而孤立，然而这种隔断都是相对的和暂时的，一切事物都是相互依存并且相互联系的，并且这种联系比表面的联系要长久。

城市尺度的互动模型

高楼大厦、高密度里弄住宅、高速公路、黄浦江不再是人与人之间分隔。每一件事、每一个人之间都通过视线的穿插相互牵连，相互点缀。

建筑尺度的互动模型

尽管处在了浦西的边缘，并且对面是高楼大厦，每个人都能够再这样层叠的空间内相互欣赏。

概念平面

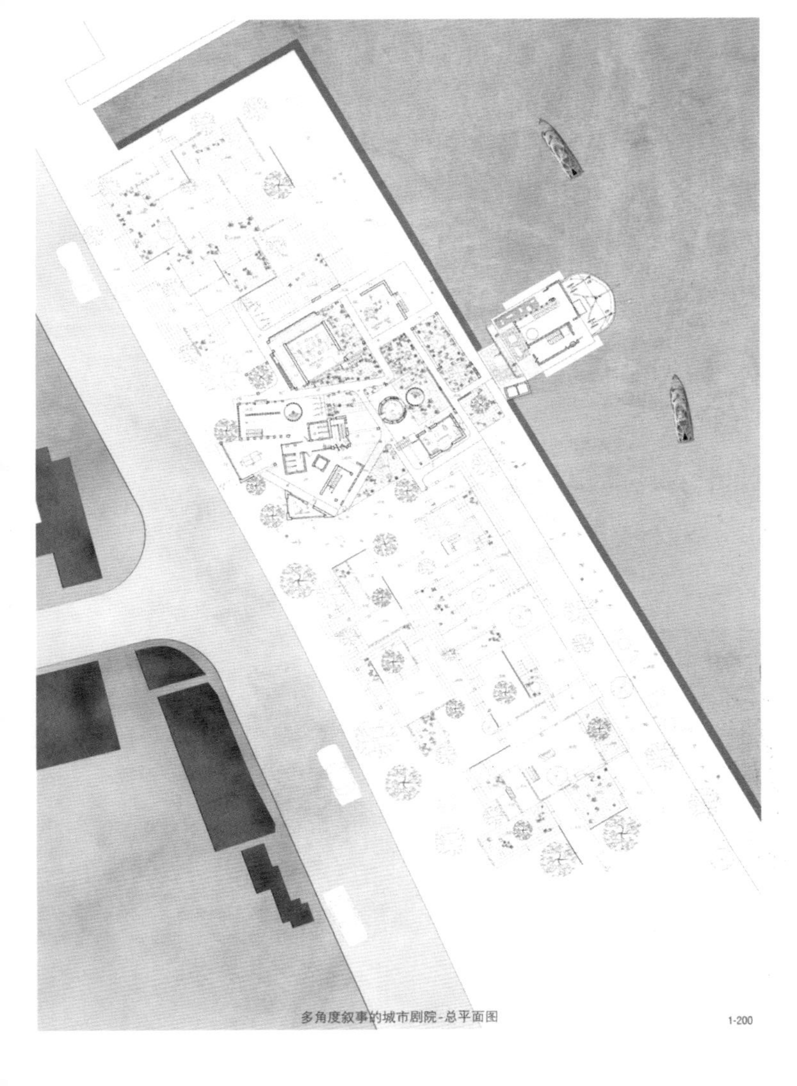
多角度叙事的城市剧院-总平面图
1:200

多角度叙事的城市剧院-平面图
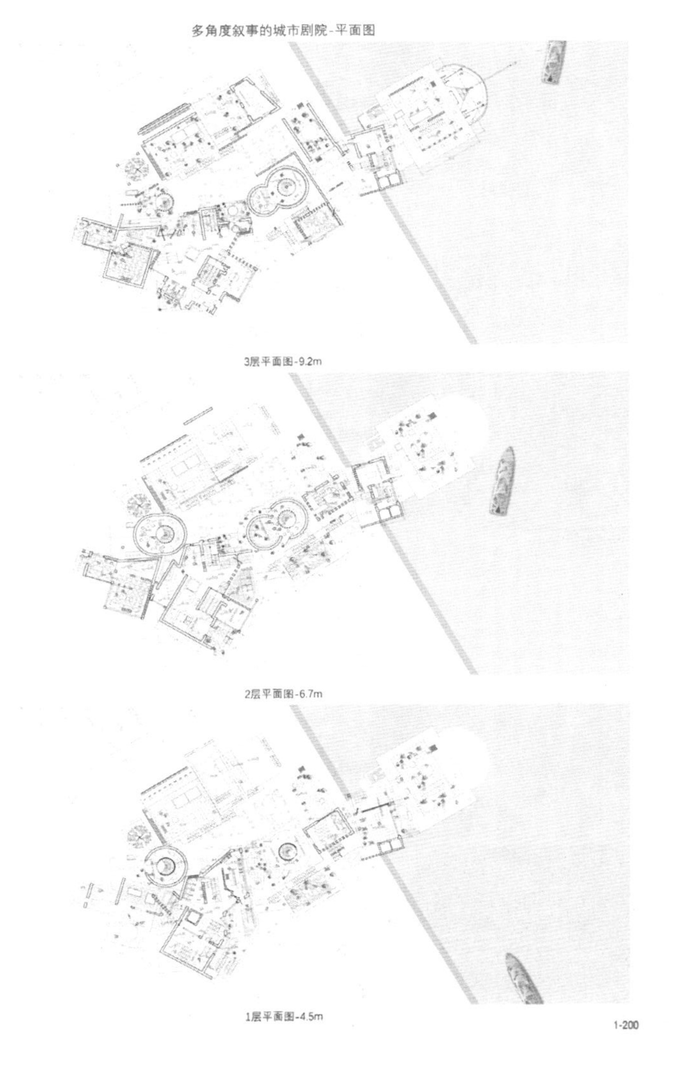
3层平面图-9.2m
2层平面图-6.7m
1层平面图-4.5m
1:200

轴测图

建筑剖面图aa'

建筑剖面图bb'

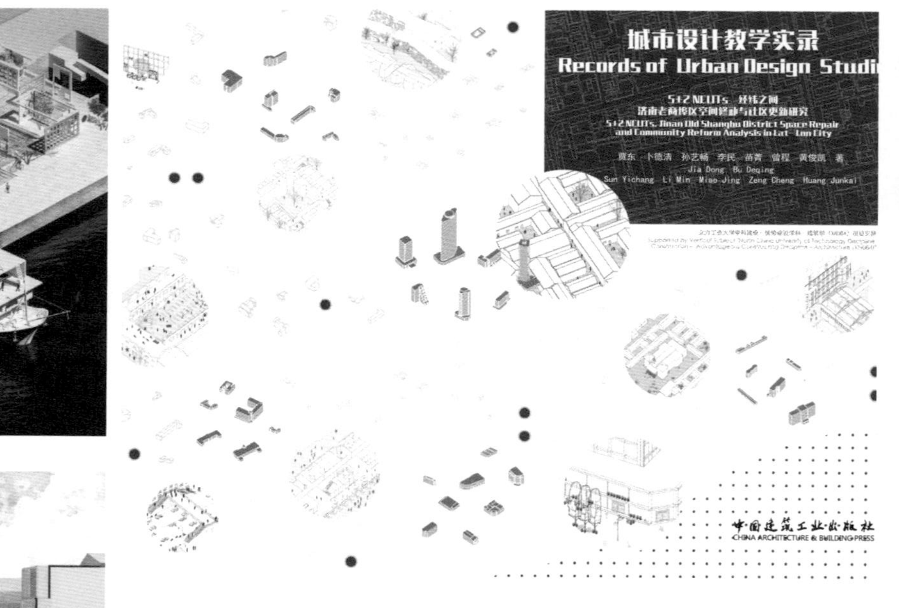

图书在版编目（CIP）数据

2017全国建筑院系建筑学优秀教案集 / 全国高等学校建筑学专业指导委员会编. — 北京：中国建筑工业出版社，2017.11

ISBN 978－7－112－21488－4

Ⅰ. ① 2… Ⅱ. ①全… Ⅲ. ①建筑学 — 教案（教育）— 高等学校 Ⅳ. ① TU-42

中国版本图书馆CIP数据核字（2017）第269354号

责任编辑：徐　纺　滕云飞
责任校对：芦欣甜　张　颖

2017全国建筑院系建筑学优秀教案集
全国高等学校建筑学专业指导委员会　编
*
中国建筑工业出版社出版、发行（北京海淀三里河路9号）
各地新华书店、建筑书店经销
北京京点图文设计有限公司制版
北京方嘉彩色印刷有限责任公司印刷
*
开本：889×1194毫米　1/24　印张：10⅓　字数：375千字
2017年11月第一版　2017年11月第一次印刷
定价：123.00元（含增值服务）
ISBN 978-7-112-21488-4
（31159）